计算机科学丛书

处理器架构设计
基于高层次综合的RISC-V实现

[法] 伯纳德·古森斯（Bernard Goossens）著

王党辉 王继禾 译

Guide to Computer Processor Architecture

A RISC-V Approach, with High-Level Synthesis

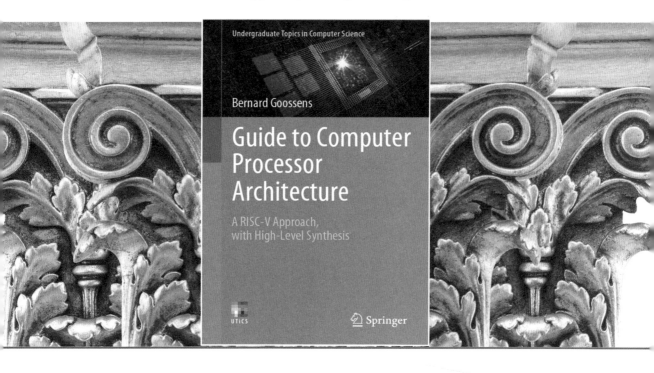

机械工业出版社
CHINA MACHINE PRESS

图书在版编目（CIP）数据

处理器架构设计 : 基于高层次综合的 RISC-V 实现 /
（法）伯纳德·古森斯 (Bernard Goossens) 著 ; 王党辉，
王继禾译 . -- 北京 : 机械工业出版社，2025.1.
（计算机科学丛书）. -- ISBN 978-7-111-77292-7

Ⅰ. TP332

中国国家版本馆 CIP 数据核字第 20254T1W20 号

机械工业出版社（北京市百万庄大街 22 号　邮政编码 100037）
策划编辑：曲　熠　　　　　　　　责任编辑：曲　熠　陈佳媛
责任校对：孙明慧　李可意　景　飞　责任印制：张　博
北京利丰雅高长城印刷有限公司印刷
2025 年 3 月第 1 版第 1 次印刷
185mm×260mm · 22.25 印张 · 565 千字
标准书号：ISBN 978-7-111-77292-7
定价：179.00 元

电话服务　　　　　　　　　　网络服务
客服电话：010-88361066　　　机 工 官 网：www.cmpbook.com
　　　　　010-88379833　　　机 工 官 博：weibo.com/cmp1952
　　　　　010-68326294　　　金 书 网：www.golden-book.com
封底无防伪标均为盗版　　　　机工教育服务网：www.cmpedu.com

近年来，随着应用需求、计算机体系结构技术、集成电路加工工艺不断发展，计算机系统设计者需要具有从算法到硬件实现的全栈知识体系。计算机体系结构及处理器设计技术在计算机专业知识体系中处于核心地位，是计算机软件和硬件的重要分界面，深入理解体系结构及处理器架构是进行计算机系统性能优化的基础。

在处理器设计方面，传统的寄存器传输级（Register Transfer Level，RTL）设计方法由于要关注到太多的电路实现细节，对于大多数计算机专业的本科生来说难度比较高，使得许多学生望而却步。近年来，随着高层次综合（HLS）技术的持续发展，使得使用高级编程语言 C 或 C++ 对处理器进行的行为级描述能够较为高效地转化为硬件电路，从而降低了处理器设计的门槛。

本书以开源的 RISC-V 指令集为例，循序渐进地介绍了基于 FPGA 的 HLS 方法以及使用 HLS 方法实现单核、多核 RISC-V 处理器的方法和步骤，并给出了大量的示例代码，能够帮助学生逐步掌握使用 HLS 设计处理器和其他类型的复杂数字系统的流程，并为在后续课程中基于自己设计的处理器进行编译器、操作系统内核设计打下一定的硬件基础。

除署名译者外，西北工业大学计算机学院的研究生韩雨汐、段慧娟、迟恒喆、张煜彬、曹旺和软件学院的研究生王晓妍等也参与了本书的翻译和校对工作。

由于译者水平有限，书中难免存在一些翻译不当或理解欠妥的地方，希望读者批评指正。

王党辉　王继禾
2024 年 10 月于西北工业大学

处理器体系结构：DIY 方式

本书是关于处理器体系结构的又一本新书。尽管本书介绍了多核和多线程设计，但这些新内容并非本书的主题，本书旨在介绍处理器体系结构的设计。

本书借鉴了 Douglas Comer 所著的著名操作系统教材 [1-2]。与 Douglas Comer 介绍操作系统设计的方式类似，本书使用 DIY 方式来介绍处理器设计。

Douglas Comer 的书使用 C 源代码从头构建了一个完整的操作系统。本书的目标是让读者也使用 C 源代码从头开始构建自己的处理器。

读者只需一台计算机、一块开发板（可选）和一套能够将 C 语言程序转换成等效 FPGA（现场可编程门阵列）实现的免费软件。

如果读者没有开发板，仍然可以仿真⊖本书中介绍的处理器。

20 世纪 70 年代，一个人就可以构建一个完整的操作系统（如 Kenneth L. Thompson 在 1970 年构建了 UNIX），更有意义的事情是可以写一本指导书，介绍实现类似 UNIX 操作系统的完整步骤（Douglas Comer 在 1984 年出版了这样一本书 [1]）。

计算机硬件和软件的两项改进——个人计算机和 C 编程语言的普及，可提供对硬件的完全访问。

如今，FPGA 扮演着 70 年代个人计算机的角色：它提供了对逻辑门的访问。高层次综合（High-Level Synthesis，HLS）工具扮演了 70 年代 C 语言编译器的角色：通过高级语言提供对 FPGA 的访问。

RISC-V 开源处理器设计

Douglas Comer 的书使用自制示例 Xinu 解释了如何构建操作系统。尽管声称 Xinu 不是 UNIX（Xinu 是 "Xinu Is Not Unix" 首字母的缩写），但由于它的特点，读者和实现者有机会将自己的实现与参考的 UNIX 进行比较。

出于同样的想法，本书选择了一个参考处理器，以便能够将书中提出的基于 FPGA 的处理器与实际的 RISC-V 工业产品进行比较。

RISC-V 是一个开源的指令集体系结构（Instruction Set Architecture，ISA），这意味着读者可以在不需要授权的情况下构建、使用甚至出售 RISC-V 处理器。Intel 的 x86 或 ARM 的 v7/v8 则不然。

此外，RISC-V 定义了多个级别的 ISA 子集。一个处理器可以实现任何级别的 ISA。

在本书中，读者将实现一个最基本的子集，即 RV32I（一组用于计算 32 位整数的机器指令）。但是根据 RISC-V 规范 [3]，读者将了解更多的知识，能够将处理器扩展到 64 位字，并增加浮点计算子集等。

⊖ 译文不区分 "仿真" 和 "模拟"，为使行文流畅局部统一这两个术语。——编辑注

此外，读者将要实现的子集足以启动像 Linux 这样的操作系统（虽然这不是本书的一部分）。

面向本科生的实用的计算机体系结构入门书

本书是一本非常实用的计算机体系结构入门书。可以将它视作对该领域更完整的参考书（例如，J. L. Hennessy 和 D. A. Patterson 所著的最新版本的计算机体系结构书籍 [4-5]）的应用。

沿着章节顺序，读者将实现不同的处理器组织：

- 基础处理器（如 Intel 4004，它是 1971 年推出的第一款微处理器，即第一款集成在集成电路芯片中的处理器）[6, 7]。
- 轻量级流水线处理器［如 RISC-I，RISC-I 处理器是第一个引入 RISC 概念的流水线微处理器。RISC（Reduced Instruction Set Computer，精简指令集计算机）的概念于 1980 年提出］[8]。
- 普通流水线处理器［如 MIPS，MIPS（Microprocessor without Interlocked Pipeline Stages）在 RISC-I 的基础上，添加了更好的流水线填充技术］[9]。
- 多周期操作流水线（又称多周期流水线），对流水线进行了增强，以处理多周期内存访问、整数乘除或除法，以及浮点运算等）。
- 多线程［如 SMT（同时多线程），是在多个线程之间共享流水线的一种增强功能，因此可以更好地填充流水线。Intel 将这种技术命名为超线程］[10]。
- 多核（如 IBM Power-4，这是 2001 年推出的第一款多核处理器，其内部有两个核）[11]。

即使读者因为没有开发板而停留在仿真级别，这些设计也已经在 FPGA 上进行了测试，并且满足硬件约束。

面向教师的 GitHub 支持的教学工具

本书中设计的所有处理器（无论是仅用于仿真的版本还是能够在 Xilinx 开发板上进行测试的基于 FPGA 的完整项目）都作为开源项目提供，可在 https://github.com/goossens-springer 的 goossens-book-ip-projects 库中找到。

本书有一整章专门介绍 RISC-V 工具的安装（GNU 工具链，包括 RISC-V 交叉编译器、spike 仿真器、GDB 调试器），以及由 RISC-V 国际组织（https://riscv.org/）提供的 RISCV-tests 官方测试和基准测试集。

书中使用著名的 Hennessy-Patterson "定量方法" [4] 对提出的实现方案的性能进行了对比。本书介绍了如何将一个基准测试集移植到开发板的无操作系统环境中。

整本书都使用相同的基准测试集来对比系列设计的性能。这些对比突出了处理器性能公式中的 CPI（Cycles Per Instruction，指令执行所需的时钟周期数）。

对学生来说，相比于没有实际硬件约束的仿真评估，这种基于实际软核实现的评估对比更具说服力。

书中介绍了与流水线相关的不同微架构：延迟分支和分支取消、数据旁路（前递）、延迟加载、多周期运算，以及非常普遍的流水级填充。

第 4 章介绍了汇编语言编程。使用的 RISC-V 代码是从对 C 程序（表达式、测试、循环和函数）的编译和分析中获得的。

书中给出了一些可以作为学期项目的练习题，例如，将给定的实现扩展到 RISC-V M 或 RISC-F ISA 子集。

 实验

该模块表示读者可以使用 GitHub 网站 https://github.com/goossens-springer 的 goossens-book-ip-projects/2022.1 文件夹中的可用资源进行的一些实验。

Vitis_HLS 项目是预先构建的，读者只需要选择想用于 IP 仿真的 testbench 文件（IP 表示 Intellectual Property，即知识产权，也就是需要的组件）。

Vivado 项目也预装了驱动程序，可以直接在开发板上测试读者的 IP。书中也给出了预期结果。

面向 FPGA 工程师的高层次综合和 RISC-V 实战指南

本书非常详细地介绍了高层次综合（HLS）。与高级语言在 20 世纪五六十年代逐步取代汇编语言类似，HLS 将会逐步取代 Verilog/VHDL，成为生成 RTL 的标准方式。

第 2 章介绍了 Xilinx Vitis 工具包中的 HLS 环境。基于一个 IP 的实现示例，本章给出了从 HLS 到 Xilinx IP 集成器 Vivado 和 Xilinx Vitis IDE（集成设计环境），以及将比特流下载到 FPGA 的所有步骤。

本书解释了在不需要深入 Verilog/VHDL 或时序图层次的情况下，如何在 FPGA 上对设计进行实现、仿真、综合和运行。HLS 已是一个成熟的工具，能帮助工程师快速开发 FPGA 原型。在 HLS 中开发 RISC-V 处理器只需要一名工程师开发一个月，而在 VHDL 中实现 ARM 处理器则需要一年，这要归功于 HLS 和 RISC-V ISA 中 RV32I 指令核心的简单性。

本书给出了 HLS 综合器使用的主要编译指示（包括 ARRAY PARTITION、DEPENDENCE、INTERFACE、INLINE、LATENCY、PIPELINE、UNROLL 等）。

本书的第一部分是关于单个 IP 的，第二部分介绍通过 AXI interconnect 使用多核和存储器 IP 建立的片上系统（System-on-Chip，SoC）。

本书也对 RISC-V 进行了介绍。第 4 章详细介绍了 RV32I ISA。

在嵌入式计算领域，RISC-V 处理器获得了令人惊讶的市场增长。RISC-V 在嵌入式领域的未来可能与 UNIX 在操作系统领域的发展一样。至少，两者的起步阶段是可以比拟的：没有固定的制造商，并秉承开源的理念。

本书不涉及的内容

本书不包含当前最先进的处理器中的一些复杂设计，主要原因是这些微架构太过复杂，不适合本书所使用的小型 FPGA。例如，高性价比的乱序设计需要一个超标量流水线、一个高级分支预测器和一个层次存储结构。由于同样的原因，本书也没有实现共享内存管理（即 cache 一致性）等高级并行管理单元。

本书不包括任何 cache 或复杂算术运算的实现（乘法、除法或浮点单元）。它们可以部署在 FPGA 上（至少是在单核单线程处理器中）。这些留给读者作为练习。

本书概览

本书分为两部分，共 14 章。第一部分（第 1～10 章）专门讨论单核处理器。第二部分（第 11～14 章）讨论了多核的一些实现。

第 1 章介绍了 FPGA，以及 HLS 如何将 C 程序转换为比特流来配置 FPGA。

接下来的两章给出了构建 RISC-V 处理器完整开发环境的必要说明。

第 2 章介绍了 Xilinx Vitis FPGA 工具，包括 Vitis_HLS FPGA 综合器、Vivado FPGA 开发环境和 Vitis IDE FPGA 编程器。

第 3 章介绍了 RISC-V 工具（GNU 工具链、spike 仿真器和 OpenOCD/GDB 调试器）及其安装和使用方法。

第 4 章介绍了 RISC-V 体系结构（更准确地说是 RV32I ISA）和汇编语言编程。

第 5 章展示了构建处理器的三个主要步骤：取指、译码和执行。整个过程以增量方式逐步进行。5.1 节采用与经典编程对比的方法介绍了 HLS 编程的基本原理。

第 6 章通过添加数据存储器来实现第 5 章中尚未完成的第一个 RISC-V 处理器 IP。该微体系结构具有最简单的非流水线结构。

第 7 章解释了如何测试处理器 IP，具体方法为使用小型 RISC-V 代码逐条检查每条指令的格式，并且使用 RISC-V 组织提供的官方测试代码片段。最后，应该运行一些基准测试来测试 IP 在实际应用程序上的表现。

本书将 RISC-V-tests 和 mibench 基准测试 [12] 结合起来，形成了一个测试集，用于测试和比较不同的实现。

在第 7 章的末尾，读者会发现很多关于如何在 FPGA 上调试 HLS 代码和 IP 的提示。

第 8 章从两级流水线开始到四级流水线结束描述了流水线微架构。

第 9 章进一步使用流水线来处理多周期指令。多周期流水线 RISC-V IP 有六个流水级。必须对流水线组织方式进行优化，可以运行 RISC-V 多周期指令（如 F 和 D 浮点扩展中的指令），或实现构建层次存储结构的高速缓存。

第 10 章介绍了一个多硬件线程（hart，HARdware Thread）IP。多线程是一种有助于填充流水线和提高处理器吞吐量的技术。实现的 IP 能够同时运行 2～8 个线程。

第二部分从第 11 章开始。第 11 章介绍了 AXI interconnect 系统，以及如何在 Vivado 中实现多个 IP 互连，并在 FPGA 中进行数据交换。

第 12 章介绍了基于多周期六级流水线的多核 IP。IP 可以包含 2～8 个核，每个核能够运行独立应用程序，或者多个核协同运行并行应用程序。

第 13 章展示了一个多核 multihart IP。该 IP 可以集成两个核，每个核有四个 hart；或者四个核，其中每个核中有两个 hart。

第 14 章展示了如何使用开发板来实现 RISC-V 处理器，并在按下按钮时点亮 LED（发光二极管）。

在全书最后列出了书中使用的缩略词。

书中给出了一些练习（没有给出解决方案），教师应将其视为项目或实验的建议。

Bernard Goossens

法国佩皮尼昂

参考文献

[1] Comer, D.: Operating System Design: The Xinu Approach. Prentice Hall International, Englewood Cliffs, New Jersey (1984)

[2] Comer, D.: Operating System Design: The Xinu Approach, Second Edition. Chapman and Hall, CRC Press (2015)

[3] https://riscv.org/specifications/isa-spec-pdf/

[4] Hennessy, J.L., Patterson, D.A.: Computer Architecture, A quantitative Approach, 6th edition, Morgan Kaufmann (2017)

[5] Hennessy, J.L., Patterson, D.A.: Computer Organization and Design: The Hardware/Software Interface, 6th edition, Morgan Kaufmann (2020)

[6] Faggin, F.: The Birth of the Microprocessor. Byte, Vol.17, No.3, pp. 145–150 (1992)

[7] Faggin, F.: The Making of the First Microprocessor. IEEE Solid-State Circuits Magazine, (2009) https://ieeexplore.ieee.org/stamp/stamp.jsp?arnumber=4776530

[8] Patterson, D., Ditzel, D.: The Case for the Reduced Instruction Set Computer. ACM SIGARCH Computer Architecture News, Vol.8, No.6, pp. 5–33 (1980)

[9] Chow, P., Horowitz, M.: Architectural tradeoffs in the design of MIPS-X, ISCA'87 (1987)

[10] Tullsen, D.M., Eggers, S.J., Levy, H.M.: Simultaneous multithreading: Maximizing on-chip parallelism. 22nd Annual International Symposium on Computer Architecture. IEEE. pp. 392–403 (1995).

[11] Tendler, J. M., Dodson, J. S., Fields Jr., J. S., Le, H., Sinharoy, B.: POWER4 system microarchitecture, IBM Journal of Research and Development, Vol.46, No 1, pp. 5–26 (2002)

[12] https://vhosts.eecs.umich.edu/mibench/

我要感谢审稿人，他们不断对本书进行修改，感谢他们无私的付出。他们都很棒！

因此，唯一可以接受的感谢顺序是按他们姓氏的字母顺序。如果读者在书中发现了一些错误，也都是因为我的疏忽造成的。

Yves Benhamou 是一名计算机工程师，就处理器架构领域而言，Yves 是一个新手，他从头开始安装软件，并在我给他的 Pynq-Z2 板上运行第一个例子。此外，Yves 主要使用 Windows，因此他必须从 Ubuntu 安装开始，在缺少命令、文件和必要的环境配置的情况下进行，所以他能给我很多非常重要的评价。我希望 Yves 能从 FPGA、软核设计和 HLS 方面找到乐趣。对于我来说，我很高兴再次看到 Yves 渴望让它运行！

Johannes Schoder 是德国耶拿大学的博士生。2021 年 6 月他联系我，希望能免费访问我在 2019 年 10 月在巴黎举行的第二届 RISC-V 周上发表的 "Out-of-Order RISC-V Core Developed with HLS"。那时我已经在写这本书了，但刚开始写。后来，Johannes 看完书中 "multicycle_pipeline_ip" 的代码后，我建议他复习一下书中的一部分。他欣然接受了。Johannes，你做得很好！

Arnaud Tisserand 是法国国家科学研究中心的研究主任。他是体系结构专家，主要研究算术和密码方面的芯片加速器设计。我请他审阅了书中的 FPGA 部分。事实证明，Arnaud 希望在他未来的设计中更多地使用 HLS（主要是因为 HLS 能够非常快速地生成原型，这种生成速度对博士生来说至关重要），所以他提出审阅更多的内容，尝试实现一些新的实现方法。非常感谢 Arnaud 的帮助！

我还要感谢 XUP（Xilinx University Program，赛灵思大学项目），更具体地说，感谢 Cathal Mac Cabe 经理。Cathal 是 Xilinx/AMD 的工程师。我和 XUP 的所有成员一样，一直通过邮件联系他，咨询他很多关于 HLS 和 Vitis 的问题。Cathal 在 XUP 做得很好。他对 Xilinx 产品的全球学术界用户非常有帮助。XUP 项目对许多像我这样的小型研究团队来说至关重要。当一个教授计划给本科生讲 FPGA 或 HLS 时，他必须说服他的同事，在每年的预算中投入几千欧元来购买开发板是值得的。这就是 XUP 发挥主要作用的地方。通过免费提供开发板，帮助教学团队进行初步实验，这可以为不属于计算机科学领域的教师提供更具说服力的论据。所以，再次感谢 Cathal 的大力支持（以及提供免费的开发板）！

还有很多人对本书的写作起到了直接或间接的作用。当然，还有我在蒙彼利埃的 LIRMM 实验室的同事们，尤其是在佩皮尼昂的 DALI 团队的成员：Dushan Bikov、Matthieu Carrère、Youssef Fakhreddine、Philippe Langlois、Kenelm Louetsi、Christophe Nègre、David Parello、Guillaume Révy 和 Vincent Zucca。

最后，我要感谢妻子 Urszula，感谢她日复一日的无私付出。由于写书，我牺牲了很多陪伴家人的时间。Urszula，本书的出版离不开你的支持！

目　录

单核处理器

第一部分将介绍 RV32I RISC-V ISA 的四种实现：非流水线、流水线、多周期和多硬件线程（multihart，例如多线程）。每种实现都定义了一个单核 IP，每个 IP 使用 Vitis HLS 工具进行了仿真和综合，使用 Vivado 工具进行了布局和布线，并在 Pynq-Z1/Pynq-Z2 开发板的 Xilinx FPGA 上进行了测试。

FPGA 及高层次综合概述

摘要

本章介绍了什么是 FPGA，以及它是如何由可配置逻辑块（Configurable Logic Block，CLB）构建的。CLB 是 Xilinx 的术语，与 Altera FPGA 中的逻辑阵列块（Logic Array Block，LAB）类似。本章还介绍了如何将硬件映射到 CLB 资源，以及如何用 C 程序来描述一个电路。HLS 工具将 C 语言源代码转换为 VHDL 或 Verilog 形式的中间代码，布局和布线工具生成配置 FPGA 的比特流。

1.1 FPGA 中可放置的硬件

处理器是一种硬件设备（电子电路或组件），能够计算所有可计算的东西，例如任何能够使用算法表达的计算。只需将算法转化为一个程序，该程序与数据一起在处理器上运行，便可获得计算的结果。

例如，一个处理器可以通过运行一个程序将自己变成一个巨大的计算器，从而能够执行所有的数学运算。为此，处理器包含一个名为算术逻辑单元（ALU）的中央部件，用于执行基本的算术运算和逻辑运算。在 ALU 中，计算通过信号在晶体管中的传播进行。晶体管是一种小型开关，打开或关闭可以导通或阻断电流；它具有输入、输出、打开 / 关闭命令三个端口。

ALU 包含一个能够完成二进制加法的加法器电路。

请思考如何对晶体管进行组织，才能完成如下功能：将用二进制 0、1 位串表示的两个整数作为输入，通过晶体管网络的计算在输出端得到预期的同样使用二进制位串表示的结果。

当不能使用简单直接的方法解决问题时，我们必须将复杂的问题分解为更简单的问题。我们都学过将两个十进制数字相加，其方法是从右到左，即从个位到十位，再到百位，以此类推，将权重相同的数相加，并向左传播进位。这样做，每个步骤都会产生两位数字：一个是和对 10 求模的结果，另一个是进位（见图 1.1 左边部分，红色的文字是进位，棕色是要相加的两个数，结果由蓝色的和与绿色的最终进位组成）。

因此，我们将一般的两个数相加的问题简化为更简单的两个数位相加的问题。

如果数位是二进制表示的，则加法过程相同。求和是模 2 计算，只要三个输入数位中至少有两个是 1，就会产生一个进位（见图 1.1 的右侧部分）。

两个比特的模 2 求和与进位可以使用布尔运算符来定义。模 2 求和是两个比特的异或运算（XOR，用符号 $\oplus$ 表示），进位是与运算（AND，用符号 $\wedge$ 表示）。

注意，当且仅当 a 和 b 不同时（其中一个是 1，另一个是

1 110	1 1100 111
8231	1010 0111
+ 1976	+ 0111 0001
1 0207	1 0001 1000

图 1.1 十进制加法（左），二进制加法（右）。两个加法是不同的操作数

0），$a \oplus b$ 为 1。同样，当且仅当 a 和 b 都为 1 时，$a \wedge b$ 为 1。

向布尔运算符的转化是向二进制加法的硬件实现表示迈出的决定性一步，因为我们知道如何基于晶体管构建由逻辑门构成的小型电路模块，即布尔运算符，所以我们发明了 NOT、AND、OR、XOR、NAND、NOR 等逻辑门，以及所有具有两个变量的布尔函数。

我们的二进制加法器变成了图 1.2 中的一对门。上面是与门，下面是异或门。图中显示了当两个输入端都为 1 时，电路的工作情况。

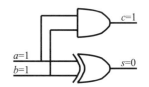

图 1.2 二进制加法的门电路表示

要构建一个电路，必须画出构成电路的逻辑门，也可以使用 VHDL 或 Verilog 等硬件描述语言（HDL）来编写程序。代码清单 1.1 中展示的是图 1.2 中加法器的 VHDL 接口和实现。

代码清单 1.1 定义 1 位加法器的 VHDL 代码

```
LIBRARY IEEE;
use IEEE.STD_LOGIC_1164.ALL;
entity BIT_ADDER is
  port(a, b: in STD_LOGIC;
       s, c: out STD_LOGIC);
end BIT_ADDER;
architecture BHV of BIT_ADDER is
begin
  s <= a xor b;
  c <= a and b;
end BHV;
```

一系列软件将这些逻辑门或程序转化为晶体管，并通过布局对生成的晶体管进行组织，最后通过布线构建物理电路。

我们可以使用 FPGA，而不是依靠电子代工厂。从名字来看，FPGA 表示可编程的门阵列。编程包括将这些门连接成小的电路模块，再将这些小的模块组织成一个大的电路。

1.2 查找表：一种存储真值表的硬件

我们将两个 1 位数相加，如 $s = a + b$，其中 a 和 b 是布尔变量。其和 s 是一个两位数，由模 2 的和与进位组成。

例如，如果（a, b）为（1, 1），则它们的二进制和 s 是 10，这是进位位（1）与模 2 和（0）的组合。

我们首先讨论模 2 和。我们可以将模 2 和定义为两个布尔变量的函数，其真值表如表 1.1 所示，其中蓝色为函数的参数，红色为函数的值。

表 1.1 两个 1 位数的模 2 和的真值表

a	b	s
0	0	0
0	1	1
1	0	1
1	1	0

例如，表的最后一行表示如果 $a = b = 1$，则 $s = 0$，即 $s(1,1) = 0$。

LUT（Look-Up Table，查找表）是一种类似于存储器的硬件设备。该存储单元实现了布尔函数的真值表。例如，一个 4 位的 LUT（或一个 LUT-2），可以存储具有两个变量的布尔函数的真值表（表 1.1 中的红色值）。

一般来说，2^n 位 LUT（LUT-n）可以实现 n 个变量的布尔函数的真值表（可以在其中放置 2^n 个真值）。

例如，NOT 是单变量布尔函数。它由两行真值表和 LUT-1 表示，即两个真值（NOT(0)=1 和 NOT(1)=0）。

两变量布尔函数 AND 可以扩展为三个变量（a AND b AND c）。真值表有八行，如表 1.2 所示。

运算符"IF a THEN b ELSE c"是三变量布尔函数的另一个例子。它由表 1.3 中的八个真值表示。对于"IF a THEN b ELSE c"，如果 a 为 0（青色的值），则结果为 c，否则结果为 b（橙色的值）。

表 1.2	a AND b AND c 的真值表		
a	b	c	s
0	0	0	0
0	0	1	0
0	1	0	0
0	1	1	0
1	0	0	0
1	0	1	0
1	1	0	0
1	1	1	1

表 1.3	"IF a THEN b ELSE c"的真值表		
a	b	c	s
0	0	0	0
0	0	1	1
0	1	0	0
0	1	1	1
1	0	0	0
1	0	1	0
1	1	0	1
1	1	1	1

LUT 和真值表一样，是一种通用的布尔函数。通过对其进行填充来实现对应的布尔函数。

在 FPGA 中，LUT 由存储器表示，存储器是可寻址的硬件设备。通过对存储器进行寻址，我们可以获得给出地址对应的存储单元中包含的内容。

图 1.3 显示了如何从输入 $a = 1$ 和 $b = 1$，即 LUT 地址 3（二进制为 11）访问右下方存储单元中包含的位。地址被分为两部分，一部分（输入 a）用作行选择器，另一部分（输入 b）用作列选择器。

在图 1.3 中，存储器地址为 $a = 1$，选择红色框内的行。列用 $b = 1$ 来寻址，选择绿色框内的列。所选行和列的交叉点作为 LUT 的输出 s。

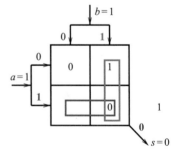

图 1.3　访问 LUT 中 3 个单元（二进制为 11）以进行 $s = (1 + 1)$ 的模 2 运算

1.3　组合 LUT

让我们继续构建加法器。这一次，我们尝试构建一个全加器，即对两个一位二进制数和一个进位输入位求模 2 和的硬件单元。进位是一个新的输入变量，它将真值表从四行扩展到八行。三个输入位 a、b 和 c_i 的模 2 和是它们的异或运算 $(a \oplus b \oplus c_i)$。

全加器不是用 LUT-3 构建的，而是用两个 LUT-2 构建的。它不仅计算其三输入的模 2 和，还计算产生的进位。

例如，如果 $a = 0$ 且 $b = 1$，则模 2 和为 $s = 1$。但是如果有进位，比如 $c_i = 1$，则模 2 和为 $s = 0$，且产生进位 $c_o = 1$。

第一个 LUT-2 用于存储布尔函数 generate 的真值表。顾名思义，当两个源操作数 a 和 b 的和产生进位时，即当 $a = b = 1$ 时，即 $a \wedge b$ 为真（a AND b）时，generate 函数的值为 1。

第二个 LUT-2 存储布尔函数 propagate 的真值表。当源操作数 a 和 b 都可以传播进位但不能生成进位时，即两个源操作之一为 1 但不同时为 1 时，propagate 函数的值为 1。propagate 函数是 XOR $(a \oplus b)$。

我们将这两个表组合起来，如图 1.4 所示。其中，寻址到的表项以红色显示。LUT 中的值被传播到多路选择器 mux 和右侧的异或门。

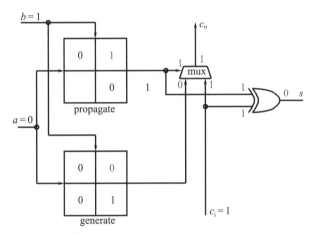

图 1.4　具有两个 LUT-2 的全加器

mux 是一个多路选择器，其功能相当于布尔函数 "IF x THEN y ELSE z"。来自左侧的输入是选择信号 x，下面的输入是选项 y（右输入）和 z（左输入）。如果选择信号 x 为 0，则选择左侧的输入（z）送到输出端，否则，将 y 送至输出端。

因此，如果 $a = 0$ 且 $b = 1$，则 propagate 函数的值为 1，generate 函数的值为 0（这些数值在图中以红色显示）。如果进位输入 c_i 为 1，则多路选择器的选择信号（1）将选择左边的输入 c_i，且进位输出 $c_o = 1$。

当多路选择器选择其右输入时（例如，propagate 为 1），由两个 LUT 和两个逻辑门组成的预制电路结构将把进位输入 c_i 传播到输出端 c_o。因为输入信号在经过一个门电路之后就能够到达输出端，所以这种进位传播模式非常有效。

图 1.4 中右边的门是异或门。它产生 propagate 函数的模 2 和与 c_i。由于 propagate 函数本身是一个异或运算，因此，输出 s 是三个输入 a、b、c_i 的模 2 和 $(a \oplus b \oplus c_i)$。

在给出的示例中，由两个 LUT、多路选择器和 XOR 门的组合电路计算出两位的结果，其中一位代表三输入的模 2 和，另一位是进位输出。通过将这两位拼在一起，形成了三输入的两位和（二进制的 $0 + 1 + 1 = 10$）。

上面给出的全加器对应于 CLB（Configurable Logic Block，可配置逻辑块）中的基本组成单元，CLB 是构建 FPGA 的基本模块（在文献 [1] 的第 19 和 20 页中可以找到关于 FPGA 中 CLB 的详细描述）。

CLB 将 LUT 与快速进位传播机制相结合，用 LUT 计算逻辑函数，用进位传播计算算术函数。这与瑞士军刀类似（瑞士军刀包含多个完成不同功能的部件，如刀、锯、镊子、剪刀等）。

CLB 的编程或配置就是用所需的布尔函数真值表来填充 LUT（在示例中，"瑞士军刀"可能会将 LUT 分为两部分来实现 propagate 函数和 generate 函数）。

1.4   FPGA 的结构

我们尝试将加法器从 1 位加法器扩展到 2 位加法器。

令 $A = a_1a_0$，$B = b_1b_0$，例如 $A = 10$，其中，$a_1 = 1$，$a_0 = 0$（$1 \times 2^1 + 0 \times 2^0$，即十进制的 2），$B = 01$（$0 \times 2^1 + 1 \times 2^0$，即十进制的 1）。$A + B + c_i$ 的和是 3 位 $c_o s_1 s_0$（例如 $10 + 01 + 1 = 100$，即十进制运算 2 + 1 + 1 = 4）。

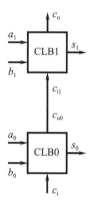

将两个 CLB 组合能够配置成全加器，其方法为第一个 CLB 的输出（图 1.5 中的 c_{o0}）连接到第二个 CLB 的输入（图 1.5 中的 c_{i1}），第一个 CLB 的输入为 a_0 和 b_0，第二个 CLB 的输入为 a_1 和 b_1。总共有三位输出 $c_o s_1 s_0$，包含两个两位输入 $A = a_1a_0$ 和 $B = b_1b_0$，以及一个进位输入 c_i 的和。图 1.5 显示了这个 2 位加法器。

FPGA 包含一个 CLB 矩阵（参见图 1.6 的左侧部分）。例如，Xilinx 的 Zynq XC7Z020 是一个 SoC，包含多个组件的电路：处理器、存储器、USB 和以太网接口，当然还有 FPGA（其中包含 6650 个 CLB）。

图 1.5   两个 CLB 构建的 2 位加法器

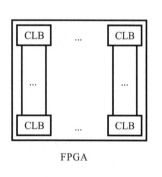

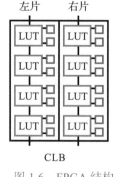

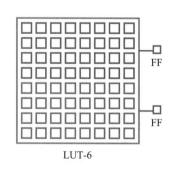

图 1.6   FPGA 结构

可以想象 CLB 被组织成大约 80×80 的正方形（没有给出确切的几何形状）。关于 FPGA 的详细介绍（包括其历史）可以参考 Hideharu Amano 的书 [2]。

每个 CLB 包含两个并行且相同的独立的片（slice），如图 1.6 的中间部分所示。每个片主要包含四个 LUT-6 和八个触发器（图 1.6 中间和右侧标记为 FF 的红色方块）。每个触发器都是一个 1 位时钟触发的存储单元，用于收集 LUT 的输出。

每个 LUT-6 可以表示一个六变量布尔函数，也可以拆分为两个 LUT-5，每个 LUT-5 表示一个五变量布尔函数。

同一片中的 LUT 通过与图 1.4 和图 1.5 相同的进位传播链连接起来（包括多路选择器和异或门）。

可以对 LUT 进行部分编程。在 64 种组合中，可能只用 4 种组合来表示两变量的布尔函数。但是最好不要浪费这些资源。

通过继续扩展 2 位加法器，可以构建任意大小的加法器。

16 位加法器使用位于四个 CLB 同一列中的 16 个串联的 LUT，每个 LUT 包含图 1.4 中的两个表（注意，加法器仅使用每个 CLB 中的一个片）。

图 1.7 的左半部分显示了要相加的两个 16 位数据如何在四个 CLB 中按半字节分配（例如，半字节 $A_3 = a_{15}a_{14}a_{13}a_{12}$ 输入图中最上面的 CLB）。链中的第一个 CLB（图中最下面的）接收进位输入 $c_i = 0$。

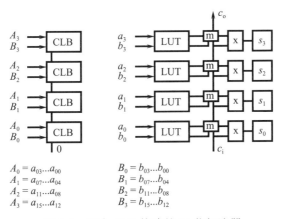

$$A_0 = a_{03}...a_{00} \quad B_0 = b_{03}...b_{00}$$
$$A_1 = a_{07}...a_{04} \quad B_1 = b_{07}...b_{04}$$
$$A_2 = a_{11}...a_{08} \quad B_2 = b_{11}...b_{08}$$
$$A_3 = a_{15}...a_{12} \quad B_3 = b_{15}...b_{12}$$

图 1.7　四个 CLB 构建的 16 位加法器

该图的右半部分显示了 LUT（每个 LUT 分为两部分，第一部分包含 generate 函数，第二部分包含 propagate 函数）中实现的第一个半字节（$a_3a_2a_1a_0 + b_3b_2b_1b_0$）的相加。多路选择器（标记为 m 的框）将进位从输入 c_i 传播到输出 c_o。异或门（标记为 x 的框）提供模 2 和，这些位可以存储在触发器中（最右边标记为 s_0 到 s_3 的框）。

1.5　FPGA 编程

FPGA 是一个可编程电路。如何对一个电路进行编程？当一个电路具有两种连续的操作模式时，则该电路是可编程的。

第一种模式是初始化，在存储结构中写入初始值。一旦该阶段完成，就开始第二个模式。第二个模式是使用初始化阶段存储的值进行计算。

FPGA 的初始化阶段就是用它们所表示的布尔函数的真值填充 LUT。

还需要将参与同一计算的 CLB 进行串联（例如清除加法器第一个 CLB 的输入 c_i，将其输出 c_o 连接到下一个 CLB 的输入 c_i）。

这个连接阶段用多路选择器完成（例如在 0 和 c_o 之间选择 c_i）。连接的初始化设置多路选择器的选择位。

FPGA 的所有资源（LUT 和 CLB 间链路）都由构成比特流的位序列初始化。该比特序列是从编程站（programming station，如你的计算机）发送的。它一位一位地进入 FPGA（称为串行传输）。每位都在 FPGA 中有其相应的位置。

一旦这个阶段完成，FPGA 就进入计算阶段，从而执行配置阶段分配给它的功能。实际上，编程阶段只持续几秒钟。

但仍然存在一个问题：如何在 FPGA 上将功能映射到其硬件实现上？

在 FPGA 的早期（即 20 世纪 80 年代中期），设计者绘制类似于图 1.2 所示的门电路。翻译器负责将这些门电路映射到 LUT 中。

很快，FPGA 变得又大又复杂，可以实现使用原理图难以定义（和不安全）的单元。

在这种情况下，硬件描述语言（Hardware Description Language，HDL）应运而生。VHDL（Very high speed integrated circuits HDL）和 Verilog 是两种最常用的 HDL。

有了 HDL，设计者不用绘制门电路，而是使用一种专门设计硬件的语言来描述电路行为，然后由编译器将描述的代码转换为比特流。

HDL 程序通过二进制操作或子程序调用，准确地描述了电路从输入到输出的行为。除了计算之外，该程序还表达了信号间的时序关系，即程序变量的变化与信号在电路中的传播时间有关。

在 90 年代中期，提出了一种更高层次的方法，这种方法是基于经典编程语言（如 C 或 C++）的。时序关系由翻译器负责。这个思路是通过程序来定义一个电路，让翻译器用 CLB 来实现相应的组件。这种方法就是 HLS（High Level Synthesis，高层次综合）。综合是指从源程序转化为电路结构，翻译器就是一个综合器。

例如，代码清单 1.2 中所示的 C 函数构建了一个 32 位的加法器。

代码清单 1.2　定义 32 位加法器的函数

```
void adder_ip(unsigned int   a,
              unsigned int   b,
              unsigned int  *c){
  *c = a + b;
}
```

HLS 将 C 语言代码转换为中间表示（其中之一是用于 HDL 程序的 RTL，即寄存器传输级表示法；从 RTL 开始，可以构建 VHDL 或 Verilog 程序）。

布局和布线软件将 RTL 映射到 CLB 上（布局阶段），然后通过使传播时间最小化并建立必要的连接（布线阶段）将 FPGA 中的 CLB 连接在一起。

最后，布局布线过程生成的比特流通过 USB 连线（通用串行总线）传输到 FPGA 中。

下一章将专门介绍 HLS、布局和布线软件的安装，以及如何使用它们来实现加法器。

参考文献

[1] https://www.xilinx.com/support/documentation/user_guides/ug474_7Series_CLB.pdf
[2] H. Amano, *Principles and Structures of FPGAs* (Springer, 2018)

Vitis_HLS、Vivado 和 Vitis IDE 工具的设置和使用

摘要

本章将介绍如何设置 Xilinx 工具，以在 FPGA 上实现一些电路并在开发板上进行测试。所有的工作将以一个实验的形式呈现，读者需要完成这个实验来学习如何使用 Vitis/Vivado 工具来设计、实现和运行 IP。

2.1 获取硬件

首先，读者应该购买一块开发板，该开发板将用于实现设计的 RISC-V 处理器。

任何带有 FPGA 和 USB 连接的开发板都适用。作者使用的是 Digilent 的 Pynq-Z1 开发板，配备有 Xilinx Zynq XC7Z020 FPGA[1]。该 FPGA 的容量足以容纳 RV32I ISA 子集。具有相同 FPGA 的等效 Pynq-Z2 板（来自 TUL[2]）也很好用，非常接近 Pynq-Z1。

Digilent 的 Basys3[3] 具有 Xilinx Artix-7 XC7A35T FPGA，也适合实现本书的目标。

旧的开发板也适用，如 Zybo（Zynq XC7Z020 FPGA）、Zedboard（Zynq XC7Z020 FPGA）或 Nexys4（Artix-7 XC7A100T FPGA）。

更昂贵的开发板，如 ZCU 102/104/106，其容量非常大。它们可以容纳比本书提供的 IP 更强大的 IP（例如，具有多于 8 个核或 hart 的多核或多 hart 处理器）。

通常来说，任何一个开发板，只要其上的 FPGA 中至少包含 1 万个 LUT，则足以容纳 RV32I RISC-V 核（LUT 数量越多，FPGA 容量越大）。但是，为了实现本书第二部分中提出的多核设计，要求容量更大的 FPGA，至少应该有 3 万个 LUT。

在 Xilinx Zynq-7000 FPGA 系列中，XC7Z010 FPGA 具有 1.8 万个 LUT。XC7Z020 FPGA 具有 5.3 万个 LUT。

在 Xilinx Artix-7 FPGA 系列中，XC7A35T 具有 3.3 万个 LUT。XC7A100T 具有 10.1 万个 LUT。

在 Xilinx UltraScale+ FPGA 系列中，XCZU7EV 具有 23 万个 LUT（ZCU104/106 板）。XCZU9EG 具有 27.4 万个 LUT（ZCU 102 板）。

作者测试过两种类型的开发板：嵌入 Artix-7 系列 FPGA 的开发板（如 Nexys4 和 Basys3）和嵌入 Zynq-7000 系列 FPGA 的开发板（Pynq-Z1、Pynq-Z2、Zybo 和 Zedboard）。

差异来自它们的接口方式。基于 Artix-7 的开发板通过 microblaze 处理器（microblaze 是一种类似于 MIPS CPU 的 Xilinx 软核处理器）访问 FPGA 的可编程部分。基于 Zynq 的开发板则通过 Zynq7 处理系统 IP 进行交互，该 IP 位于嵌入式 Cortex-A9 ARM 处理器和 FPGA 的可编程部分之间（读者可以在 Zynq Book[4] 的 Zedboard 的说明书中找到关于 Zynq 内部结构及其用途的详细描述）。

因为无论是 microblaze 还是 ARM 处理器都可以运行 C 程序，所以不同的处理器不会在编程时造成太大的差异。但是，在读者开发的 IP 应如何连接接口系统 IP（无论是 microblaze

还是 Zynq）这个问题上，还是存在差异。

如果读者是大学教师，则可以通过 XUP Xilinx 大学计划 [5] 申请免费的开发板（读者将收到一个 Pynq-Z2 板）。

对于其他读者来说，Pynq-Z2 开发板的成本约为 200 欧元（这是 2022 年第二季度的价格）（Pynq-Z1 开发板已不再出售）。Basys3 的 FPGA 较小，但仍够用，可以容纳本书中介绍的所有基于 RV32I 的 RISC-V 处理器，其售价为 130 欧元。

开发板是本书读者唯一需要购买的东西。其他所有东西都是免费的。

如果读者申请 XUP，则从申请到收到开发板可能需要几周时间。这就是作者要从这一步开始的原因。但与此同时，读者依然可以完成很多任务（除 2.7 节之外的所有部分均可完成）。

2.2　获取软件：Xilinx Vitis 工具

如果读者已经掌握如何使用 Vitis/Vivado，即 Vitis_HLS、Vivado 和 Vitis IDE，并且已经在计算机上安装了 Vitis，则可以跳到第 3 章去学习如何安装 RISC-V 工具。

首先给出关于不同软件与操作系统兼容性的重要提醒。

本书默认使用 Linux/Ubuntu（从 16.04 版本开始应该与 Vitis 兼容，本书中使用 Ubuntu 22.04 LTS "Jammy Jellyfish"）。本书还默认使用 Vitis 2022.1 或更高版本（如果读者使用的是旧版本，则本书的一些 HLS 代码可能无法综合，但它们肯定可以在 Vitis HLS 工具中仿真）。

如果读者使用 Windows 操作系统，则需要在自己喜欢的浏览器中查找软件安装程序。对于 RISC-V 仿真器，标准工具 spike 在 Windows 上不可用。据作者所知，可以在 Windows 上安装 Linux 虚拟机来运行 spike。也许读者应该考虑使用这种方式进行 RISC-V 仿真（并从本书使用的命令中学习一些 Linux 知识）。

如果读者使用 macOS X，则必须通过 Linux 虚拟机安装 Xilinx 工具。

如果读者使用其他 Linux 发行版（例如 Debian），则提供的说明应该或多或少有效。

Xilinx Vitis 软件适用于 Windows 和 Linux。如果读者使用 Windows，则会发现在启动 Xilinx 工具时的一些差异。一旦进入 Vitis 软件，Linux 和 Windows 之间就没有区别了。

读者可以从 Xilinx 网站上免费下载 Vitis 软件 [6]（需要在 Xilinx 上注册才能下载），下载网址见代码清单 2.1。

代码清单 2.1　下载 Vitis 软件的 Xilinx URL

```
https://www.xilinx.com/support/download/index.html/content/xilinx/en/downloadNav/
      vitis.html
```

在 Ubuntu 20.04 和 22.04 上，在安装 Vitis 之前，读者必须安装 libtinfo.so.5 库（"sudo apt-get install libtinfo5"），否则安装程序会挂起，如 https://support.xilinx.com/s/article/76616?language=en_US 所述。

本书假设读者将在 /opt/Xilinx 文件夹中安装软件。如果读者正在 Linux 计算机上工作，并下载了一个名为 Xilinx_Unified_2022.1_0420_0327_Lin64.bin 的文件（版本名称可能与本书的不同，特别是更新的版本）。读者必须将其设置为可执行文件，并使用代码清单 2.2 中的命令运行（在 sudo 模式下安装到 /opt/Xilinx 文件夹中）。这些命令在 goossens-book-ip-projects/2022.1/chapter_2 文件夹中的 install_vitis.txt 文件中可用。

代码清单 2.2 运行 Vitis 安装软件

```
$ cd $HOME/Downloads
$ chmod u+x Xilinx_Unified_2022.1_0420_0327_Lin64.bin
$ sudo ./Xilinx_Unified_2022.1_0420_0327_Lin64.bin
...
$
```

在安装程序中，读者应该选择安装 Vitis（Select Product to Install 页面中的第一项）。

安装是一个漫长的过程（可能需要几个小时，但主要取决于你的互联网连接速度；在我的计算机上，花费了 12 小时 45 分钟下载 65.77 GB，即每秒 1.43MB；安装本身只需要 30 分钟）。

安装需要大量的磁盘空间（272 GB），读者可以通过取消选择一些设计工具（真正需要的是 Vitis、Vivado 和 Vitis HLS）和一些设备（对于 PynqZ1/Z2 板，需要 SoC 设备；对于 Basys3 板，需要 7 系列设备）来减少一些空间。

自 2022 年 4 月以来，git 已升级以应对安全漏洞。如果读者没有安装最新版本或最近没有升级过 git 的版本，则应该使用 "git --version" 命令进行检查（读者的版本应该高于或等于 2.35.2）。运行代码清单 2.3 中的命令（它们在 chapter_2 文件夹中的 install_git.txt 文件中可用）。

代码清单 2.3 升级 git

```
$ sudo add-apt-repository -y ppa:git-core/ppa
$ sudo apt-get update
$ sudo apt-get install git -y
$
```

2.3 在 Vitis 软件中安装开发板的定义

从代码清单 2.4～2.6 中给出的 GitHub 网站中，下载以下三个文件中的任何一个：pynq-z1.zip、pynq-z2.zip、master.zip。如果读者有 Pynq-Z1 板，则选择第一个；如果有 Pynq-Z2 板，则选择第二个；如果有 Basys3 板，则选择第三个。Digilent 网站上的 master.zip 文件中还包含许多其他板的定义，其中包括 Nexys4、Zybo 和 Zedboard；如果读者找不到 zip 文件，请使用首选浏览器搜索 "pynq-z1 pynq-z2 basys3 board file"。

代码清单 2.4 下载 pynq-z1.zip 文件的 GitHub 地址

```
https://github.com/cathalmccabe/pynq-z1_board_files
```

代码清单 2.5 下载 pynq-z2.zip 文件的 GitHub 地址

```
https://dpoauwgwqsy2x.cloudfront.net/Download/pynq-z2.zip
```

代码清单 2.6 下载 master.zip 文件的 GitHub 地址

```
https://github.com/Digilent/vivado-boards/archive/master.zip
```

解压缩 zip 文件，并将提取的文件夹（主文件夹及其子文件夹）放入 Vitis 安装目录中的 /opt/Xilinx/Vivado/2022.1/data/boards/board_files 目录中（创建缺少的 board_files 文件夹）。

2.4 安装图书资源

要安装图书资源，请运行代码清单 2.7 中的命令（在 chapter_2 文件夹中的 install_book_resources.txt 中；由于读者尚未克隆资源，因此应从 GitHub 存储库获取文件）。

代码清单 2.7 克隆图书资源文件夹

```
$ cd
$ git clone
https://github.com/goossens-springer/goossens-book-ip-projects
...
$
```

读者将在 HOME 目录中新创建的 goossens-book-ip-projects 文件夹中完成所有的实验。

2.5 使用软件

与 my_adder_ip 相关的所有源文件和 shell 命令文件都可以在 chapter_2 文件夹中找到。

Vitis 软件功能强大，代码规模也非常可观，读者只会使用其中很小的一部分。为了快速专注于对读者有用的内容，我们将设计一个小但完整的示例 IP。

示例 IP 是第 1 章介绍的加法器，它接收两个 32 位整数作为输入，输出它们的和对 2^{32} 取模的结果。

读者将编写两个 C 代码片段，一个用于描述组件，另一个使用该组件。C 代码可以通过任何文本编辑工具输入，但建议使用 Vitis_HLS 工具的图形用户界面（Graphical User Interface，GUI）。

在构建项目之前，请确保已安装 build-essential 软件包。尝试运行代码清单 2.8 中的命令（此命令在 chapter_2 文件夹中的 install_build-essential.txt 文件中）来检查是否安装正确。

代码清单 2.8 安装 build-essential 包

```
$ sudo apt-get install build-essential
...
$
```

在终端键入代码清单 2.9 中显示的命令（这些命令在 chapter_2 文件夹中的 start_vitis_hls.txt 文件中）即可启动 GUI 环境。

代码清单 2.9 设置所需的环境并启动 Vitis_HLS

```
$ cd /opt/Xilinx/Vitis_HLS/2022.1
$ source settings64.sh
$ cd $HOME/goossens-book-ip-projects/2022.1
$ vitis_hls&
...
$
```

在 Linux 的 Debian 发行版上，在启动 Vitis_HLS 之前，可能需要更新 LD_LIBRARY_PATH 环境变量（导出 "LD_LIBRARY_PATH=/usr/lib/x86_64-linux-gnu:$LD_LIBRARY_PATH"）。

2.5.1 创建项目

进入 Vitis_HLS 工具后（见图 2.1），将看到 Vitis_HLS 欢迎页面，单击 Project/Create Project。

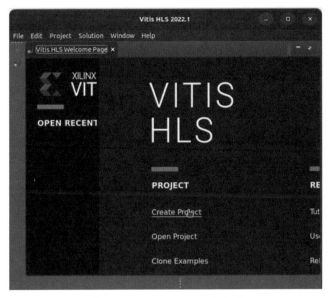

图 2.1　Vitis_HLS 工具欢迎页

　　这将打开一个对话框（New Vitis_HLS Project/Project Configuration，见图 2.2），需要在其中填写项目名称（例如 my_adder_ip，作者通常使用 _ip 后缀命名 Vitis_HLS 项目）。然后单击 Next 按钮。

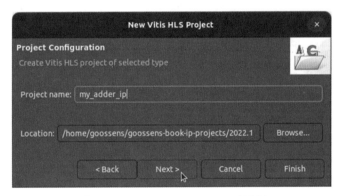

图 2.2　Project Configuration 对话框

　　将打开下一个对话框（New Vitis_HLS Project/Add/Remove Design Files，见图 2.3），需要为顶层函数命名（例如 my_adder_ip，作者通常将 Vitis_HLS 项目及其顶层函数命名为相同名称）。此名称将用于构建 IP。可以将 Design Files 框留空（稍后将添加设计文件）。然后单击 Next。

　　在下一个对话框（New Vitis_HLS Project/Add/Remove Testbench Files，见图 2.4）中，可以将 TestBench Files 框留空（稍后将添加测试文件）。然后单击 Next。

　　在 Solution Configuration 对话框中（见图 2.5），需要选择要针对哪个开发板进行开发。在 Part Selection 框中，单击 "..." 框。

　　在 Device Selection 对话框（见图 2.6）中，单击 Boards 按钮。

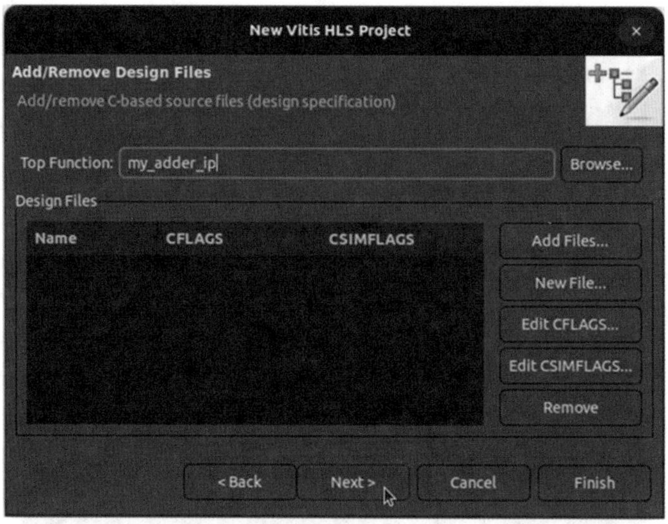

图 2.3 用于命名顶层功能的 Add/Remove Design Files 对话框

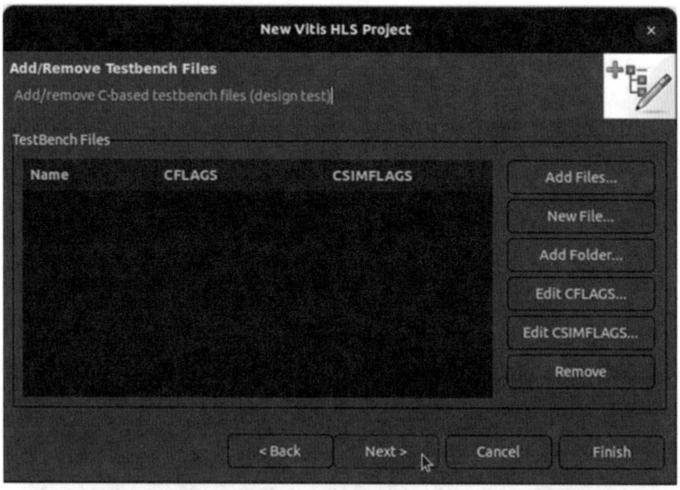

图 2.4 Add/Remove Testbench Files 对话框

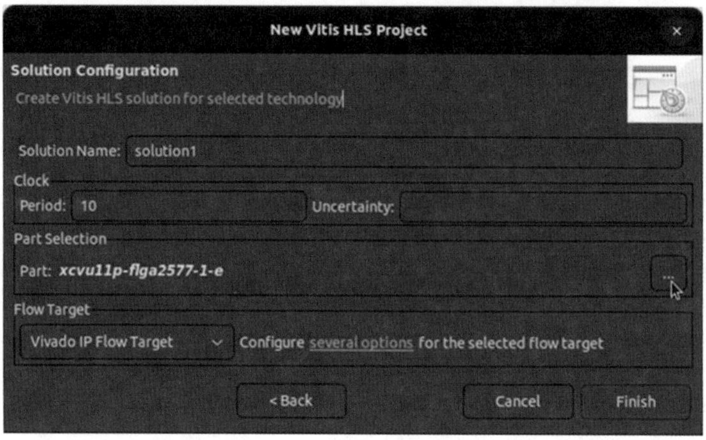

图 2.5 选择开发板的 Solution Configuration 对话框

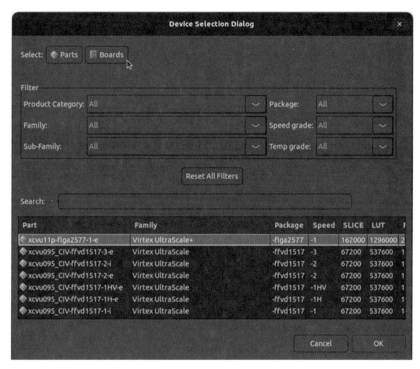

图 2.6　选择开发板的 Device Selection 对话框

在 Search 框（见图 2.7）中，输入 z1、z2 或 basys3（根据使用的开发板而定，即使手头没有开发板实物，也可以继续）。选择开发板（当前以 Pynq-Z1，xc7z020clg400-1 为例），然后单击 OK 按钮（如果在提供的选择中看不到目标开发板，则意味着还没有正确安装开发板文件）。

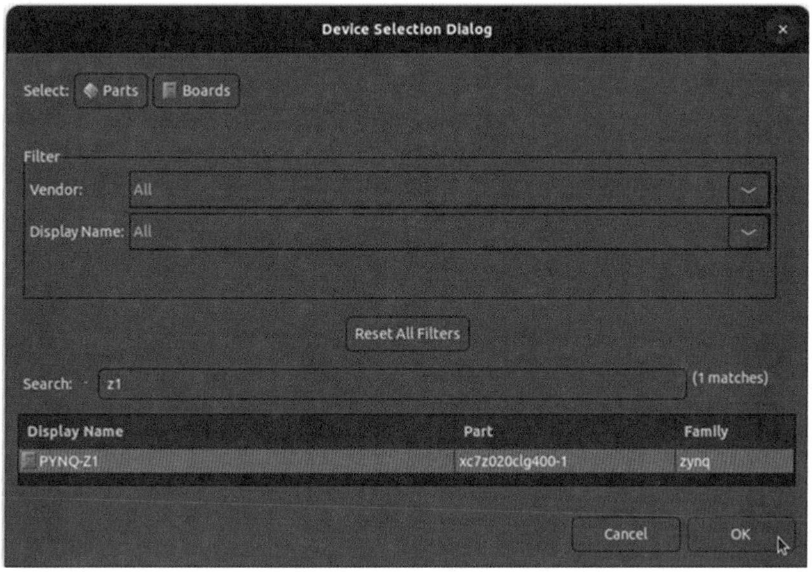

图 2.7　选择 Pynq-Z1 开发板

回到 Solution Configuration 对话框。单击 Finish 按钮以创建自己的 Vitis_HLS 项目框架（见图 2.8）。

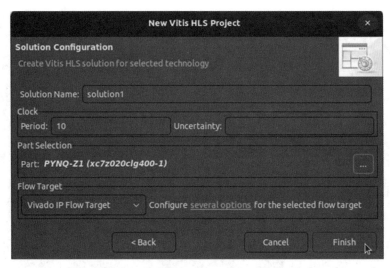

图 2.8 完成 Vitis_HLS 项目创建

2.5.2 创建 IP

在准备好项目之后,下一步是添加一些内容。读者将添加两部分内容,一部分是加法器 IP,另一部分用于仿真验证。

在创建项目后,Vitis_HLS 工具会打开基于 Eclipse 的主窗口,名称为"Vitis_HLS 2022.1-my_adder_ip"(见图 2.9)。

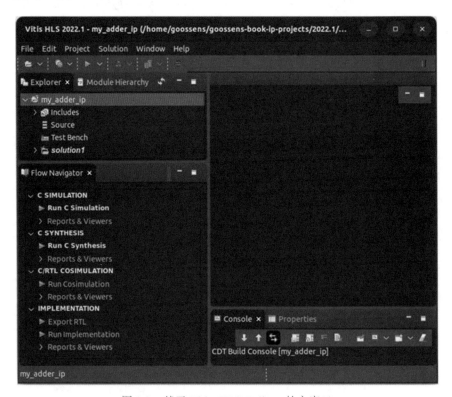

图 2.9 基于 Vitis_HLS Eclipse 的主窗口

本书不会描述所有可能性，现在只描述源文件和测试文件的编辑。

IP 应该通过一个 void 类型的顶层函数进行设计，该函数描述一个组件。

组件具有一个引脚布局，该引脚布局是与组件交互的唯一方式，除此之外没有其他方式可以与组件进行交互。设计者不能观察或修改组件内部，这意味着不应提供观察手段或能够修改内部实现的函数。

组件可以是组合式电路或时序电路。如果是组合电路，其输出是输入的组合。如果是时序电路，输出是输入和内部状态的组合。电路的内部状态能够被记忆。时序组件是受时钟控制的，在每个时钟周期的开始，内部状态会被更新。

内部状态是通过输入引脚初始化的。不应该直接从 IP 外部对内部状态进行操作，无论是要进行设置还是观察其值。

例如，处理器是时序组件，其内部状态包括寄存器文件。寄存器文件对处理器外部不可见。处理器定义可能包括一个初始化阶段（即复位阶段），以清除寄存器文件的内容，并且包括一个结束阶段，将其转储到内存（即停止阶段）。但是，外部世界根本不能直接访问寄存器文件。

加法器（adder）是一个组合电路，它没有内部状态。但是，读者的处理器设计将是具有内部状态的时序 IP。

为了表示组件及其引脚排列，将使用一个 void 函数原型。函数参数是引脚排列，其中输入参数作为输入引脚，输出参数作为输出引脚。

在 my_adder_ip 示例中，有两个输入和一个输出。两个输入是要相加的字（32 位整数），输出是表示和的字（另一个 32 位整数）。代码清单 2.10 显示了 my_adder_ip 函数原型。

代码清单 2.10 my_adder_ip 组件原型或引脚输出

```
void my_adder_ip(unsigned int  a,
                 unsigned int  b,
                 unsigned int *c);
```

输入参数为数值，输出参数为指针。

当对设计的组件进行仿真时，将使用一个 main 函数来调用 my_adder_ip 函数。这个调用将具有硬件意义：将输入应用到组件中，让它产生输出并将其保存到 unsigned int c 的位置。

在 main 函数中，在调用 my_adder_ip 之后，将输出 *c 的值，以仿真 c 引脚上的电平变化情况。

在 FPGA 中，参数 a、b 和 c 将被映射为连接到可编程部件内的 my_adder_ip 芯片的存储节点。

在 Vitis_HLS GUI 中，用右键单击资源管理器框架中的 Source 按钮，选择 New Source File（见图 2.10）。

在导航窗口中，导航到 my_adder_ip 文件夹，打开它，将新文件命名为 my_adder_ip.cpp，然后单击 Save 按钮（见图 2.11）。新文件将被添加到资源中，如图 2.12 所示。中间的 my_adder_ip.cpp 标签页供读者编辑自己的顶层函数，my_adder_ip 顶层函数代码见代码清单 2.11。从 chapter_2 文件夹中复制 / 粘贴 my_adder_no_pragma_ip.cpp 文件。

代码清单 2.11   my_adder_ip 顶层函数代码

```
void my_adder_ip(unsigned int  a,
                 unsigned int  b,
                 unsigned int *c){
  *c = a + b;
}
```

你的 Vitis_HLS 窗口中的 my_adder_ip.cpp 选项应该与图 2.13 相似。最后保存文件。

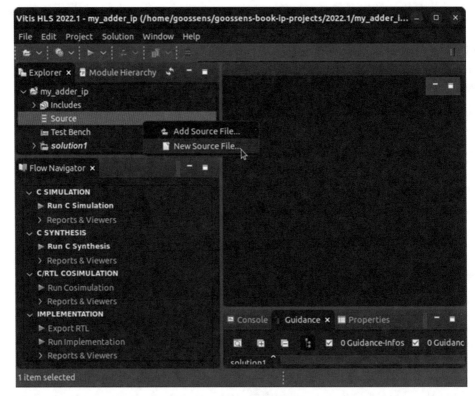

图 2.10   添加新的源文件

图 2.11   在 my_adder_ip 文件夹中添加新的 my_adder_ip.cpp 源文件

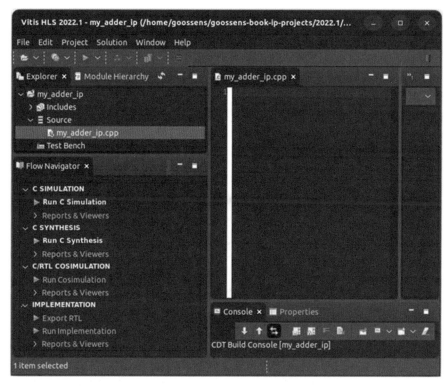

图 2.12　添加 my_adder_ip.cpp 源文件

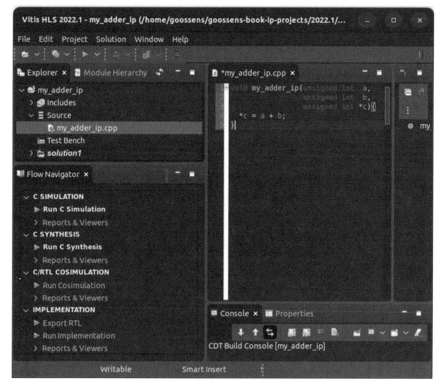

图 2.13　Vitis_HLS 窗口中的 my_adder_ip 顶层函数

2.5.3 仿真 IP

在将 IP 实现到 FPGA 上之前，最好先对其进行测试。在 FPGA 上对设计进行布局和布线可能需要很长时间（根据设计复杂性和计算机效率而定，可能需要几秒钟到几个小时）。为了避免反复等待，使用 Vitis_HLS 工具提供的仿真器进行 HLS 代码调试是一种好的做法。对于这样的仿真，需要在 testbench 文件中提供一个 main 函数，其作用是创建组件，运行并观察其行为。

在 Explorer 框中右键单击 Test Bench 按钮，选择 New Test Bench File（见图 2.14）。

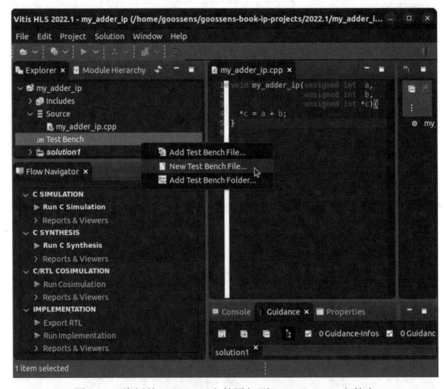

图 2.14　将新的 testbench 文件添加到 my_adder_ip 文件夹

在导航窗口中，将新的测试文件命名为 testbench_my_adder_ip.cpp，然后单击 Save 按钮（见图 2.15），将添加新的测试文件，如图 2.16 所示。

单击中心区域的 testbench_my_adder_ip.cpp 选项卡，将其填充为代码清单 2.12 中的代码（从 chapter_2 文件夹中复制 / 粘贴 testbench_my_adder_ip.cpp 文件）。

代码清单 2.12　testbench 文件及其 main() 函数

```
#include <stdio.h>
void my_adder_ip(unsigned int  a,
                 unsigned int  b,
                 unsigned int *c);
int main(){
  unsigned int a, b, c;
  a = 10000;
  b = 20000;
  my_adder_ip(a, b, &c);
  printf("%d + %d is %d\n", a, b, c);
```

```
    if (c != (a+b)) return 1;
    else return 0;
}
```

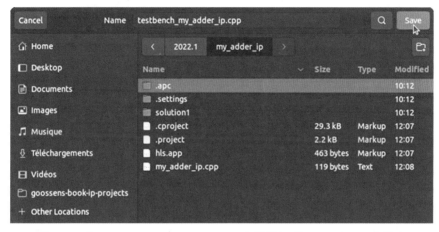

图 2.15　将 testbench_my_adder_ip.cpp 文件添加到 my_adder_ip 文件夹

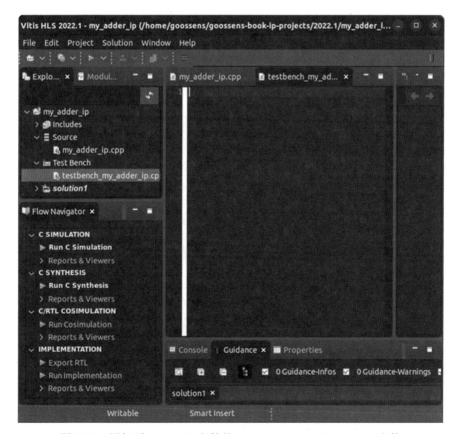

图 2.16　添加到 testbench 文件的 testbench_my_adder_ip.cpp 文件

在 Vitis_HLS 窗口中，testbench_my_adder_ip.cpp 选项卡看起来应该与图 2.17 类似。

要进行仿真，请在窗口左下角的 Flow Navigator 框中单击 C SIMULATION / Run C Simulation 按钮（见图 2.18）。

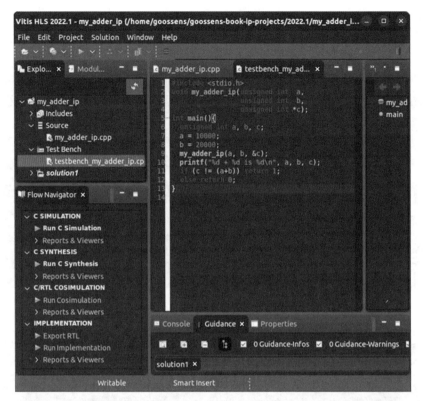

图 2.17 Vitis_HLS 窗口中的 testbench_my_adder_ip 函数

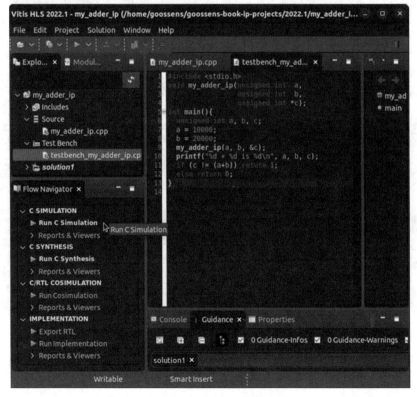

图 2.18 启动 C 仿真

在 C Simulation 对话框中，单击底部的 OK 按钮（将所有框都保留为未选中，见图 2.19）。

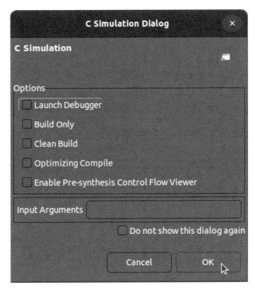

图 2.19　单击 OK 按钮启动 C 仿真

然后就可以看到编译和运行的结果（见图 2.20）。

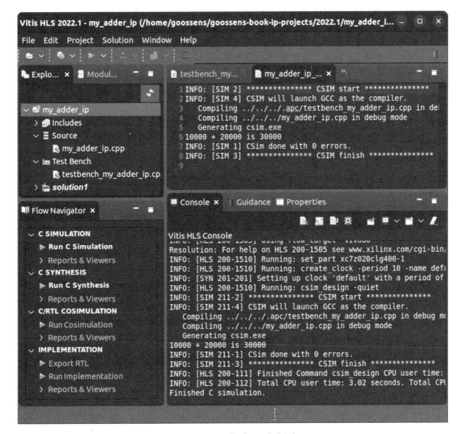

图 2.20　C 仿真日志报告

运行结果（即输出"10,000 + 20,000 is 30,000"）显示在 my_adder_ip_csim.log 选项卡中显示的输出的中间部分。

在 Linux/Ubuntu 上，如果仿真报告缺少文件，这意味着必须安装一些缺少的库。例如，如果 features.h 是缺失的文件，则安装 g++-multilib 库（运行 sudo apt-get-install g++-multilib 命令）。要知道应安装什么，请尝试使用缺失的文件消息进行查询。

2.5.4　综合 IP

要将 C 代码转换为可综合的 IP，需要在综合器中添加一些指示。例如，必须指定输出引脚在 FPGA 上的映射方式。这些指示是通过编译指示（pragma）给出的。Vitis_HLS 环境提供了许多本书中将逐步使用的 HLS 编译指示。现在，只将 HLS INTERFACE 编译指示用于输出引脚。

请更新 my_adder_ip.cpp 文件，按照代码清单 2.13 中所示的指示进行（可以从 chapter_2 文件夹中复制 / 粘贴 my_adder_ip.cpp 文件）。为 my_adder_ip 顶层函数的每个参数添加一个 HLS INTERFACE 编译指示，再添加一个名为 return 的指示以控制 IP 的启动和停止。

代码清单 2.13　　HLS INTERFACE 编译指示

```
void my_adder_ip(unsigned int  a,
                 unsigned int  b,
                 unsigned int *c){
#pragma HLS INTERFACE s_axilite port=a
#pragma HLS INTERFACE s_axilite port=b
#pragma HLS INTERFACE s_axilite port=c
#pragma HLS INTERFACE s_axilite port=return
  *c = a + b;
}
```

使用 Flow Navigator 框中的 C SYNTHESIS/Run C Synthesis 按钮（见图 2.21）来对 IP 进行综合。

此时会打开一个 C Synthesis-Active Solution 窗口，其中包含了综合参数（主要是使用的开发板，本书使用的是 Pynq-Z1）。单击 OK 按钮即可启动综合过程（见图 2.22）。

综合会输出一个综合报告，可以在标签为 Synthesis Summary(solution1) 的选项卡中查看（见图 2.23）。

报告显示，加法器 IP 的预计延迟为 4.552ns，不确定度（uncertainty）为 2.70ns（如果使用不同型号的 FPGA 或不同版本的 Vitis_HLS，这些数据可能会有所不同）。

在资源使用方面，大约使用了 FPGA 中 53 200 个可用 LUT 中的 271 个，106 400 个可用 FF（触发器）中的 150 个。真实的资源利用率将在 Vivado 工具中进行设计布局和布线后给出。

在 Flow Navigator 框中，单击 C SYNTHESIS/Reports & Viewers/Schedule Viewer（见图 2.24）。

打开 Schedule Viewer 选项卡，在其中可查看仿真的计算过程（见图 2.25）。

从输入引脚上同时读入 a 和 b（b_read(read) 和 a_read(read)），然后执行加法（标记为 add_ln8(+)，参考 my_adder_ip.cpp 文件的第 8 行），最后将结果复制到输出引脚 c 上（c_write_ln8(write)）。

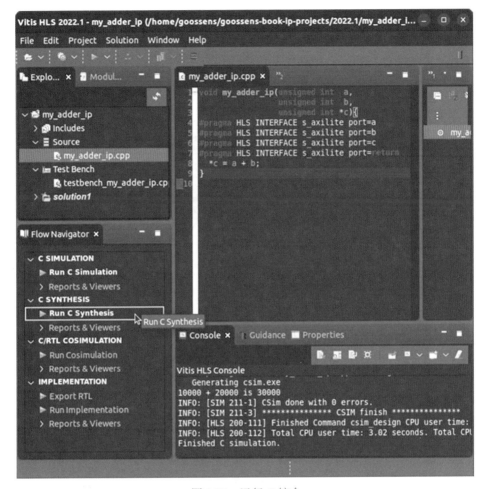

图 2.21　运行 C 综合

图 2.22　确认实现参数

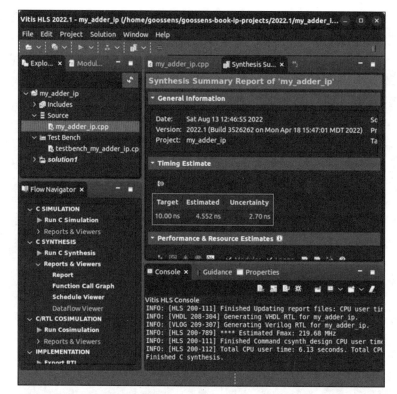

图 2.23   C 综合报告

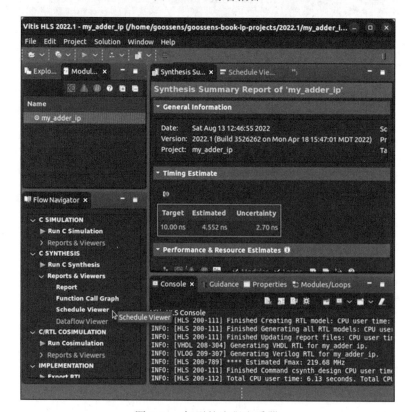

图 2.24   打开的流程查看器

持续时间为一个 FPGA 周期（周期 0），即 10ns。时间关系表显示结果在周期结束之前被计算出来。

如果单击 add_ln8(+) 行，将会以高亮蓝色箭头显示输入、计算和输出之间依赖关系（见图 2.26）。

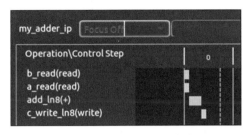

图 2.25　加法器 IP 仿真的计算过程

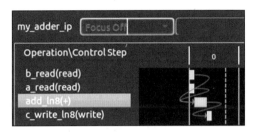

图 2.26　相关性

如果单击最下方的 Properties 选项卡，将显示加法涉及的输出信号的属性（见图 2.27）：和的位宽（32 位）、延迟（2.55ns）。

图 2.27　信号属性

如果在 add_ln8(+) 行上单击右键并选择 Goto Source（见图 2.28），将在最下方的 C Source 选项卡中显示源代码（见图 2.29）。涉及的行将用蓝色背景突出显示。

成功地综合了加法器后，可以尝试进行协同仿真，即运行两个仿真。其中一个仿真是前面已经完成的 C 仿真，它产生了预期的结果。另一个仿真是对电路的 HDL 描述和 FPGA 的简化库模型的逻辑仿真。将该仿真的输出与 C 仿真进行比较，如果它们匹配，就意味着 FPGA 中的信号传播产生的最终结果与 C 仿真计算出的最终结果相同。

在 Flow Navigator 框中，单击 C/RTL COSIMULATION/Run Cosimulation（见图 2.30）来运行协同仿真。

单击对话框底部的 OK 按钮（见图 2.31）。

my_adder_ip 的协同仿真报告（Cosimulation Report）应在显示的 General Information 的状态条目中显示 Pass（见图 2.32）。

IP 可以导出到 Vivado 工具中可用的组件库中。

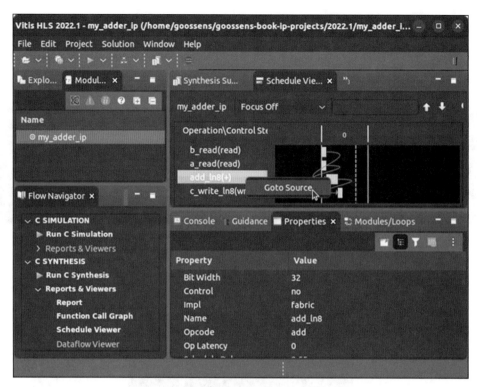

图 2.28　选择 Goto Source

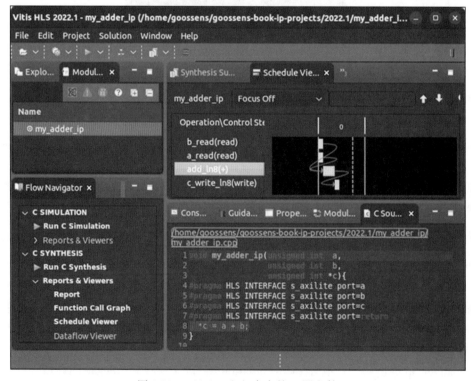

图 2.29　add_ln8（+）来自的 C 源文件

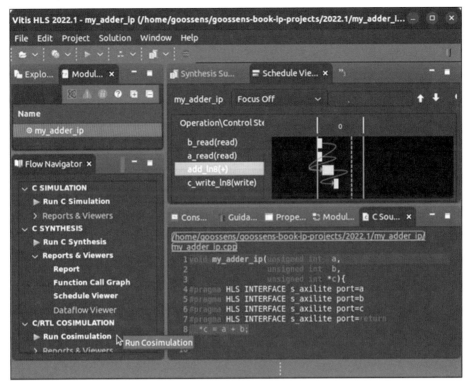

图 2.30　协同仿真

图 2.31　C/RTL 协同仿真对话框

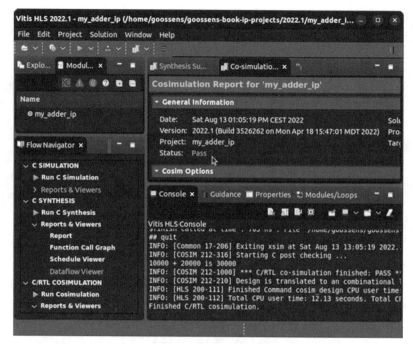

图 2.32 协同仿真报告

要导出由综合构建的 RTL 文件，请单击 IMPLEMENTATION/Export RTL（见图 2.33）。

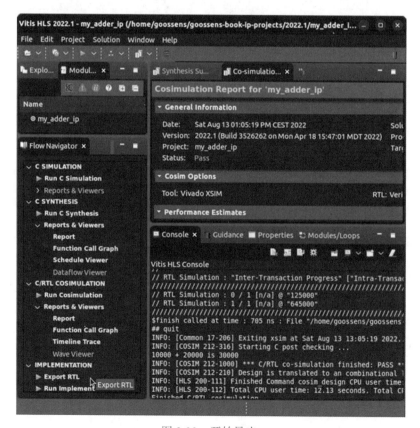

图 2.33 开始导出

在对话框中单击 OK 按钮（见图 2.34）。

单击 Console 选项卡。Console 框（见图 2.35）应报告导出已完成（这意味着成功）。

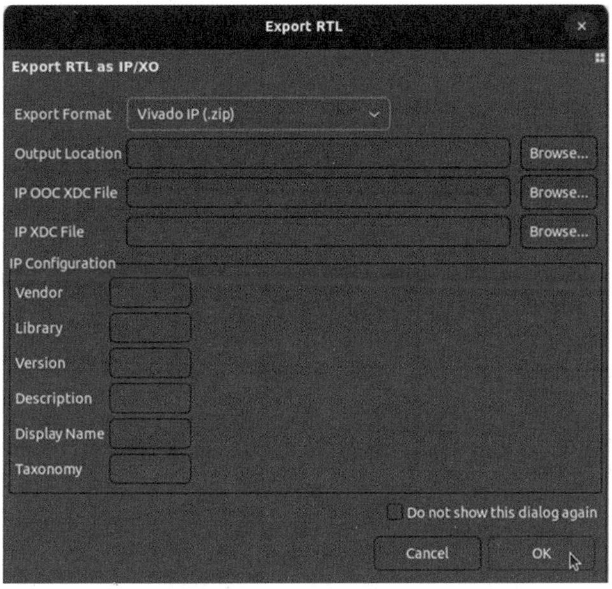

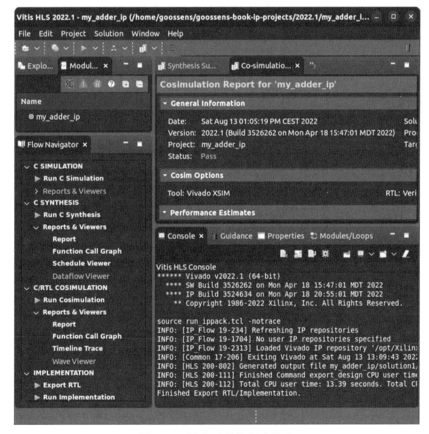

图 2.34　Export RTL 对话框

图 2.35　导出后的控制台输出

运行导出的 RTL 文件是在 FPGA 板上测试设计之前的最后一步。单击 IMPLEMENTATION/
Run Implementation（见图 2.36）。在 Run Implementation 对话框中，更改默认选择，选中
"RTL Synthesis，Place & Route"选项，然后单击 OK 按钮（见图 2.37）。

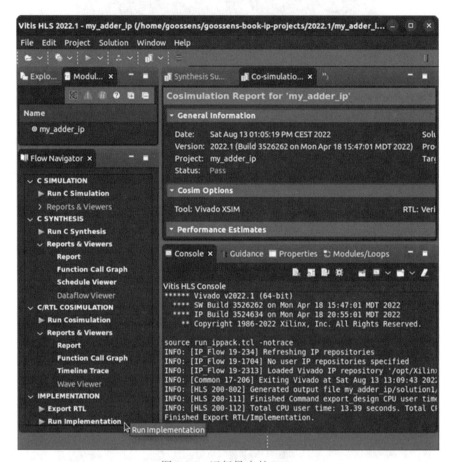

图 2.36　运行导出的 RTL

报告显示最终资源使用情况和 IP 的时序信息，如图 2.38 所示（这些仍然是估计值；它
们可能与在 Vivado 中进行的实际实现不同；此外，如果使用的是不同型号的 FPGA 或不同
版本的 Vitis_HLS，则可能会有不同的值）。该设计使用 128 个 LUT 和 150 个 FF（Flip-Flop），
没有使用 RAM 块（BRAM）。

2.6　使用 Vivado 创建设计

如果读者已经熟悉 Vivado 和 Vitis IDE 或 Vivado SDK，则可以直接阅读第 3 章。要对
FPGA 进行编程，需要从导出的 RTL 生成一个比特流文件。这应该在另一个名为 Vivado 的
工具中完成。

要启动 Vivado GUI，需要在终端中键入代码清单 2.14 中所示的命令（这些命令可以在
chapter_2 文件夹的 start_vivado.txt 文件中找到）。

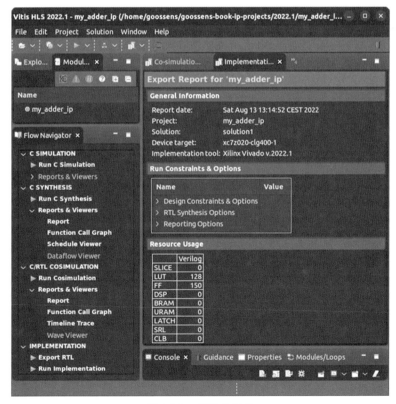

图 2.37　实现运行的对话框

图 2.38　实现的报告

代码清单 2.14 启动 Vivado GUI 工具

```
$ cd /opt/Xilinx/Vitis_HLS/2022.1
$ source settings64.sh
$ cd $HOME/goossens-book-ip-projects/2022.1
$ vivado&
...
$
```

将会打开一个新窗口（见图 2.39），可以在其中选择 Quick Start/Create Project。

图 2.39　Vivado 的 Quick Start 页面

在 "New Project/Create a New Vivado Project" 页面，单击 Next 按钮。在 New Project/Project Name 页面，对项目进行命名（例如，将 project_1 替换为 z1_my_adder_ip；作者总是使用目标开发板的名称作为前缀，加上 Vitis_HLS 项目的名称来命名 Vivado 项目）。选择 my_adder_ip 作为主机文件夹（见图 2.40）。取消选择 "Create project subdirectory" 选项，单击 Next 按钮。

在 Project Type 页面（见图 2.41），确保选中 "Do not specify sources at this time" 框，然后单击 Next 按钮。

在 Default Part 页面（见图 2.42）中，单击 Boards 选项卡。

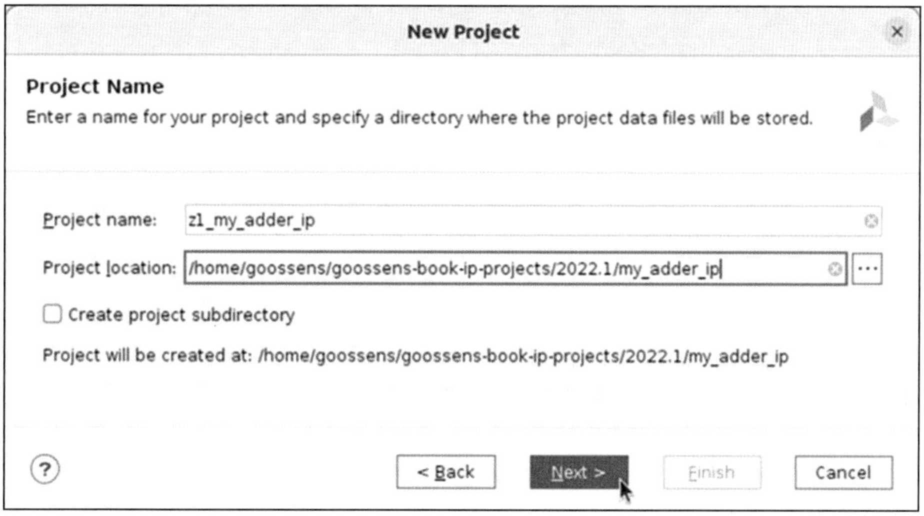

图 2.40 Vivado 的 Project Name 页面（设置名称和路径）

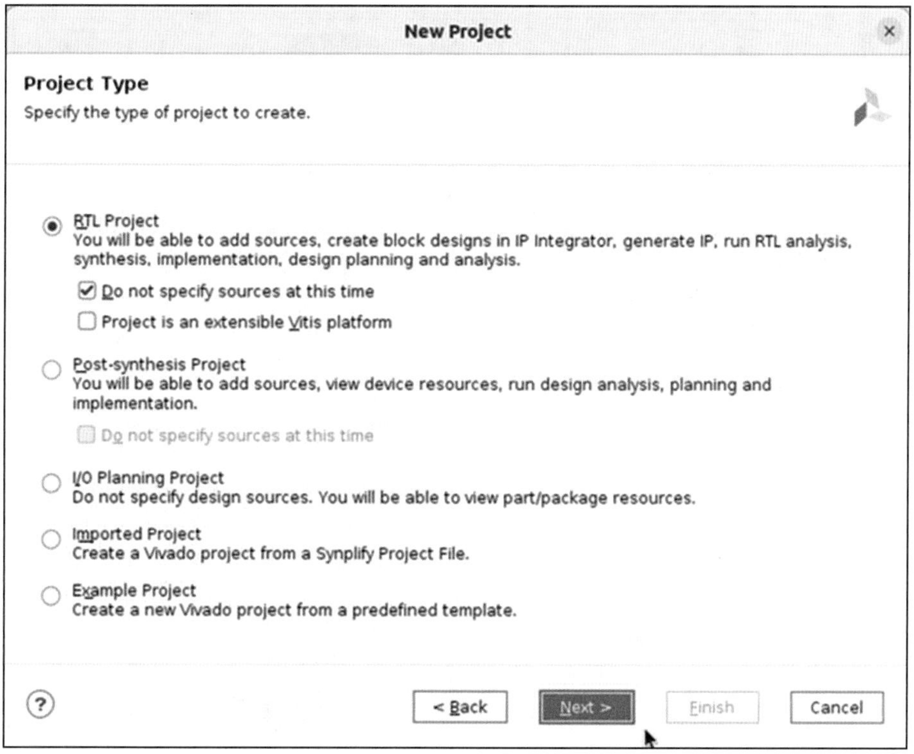

图 2.41 Vivado 的 Project Type 页面

在 Search 框中键入 z1（或 z2，或 basys3）。选择板（见图 2.43）并单击 Next 按钮。

在 New Project Summary 页面，检查是否将 Pynq-Z1 板（或 Pynq-Z2，或 Basys3）作为 Default Board（否则，返回上一页面并如上所述选择开发板）。单击 Finish 按钮（见图 2.44）。

打开"z1_my_adder_ip"项目页面（见图 2.45）。

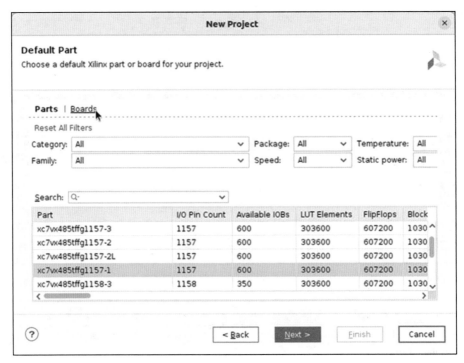

图 2.42　Vivado 的 Default Part 页面

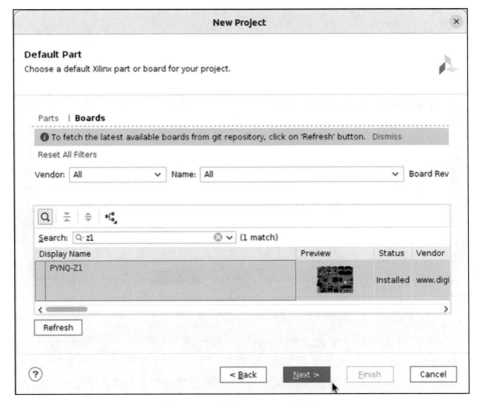

图 2.43　选择 Pynq-Z1 开发板

图 2.44　Vivado 的 New Project Summary 页面

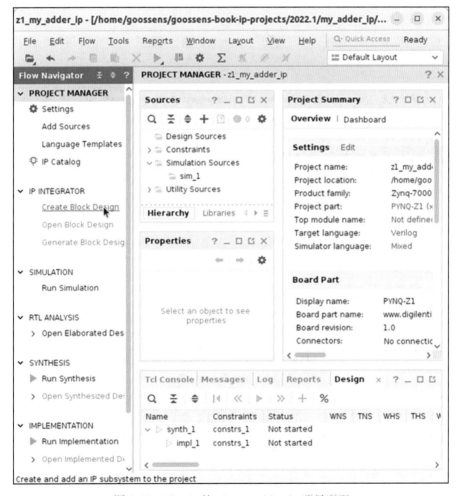

图 2.45　Vivado 的 z1_my_adder_ip 项目页面

在左面板中，选择 Create Block Design。

在图 2.46 所示的对话框中，命名设计（或像作者一样保留为 design_1）并单击 OK 按钮。

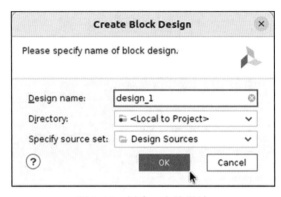

图 2.46　创建一个块设计

这将会打开一个空块设计（见图 2.47）。

以下内容（直到有进一步的提示）适用于基于 Zynq 的开发板（例如 Pynq-Z1、Pynq-Z2、Zedboard、Zybo）。

在右侧，可以看到一个有"+"按钮的 Diagram 框，（见图 2.47 中的指针位置）。单击该按钮。

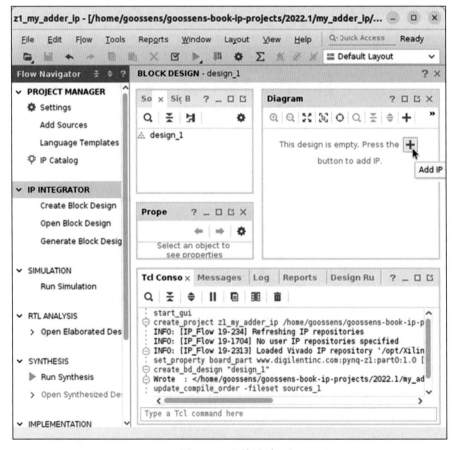

图 2.47　空块设计

在给出的列表中向下滚动，选择"ZYNQ7 Processing System"（见图 2.48）。

Diagram 框的中心会出现一个 ZYNQ 组件（见图 2.49）。该组件将与基于 Zynq 的开发板 FPGA 中的特性等效匹配。该组件用于将加法器 IP 与嵌入式 ARM 处理器接口（ARM 处理器本身作为 ZYNQ7 处理系统 IP 与主机计算机接口）。

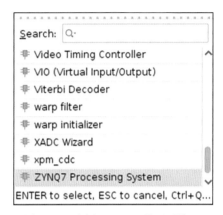

图 2.48 选择 ZYNQ7 处理系统 IP

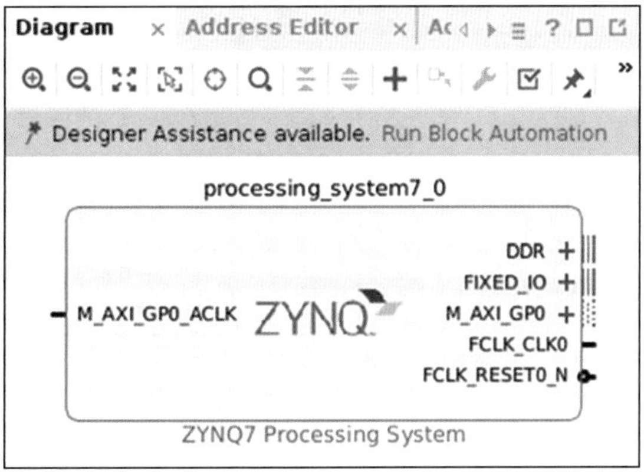

图 2.49 将 ZYNQ7 处理系统 IP 添加到块设计中

Diagram 框顶部有一条绿线指示"Run Block Automation"。这是为了将组件连接到开发板环境。单击它，在对话框（见图 2.50）中，保持设置不变，然后单击 OK 按钮。

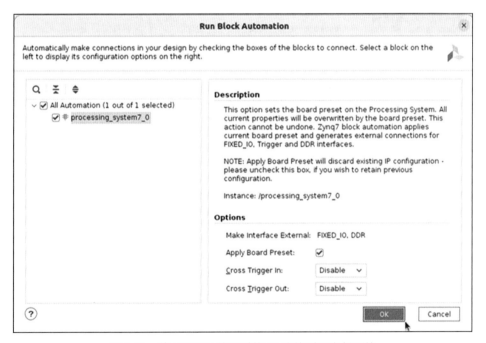

图 2.50 将 ZYNQ7 处理系统 IP 连接到开发板环境

diagram 框显示 ZYNQ7 处理系统 IP 连接到一些输出引脚（见图 2.51）。

以下（直到有进一步的提示）适用于基于 Artix-7 的开发板（例如 Basys3 或 Nexys4）。

对于基于 Artix-7 的开发板，添加的是 microblaze IP，而不是 ZYNQ7 处理系统 IP。在 Run Block Automation 后，在"Options/Debug Module"中选择"Debug&UART"。在 Run Connection Automation 后，在图中选择"diff_clk_rtl"引脚并将其删除。在 BLOCK

DESIGN 框中的 Board 选项卡中，双击 System Clock 以将其连接到你的设计中。然后就可以像其他开发板一样继续操作。

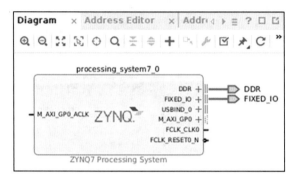

图 2.51　ZYNQ7 处理系统 IP 连接到开发板环境的引脚

以下（直到有进一步的提示）适用于所有开发板。

在上排菜单中，选择"Tools/Settings"（见图 2.52）。

图 2.52　选择 Settings 工具

在"Project Settings"框中（见图 2.53），展开 IP 条目。

单击"Repository"按钮（见图 2.54）。

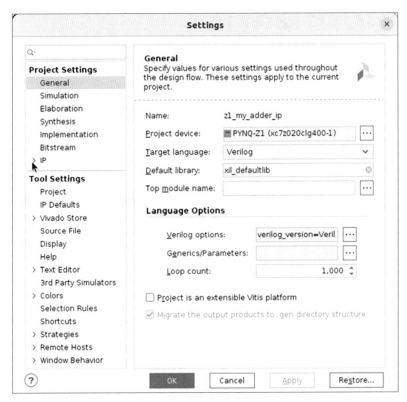

图 2.53　Settings 对话框

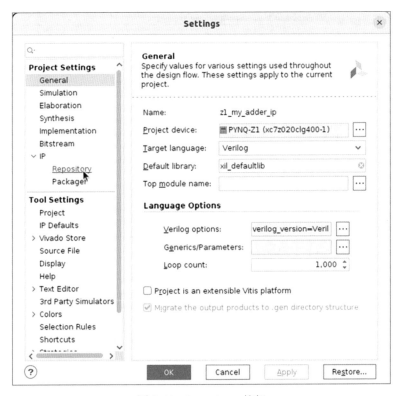

图 2.54　Repository 按钮

在右边框中，单击"+"按钮（见图 2.55）。

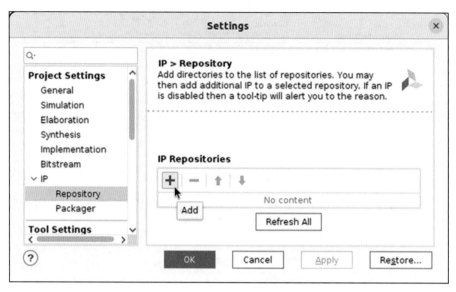

图 2.55 添加库

选择合适的文件夹，例如，保存 Vitis_HLS my_adder_ip 项目的文件夹（见图 2.56）。

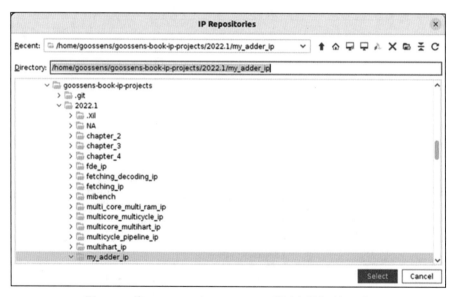

图 2.56 将 Vitis_HLS my_adder_ip 项目库添加到 IP 库

单击 Select 按钮。消息框将显示已向 Vivado 项目可用的 IP 中添加了 IP 库（见图 2.57）。

单击 OK 按钮，然后在 Settings 页面再次单击 OK 按钮。

在 Diagram 框中，单击"+"按钮（见图 2.58）。

向下滚动滚动条并选择"My_adder_ip"（这是你的加法器，见图 2.59）。

Diagram 框显示已添加的 My_adder_ip（见图 2.60）。

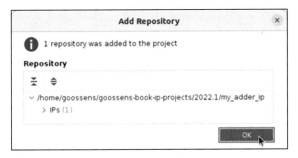

图 2.57 添加了库信息消息

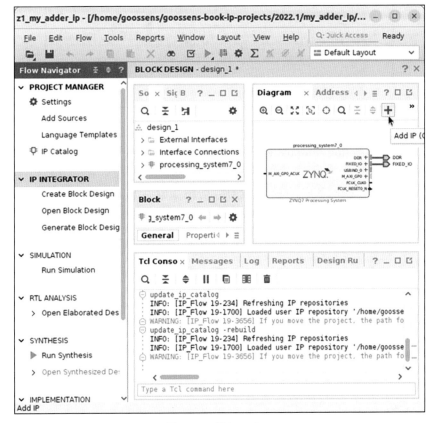

图 2.58 添加一个 IP

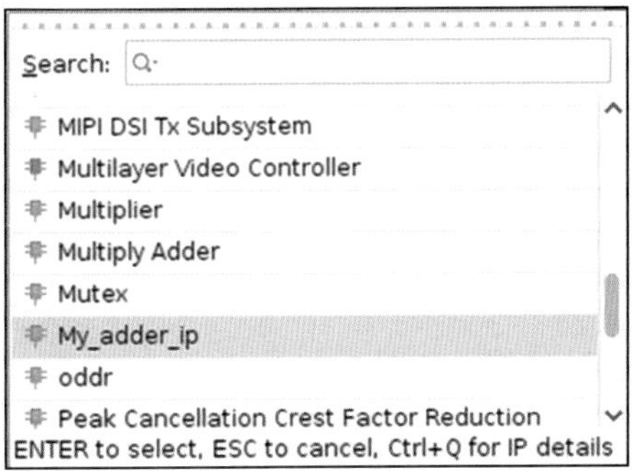

图 2.59 选择 My_adder_ip

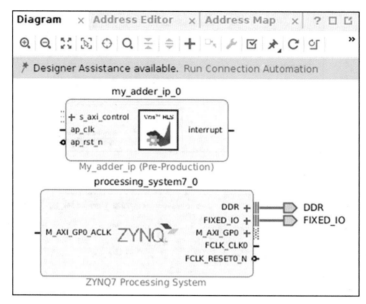

图 2.60 具有两个 IP 的模块设计

单击"Run Connection Automation"令 Vivado 将其连接到周围的组件。保持设置不变，然后单击 OK 按钮。

Diagram 框显示完全完成的模块设计（见图 2.61，它显示的是单击"Regenerate Layout"按钮后的图，此按钮位于图框的主按钮栏右侧，它看起来像一个不封闭的环路）。

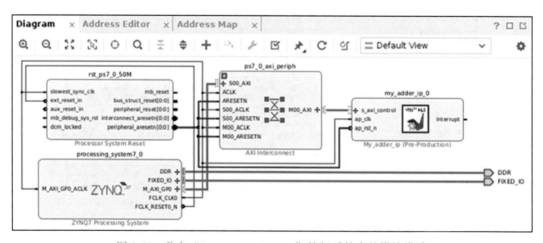

图 2.61 单击"Regenerate Layout"按钮后的完整模块设计

至此，设计完成。

在中心框中，单击 Sources 选项卡。展开 Design Sources（见图 2.62）。

右键单击"design_1（design_1.bd）"这一行。在列表中选择"Create HDL Wrapper"（见图 2.63）。

在对话框中，单击"OK"按钮（见图 2.64）。

等待封装器出现（design_1_wrapper 加粗显示，见图 2.65）。

在左面板中，向下滚动到"Generate Bitstream"按钮并单击（见图 2.66）。

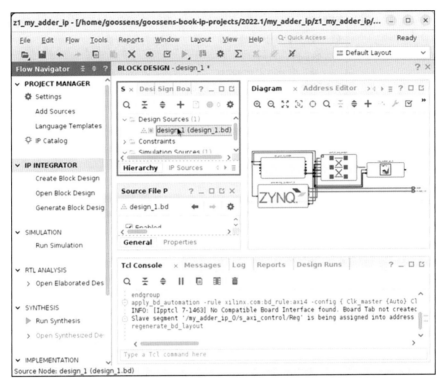

图 2.62　选择设计

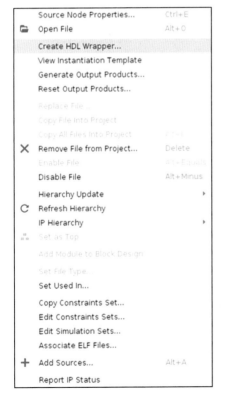

图 2.63　创建 HDL 封装

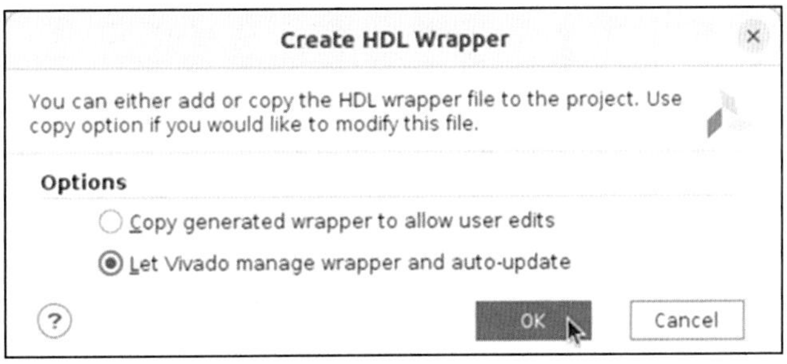

图 2.64　创建 HDL 封装：确认对话框

图 2.65　HDL 封装

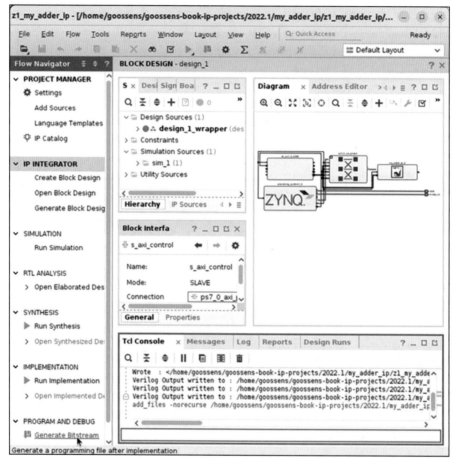

图 2.66　生成比特流

比特流生成是一个多步骤过程，它将依次进行综合、实现（即布局和布线）和生成比特流。

弹出"No Implementation Results Available"警告框（见图 2.67）。单击 Yes 按钮。弹出"Launch Runs"窗口（见图 2.68，任务数可能不同，因为它与计算机核心数相关）。单击 OK 按钮。

可以在右上角跟踪进度（见图 2.69）。

生成完成后，会弹出一个对话框来通知成功的消息，并提供一组可能的后续操作。选择 View Reports（见图 2.70）。

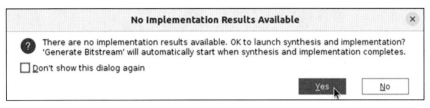

图 2.67　No Implementation Results Available 警告框

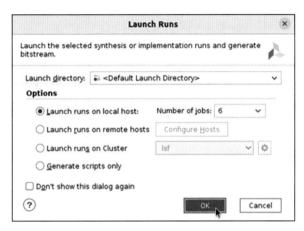

图 2.68　Launch Runs 窗口

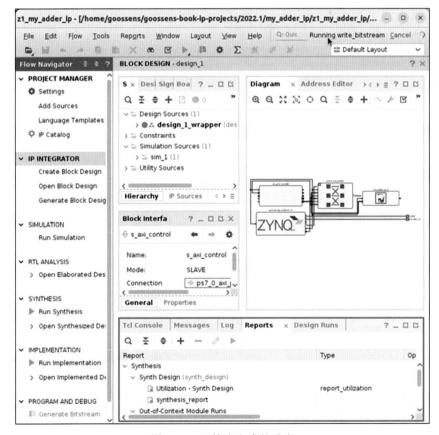

图 2.69　比特流生成的进度

图 2.70 Bitstream Generation Completed 的信息框

在底部框的 Reports 选项卡中，向下滚动选择"Implementation/impl_1/Place Design/Utilization-Place Design"行（见图 2.71）。

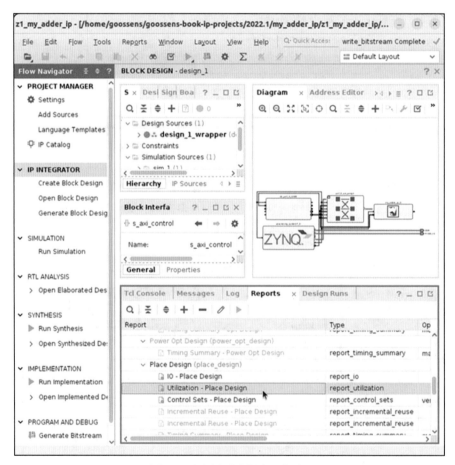

图 2.71 布局后选择实现报告

右上角部分会打开一个选项卡，向下滚动至"1.Slice Logic"。该 IP 使用 503 个 LUT 和 443 个 FF（见图 2.72，如果使用不同型号的 FPGA 或不同版本的 Vivado，这些值可能不同）。这些是 FPGA 上实现成本的实际值。它们与 Vitis_HLS 工具中给出的值不同。

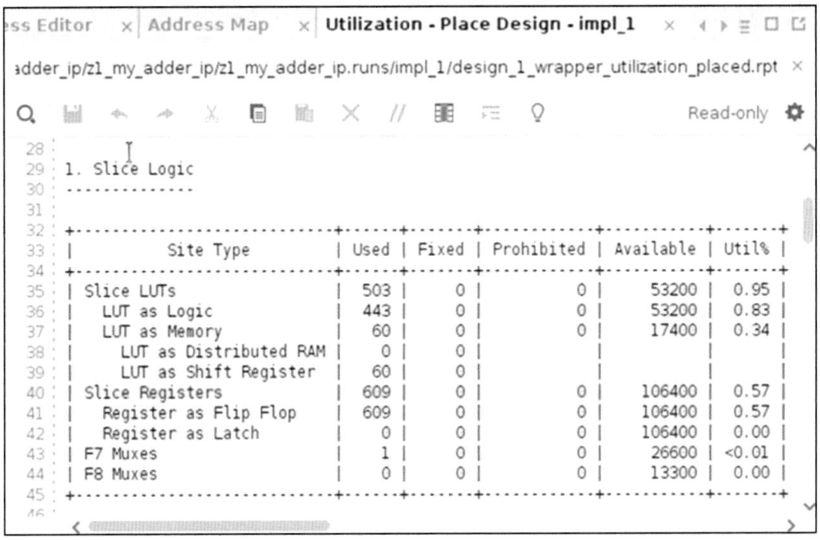

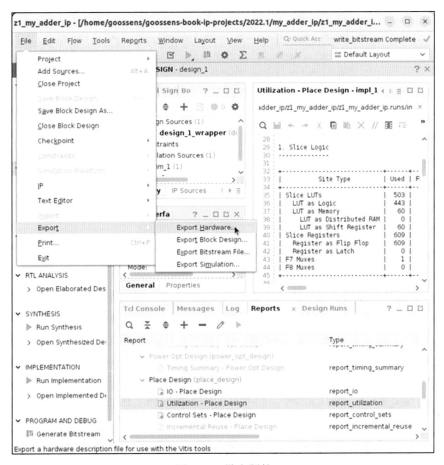

图 2.72　加法器 IP 的资源利用率

在上部菜单栏中，选择" File/Export/Export Hardware"（见图 2.73）。在弹出的窗口中，单击 Next 按钮。

图 2.73　导出硬件

在下一个窗口中，选中 Include bitstream 选项（应包括比特流），然后单击 Next 按钮（见图 2.74）。

图 2.74 Export Hardware Platform 对话框

在下一个窗口中，单击 Next 按钮。在最后一个窗口中，单击 Finish 按钮（见图 2.75）。

图 2.75 Export Hardware Platform 的输出对话框

2.7 加载 IP 并使用 Vitis 运行 FPGA

本节需要一块实际的开发板。

将比特流下载到 FPGA，运行它并检查结果。

首先，必须将开发板的引导模式配置为从 JTAG 引导。应配置跳线以连接标有 JTAG 的两个引脚。在 Pynq-Z1 上，跳线是 JP4，正好位于 micro-USB 连接器的上方。在 Pynq-Z2 上，跳线是 JP1，正好位于 HDMI IN 连接器的下方。在 Basys3 上，跳线是 JP1，位于 USB 连接器 J2 的右侧。在 Zybo-Z7-20 上，跳线是 JP5，位于"ZYBOZ7"输出的下方。

接下来，应将开发板的电源配置为来自 USB 链路。应配置跳线以连接标记为 USB 的两个引脚。在 Pynq-Z1 上，跳线是 JP5，位于电源开关的右侧。在 Pynq-Z2 上，跳线是 J9，位于 SW1 开关的右侧。在 Basys3 上，跳线是 JP2，位于电源按钮的左侧。在 Zybo-Z7-20 上，跳线是 J16，位于电源开关的右侧。

然后，可以通过供电的 USB 端口将开发板连接到计算机。在开发板上，应该找到标记

为 "PROG" 的 micro-USB 连接器。在 Pynq Z1 上，连接器正好位于 RJ45 以太网连接器的上方。在 Pynq-Z2 上，位于 RJ45 连接器下方。在 Basys3 上，位于电源开关的右侧。在 Zybo-Z7-20 开发板上，位于电源开关下方。

将电源开关切换到 on 位置，应点亮红色 LED（否则，使用另一个 USB 端口，直到找到正确的供电端口）。

必须安装 USB 电缆驱动程序。运行代码清单 2.15 中所示的命令（它们位于 install_cable_driver.txt 文件中），将开发板插入计算机并打开电源（红色指示灯亮起）。

代码清单 2.15 安装 USB 电缆驱动程序

```
$ cd /opt/Xilinx/Vitis/2022.1/data/xicom
$ cd cable_drivers/lin64/install_script/install_drivers
$ sudo ./install_drivers
$
```

然后，关闭并拔出开发板，再将开发板重新插入计算机并打开电源。

以下适用于基于 Zynq 的开发板，不适用于 Artix-7 开发板。

在计算机上的终端中，运行 putty 串行终端仿真器，如代码清单 2.16 所示（在 sudo 模式下，可能首先需要使用 sudo apt-get install putty 命令从 Linux 库安装 putty）。

代码清单 2.16 与开发板交互

```
$ sudo putty
```

这时，会弹出一个终端窗口。

确保计算机上的其他 USB 连接器没有插入其他设备，因为其他设备可能会干扰开发板。

在对话框中，检查 Serial 连接类型（见图 2.76）。

将串行线更新为 /dev/ttyUSB1。将速度更改为 115200。单击 Open 按钮（见图 2.77）。

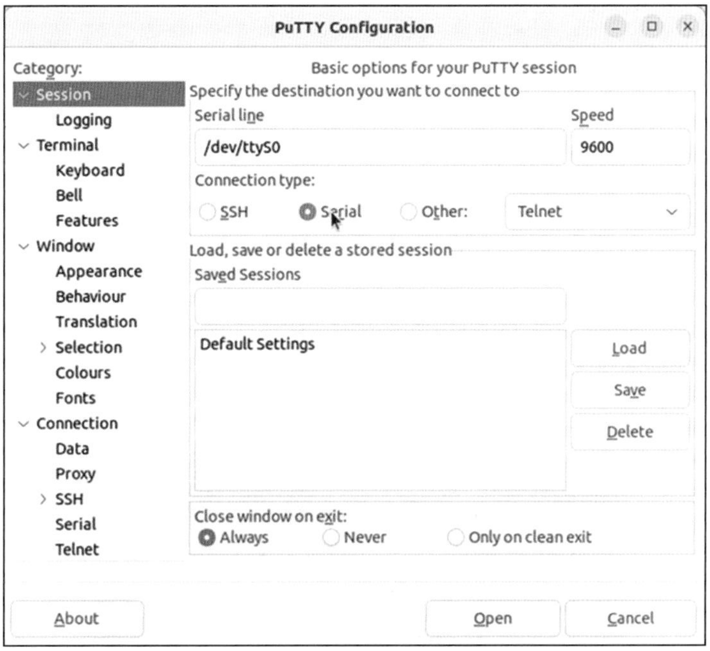

图 2.76 选择串行通信

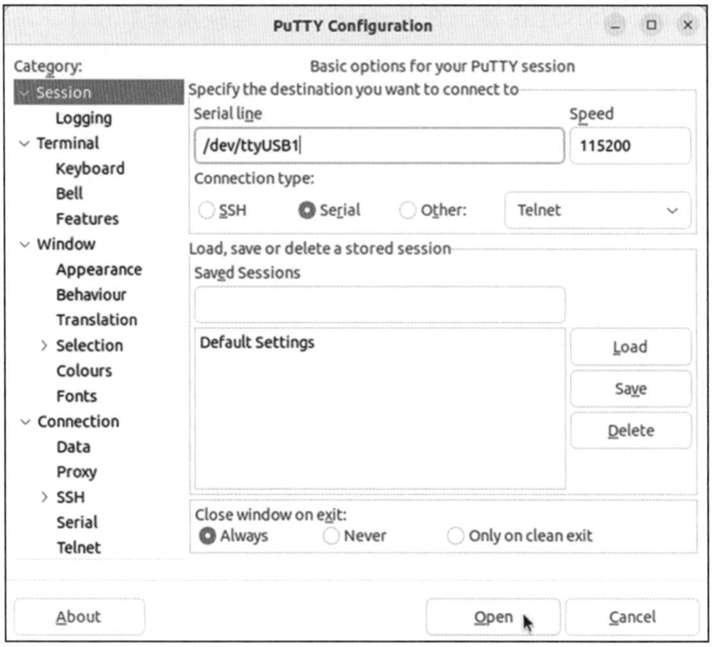

图 2.77   设置 USB 串行线和通信速度

应该会打开一个新的空终端，标记为 /dev/ttyUSB1-PuTTY（见图 2.78）。这是开发板在运行时输出消息的地方。以下适用于所有开发板。在终端中，运行代码清单 2.17 所示的命令（它们在 start_vitis_ide.txt 文件中）。

代码清单 2.17   启动 Vitis IDE

```
$ cd /opt/Xilinx/Vitis/2022.1
$ source settings64.sh
$ vitis&
...
$
```

对话框给出工作路径位置和名称（例如 /your-home-path/workspace）。更新工作路径名称以反映与之相关的 Vivado 项目（作者为每个项目使用一个工作路径），例如 workspace_my_adder_ip。单击 Launch 按钮（见图 2.79）。

在 workspace-Vitis IDE 窗口的 Welcome 选项卡中，选择" Create Application Project"。单击 Next 按钮（见图 2.80）。

在" New Application Project/Platform" 窗口中，选择" Create a new platform from hardware（XSA）"选项卡（见图 2.81）。

图 2.78   /dev/ttyUSB1-PuTTY 终端

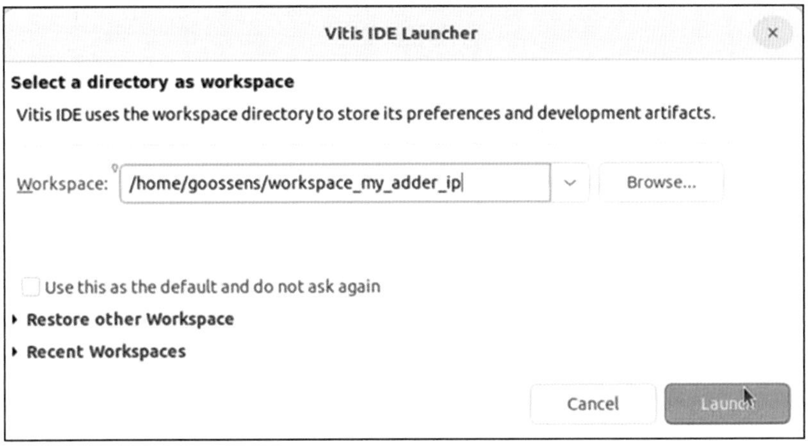

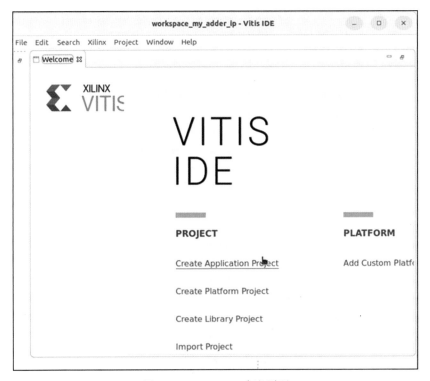

图 2.79　选择工作路径

图 2.80　Vitis IDE 欢迎页面

浏览以找到比特流文件（XSA 文件在 my_adder_ip 文件夹中），然后单击 Open 按钮（见图 2.82）。

在 "New Application Project/Platform" 页面中，保持 "Platform name" 框的内容不变（design_1_wrapper）。单击 Next 按钮。

在 "New Application Project/Application Project Details" 页面中，填写 "Application project name"（例如 z1_00，作者将开发板名称作为应用程序项目的前缀，例如 z1_，然后是从 00 开始增加的计数器，每开发一个新版本增加一次）。单击 Next 按钮（见图 2.83）。

在 Domain 页面中，单击 Next 按钮（见图 2.84）。

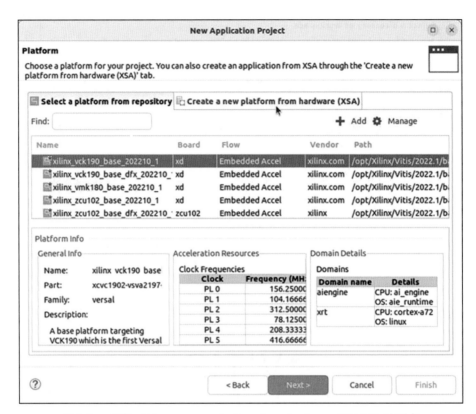

图 2.81　选择"Create a new platform from hardware（XSA）"选项卡

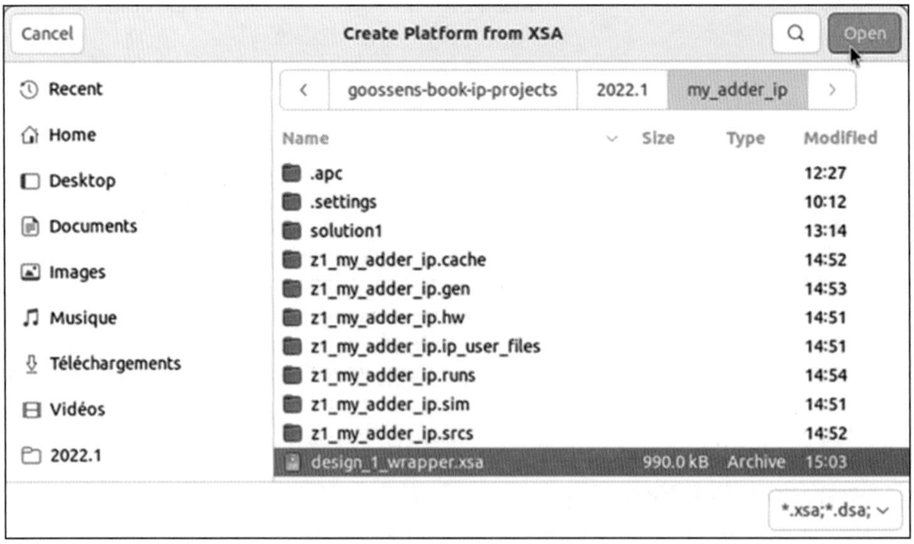

图 2.82　浏览查找 XSA 文件

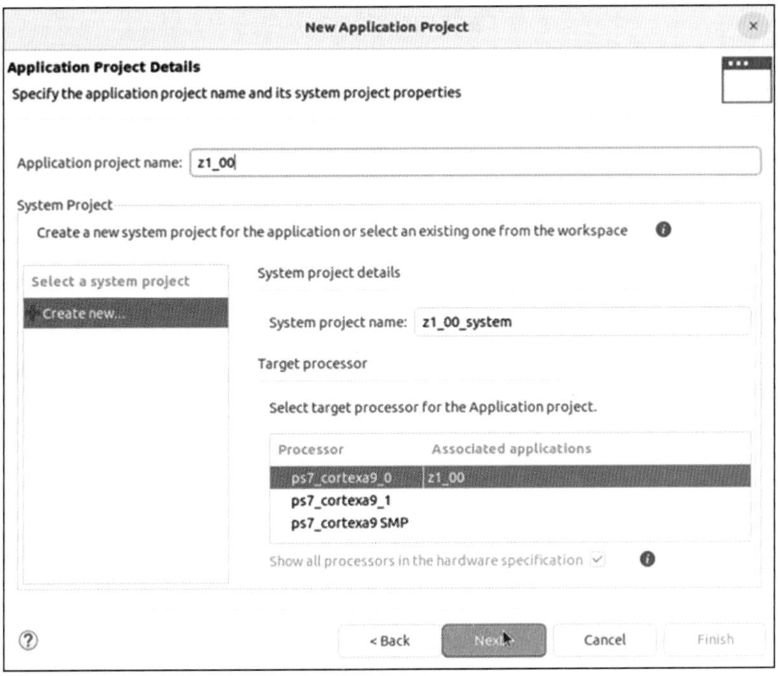

图 2.83　设置应用程序项目名称

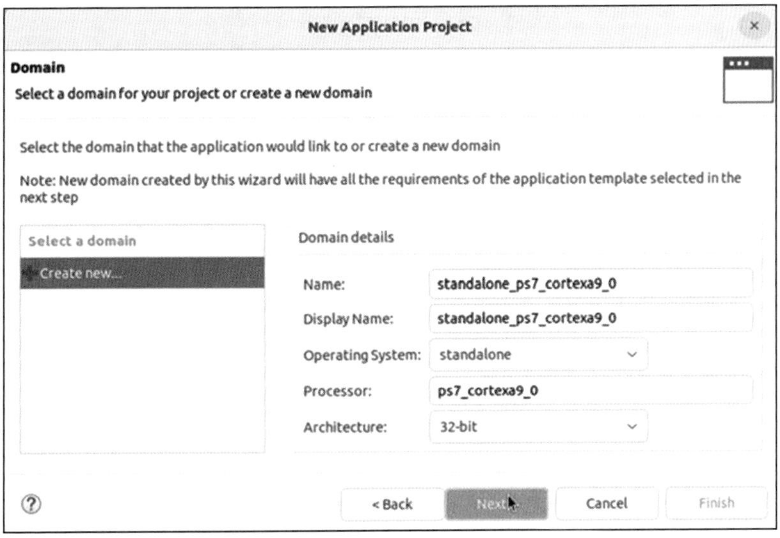

图 2.84　选择域

在 Templates 页面中，选择 Hello World 模板，然后单击 Finish 按钮（见图 2.85）。

将会打开一个名为"workspace_my_adder_ip - z1_00/src/helloworld.c - Vitis IDE"的新窗口。在左侧面板的 Explorer 选项卡中，展开 src 并打开文件 helloworld.c（见图 2.86）。

这是一个基本的驱动程序，可下载到 FPGA 并运行（见图 2.87）。它初始化系统平台（init_platform 调用），并在 /dev/ttyUSB1-PuTTY 通信窗口中输出 Hello World 消息（对于基于 Artix-7 的开发板，如 Basys3，消息在 Vitis IDE 窗口的 Console 框中输出）。

后面，我们将更新此程序以输出加法器结果。

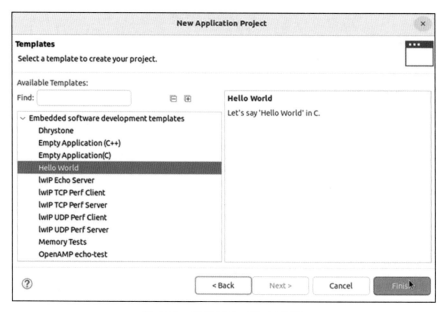

图 2.85   选择 Hello World 模板

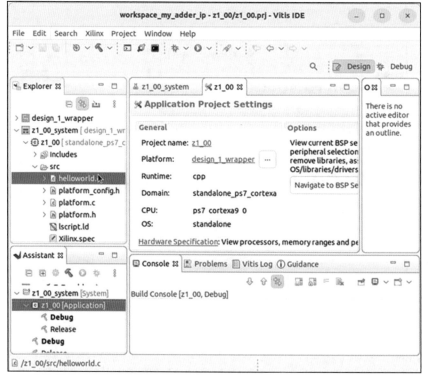

图 2.86   打开 helloworld.c 文件

单击 Launch Target Connection（启动目标连接）按钮（见图 2.88，该按钮位于窗口顶部的主菜单下方）。

在 Target Connections（目标连接）对话框中，展开 Hardware Server 条目。双击 Local [default] 条目（见图 2.89）。

图 2.87　helloworld.c 代码

图 2.88　Launch Target Connection（启动目标连接）按钮

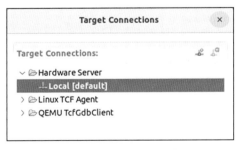

图 2.89　Local [default] 条目

在 Target Connection Details（目标连接详细信息）窗口中，单击 OK 按钮（见图 2.90）。
关闭 Target Connections 对话框。

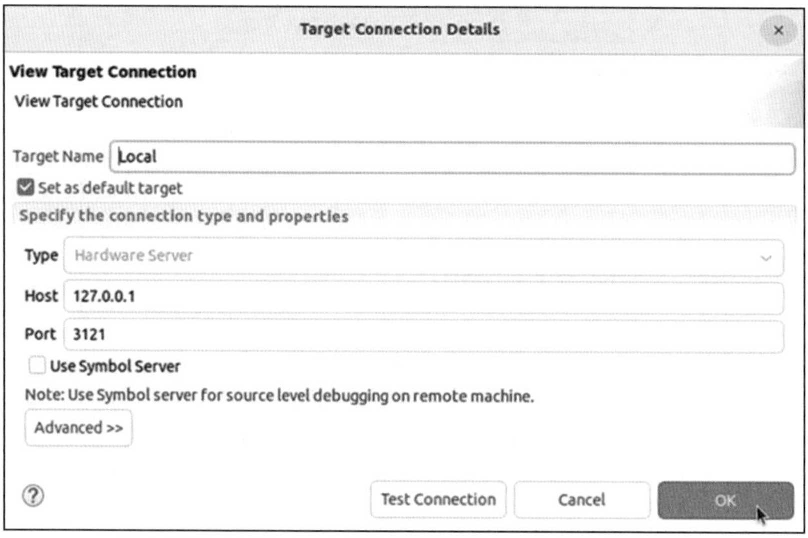

图 2.90 Target Connection Details 窗口

尝试运行输出 Hello World 消息的实验。

在左面板的 Explorer 选项卡中，右键单击系统文件夹名称（z1_00_system）。向下滚动到 Build Project 条目并单击它（见图 2.91）。

图 2.91 构建 z1_00_system

Console 框显示编译的进度，直到显示 Build Finished 消息（见图 2.92 ）。

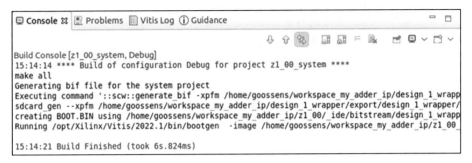

图 2.92　z1_00_system 构建结果

在左面板的 Explorer 选项卡中，右键单击系统文件夹名称。向下滚动并选择"Run As/1 Launch Hardware"（见图 2.93 ）。

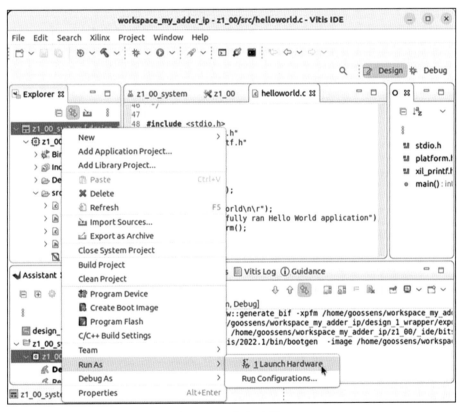

图 2.93　运行加法器 IP

在开发板上，一盏绿色 LED 灯亮起。在 /dev/ttyUSB1-PuTTY 通信窗口中 [或在基于 Artix-7 的开发板（如 Basys3）的 Vitis IDE 窗口的 Console 框中]，应该能看到 Hello World，下面一行是 Successfully ran Hello World application（见图 2.94 ）。

现在将更新 helloworld 应用程序以输出加法器结果，如代码清单 2.18 所示（可以在 chapter_2 文件夹中复制 / 粘贴 helloworld.c 文件）。

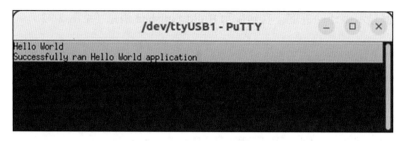

图 2.94　Hello World 输出在 /dev/ttyUSB1 终端上

代码清单 2.18　更新后的 helloworld.c 文件

```c
#include <stdio.h>
#include "xmy_adder_ip.h"
#include "xparameters.h"
XMy_adder_ip_Config *cfg_ptr;
XMy_adder_ip ip;
int main(){
  cfg_ptr = XMy_adder_ip_LookupConfig(XPAR_XMY_ADDER_IP_0_DEVICE_ID
    );
  XMy_adder_ip_CfgInitialize(&ip, cfg_ptr);
  XMy_adder_ip_Set_a(&ip, 10000);
  XMy_adder_ip_Set_b(&ip, 20000);
  XMy_adder_ip_Start(&ip);
  while (!XMy_adder_ip_IsDone(&ip));
  printf("%d + %d is %d\n",
    (int)XMy_adder_ip_Get_a(&ip),
    (int)XMy_adder_ip_Get_b(&ip),
    (int)XMy_adder_ip_Get_c(&ip));
  return 0;
}
```

文件 xmy_adder_ip.h 包含驱动程序接口，即驱动 FPGA 上的 IP 的一组函数原型。这个文件是由 Vitis_HLS 工具自动生成的，并导出到 Vitis IDE 工具。

有函数用于创建 IP，设置其输入，启动运行，等待结束并获取输出。所有函数都以 X（我猜是 Xilinx）和 IP 名称（例如 My_adder_ip_）为前缀。

函数 XMy_adder_ip_LookupConfig 和 XMy_adder_ip_CfgInitialize 用于分配和初始化加法器 IP。

函数 XMy_adder_ip_Set_a 和 XMy_adder_ip_Set_b 用于通过 axilite 连接从 Zynq 组件向加法器 IP 组件发送输入值 a 和 b。

函数 XMy_adder_ip_Start 用于启动加法器 IP。

函数 XMy_adder_ip_IsDone 用于等待加法器 IP 完成工作。

函数 XMy_adder_ip_Get_c 用于读取加法器 IP 中的最终 c 值（通过 axilite 连接传输到 Zynq 组件）。

如果使用基于 Artix-7 的开发板（如 Basys3），则应将 printf 函数替换为 xil_printf 函数（这是因为 microblaze 微处理器接口搭载 printf 的简化版本）。应该包含 xil_printf.h 文件。运行的输出不会显示在 putty 窗口上，而是显示在 Vitis IDE 窗口的 Console 框中。

保存更新的 helloworld.c 代码后，在 Explorer 选项卡中，右键单击"z1_00_system"条目，选择 Build Project（如已经对前面的 helloworld.c 代码做过编译）。当控制台通知 Build Finished 时，再次右键单击"z1_00_system"条目，选择"Run As/1 Launch Hardware"。应该在 /dev/ttyUSB1-PuTTY 窗口中看到"10000 + 20000 is 30000"。

参考文献

[1] https://reference.digilentinc.com/reference/programmable-logic/pynq-z1/start

[2] https://www.tulembedded.com/FPGA/ProductsPYNQ-Z2.html

[3] https://reference.digilentinc.com/reference/programmable-logic/basys-3/start

[4] L.H. Crockett, R.A. Elliot, M.A. Enderwitz, R.W. Stewart, *The Zynq Book: Embedded Processing with the Arm Cortex-A9 on the Xilinx Zynq-7000 All Programmable Soc* (Strathclyde Academic Media, 2014)

[5] https://www.xilinx.com/support/university.html

[6] https://www.xilinx.com/products/design-tools/vitis/vitis-platform.html

Guide to Computer Processor Architecture: A RISC-V Approach, with High-Level Synthesis

RISC-V 工具的安装和使用

摘要

本章给出了设置 RISC-V 工具的基本过程说明,包括 RISC-V 工具链和 RISC-V 模拟器 / 调试器。该工具链包含一个交叉编译器,用于生成 RISC-V RV32I 机器码。在没有 RISC-V 硬件的情况下,spike 模拟器 / 调试器对运行 RISC-V 代码非常有用。spike 模拟的结果可以与 RISC-V 处理器 IP 在 FPGA 实现上运行的结果进行比较。

3.1 安装 RISC-V 工具链和模拟器 / 调试器

在实现了 RISC-V 处理器 IP 之后,需要将其行为与官方规范进行比较。如果读者不想购买 RISC-V 硬件,可以选择进行模拟。

对于 RISC-V ISA 而言,有许多可用的模拟器。只需要一个可以在 x86 机器上运行 RISC-V 代码的工具。此外,还需要一种方法来跟踪运行过程(即列出运行的 RISC-V 指令)、单步运行并可观察寄存器和存储器内容的变化。因此与其说该工具是模拟器,不如说是调试器。

无论选择哪种模拟器,首先需要从主机生成 RISC-V 二进制文件。因此交叉编译器至关重要,更广泛地说,工具链(编译器、加载器、汇编器、elf dumper 等)绝对是至关重要的。GNU 项目已经开发了 riscv-gnu-toolchain。

3.1.1 安装 RISC-V 工具链

安装 riscv-gnu-toolchain 的命令可以在 goossens-book-ip-projects/2022.1/chapter_3 文件夹中的 install_ riscv_gnu_toolchain.txt 文件里找到。

以下指示仅适用于 Linux 操作系统(更准确地说,适用于 Ubuntu 发行版)。

在安装 RISC-V 工具链之前,必须安装一组命令。运行代码清单 3.1 中的 apt-get install 命令。

代码清单 3.1   安装所需的命令

```
$ sudo apt-get install autoconf automake autotools-dev curl python3
    python3-pip libmpc-dev libmpfr-dev libgmp-dev gawk build-
    essential bison flex texinfo gperf libtool patchutils bc zlib1g
    -dev libexpat-dev libtinfo5 libncurses5 libncurses5-
    libncursesw5-dev device-tree-compiler git pkg-config libstdc
    ++6:i386 libgtk2.0-0:i386 dpkg-dev:i386
...
$
```

当所需命令都安装好,并且 git 升级好之后,就可以开始安装工具链了。

首先,需要在计算机上克隆 riscv-gnu-toolchain git 项目。克隆会在当前目录中创建一个新文件夹。运行代码清单 3.2 中的 git clone 命令。

代码清单 3.2　克隆 riscv-gnu-toolchain 代码

```
$ cd
$ git clone https://github.com/riscv/riscv-gnu-toolchain
...
$
```

克隆完成后便可以构建 RISC-V 编译器。该过程使用 configure 和 make 命令，如代码清单 3.3 所示（构建工具链需要一个多小时，第一个漫长的步骤是从 git 库中克隆文件，这个步骤在作者的计算机上需要执行 15 分钟）。

代码清单 3.3　构建 riscv-gnu-toolchain

```
$ cd $HOME/riscv-gnu-toolchain
$ ./configure --prefix=/opt/riscv --enable-multilib --with-arch=
    rv32i
...
$ sudo make
...
$
```

要试用自己的工具，可以编译代码清单 3.4 中所示的 hello.c 源代码（位于 chapter_3 文件夹中）。

代码清单 3.4　hello.c 文件

```
#include <stdio.h>
void main() {
  printf("hello world\n");
}
```

要访问 riscv-gnu-toolchain 提供的命令，必须更新 PATH 变量。编辑 $HOME 文件夹中的 .profile 文件，并在文件末尾添加代码清单 3.5 所示的一行内容。

代码清单 3.5　设置 PATH 变量

```
PATH=$PATH:/opt/riscv/bin
```

关闭会话并重新登录。重新登录后，PATH 变量便会包含添加的路径。可以通过输出 PATH 变量（"echo $PATH"）来检查。

使用代码清单 3.6 中的 riscv32-unknown-elf-gcc 编译命令（当前目录应该是 chapter_3 文件夹，hello 的编译命令在 chapter_3 文件夹下的 compile_hello.txt 文件中）编译 hello.c 文件。

代码清单 3.6　使用 riscv32-unknown-elf-gcc 编译

```
$ riscv32-unknown-elf-gcc hello.c -o hello
$
```

可执行文件是 hello。要生成 hello 二进制文件的转储文件，请使用代码清单 3.7 中的 riscv32-unknown-elf-objdump 命令（> 字符是将输出重定向到 hello.dump 文件而不是终端，hello 的转储命令在 chapter_3 文件夹中的 compile_hello.txt 文件中）。

代码清单 3.7　使用 objdump 转储可执行文件

```
$ riscv32-unknown-elf-objdump -d hello > hello.dump
$
```

hello.dump 文件包含可读版本的可执行文件（可编辑）。这是一种生成十六进制 RISC-V 代码的方法，比手动编码更安全。

想要运行 RISC-V hello，需要一个模拟器。

3.1.2 spike 模拟器

3.1.2.1 安装 spike 模拟器

安装 spike 模拟器的命令可以在 chapter_3 文件夹下的 install_spike.txt 文件中找到。

第一步是在计算机上克隆 riscv-isa-sim git 项目。执行代码清单 3.8 中的命令。

代码清单 3.8　克隆 riscv-isa-sim 代码

```
$ cd
$ git clone https://github.com/riscv/riscv-isa-sim
...
$
```

然后就可以构建模拟器了。运行代码清单 3.9 中的命令（构建 spike 大约需要五分钟）。

代码清单 3.9　构建 spike 模拟器

```
$ export RISCV=/opt/riscv
$ cd $HOME/riscv-isa-sim
$ mkdir build
$ cd build
$ ../configure --prefix=$RISCV --with-isa=rv32i
...
$ make
...
$ sudo make install
...
$
```

3.1.2.2 安装 pk 解释器

在使用模拟器之前，必须构建 pk 解释器 [pk 表示代理内核（proxy kernel）]。它作为操作系统内核的替代品。pk 解释器可以访问基本的系统调用（主要用于 I/O）并包含一个引导加载程序（bbl 表示 Berkeley Boot Loader），它可以用作应用程序的加载程序，以便于使用 spike 进行模拟。

以 Linux 为例，要运行的代码（如由上面的 hello.c 源代码编译生成的 hello 文件）被封装在由段组成的 ELF 文件中（可执行和可链接格式，可以使用刚刚介绍的 riscv32-unknown-elf-objdump 命令，将像 hello 这样的 RISC-V RV32I ELF 文件转换为可读格式）。

ELF 文件中的文本部分包含 main 函数，该函数由操作系统提供的 _start 函数调用。

当代码加载到程序存储器中，并且数据存储器已使用 ELF 文件的数据（data）部分中给定的值进行初始化后，即可开始运行。

_start 函数的作用是使用 main 函数参数（如 argc、argv 和 env）设置堆栈，调用 main 函数运行，返回时再调用 exit 函数结束运行（可以参考 hello.dump 文件中的 _start 函数代码）。

安装 pk 模拟器的命令可以在 chapter_3 文件夹中的 install_pk.txt 文件里找到。

要安装 pk，首先从 GitHub 进行克隆，如代码清单 3.10 所示。

代码清单 3.10　克隆 riscv-pk 代码

```
$ cd
$ git clone https://github.com/riscv/riscv-pk
...
$
```

构建 pk 解释器。运行代码清单 3.11 中的命令。

代码清单 3.11　构建 pk 解释器

```
$ export RISCV=/opt/riscv
$ cd $HOME/riscv-pk
$ mkdir build
$ cd build
$ ../configure --prefix=$RISCV --host=riscv32-unknown-elf
...
$ make
...
$ sudo make install
...
$
```

3.1.2.3　模拟 Hello RISC-V 二进制代码

可以通过运行代码清单 3.12 中的命令来模拟 hello 程序，它会输出 hello world（当前目录应为 chapter_3 文件夹，spike 命令在 chapter_3 文件夹的 spike_command.txt 文件中可用）。

请注意，pk 命令位于 /opt/riscv/riscv32-unknown-elf/bin 文件夹中。但是，spike 命令无法利用 PATH 变量来查找 pk，因此必须提供完整的 /opt/riscv/riscv32-unknown-elf/bin/pk 访问路径。

代码清单 3.12　用 spike 模拟 hello

```
$ spike /opt/riscv/riscv32-unknown-elf/bin/pk hello
bbl loader
hello world
$
```

可以使用 -h 选项（"spike -h"）查看可用的选项。在调试模式（-d）下运行可以逐条执行指令，输出寄存器（reg 0 获取核 0 中所有寄存器的内容，reg 0 a0 获取核 0 寄存器 a0 的内容）。

3.1.2.4　模拟 Test_op_imm.s 代码

test_op_imm 模拟命令可以在 compile_test_op_imm 中找到。txt 文件在文件夹 chapter_3 中。

可以编译并运行其中一个测试程序，这些程序将在下一章中用于测试 RISC-V 处理器设计。代码清单 3.13 展示的代码是一个 RISC-V 汇编程序，用于测试涉及常量的 RISC-V 计算指令（test_op_imm.s 文件位于 chapter_3 文件夹中）。

代码清单 3.13　test_op_imm.s 文件

```
        .globl  main
main:
        li      a1,5
        addi    a2,a1,1
        andi    a3,a2,12
```

```
addi     a4,a3,-1
ori      a5,a4,5
xori     a6,a5,12
sltiu    a7,a6,13
sltiu    t0,a6,11
slli     t1,a6,0x1c
slti     t2,t1,-10
sltiu    t3,t1,2022
srli     t4,t1,0x1c
srai     t5,t1,0x1c
ret
```

要编译 test_op_imm.s 文件，可以运行代码清单 3.14 中的命令（当前目录应该是 chapter_3 文件夹）。

代码清单 3.14   使用 gcc 编译 test_op_imm.s

```
$ riscv32-unknown-elf-gcc test_op_imm.s -o test_op_imm
```

使用代码清单 3.15 中的命令对其进行单步运行 [必须首先将 main 函数起始地址本地化：使用 "riscv32-unknown-elf-objdump -t"，并输入 grep（"riscv32-unknown-elf-objdump -t test_op_imm | grep main"）；在作者的设备上，地址是 0x1018c]。

代码清单 3.15   使用 spike 调试 test_op_imm

```
$ riscv32-unknown-elf-objdump -t test_op_imm | grep main
0001018c g       .text    00000000 main
$ spike -d /opt/riscv/riscv32-unknown-elf/bin/pk test_op_imm
: untiln pc 0 1018c
...
core   0: 0x00010120 (0x06c000ef) jal     pc + 0x6c
core   0: 0x0001018c (0x00500593) li      a1, 5
: reg 0 a1
0x00000005
:
core   0: 0x00010190 (0x00158613) addi    a2, a1, 1
: reg 0 a2
0x00000006
: q
$
```

第一条命令 "untiln pc X Y" 会运行程序，直到核 X 的 pc 到达地址 Y。

0x1018c 地址是主入口点（如果使用不同的编译器版本或不同的 pk 版本，此地址可能会有所不同：尝试运行 " riscv32-unknown-elf-gcc --version"；在书中使用的是 riscv32-unknown-elf-gcc(GCC)11.1.0）。

until 后面的 n 表示 noisy：输出代码运行（使用 " until pc X Y" 静默运行）。在地址 0x10120 处的指令执行之后，在地址 0x1018c 处的指令运行之前，停止运行。

当没有输入命令时，即输入 enter 时，将运行当前指令并输出。因此，重复输入 enter 会单步运行程序。

"reg C R" 命令输出核 C 中寄存器 R 的内容。寄存器名称可以是符号。在示例中，要求连续输出核 0 的寄存器 a1 和 a2。

q 命令是退出（quit）。

当从 main 单步运行程序直到返回时，spike 模拟器输出如代码清单 3.16 所示的结果（" reg 0" 命令输出所有寄存器；在执行中，test_op_imm 写入的寄存器值以外的一些寄存器值可能有所不同）。

代码清单 3.16　运行 test_op_imm 直到从 main 返回并输出寄存器

```
$ spike -d /opt/riscv/riscv32-unknown-elf/bin/pk test_op_imm
: untiln pc 0 1018c
...
core    0: 0x00010120 (0x06c000ef) jal      pc + 0x6c
:
core    0: 0x0001018c (0x00500593) li       a1, 5
:
core    0: 0x00010190 (0x00158613) addi     a2, a1, 1
...
core    0: 0x000101bc (0x41c35f13) srai     t5, t1, 28
:
core    0: 0x000101c0 (0x00008067) ret
: reg 0
zero: 0x00000000 ra: 0x00010124 sp :0x7ffffda0 gp :0x00011db0
  tp: 0x00000000 t0: 0x00000000 t1 :0xb0000000 t2 :0x00000001
  s0: 0x00000000 s1: 0x00000000 a0 :0x00000001 a1 :0x00000005
  a2: 0x00000006 a3: 0x00000004 a4 :0x00000003 a5 :0x00000007
  a6: 0x0000000b a7: 0x00000001 s2 :0x00000000 s3 :0x00000000
  s4: 0x00000000 s5: 0x00000000 s6 :0x00000000 s7 :0x00000000
  s8: 0x00000000 s9: 0x00000000 s10:0x00000000 s11:0x00000000
  t3: 0x00000000 t4: 0x0000000b t5 :0xfffffffb t6 :0x00000000
: q
$
```

3.1.3　为基于 RISC-V FPGA 的处理器构建可执行代码

当使用 gcc 进行编译时，链接器会添加调用主函数的 _start 代码。此外，链接器将代码放置在与操作系统映射兼容的地址中（例如 test_op_imm 示例中的 0x1018c）。

相比之下，假设为在 FPGA 上实现的处理器 IP 构建的代码会在裸机（无操作系统的机器）上运行，从 main 函数开始，并在它返回时结束。代码将会被放置在地址 0 处。

例如，假设要编译上一节中所示的 test_op_imm.s RISC-V 汇编文件，并且在 FPGA 上的处理器 IP 上运行。

在 gcc 编译器中，可以使用 "-Ttext address" 选项将可执行代码链接在任何给定地址，如代码清单 3.17 所示（当前目录应该是 chapter_3 文件夹）。

警告消息并不重要。

代码清单 3.17　编译并把主地址设为 0

```
$ riscv32-unknown-elf-gcc -nostartfiles -Ttext 0 test_op_imm.s -o
    test_op_imm_0.elf
/opt/riscv/lib/gcc/riscv32-unknown-elf/11.1.0/../../../../riscv32-
    unknown-elf/bin/ld: warning: cannot find entry symbol _start;
    defaulting to 0000000000000000
$
```

当然，这样的可执行文件不能用 spike 运行，只能用 FPGA 上的处理器 IP 来运行。要使用 spike/pk 运行，必须使用经典的 riscv32-unknown-elf-gcc 编译命令（"riscv32unknown-elf-gcc test_op_imm.s -o test_op_imm"）来获得可执行文件。

可以通过使用 riscv32-unknown-elf-objdump（Linux cat 命令，为 concatenate 的缩写，该命令将其输出连接到标准输出——用来查看文件内容）转储来检查独立性和基于 0 test_op_imm_0.elf 的可执行文件（ELF 格式）。运行代码清单 3.18 中的命令。

代码清单 3.18　转储基于 0 的可执行文件 test_op_imm_0.elf

```
$ riscv32-unknown-elf-objdump -d test_op_imm_0.elf > test_op_imm_0.
    dump
```

```
$ cat test_op_imm_0.dump

test_op_imm_0.elf:      file format elf32-littleriscv


Disassembly of section .text:

00000000 <main>:
   0:   00500593                li      a1,5
   4:   00158613                addi    a2,a1,1
   ...
  30:   41c35f13                srai    t5,t1,0x1c
  34:   00008067                ret
$
```

可以使用 riscv32-unknown-elf-objcopy 将 ELF 文件 test_op_imm_0.elf 转换为二进制文件 test_op_imm_0_text.bin（即删除二进制代码周围的 ELF 格式）并使用 od 转储二进制文件（八进制转储，最左列给出了八进制地址）。要构建 test_op_imm_0_text.bin 文件并进行查看，请运行代码清单 3.19 中的命令。

代码清单 3.19　从 ELF 到二进制

```
$ riscv32-unknown-elf-objcopy -O binary test_op_imm_0.elf
    test_op_imm_0_text.bin
$ od -t x4 test_op_imm_0_text.bin
0000000 00500593 00158613 00c67693 fff68713
0000020 00576793 00c7c813 00d83893 00b83293
0000040 01c81313 ff632393 7e633e13 01c35e93
0000060 41c35f13 00008067
0000070
$
```

这个二进制文件可以用 hexdump 转换成十六进制文件。要构建 test_op_imm_0_text.hex 文件，请运行代码清单 3.20 中的命令。

代码清单 3.20　从二进制到十六进制

```
$ hexdump -v -e '"0x" /4 "%08x" ",\n"' test_op_imm_0_text.bin >
    test_op_imm_0_text.hex
$ cat test_op_imm_0_text.hex
0x00500593,
0x00158613,
0x00c67693,
0xfff68713,
0x00576793,
0x00c7c813,
0x00d83893,
0x00b83293,
0x01c81313,
0xff632393,
0x7e633e13,
0x01c35e93,
0x41c35f13,
0x00008067,
$
```

这个 hex 文件具有特定的结构，可以作为 C 程序中的数组初始化器，列出要填充到代码 RAM 数组的值。

3.2　使用 GDB 进行调试

本节中使用的命令可以在 chapter_3 文件夹中的 debugging_with_gdb.txt 文件中找到。

spike 中的调试工具还不成熟。例如，要检查 FPGA 实现，需要在处理器 IP 上运行一些复杂的 RISC-V 代码，并将结果与 spike 模拟器产生的结果进行比较。因此，需要转储部分数据内存，这对于调试模式下的 spike 来说并不容易。

3.2.1　安装 GDB

spike 模拟器可以连接到标准的 GDB 调试器。GDB 调试器具有读者需要的所有功能。

首先，应该使用代码清单 3.21 中的命令安装 GDB。

代码清单 3.21　安装 GDB

```
$ sudo apt-get install build-essential gdb
...
$
```

GDB 调试器主要是读者和机器之间的接口。该机器可以是真实机器（即运行 GDB 的主机或外部硬件，如开发板）或模拟器，如 spike。

要使用 GDB 进行调试，必须使用 -g 选项编译代码。

如果 GDB 状态为正在连接主机，表示它是在访问运行它的机器。

如果 GDB 正在连接外部硬件，表示需要有可以访问 GDB 外部硬件的工具。OpenOCD（Open On-Chip Debugger）就是这样一种介于 GDB 等调试器和某些外部处理器之间的通用接口。

当 GDB 连接 spike 模拟器时，同样的 OpenOCD 工具将调试器连接到模拟器。

因此，将同时运行 spike、OpenOCD 和 GDB。GDB 调试器从可执行文件中读取要运行的代码，并向 OpenOCD 发送运行请求，OpenOCD 将其转发给 spike。spike 模拟器运行被请求的代码，并更新它的模拟器状态。GDB 调试器可以通过将一些新请求发送到 OpenOCD，并转发给 spike 来读取这个新状态，比如读取寄存器或内存。

3.2.2　安装 OpenOCD

在安装 GDB 之后，应该安装 OpenOCD。运行代码清单 3.22 中的命令。

代码清单 3.22　安装 OpenOCD

```
$ cd
$ git clone https://git.code.sf.net/p/openocd/code openocd-code
...
$ cd openocd-code
$ ./bootstrap
...
$ ./configure --enable-jtag_vpi --enable-remote-bitbang
...
$ make
...
$ sudo make install
...
$
```

3.2.3　定义与 spike 模拟器兼容的链接器描述文件

要调试的代码应该被放置在与模拟器兼容的内存区域中。由于 spike 在主机上运行，它定义了一个与主机操作系统兼容的内存空间，并在其中放置要模拟的代码。在 Ubuntu 中，spike 用于模拟代码的内存地址是 0x10010000。

spike.lds 文件（在 chapter_3 文件夹中）如代码清单 3.23 所示。它定义了从地址 0x10010000 开始的文本部分和紧跟在文本部分之后的数据部分。

链接器描述文件的结构在 7.3.1.4 节中进行说明。

代码清单 3.23　spike.lds 文件

```
$ cat spike.lds
OUTPUT_ARCH( "riscv" )

SECTIONS
{
  . = 0x10010000;
  .text : { *(.text) }
  .data : { *(.data) }
}
$
```

3.2.4　使用链接器描述文件进行编译

可以编译 test_op_imm.s 文件来构建一个可以用 spike 模拟的可执行文件（-g 选项将符号表添加到 GDB 使用的可执行文件）。运行代码清单 3.24 中的命令（当前目录用为 charter_3 文件夹）。

代码清单 3.24　使用 spike.lds 文件链接 spike

```
$ riscv32-unknown-elf-gcc -g -nostartfiles -T spike.lds
    test_op_imm.s -o test_op_imm
$
```

3.2.5　为 OpenOCD 定义 spike 配置文件

OpenOCD 需要一个与 spike 相关的配置文件。

spike.cfg 文件（在 chapter_3 文件夹中）如代码清单 3.25 所示。

代码清单 3.25　spike.cfg 文件

```
$ cat spike.cfg
interface remote_bitbang
remote_bitbang_host localhost
remote_bitbang_port 9824

set _CHIPNAME riscv
jtag newtap $_CHIPNAME cpu -irlen 5 -expected-id 0x10e31913

set _TARGETNAME $_CHIPNAME.cpu
target create $_TARGETNAME riscv -chain-position $_TARGETNAME

gdb_report_data_abort enable

init
halt
$
```

3.2.6　连接 spike、OpenOCD 和 GDB

要连接 spike、OpenOCD 及 GDB，需要先后打开三个终端。

在第一个终端中把 chapter_3 文件夹作为当前目录，启动 spike，将要模拟的代码放置在地址 0x10010000 处（与 spike.lds 文件中设置的地址相同），内存大小为 0x10000。运行代码清单 3.26 中的命令。

代码清单 3.26　启动 spike

```
$ spike --rbb-port=9824 -m0x0010010000:0x10000 test_op_imm
Listening for remote bitbang connection on port 9824.
warning: tohost and fromhost symbols not in ELF; can't communicate
    with target
```

spike 进程等待来自 OpenOCD 的请求。

在第二个终端中把 chapter_3 文件夹作为当前目录，使用 spike.cfg 配置文件启动 OpenOCD。运行代码清单 3.27 中的命令。

代码清单 3.27　启动 OpenOCD

```
$ openocd -f spike.cfg
Open On-Chip Debugger 0.11.0+dev-00550-gd27d66b
...
Info : starting gdb server for riscv.cpu on 3333
Info : Listening on port 3333 for gdb connections
Info : Listening on port 6666 for tcl connections
Info : Listening on port 4444 for telnet connections
```

OpenOCD 进程等待来自 GDB 的请求。

在第三个终端中，把 chapter_3 文件夹作为当前目录，启动 GDB。运行代码清单 3.28 中的命令。

代码清单 3.28　启动 GDB

```
$ riscv32-unknown-elf-gdb
GNU gdb (GDB) 10.1
...
Type "apropos word" to search for commands related to "word".
(gdb)
```

3.2.7　调试过程

要在 GDB 中启动调试，需要将 GDB 连接到 OpenOCD。在运行 GDB 的终端中，运行代码清单 3.29 中的"target remote localhost:3333"命令。

代码清单 3.29　将 GDB 连接到 OpenOCD

```
(gdb) target remote localhost:3333
warning: No executable has been specified and target does not
    support
determining executable automatically.  Try using the "file" command
    .
0x00000000 in ?? ()
(gdb)
```

然后，需要指定要调试的可执行文件（对问题回答 y）。运行代码清单 3.30 中的"file test_op_imm"命令。

代码清单 3.30　调试 test_op_imm 可执行文件

```
(gdb) file test_op_imm
A program is being debugged already.
Are you sure you want to change the file? (y or n) y
Reading symbols from test_op_imm...
(gdb)
```

加载链接器的信息（初始化 pc 所必需的）。运行代码清单 3.31 中的 load 命令。

代码清单 3.31　加载链接器的信息

```
(gdb) load
Loading section .text, size 0x38 lma 0x10010000
Start address 0x10010000, load size 56
Transfer rate: 448 bits in <1 sec, 56 bytes/write.
(gdb)
```

可以列出源代码（命令 1，l 为 list 的缩写；作为 GDB 中的通用规则，可以使用任何命令的最短无歧义前缀；例如对于上面的 load 命令，应该至少输入 lo）。运行代码清单 3.32 中的 l 命令。

代码清单 3.32　列出要运行的指令

```
(gdb) l
1            .globl  main
2    main:
3            li      a1,5
4            addi    a2,a1,1
5            andi    a3,a2,12
6            addi    a4,a3,-1
7            ori     a5,a4,5
8            xori    a6,a5,12
9            sltiu   a7,a6,13
10           sltiu   t0,a6,11
(gdb)
```

可以虚拟化 pc。运行代码清单 3.33 中的 "p $pc" 命令（p 代表 print）。

代码清单 3.33　输出 pc

```
(gdb) p $pc
$1 = (void (*)()) 0x10010000 <main>
(gdb)
```

执行一条指令。运行代码清单 3.34 中的 si 命令（si 代表单步指令，运行的指令是输出指令之前的指令；运行第 3 行，即 "li a1,5"；调试器在第 4 行停止）。

代码清单 3.34　执行一条机器指令

```
(gdb) si
[riscv.cpu] Found 4 triggers
4            addi    a2,a1,1
(gdb)
```

如果键入 enter，则会重复最后一条命令（在示例中，重复 si 并运行一条新指令）。重复 si 命令，如代码清单 3.35 所示。

代码清单 3.35　运行另一条机器指令

```
(gdb)
5            andi    a3,a2,12
(gdb)
```

可以输出寄存器 a1 和 a2（命令 "info reg"）。执行代码清单 3.36 中的 "info reg" 命令。

代码清单 3.36　输出寄存器

```
(gdb) info reg a1
a1             0x5    5
(gdb) info reg a2
```

```
a2                  0x6   6
(gdb)
```

可以在最后一条指令设置一个断点。运行代码清单 3.37 中的 "b 16" 命令。

代码清单 3.37 设置断点

```
(gdb) l
1           .globl  main
2    main:
3           li      a1,5
4           addi    a2,a1,1
5           andi    a3,a2,12
6           addi    a4,a3,-1
7           ori     a5,a4,5
8           xori    a6,a5,12
9           sltiu   a7,a6,13
10          sltiu   t0,a6,11
(gdb)
11          slli    t1,a6,0x1c
12          slti    t2,t1,-10
13          sltiu   t3,t1,2022
14          srli    t4,t1,0x1c
15          srai    t5,t1,0x1c
16          ret
(gdb) b 16
Breakpoint 1 at 0x10010034: file test_op_imm.s, line 16.
(gdb)
```

可以继续运行到断点。运行代码清单 3.38 中的 c 命令。

代码清单 3.38 继续运行到断点

```
(gdb) c
Continuing.

Breakpoint 1, main () at test_op_imm.s:16
16          ret
(gdb)
```

可以使用 ctrl-c（或 GDB 的 q；spike 的两个连续 ctrl-c）在三个终端中结束不同的运行。使用 ctrl-d 关闭终端。

3.3 使用 GDB 调试复杂代码

本节中使用的命令可以在 chapter_3 文件夹中的 debugging_with_gdb.txt 文件中找到。

当代码调用多个函数时会用到堆栈。

当调试没有启动文件的可执行文件（编译命令中添加了 -nostartfiles 选项）时，堆栈不会被初始化。应该在 GDB 会话中进行设置。

堆栈应该占据内存高端地址区域（设置 sp 为最后一个内存地址，sp 寄存器从高地址到低地址移动）。

代码清单 3.39 中的代码（见 chapter_3 文件夹）是使用堆栈进行计算的示例（堆栈保留局部变量，即 a1、b1、c1、d1、保存结果的数组 x、X 和计算结果）。

代码清单 3.39 basicmath_simple.c 文件

```
#include <stdio.h>
#include <math.h>
#define PI (4*atan(1))
```

```
void SolveCubic(double a, double b, double c, double d,
                int *solutions, double *x){
  long double a1 = b/a, a2 = c/a, a3 = d/a;
  long double Q = (a1*a1 - 3.0*a2)/9.0;
  long double R = (2.0*a1*a1*a1 - 9.0*a1*a2 + 27.0*a3)/54.0;
  double     R2_Q3 = R*R - Q*Q*Q;
  double     theta;
  if (R2_Q3 <= 0){
    *solutions = 3;
     theta = acos(R/sqrt(Q*Q*Q));
     x[0] = -2.0*sqrt(Q)*cos(theta/3.0) - a1/3.0;
     x[1] = -2.0*sqrt(Q)*cos((theta+2.0*PI)/3.0) - a1/3.0;
     x[2] = -2.0*sqrt(Q)*cos((theta+4.0*PI)/3.0) - a1/3.0;
  }
  else{
    *solutions = 1;
     x[0] = pow(sqrt(R2_Q3)+fabs(R), 1/3.0);
     x[0] += Q/x[0];
     x[0] *= (R < 0.0) ? 1 : -1;
     x[0] -= a1/3.0;
  }
}
void main(){
  double a1 = 1.0, b1 = -10.5, c1 = 32.0, d1 = -30.0;
  double x[3];
  double X;
  int    solutions;
  /* should get 3 solutions: 2, 6 & 2.5 */
  SolveCubic(a1, b1, c1, d1, &solutions, x);
  return;
}
```

使用代码清单 3.40 中的命令编译 basicmath_simple.c 文件（当前目录应为 chapter_3 文件夹）。

代码清单 3.40   编译 basicmath_simple.c 文件

```
$ riscv32-unknown-elf-gcc -nostartfiles -T spike.lds -g -O3
    basicmath_simple.c -o basicmath_simple -lm
$
```

使用代码清单 3.41 中的命令启动 spike 来模拟 basicmath_simple。

代码清单 3.41   为 basicmath_simple 可执行文件启动 spike

```
$ spike --rbb-port=9824 -m0x0010010000:0x10000 basicmath_simple
Listening for remote bitbang connection on port 9824.
warning: tohost and fromhost symbols not in ELF; can't communicate
    with target
```

使用代码清单 3.42 中的命令在第二个终端中启动 OpenOCD（当前目录应为 chapter_3 文件夹）。

代码清单 3.42   启动 OpenOCD

```
$ openocd -f spike.cfg
Open On-Chip Debugger 0.11.0+dev-00550-gd27d66b
...
Info : starting gdb server for riscv.cpu on 3333
Info : Listening on port 3333 for gdb connections
Info : Listening on port 6666 for tcl connections
Info : Listening on port 4444 for telnet connections
```

使用代码清单 3.43 中的命令在第三个终端中启动 GDB（当前目录应为 chapter_3 文件夹）。

代码清单 3.43　启动 GDB

```
$ riscv32-unknown-elf-gdb
GNU gdb (GDB) 10.1
...
Type "apropos word" to search for commands related to "word".
(gdb)
```

连接 OpenOCD，指定可执行文件，并使用代码清单 3.44 中的命令加载链接信息。

代码清单 3.44　继续 GDB

```
(gdb) target remote localhost:3333
Remote debugging using localhost:3333
warning: No executable has been specified and target does not
    support
determining executable automatically.  Try using the "file" command
    .
0x00000000 in ?? ()
(gdb) file basicmath_simple
A program is being debugged already.
Are you sure you want to change the file? (y or n) y
Reading symbols from basicmath_simple...
(gdb) load
Loading section .text, size 0x8390 lma 0x10010000
Loading section .text.startup, size 0x58 lma 0x10018390
...
Loading section .sdata._impure_ptr, size 0x4 lma 0x1001ccc8
Start address 0x10010000, load size 52417
Transfer rate: 2 KB/sec, 1310 bytes/write.
(gdb)
```

使用代码清单 3.45 中的命令设置 pc 和 sp（pc 的设置在 main 中，即 .text.startup；如果 GDB 的返回值不是 0x10018390，则相应地更新 pc 的初始值；sp 的设置在内存的末尾，即 0x10020000）。

代码清单 3.45　设置 pc 和 sp

```
(gdb) set $pc = 0x10018390
(gdb) set $sp = 0x10020000
(gdb)
```

列出源码。由于 -g 选项已添加到以 basicmath_simple.c 作为输入文件的编译命令，因此 GDB 处理的是 C 源文件，而不是像 test_op_imm 那样处理汇编代码。运行代码清单 3.46 中的命令。

代码清单 3.46　列出源码

```
(gdb) l
18          else{
19           *solutions = 1;
20            x[0] = pow(sqrt(R2_Q3)+fabs(R), 1/3.0);
21            x[0] += Q/x[0];
22            x[0] *= (R < 0.0) ? 1 : -1;
23            x[0] -= a1/3.0;
24          }
25        }
26      void main(){
27        double a1 = 1.0, b1 = -10.5, c1 = 32.0, d1 = -30.0;
(gdb)
28        double x[3];
29        double X;
30        int    solutions;
31        /* should get 3 solutions: 2, 6 & 2.5 */
32        SolveCubic(a1, b1, c1, d1, &solutions, x);
```

```
33          return;
34      }
(gdb)
```

使用代码清单 3.47 中的命令，在 main() 函数第 33 行的返回指令上设置一个断点。

代码清单 3.47   在运行结束时设置一个断点

```
(gdb) b 33
Breakpoint 1 at 0x100183dc: file basicmath_simple.c, line 33.
(gdb)
```

继续运行直到代码清单 3.48 中的 gdb c 命令断点。

代码清单 3.48   继续运行直到断点

```
(gdb) c
Continuing.

Breakpoint 1, main () at basicmath_simple.c:33
33      return;
(gdb)
```

结果位于堆栈中的某处（运行时为数组 x 分配存储空间；x 应包含三个双精度数值，分别对应于 2.0、6.0 和 2.5，即十六进制：0x4000000000000000、0x4018000000000000 和 0x4004000000000001）。

要找到结果，可以使用代码清单 3.49 中的 gdb "x" 命令转储堆栈使用的内存空间（"x/16x 0x1001ffc0" 命令以十六进制格式转储 16 个字，从地址 0x1001ffc0 开始）。

代码清单 3.49   转储堆栈

```
(gdb) x/16x 0x1001ffc0
0x1001ffc0: 0x1001ffd4  0x1001ffd8  0x00000000  0x00000000
0x1001ffd0: 0x00000000  0x00000003  0x00000000  0x40000000
0x1001ffe0: 0x00000000  0x40180000  0x00000001  0x40040000
0x1001fff0: 0x00000000  0x00000000  0x00000000  0x00000000
(gdb)
```

这三个数值分别位于地址 0x1001ffd8-df、0x1001ffe0-e7 和 0x1001ffe8-ef（低阶 32 位字优先，即小端）。

RISC-V 体系结构

摘要

本章简要介绍了 RISC-V 体系结构，更确切地说是使用从小规模 C 程序编译后的实例介绍了 RISC-V 的 RISC-V 指令集。

4.1 RISC-V 指令集体系结构

RISC-V 体系结构由 32 位指令的核构成，用来处理 32 位的整数（名为 RV32I）与其他不同类型的指令和数据大小的扩展（例如 RVC 用于 16 位数据，RV64I 用于 64 位数据，M 扩展用于整数乘法、除法和取余数指令，F 扩展用于单精度浮点数运算 [1]）。

尽管最基本的 RV32I 指令集很小，但它足以实现任何应用程序，甚至可以实现 Linux 等操作系统。

RV32I ISA 的计算能力与图灵机相同，它也是图灵完备的（图灵机是阿兰・图灵证明的一个理论模型，能够计算任何可计算函数——可计算函数就是算法，请参阅图灵于 1936 年发表的原始论文 [2]）。

可以通过提供扩展的硬件单元来加速计算过程（例如，向处理器添加一个整数乘法器和一个整数除法器）。

对于这些用户级指令集，RISC-V 规范添加了专用于操作系统实现的特权架构。在 David Patterson 和 Andrew Waterman 的书中提供了对本指令集完整的概述 [3]。

本书中只处理核心的 RV32I 指令集。

由于 RV32I 很小，因此生成的应用程序可能比使用更大指令集实现的应用程序慢。例如，对于 RV32I，虽然硬件中没有配备浮点运算单元，但是也可以在 C 代码中实现 float 和 double 类型。编译器和库提供了必要的函数，这些函数用整数运算模拟浮点运算。本书会在涉及浮点计算的基准测试中测试书中设计的处理器。

4.1.1 RV32I 寄存器和 RISC-V 应用程序二进制接口

图 4.1 为整数寄存器文件（又称为 "寄存器堆"）的映射，共有 32 个寄存器（在 RV32I ISA 中寄存器的位宽为 32 位），分别命名为 x0 到 x31，图中黑色为前 16 个寄存器，红色为后 16 个寄存器，在 RV32I ISA 中，32 个寄存器都可以使用，在 RVE（或 RV32E）ISA（E 代表嵌入式）中，寄存器文件中只有黑色的寄存器可以使用。

在图中，"别名" "用途" 和 "是否需要保存" 定义了 RISC-V 的应用程序二进制接口（ABI）。ABI 是由处理器体系结构构建应用程序的通用框架。

每个寄存器都有一个 ABI 别名（"别名" 一列），该别名关联寄存器的推荐用途（"用途" 一列）。

"是否需要保存" 一列表示在函数调用时，应将哪些寄存器保存在堆栈中。如果要在函数中使用需要保存的寄存器，应首先将其复制到堆栈中。在从函数返回之前，还应该（从堆栈中）恢复该寄存器。通过这种方式，其原值在函数调用后依然有效。

寄存器名	别名	用途	是否需要保存
x0	zero	硬连线到0	否
x1	ra	返回地址	是
x2	sp	堆栈指针	否
x3	gp	全局指针	否
x4	tp	线程指针	否
x5–x7	t0–t2	暂存数据	否
x8–x9	s0–s1	保存数据	是
x10–x15	a0–a5	参数	否
x16–x17	a6–a7	暂存数据	否
x18–x27	s2–s11	保存数据	是
x28–x31	t3–t6	参数	否

图 4.1 RISC-V 整数寄存器文件

不需要保存的寄存器要么存放的是在整个应用程序中都有效的全局变量，要么是仅在单个函数的本地计算中有效的临时变量。

除了第一个寄存器之外，指令集实际上并不对这些寄存器做区分，也就是说所有指令都可以用相同的方式来对它们进行操作，但第一个寄存器有特殊的含义。

寄存器 zero 或 x0 永远保存"0"且无法更改。不能对寄存器 zero 进行写入操作（如果将此寄存器用作写入目标，则写操作将被直接忽略）。每次需要使用"0"这个特殊值时，可以使用寄存器 zero。例如，如果想表示" if（x==0）goto label"，可以使用" beq a0, zero, label"（即如果 a0 和 zero 相等则转移到 label 处执行），其中，寄存器 a0 保存变量 x 的值。

虽然体系结构没有通过 ISA 为寄存器赋予任何特定角色，但 ABI 确实为所有寄存器强加了一些通用的用法。强烈建议程序员遵循 ABI 的约束以保持其程序与其他可用软件（例如库）和不同翻译器（如编译器或汇编器）的兼容性。

寄存器 ra 或 x1 应该用来保存返回地址，例如在函数调用指令（JAL 和 JALR）中，程序" jal ra, foo"调用了 foo 函数，返回地址保存到寄存器 ra 中。但是也可以编写" jal t0, foo"并将返回地址保存到 t0 寄存器中。也可以编写" jal zero, label"，在这种情况下，不会保存任何返回地址，并且 jal 指令直接跳转到 label 指令处。

寄存器 sp 或 x2 应该用作堆栈指针，即它应保存堆栈顶部的地址，并根据空间的分配和释放动态变化。（例如，" addi sp, sp, -16"在 1 个函数开始时分配堆栈顶部的 16 个字节；在函数结束时运行" addi sp, sp, 16"将会收回这 16 个字节；在函数中，这 16 个字节可用作一个"帧"（frame），使用 store 指令和 load 指令在其中对数据进行保存和恢复。

寄存器 a0 到 a7（或 x10 到 x17）应该用于保存函数参数（a0 和 a1 用于保存返回值）。

寄存器 t0 到 t6（或 x5 到 x7 和 x28 到 x31）应该用于保存临时变量的值。

寄存器 s0 到 s11（或 x8, x9 和 x18 到 x27）应该在函数调用过程中保留（如果在函数中要使用这些寄存器中的某一个，应该在函数开始时将其保存在函数堆栈帧中，并在函数结束时恢复）。

操作系统可以使用寄存器 x3 或 gp 作为全局指针（即在进程运行中的全局数据），x4 或 tp 作为线程指针（线程运行中的数据），以及 x8 或 s0 或 fp 作为帧指针，为函数分配的一部分堆栈来保存其参数和局部变量。

4.1.2 RV32I 指令

按照传统，指令集分为三个子集：计算指令、控制流指令和内存访问（简称"访存"）指令。

图 4.2 展示了 RISC-V 指令的代码清单。红色的是计算指令，棕色的是控制流指令，绿色的是访存指令。

RISC-V 指令		程序语义
add	a0, a1, a2	x10 = x11 + x12
addi	x10, x11, 1	a0 = a1 + 1
beq	a0, a1, .L1	if (a0 == a1) goto .L1
jal	foo	ra = pc + 4; goto foo
jr	x6	goto x6
ret		goto ra
lw	s0, 4(a0)	s0 = ram[a0 + 4 : a0 + 7]
sb	t1, 1(zero)	ram[1] = t1[0 : 7]

图 4.2 RISC-V 指令代码清单

4.1.2.1 计算指令

在 RISC（Reduced Instruction Set Computer，精简指令系统计算机）体系结构中，计算指令对寄存器和常数进行操作（即不直接对内存进行操作）。

这类指令在算术逻辑单元（Arithmetic and Logic Unit，ALU）中进行操作，例如，可以做加法、减法、左移和右移、布尔运算符和比较等。乘法和除法不属于 RV32I ISA，它们属于 M 扩展。

因此，如果在 C 程序中使用乘法或除法，编译器会调用库函数将乘法或除法转换成使用 RV32I 指令进行计算。

计算指令要么对两个寄存器源操作数进行计算（例如"add a0, a1, a2"将寄存器 a1 和 a2 的值相加），要么对一个寄存器源操作数和一个常数进行计算。在这种情况下，常数总是右操作数（例如"addi a0, a0, -1"将寄存器 a0 的值进行递减）。

4.1.2.2 控制流指令

控制流指令可以是跳转或分支。其中，跳转是无条件的，分支是有条件的。

跳转可以有一个链接（即函数调用链接到保存在 ra 寄存器中的返回地址）。

跳转目标可以是直接给出的（即从跳转指令到目标地址的偏移量直接编码在指令中，如"jal ra, foo"）。

跳转目标可以是间接给出的（即目标地址由寄存器给出，如"jalr ra, a0"）。一种特殊情况是"jalr zero, ra"（也就是"ret"），它从函数调用跳转到返回地址。

分支将条件判断与跳转相结合（例如"beq a0, a1, label"，这意味着"if(a0 == a1)goto label"）。

在 RISC-V 中，条件判断是一个比较。

比较运算符可以是相等（beq）、不相等（bne）、小于（blt）和大于等于（bge）。

对于整数的比较，可以是有符号或无符号的比较（blt/bltu 和 bge/bgeu）。

在有符号比较中，32 位数据的范围是从 0x80000000 到 0xffffffff 的负数，即 -2^{31} 到 -1，

以及从 0x00000000 到 0x7fffffff 的正数，即 0 到 $2^{31}-1$。

在无符号比较中，范围是 0x00000000 到 0xffffffff，即 0 到 $2^{32}-1$。

例如，对于有符号数比较，0x80000000 小于 0x7fffffff（-2^{31} 小于 $2^{31}-1$），但对于无符号比较则是 0x80000000 大于 0x7fffffff（2^{31} 大于 $2^{31}-1$）。

4.1.2.3 访存指令

访存指令采用"基地址 + 偏移量"的寻址方式，即访问的地址由两项之和计算得出。

基地址通过寄存器给出，偏移量是一个常数（例如，"lw a0, 4(a1)"从地址 4 + a1 装载一个字）。

load 指令（加载指令或取数指令）从内存把数据读到寄存器（load 指令有一个目标寄存器，例如 a0 就是"lw a0, 4(a1)"的目标寄存器）。

store 指令（存储指令或存数指令）把寄存器中的数据写入内存（store 指令还有第二个源寄存器，例如"sw a0, 4(a1)"将寄存器 a0 的数据存储到内存中）。

数据搬移可能涉及一个字节（lb/lbu 用于字节加载，sb 用于字节存储），也可能涉及一组连续字节（lh/lhu 用于半字加载，sh 用于半字存储），或一个完整的 32 位字（lw 用于字加载，sw 用于字存储）。

加载到寄存器的 1 个字节或 1 个半字的数据需要进行符号扩展或零扩展。

扩展是填充目标寄存器的方式。

如果加载单个字节且加载指令是 lbu（加载的字节是无符号的），则目标寄存器的三个最高有效字节全部清零。

如果加载指令是 lb（加载的字节是有符号的），则目标寄存器的 24 个最高有效位都填充加载字节的符号位（即其最高有效位）。

例如，如果"lb a0, 4(a1)"加载字节 0x80（即 0b10000000，最高有效位为 1），则寄存器 a0 被置为 0xffffff80。

如果"lb a0, 4(a1)"加载字节 0x70（即 0b01110000，最高有效位为 0），寄存器 a0 被置为 0x00000070。

RISC-V 规范留出了执行环境接口（Execution Environment Interface，EEI），如果实现了该接口，则可以处理未对齐的地址（对齐在 5.3.3.1 节和 6.3 节中介绍）。

4.1.3 RV32I 指令格式

指令本身就是数据，它们也是存放在内存中的字。

RV32I ISA 是一组 32 位的指令。每条指令都是一个 32 位字。有关指令的所有语义细节都编码在这个 32 位的字中。编码的方式称为格式。

RV32I 指令编码定义了四种格式，即寄存器型（R-TYPE）、立即数型（I-TYPE）、U 型立即数型（U-TYPE），以及存储型（S-TYPE）。

图 4.3 显示了 32 位指令字按格式分解得到的主要字段（B-TYPE 是 S-TYPE 的一种变体，J-TYPE 是 U-TYPE 的一种变体）。

可以看到，所有指令字的最低两位为 11（存在最低两位不是 11 的指令，但这些指令不属于 RV32I 内核，它们都是 RVC 扩展指令集的指令，例如 C 表示压缩，其中的指令都是用 16 位字编码来编码的）。

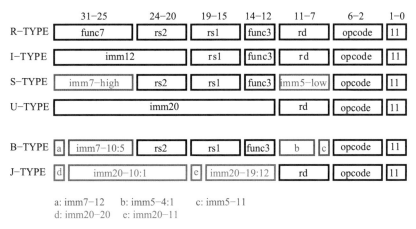

a: imm7–12   b: imm5–4:1   c: imm5–11
d: imm20–20   e: imm20–11

图 4.3   RV32I 指令格式

4.1.3.1   R-TYPE 格式

使用两个源寄存器的计算指令为 R-TYPE 格式，是 1 个六元组（func7, rs2, rs1, func3, rd, opcode）。

rs2 字段是第二个源寄存器（即右源寄存器），rs1 是第一个源寄存器（即左源寄存器），rd 是目标寄存器，opcode 是主操作码 OP。

主操作码与次操作码 func3 及操作说明符 func7 共同完成对 ALU 操作的定义。

例如（见图 4.4），"sub a0, a1, a2"是二进制六元组 [0b0100000, 0b01100, 0b01011, 0b000, 0b01010, 0b0110011]（即十六进制的 0x40c58533）。

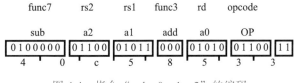

图 4.4   指令"sub a0, a1, a2"的编码

寄存器是 5 位编码，func3 是 3 位编码，func7 是 7 位编码，opcode 是 5 位编码。

sub 操作由 func7(sub)、func3(add/sub) 和 opcode(OP) 三个部分编码来进行定义。

以 0x33 或 0xb3 结尾（Opcode 字段为 OP）的指令代码是 R-TYPE 型的 ALU 指令。

4.1.3.2   I-TYPE 格式

使用一个源寄存器和一个常数的计算指令为 I-TYPE 格式，这类指令格式是 1 个五元组（imm12, rs1, func3, rd, opcode）。

最后四个字段与 R-TYPE 格式中对应字段的含义相同（opcode 是 OP_IMM 而不是 OP）。

imm12 字段是立即数，即计算指令中涉及的常数。它是一个带符号的 12 位字段（因此常数范围是从 0x800 到 0x7ff，即从 -2^{11} 到 $2^{11} - 1$）。

例如，"addi a0, a0, -1"就是 1 个五元组 [0b111111111111, 0b01010, 0b000, 0b01010, 0b0010011]（即十六进制的 0xfff50513），如图 4.5 所示。

以 0x13 或 0x93 结尾（opcode 字段为 OP_IMM）的指令代码是 I-TYPE 型的 ALU 指令。

装载指令（见图 4.6）也是 I-TYPE 格式（例如"lw a0, 4(a1)"是五元组 [0b000000000100,

0b01011, 0b010, 0b01010, 0b0000011], 即 0x0045a503）。

以 0x03 或 0x83 结尾（opcode 为 LOAD）的指令代码是 I-TYPE 型的加载指令。

间接跳转指令 JALR（见图 4.7）也是 I-TYPE 格式（如"jalr ra, 4(a0)"是五元组 [0b000000000100, 0b01010, 0b000, 0b00001, 0b1100111]，即 0x004500e7）。

以 0x67 或 0xe7 结尾（opcode 为 JALR）的指令代码是 I-TYPE 型的 jalr 指令。

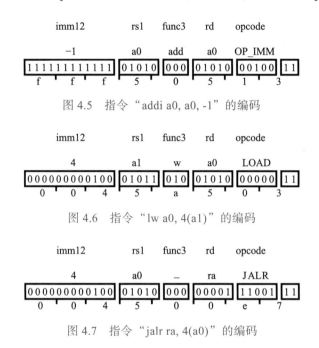

图 4.5 指令"addi a0, a0, -1"的编码

图 4.6 指令"lw a0, 4(a1)"的编码

图 4.7 指令"jalr ra, 4(a0)"的编码

4.1.3.3 S-TYPE 格式

存储指令（见图 4.8）是 S-TYPE 格式，这类指令格式是六元组（imm7-high, rs2, rs1, func3, imm5-low, opcode），其中 imm7-high 和 imm5-low 组合起来构建一个带符号的 12 位立即值。

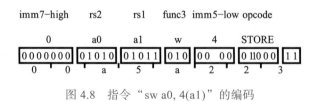

图 4.8 指令"sw a0, 4(a1)"的编码

例如，"sw a0, 4(a1)"是六元组 [0b0000000, 0b01010, 0b01011, 0b010, 0b00100, 0b0100011]（即十六进制的 0x00a5a223）。

以 0x23 或 0xa3 结尾的指令码是 S-TYPE 存储指令（操作码为 STORE）。

4.1.3.4 B-TYPE 格式

分支指令采用 B-TYPE 格式，是 S-TYPE 格式在立即数构成上的一种变体。

它的立即数不是 imm7-high 和 imm5-low 字段的拼接，而是由分布在 imm7-high 和 imm5-low 字段中的四个片段拼接而成。

更确切地说，imm7-high 字段被分解成 1 位的 imm7-12（立即数的第 12 位）（在图 4.9 中标记为 a）和 6 位的 imm7-10:5（立即数的第 5～10 位）。

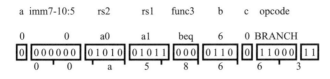

图 4.9 指令"beq a0, a1, pc + 12"的编码

imm5-low 字段分为 4 位的 imm5-4:1（标记为 b）和 1 位的 imm5-11（标记为 c）。

将 a、c、imm7-10:5 和 b 拼接在一起构成了 1 个 12 位常量。

该常量左移（尾部补 0）并符号扩展成 1 个 32 位的立即数。当分支条件为真（即分支转移）时，pc 要加上这个值。

正数表明前向分支，负数表明后向分支。

例如，"beq a0, a1, pc+12"（见图 4.9）是八元组 [0b0, 0b000000, 0b01010, 0b01011, 0b000, 0b0110, 0b0, 0b1100011]（即十六进制的 0x00a58663）。

本例中 a 为 0b0，c 为 0b0，imm7-10:5 为 0b000000，b 为 0b0110。因此，12 位常量为 0b000000000110，即 6。经过左移一位和符号扩展后，将所得的 32 位数值（即 12）加到 pc 上（如果 a0 等于 a2，则 12 加到 pc 上，即跳转到 pc+12 处）。

以 0x63 或 0xe3 结尾的指令码是 B-TYPE 型的分支指令（操作码为 BRANCH）。

4.1.3.5 U-TYPE 格式

lui 和 auipc 指令采用 U-TYPE 格式，即它们是三元组（imm20, rd, opcode），其中 imm20 是 20 位常数，用于更新目标寄存器的高位部分（lui 的操作码是 0b01101；auipc 的操作码是 0b00101）。

例如，"lui a0, 0xdead"是三元组 [0b00001101111010101101, 0b01010, 0b0110111]（十六进制为 0x0dead537），如图 4.10 所示。

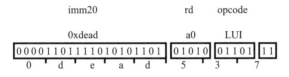

图 4.10 指令"lui a0, 0xdead"的编码

这些指令在编码中的 20 位常量后面加上 12 个 0 构成了 1 个 32 位字。lui 指令将这个 32 位常量保存到目标寄存器。auipc 指令将 32 位常量与 pc 相加，并将结果保存到目标寄存器中。

以 0x17 或 0x97 结尾的指令码是 U-TYPE 型 auipc 指令（操作码为 AUIPC）。

以 0x37 或 0xb7 结尾的指令码是 U-TYPE 型 lui 指令（操作码为 LUI）。

4.1.3.6 J-TYPE 格式

jal 指令为 J-TYPE 格式，它是 U-TYPE 的变体。

20 位立即数字段 imm20 被分解成四个部分：imm20-20（1 位，在图 4.11 中标记为 d），

imm20-10:1（10 位），imm20-11（1 位，在图 4.11 中标记为 e）和 imm20-19:12（8 位）。

d、imm20-19:12、e 和 imm20-10:1 拼接起来形成一个 20 位常量。

20 位常量左移（尾部补 0）并进行符号扩展形成了表示偏移量的 32 位值。将这个位移量加到 pc 上形成目标地址。

例如，"jal pc+12"（见图 4.11）是六元组 [0b0, 0b0000000110, 0b0, 0b00000000, 0b00001, 0b1101111]，即十六进制的 0x00e000ef。

例子中 d 为 0b0，imm20-19:12 为 0b00000000，e 为 0b0，imm20-10:1 为 0b0000000110。20 位常量为 0b00000000000000000110，即 6。经过左移 1 位和符号扩展后，加到 pc 上的 32 位常量为 12（跳转到 pc + 12 处）。

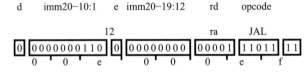

图 4.11   指令"jal pc + 12"的编码

以 0x6f 或 0xef 结尾的指令是 J-TYPE 型的"jal"指令（操作码为 JAL）。

4.1.3.7   RISC-V 指令译码

从 RISC-V 指令编码的十六进制表示，很容易对有操作码字段定义的指令进行译码。

图 4.12 展示了指令译码的最低有效字节对应的 RV32I 的指令操作码。

0x03	LOAD	0x43		0x83	LOAD	0xc3	
0x07		0x47		0x87		0xc7	
0x0b		0x4b		0x8b		0xcb	
0x0f		0x4f		0x8f		0xcf	
0x13	OP_IMM	0x53		0x93	OP_IMM	0xd3	
0x17	AUIPC	0x57		0x97	AUIPC	0xd7	
0x1b		0x5b		0x9b		0xdb	
0x1f		0x5f		0x9f		0xdf	
0x23	STORE	0x63	BRANCH	0xa3	STORE	0xe3	BRANCH
0x27		0x67	JALR	0xa7		0xe7	JALR
0x2b		0x6b		0xab		0xeb	
0x2f		0x6f	JAL	0xaf		0xef	JAL
0x33	OP	0x73		0xb3	OP	0xf3	
0x37	LUI	0x77		0xb7	LUI	0xf7	
0x3b		0x7b		0xbb		0xfb	
0x3f		0x7f		0xbf		0xff	

图 4.12   RV32I 指令译码的最低有效字节

例如，1 条以 0x03 或 0x83 结尾的指令码是 LOAD 的编码。

空字段对应的是 RV32I ISA 的扩展操作码（例如 0x07 和 0x87 与 F 扩展中定义的 LOAD-FP 操作码相对应）。

4.1.4   汇编语法

4.1.4.1   R-TYPE 指令

对于汇编程序，R-TYPE 指令是四元组：（操作码，目标寄存器，左源操作数寄存器，右源操作数寄存器）。

例如，"add a0, a1, a2"表示"a0 = a1 + a2"。

4.1.4.2　I-TYPE 指令

I-TYPE 计算指令也是四元组：（操作码，目标寄存器，左源操作数寄存器，常量）。该操作以后缀 i 作为结尾。

例如，"addi a0, a1, 1"表示"a0 = a1 + 1"。其中的常数应在区间 $[-2^{11}, 2^{11} - 1]$ 内。

I-TYPE load 指令是四元组：（"load" + 操作数大小 + 符号，目标寄存器，偏移量，基地址）。

例如，"lb a0, 5(a1)"表示"a0 = *(((char*)a1) + 5)"（单字节加载）。

偏移量应在区间 $[-2^{11}, 2^{11} - 1]$ 内。

操作数大小可以是字节（lb/lbu）、半字（lh/lhu）或字（lw）。

符号可以为空（表示有符号）或 u［表示无符号，仅用于字节（lbu）和半字（lhu）]。

I-TYPE 间接跳转指令（即 jalr）是四元组：（jalr，目标寄存器，偏移量，基地址）。

例如，"jalr ra, 4(a0)"表示"ra = pc + 4; pc = pc + a0 + 4"。

偏移量应在区间 $[-2^{11}, 2^{11} - 1]$ 内。

4.1.4.3　S-TYPE 指令

S-TYPE store 指令是四元组：（store + 操作数大小，源操作数寄存器，偏移量，基地址）。

例如，"sb a0, 5(a1)"表示"*(((char*)a1)+5) = a0"（单字节存储）。

偏移量应在区间 $[-2^{11}, 2^{11}-1]$ 内。

操作数大小可以是字节（sb）、半字（sh）或字（sw）。

4.1.4.4　B-TYPE 指令

B-TYPE 的分支指令是四元组：（比较类型，左源操作数寄存器，右源操作数寄存器，目标地址标号）。

例如，"beq a0, zero, .L1"表示"if(a0==0)goto .L1"。

如果需要与一个不为 0 的常量比较，应该先把这个常量保存到一个临时寄存器中（例如要与常量 10 比较，用指令"li t0, 10"将常数 10 保存到寄存器 t0 中，然后再与寄存器 t0 比较）。

目标地址标号最多应在分支指令之后的 $2^{11} - 1$ 个半字或之前的 2^{11} 个半字（在 2^{11} 条 RV32I 指令中，有一半用于向后分支）之间。

4.1.4.5　U-TYPE 指令

U-TYPE 指令是三元组：（lui / auipc，目标寄存器，常数）。

例如，"lui a0, 0xdead"表示"a0 = 0xdead<<12"，"auipc a0, 0xdead"表示"a0 = pc + (0xdead<<12)"。

该常数应在区间 $[-2^{19}, 2^{19} - 1]$ 内。

4.1.4.6　J-TYPE 指令

J-TYPE 指令是三元组：（jal，返回地址寄存器，目标地址标号）。

例如"jal ra, foo"表示"ra = pc + 4; pc = pc + foo"。

目标地址标号应在分支指令之后的 $2^{20} - 1$ 个半字或之前的 2^{20} 个半字（在 2^{20} 条 RV32I 指令中，其中一半用于向后跳转）之间。

4.1.4.7 伪指令

汇编语言将伪指令添加到了基本指令中。这些伪指令大多是简写（例如"ret"代表"jalr zero, 0(ra)"）。

以下给出伪指令列表（并不详尽）：

- "nop"（"addi, zero, zero, 0"的简写）
- "mv rd, rs"（"addi rd, rs, 0"的简写）
- "li rd, imm"（根据 imm 的大小，li 指令可以展开为多条基本指令，将 imm 的值填充到 rd 寄存器；最简单的情况是当 imm 在 $[-2^{11}, 2^{11}-1]$ 区间时：li 指令就变成了一条 addi 指令；例如，"li a0, 1"是"addi a0, zero, 1"的简写形式。）
- "not rd, rs"（"xori rd, rs, -1"的简写）
- "neg rd, rs"（"sub rd, zero, rs"）

对于分支指令：

- "beqz rs, label"（"beq rs, zero, label"）
- "bnez rs, label"（"bne rs, zero, label"）
- "blez rs, label"（"bge zero, rs, label"）
- "bgez rs, label"（"bge rs, zero, label"）
- "bltz rs, label"（"blt rs, zero, label"）
- "bgtz rs, label"（"blt zero, rs, label"）
- "bgt rs, rt, label"（"blt rt, rs, label"）
- "ble rs, rt, label"（"bger rt, rs, label"）
- "bgtu rs, rt, label"（"bltu rt, rs, label"）
- "bleu rs, rt, label"（"bgeu rt, rs, label"）

对于跳转指令：

- "j label"（"jal zero, label"）
- "jal label"（"jal ra, label"）
- "jr rs"（"jalr zero, 0(rs)"）
- "jalr rs"（"jalr ra, 0(rs)"）
- "ret"（"jalr zero, 0(ra)"）

4.2 代码示例

学习汇编语言的最好方法是使用编译器。编写一段 C 代码，使用中等优化级别（即 -O0 或 -O1）和 -S 选项（以生成汇编源文件）进行编译。然后，就可以查看汇编文件并将其与 C 源代码进行比较。

4.2.1 表达式

编译代码清单 4.1 中所示的 C 代码（本章所有的 C 源文件都在 chapter_4 文件夹中，所有编译命令都在同一文件夹下的 compile.txt 文件中，计算 delta 的 C 源代码在 exp.c 文件中，使用 exp.c 的编译命令构建 exp.s）。

代码清单 4.1 编译 1 个 C 表达式

```
void main(){
  int a=3, b=5, c=2, delta;
  delta = b*b - 4*a*c;
}
```

生成的 exp.s 文件如代码清单 4.2 所示（来源于原始的 exp.s 文件，删除了一些不重要的细节并添加了注释）。

代码清单 4.2 RISC-V 的汇编语言表达式

```
      ...
main: addi sp,sp,-32   /*allocate 32 bytes on the stack*/
      sw   ra,28(sp)   /*save ra on the stack*/
      sw   s0,24(sp)   /*save s0 on the stack*/
      sw   s1,20(sp)   /*save s1 on the stack*/
      addi s0,sp,32    /*copy the stack pointer to s0*/
      li   a5,3        /*a5=3; "a" is initialized*/
      sw   a5,-20(s0)  /*place "a" on the stack*/
      li   a5,5        /*a5=5; "b" is initialized*/
      sw   a5,-24(s0)  /*place "b" on the stack*/
      li   a5,2        /*a5=2; "c" is initialized*/
      sw   a5,-28(s0)  /*place "c" on the stack*/
      lw   a1,-24(s0)  /*load "b" into a1*/
      lw   a0,-24(s0)  /*load "b" into a0*/
      call __mulsi3    /*multiply a0 by a1, result in a0*/
      mv   a5,a0       /*a5=a0 ("b*b")*/
      mv   s1,a5       /*s1=a5 ("b*b")*/
      lw   a1,-28(s0)  /*load "c" into a1*/
      lw   a0,-20(s0)  /*load "a" into a0*/
      call __mulsi3    /*multiply a0 by a1, result in a0*/
      mv   a5,a0       /*a5=a0 ("a*c")*/
      slli a5,a5,2     /*a5=a5<<2; "4*a*c"*/
      sub  a5,s1,a5    /*a5=s1-a5; "b*b-4*a*c"*/
      sw   a5,-32(s0)  /*place "b*b-4*a*c" on the stack*/
      nop              /*no operation*/
      lw   ra,28(sp)   /*restore ra*/
      lw   s0,24(sp)   /*restore s0*/
      lw   s1,20(sp)   /*restore s1*/
      addi sp,sp,32    /*free the 32 bytes from the stack*/
      jr   ra          /*return*/
```

如你所见，这很容易阅读，但很枯燥，主要是因为有太多不必要的内存操作。

这是由于本书用的编译优化等级较低（-O0）。如果采用更高的优化等级（-O1），编译器将会对代码进行简化（在本例中，因为 delta 的结果没有被使用，所以不会生成任何代码）。

可以通过输出它的值欺骗编译器来强制计算 delta。但即使在这种情况下，编译器也会比人更聪明，它只计算 delta 本身（因为它是对常量的一些简单操作）并输出其常量结果。

然而，这个简单的例子给出了很多信息：如何对内存进行读写，如何调用函数（标准库提供 __mulsi3；__mulsi3 函数将在寄存器 a0 和 a1 中的两个参数相乘，并将乘积通过寄存器 a0 返回）。

本例还显示了如何初始化（li）和移动（mv）寄存器，以分配和释放堆栈上的空间（"addi sp, sp, constant"）和许多其他细节。

4.2.2 测试

编译如代码清单 4.3 所示的 C 代码（C 源文件是 test.c，compile.txt 文件中的编译命令用来构建 test.s）。

代码清单 4.3   编译 C 代码测试

```c
void main(){
  int a=3, b=5, c=2, delta;
  delta = b*b - 4*a*c;
  if (delta<0) printf("no real solution\n");
  else if (delta==0) printf("one solution\n");
  else printf("two solutions\n");
}
```

代码清单 4.4 所示为 test.s 文件（去掉了 exp.s 中 "b*b-4*a*c" 的计算）。

代码清单 4.4   RISC-V 汇编语言的一些测试

```
.LC0: .string "no real solution"
      .align  2
.LC1: .string "one solution"
      .align  2
.LC2: .string "two solutions"
      ...
main: addi    sp,sp,-32
      sw      ra,28(sp)
      sw      s0,24(sp)
      sw      s1,20(sp)
      addi    s0,sp,32
      ...                       /*the "b*b-4*a*c" computation*/
      sw      a5,-32(s0)        /*place "b*b-4*a*c" on the stack*/
      lw      a5,-32(s0)        /*load "b*b-4*a*c" into a5*/
      bge     a5,zero,.L2       /*if (b*b-4*a*c>=0) goto .L2*/
      lui     a5,%hi(.LC0)      /*a0=.LC0*/
      addi    a0,a5,%lo(.LC0)
      call    puts              /*puts("no real solution")*/
      j       .L5               /*goto .L5*/
.L2:  lw      a5,-32(s0)        /*load "b*b-4*a*c" into a5*/
      bne     a5,zero,.L4       /*if (b*b-4*a*c!=0) goto .L4*/
      lui     a5,%hi(.LC1)      /*a0=.LC1*/
      addi    a0,a5,%lo(.LC1)
      call    puts              /*puts("one solution");*/
      j       .L5               /*goto .L5*/
.L4:  lui     a5,%hi(.LC2)      /*a0=.LC2*/
      addi    a0,a5,%lo(.LC2)
      call    puts              /*puts("two solutions");*/
.L5:  nop
      lw      ra,28(sp)
      lw      s0,24(sp)
      lw      s1,20(sp)
      addi    sp,sp,32
      jr      ra
```

除了分支指令和跳转指令之外，此代码清单还展示了如何使用代码中的地址初始化寄存器（例如 "a0 = .LC0"）。这是分两步完成的。首先，将寄存器设置为地址高位部分（"lui a5,%hi(.LC0)"；%hi 是指示符，用于指示汇编器提取 .LC0 地址的高 20 位）。然后，添加低位部分（"addi a0, a5, %lo(.LC0)"，%lo 提取 .LC0 地址的低 12 位）。

还有 .align 和 .string 汇编器指示符的代码清单。任何以点开头的单词要么是标签（如果它在一行的开始），要么是汇编指示符（如果它不在一行的开始）。

汇编指示符不是 RISC-V 指令。汇编器用指令的十六进制值构建一个 "代码段"（即未来的程序存储器）。将程序中的数据值构建为一个 "数据段"（例如，.LC0 标签后面的内容）。

.align 2 指令将下一个结构（RISC-V 指令或某些数据）对齐到下一个偶数地址（即，如果当前结构以奇数地址结束，它将向前移动一个字节，否则就会降低效率）。

.string 指令根据后面的字符串在 "数据段" 构建数据。

4.2.3　循环

代码清单 4.5 中的程序计算斐波那契数列的第 10 项。

代码清单 4.5　编译 C for 循环

```
#include <stdio.h>
void main(){
  int i, un, unm1=1, unm2=0;
  for (i=2; i<=10; i++){
    un   = unm1+unm2;
    unm2 = unm1;
    unm1 = un;
  }
  printf("fibonacci(10)=%d\n",un);
}
```

使用 -O1 优化等级编译（C 源文件是 loop.c，compile.txt 文件中的编译命令用来构建 loop.s）。编译生成的 RISC-V 汇编代码如代码清单 4.6 所示。

代码清单 4.6　RISC-V 汇编语言中的 for 循环

```
       ...
.LC0:  .string    "fibonacci(10)=%d\n"
       ...
main:  addi  sp,sp,-16     /*allocate*/
       sw    ra,12(sp)     /*save ra in the stack*/
       li    a5,9          /*number of iterations n: 10-2+1=9*/
       li    a3,0          /*unm2=0*/
       li    a4,1          /*unm1=1*/
       j     .L2           /*goto .L2*/
.L3:   mv    a4,a1         /*unm1=un*/
.L2:   add   a1,a4,a3      /*un=unm1+unm2*/
       addi  a5,a5,-1      /*n--*/
       mv    a3,a4         /*unm2=unm1*/
       bne   a5,zero,.L3   /*if (n!=0) goto .L3*/
       lui   a0,%hi(.LC0)  /*a0=.LC0*/
       addi  a0,a0,%lo(.LC0)
       call  printf        /*printf("fibonacci(10)=%d\n",un)*/
       lw    ra,12(sp)     /*restore ra*/
       addi  sp,sp,16      /*free*/
       jr    ra
```

循环是后向的分支（即"bne a5, zero, .L3"）。

当优化级别超过 0 时，将去掉堆栈中不必要的搬移。

while 循环和 do … while 循环的编译方式相同。对于 while 循环，第一个判断处理不用迭代的情况。然后构建一个 do … while 循环。

4.2.4　函数调用

使用优化级别 1 编译代码清单 4.7 中所示的代码，构建汇编文件（C 源文件是 fib.c，编译命令用于构建 fib.s 文件）。

代码清单 4.7　编译 C 代码的函数调用

```
#include <stdio.h>
unsigned int fibonacci(unsigned int n){
  unsigned int i, un, unm1=1, unm2=0;
  if (n==0) return unm2;
  if (n==1) return unm1;
  for (i=2; i<=n; i++){
    un   = unm1+unm2;
    unm2 = unm1;
```

```
       unm1 = un;
     }
   return(un);
}
void main(){
   printf("fibonacci(0)=%d\n",fibonacci(0));
   printf("fibonacci(1)=%d\n",fibonacci(1));
   printf("fibonacci(10)=%d\n",fibonacci(10));
   printf("fibonacci(11)=%d\n",fibonacci(11));
   printf("fibonacci(12)=%d\n",fibonacci(12));
}
```

代码清单 4.8 所示为汇编到 RISC-V 指令集的斐波那契数列函数。

代码清单 4.8　RISC-V 汇编语言中的函数调用：斐波那契数列函数

```
fibonacci:
      mv    a3,a0          /*copy n*/
      beq   a0,zero,.L1    /*if (n==0) goto .L1*/
      li    a5,1
      beq   a0,a5,.L1      /*if (n==1) goto .L1*/
      li    a2,0           /*unm2=0*/
      li    a4,1           /*unm1=1*/
      li    a5,2           /*i=2*/
      j     .L3            /*goto .L3*/
.L6:  mv    a4,a0          /*unm1=un*/
.L3:  add   a0,a4,a2       /*un=unm1+unm2*/
      addi  a5,a5,1        /*i++*/
      mv    a2,a4          /*unm2=unm1*/
      bgeu  a3,a5,.L6      /*if (n>=i) goto .L6*/
      ret                  /*return un*/
.L1:  ret                  /*return n*/
      .align  2
.LC0: .string "fibonacci(0)=%d\n"
      .align  2
.LC1: .string "fibonacci(1)=%d\n"
      .align  2
.LC2: .string "fibonacci(10)=%d\n"
      .align  2
.LC3: .string "fibonacci(11)=%d\n"
      .align  2
.LC4: .string "fibonacci(12)=%d\n"
      ...
```

代码清单 4.9 所示为汇编到 RISC-V 指令集的 main 函数。

代码清单 4.9　RISC-V 汇编语言中的函数调用：main 函数

```
      ...
main: addi sp,sp,-16
      sw   ra,12(sp)
      li   a0,0       /*n=0*/
      call fibonacci /*fibonacci(n)*/
      mv   a1,a0      /*a1=fibonacci(n)*/
      lui  a0,%hi(.LC0)
      addi a0,a0,%lo(.LC0)
      call printf /*printf("fibonacci(0)=%d\n",fibonacci(n))*/
      li   a0,1       /*n=1*/
      call fibonacci /*fibonacci(n)*/
      mv   a1,a0      /*a1=fibonacci(n)*/
      lui  a0,%hi(.LC1)
      addi a0,a0,%lo(.LC1)
      call printf /*printf("fibonacci(1)=%d\n",fibonacci(n))*/
      li   a0,10      /*n=10*/
      call fibonacci /*fibonacci(n)*/
      mv   a1,a0      /*a1=fibonacci(n)*/
      lui  a0,%hi(.LC2)
      addi a0,a0,%lo(.LC2)
      call printf /*printf("fibonacci(10)=%d\n",fibonacci(n))*/
      li   a0,11      /*n=11*/
```

```
call  fibonacci /*fibonacci(n)*/
mv    a1,a0       /*a1=fibonacci(n)*/
lui   a0,%hi(.LC3)
addi  a0,a0,%lo(.LC3)
call  printf /*printf("fibonacci(11)=%d\n",fibonacci(n))*/
li    a0,12       /*n=12*/
call  fibonacci /*fibonacci(n)*/
mv    a1,a0       /*a1=fibonacci(n)*/
lui   a0,%hi(.LC4)
addi  a0,a0,%lo(.LC4)
call  printf /*printf("fibonacci(12)=%d\n",fibonacci(n))*/
lw    ra,12(sp)
addi  sp,sp,16
jr    ra
```

调用遵循 ABI 规范，即通过 a0-a7 寄存器传递参数，从 a0 开始且使用 a0 返回函数结果。

虽然还有很多关于汇编编程的内容需要学习，但本章的内容对构建 1 个处理器来说足够了。

参考文献

[1] https://riscv.org/specifications/isa-spec-pdf/
[2] https://www.cs.virginia.edu/~robins/Turing_Paper_1936.pdf
[3] D. Patterson, A. Waterman: *The RISC-V Reader: An Open Architecture Atlas* (Strawberry Canyon, 2017)

构建具有"取指""译码"和"执行"功能的处理器

摘要

本章准备构建第一个 RISC-V 处理器。首先,实现一个"取指"部件,它能够从程序存储器中连续取出程序。然后,对"取指"部件进行升级,加入了"译码"部件。第三,"取指""译码"部件和一个"执行"部件来运行指令的计算和控制,但还没有对内存的访问。

5.1 HLS 编程的一般概念

5.1.1 关键路径

如果读者熟悉 C/C++ 中的经典编程,就会发现 HLS 编程中有些令人惊奇的方法。

在经典编程中,可以优化代码来节省时间(这里指的是执行时间,即程序运行更快)或(但不排除)节省空间,即使用更少的内存。

代码清单 5.1 中的代码片段展示了一个循环,用来表示一个处理器模拟。循环迭代由四个函数组成,代表了一条指令处理过程的四个连续阶段:从程序存储器中获取指令、译码、执行,并设置作为继续循环条件的 is_running。

这是一个 do … while 循环,所以在它结束前至少运行一次,循环是否结束取决于处理中的指令。

代码清单 5.1　一个模拟基本处理器的循环

```
do{
  fetch(pc, code_ram, &instruction);
  decode(instruction, &d_i);
  execute(pc, reg_file, data_ram, d_i, &pc);
  running_cond_update(instruction, reg_file, &is_running);
} while (is_running);
```

在经典编程中,这样一个循环的执行时间是所有迭代的执行时间。

对于使用循环模拟的给定程序,迭代次数不会变化,等于模拟的指令数,即程序运行的指令数。因此,优化模拟执行时间的唯一方法是通过对四个函数进行优化以提升某个或某几个迭代的速度。

在 HLS 工具中,可以使用模拟循环来定义 1 个 IP。在这种情况下,do…while 循环的每一次迭代代表这个 IP 的一个周期。这是软件模拟器和 HLS 程序定义的 IP 的第一个本质区别。

在一个 IP 中,所有的迭代都有相同的 IP 周期时间,将其定义为关键路径,即从循环开始(即迭代开始)到循环结束(即迭代结束)时,信号经过连续逻辑门的所有路径中的最长延迟。

观察所调用的四个函数的连续迭代,发现似乎每次迭代的延迟都相同。但是,execute

函数能够执行处理器指令集中的任何指令。例如，加法指令和"逻辑与"指令使用不同的计算单元。加法器的延迟可能比简单"与门"的延迟长得多（在这个问题上，硬件与软件不同：在 C 语言中，可以认为表达式"$a = b \& c$"和表达式"$a = b + c$"的运行时间相等）。

图 5.1 显示了两条不同的路径，一条穿过与门，另一条穿过加法器。执行单元还有许多处理 ISA 其他所有指令的路径未展示。对于所示的两条路径，最长延迟是加法器路径。因此，关键路径至少与穿过加法器的路径一样长。

对于 IP 来说，任何指令的运行时间都符合关键路径，包括逻辑与和加法。

优化 IP 需要缩短关键路径，即优化最长迭代的执行时间。相比之下，优化任何一次迭代的执行时间都可以优化软件的模拟时间。

在软件模拟器中，减少一次迭代的执行时间对优化整体的执行时间是有好处的，在 IP 中，降低除关键路径之外的所有路径的延迟都不能优化 IP 周期。

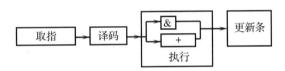

图 5.1　两条路径的不同延迟

5.1.2　使用更多的计算来减少关键路径

代码清单 5.2 中的代码说明了第二个根本区别，其中的计算是有条件的。在软件模拟中，有条件地执行 dosomething 函数有利于缩短整体计算时间（每次条件为假时，就节省了 dosomething 的计算时间）。因此，在软件模拟中，减少计算可以优化执行时间。

代码清单 5.2　条件计算

```
if (condition) dosomething();
```

在 IP 中，"if（condition）"可能会延长关键路径，从而影响周期时间，删除它当然会改变语义。但这个改动不会影响 IP 的行为。如果 dosomething 函数仅对当前的迭代有局部影响，但对下一次迭代和循环退出后的计算没有全局影响，就属于这种情况。

在软件模拟中，不应该去掉 condition，因为去掉它会降低性能。在 IP 中，应该考虑去掉"if(condition)"。这意味着更多的计算（即当"condition"为假时，仍然会计算"dosomething"）。但在硬件中，更多的计算可以优化周期时间。如果有利于缩短关键路径，则包含无用计算是一个不错的选择。

5.1.3　并行执行

第三个不同之处体现在循环的执行方式上，在软件模拟中，没有并行性，迭代一次接一次地运行。而在 IP 中，会对具有静态迭代次数的 for 循环进行展开。

这也就意味着，IP 并行执行代码清单 5.3 中循环的所有迭代（dosomething(0) … dosomething(15)），而且去掉了迭代计数器 i（没有 i ++ 的更新，也没有 $i < 16$ 的判断）。

代码清单 5.3　for 循环计算

```
for (i=0; i<16; i++)
  dosomething(i);
```

在 IP 中，并行性还会涉及函数运行的方式，如代码清单 5.4 所示，如果函数 f 和 g 是独立的（即它们可以在不改变结果的情况下进行置换，当且仅当 f 不改变 g 使用的任何变量，并且 g 也不改变 f 使用的任何变量时，它们会在 IP 中实现并行执行，但在软件模拟中仍按顺序调用。

代码清单 5.4　独立函数

```
f(...);
g(...);
```

在计算中添加指令会增加模拟时间。但是在 FPGA 上，由于硬件中存在的并行性，这样添加的指令可能不会改变关键路径。

例如，代码清单 5.5 展示了一个 fill 函数，用于填充参数 s 给出的结构化变量的三个字段。

代码清单 5.5　独立的指令

```
void fill(struct *s){
s->f1=...;
s->f2=...;
s->f3=...;
}
```

fill 函数的模拟执行时间为设置三个字段的总时间。在 FPGA 上的执行时间可能独立于 fill 函数（如果其不在关键路径上），或者仅与三个字段值中计算时间最长的一个相关（这些计算彼此独立）。

如果在结构中添加第四个字段，模拟时间将会增加，但 IP 的关键路径可能不会受到影响（仅当 fill 函数处于关键路径中，并且新字段的计算时间要比原本的 3 个字段计算时间长时才会受到影响）。

5.2　基本的处理器执行时间公式

在处理器上执行的程序对某些数据进行处理，其执行时间为执行的周期数乘以每个周期的时间。为了突出 ISA 和处理器实现是如何影响性能的，可以使用三个分量来进一步细化计算执行时间的公式。

在 CPU C 上运行的程序 P 处理数据 D，其执行时间（以秒为单位）是三个值的乘积：运行的机器指令数（$nmi(P, D, C)$）、处理器运行一条指令的平均周期数（$cpi(P, D, C)$，每条指令的周期数或 CPI）和一个周期的持续时间（$c(C)$，以秒为单位），如公式 5.1 所示。

$$time(P, D, C) = nmi(P, D, C) * cpi(P, D, C) * c(C)$$ （5.1）

为了提高 CPU C 的整体性能，可以缩短其周期 $c(C)$。这种改进可以通过改进微架构（即消除路径上的一些逻辑门）或改进加工工艺（即减小晶体管的尺寸以减少通过关键路径的延迟）来实现，也可以通过提高电压从而提高处理器部件的频率（即超频）来实现。

在缩短周期的同时，只有不增加执行的周期数才能提高性能（如果假设运行 $nmi(P, D, C)$ 的指令数不变，那么周期数的增加来源于 CPI 的增加）。

在 FPGA 中，当然不能减小晶体管的尺寸。可以提高 FPGA 可编程部分的工作频率，但本书中不会研究这部分内容。因此，改进设计的唯一方法是通过优化微架构以消除关键路径上的逻辑门。

本书将持续介绍 RISC-V 处理器的实现。本书将在一组代码清单程序上应用公式 5.1，并对比计算的执行时间，从而展示优化的效果。

5.3　第一步：构建更新 pc 的通路

到目前为止，读者已经知道如何在开发板上运行 IP（见第 2 章），假设读者能够测试本书中给出的所有代码。它们都在 Pynq-Z1 板上进行了测试。

书中提供的代码并非完整代码，而是只给出了一些重要部分的解释。

每个 IP 项目都定义为 goossens-book-ip-projects/2022.1 文件夹中的一个子文件夹。每个子文件夹都包含对应 IP 项目的完整代码，推荐读者进行阅读。

例如本章介绍的三个 IP 项目 fetching_ip、fetching_decoding_ip 和 fde_ip，其完整代码在同名的三个文件夹中。

此外，在每个 IP 文件夹中，都会找到预构建的 Vitis_HLS 项目，可以不输入代码直接模拟代码清单 IP。还有预设计的 Vivado 项目，包括 Vitis_HLS 预构建 IP。在这些 Vivado 项目中，还有预生成的比特流。

因此，要测试书中定义的处理器 IP，只需在 Vitis IDE 工作区中，从 IP 文件夹中包含的helloworld.c 文件设置 helloworld 驱动程序，如 2.7 节所述。

5.3.1　fetching_ip 设计

处理器由三条相互协作的路径组成：更新程序计数器（pc）的路径、更新寄存器文件的路径和更新数据存储器的路径。

fetching_ip 设计集中在第一条路径上。它要从程序存储器中读取由 pc 寻址的指令。获取（即读取）一条新指令与新 pc 的计算同时进行。

取指 IP 是从存有指令字的存储器中读取指令的组件。当"顺序执行"条件为真时，继续"取指"。此处的"顺序执行"条件应该与所取指令本身有关。

在 fetching_ip 设计中，将该条件定义为："获取的指令不是 RET"（RET 从函数伪指令返回）。

取指 IP 沿着内存顺序移动。它从一个初始地址开始并向前移动（在每个 IP 周期中，地址增加取到的指令的大小，即四个字节或一个字，因为将识别的 ISA 限制为 RV32I 指令集，所以不包括 RVC 标准扩展到压缩的 16 位指令）。

图 5.2 所示为 fetching_ip 设计中实现的硬件。最左边的垂直矩形代表一个独立的寄存器，它是一个时序电路。虚线表示寄存器输入和输出之间的分隔。

在每个 IP 周期开始时，虚线左侧的当前状态被复制到右侧。在一个周期内，左右两边相互隔离：在"+1"方框之后计算得到的值，标记为 next pc，被送到 pc 寄存器的输入端，但不会在下一个周期开始前越过 pc 中间的虚线。

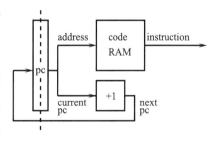

图 5.2　取指 IP 设计

code RAM 方框是一个存储电路。寻址到的字被复制到 instruction 输出端。

"+1"方框是 1 个加法器电路。它输出其输入值加 1 的值。

5.3.2　fetching_ip 顶层函数

所有与 fetching_ip 相关的源文件都可以在 fetching_ip 文件夹中找到。

5.3.2.1　顶层函数原型

代码清单 5.6 中的代码是 fetching_ip.cpp 文件的一部分，展示了 fetching_ip 的顶层函数原型。

IP 有一个输出引脚作为顶层函数的参数。

start_pc 参数是一个输入，它应该存放程序执行的起始地址（在本设计中，处理器启动时 pc 的初始值可以在外部设置）。

code_ram 参数是一个指针（在 C 程序中，数组是一个常量指针），用于寻址外部存储器。

代码清单 5.6　fetching_ip 顶层函数原型

```
void fetching_ip(
  unsigned int start_pc,
  unsigned int code_ram[CODE_RAM_SIZE]){
#pragma HLS INTERFACE s_axilite port=start_pc
#pragma HLS INTERFACE s_axilite port=code_ram
#pragma HLS INTERFACE s_axilite port=return
  ...
```

顶层函数的输出引脚与一组 INTERFACE 编译指示（每个参数 1 个编译指示）关联。

HLS 编译指示是用于指示综合器的信息，如 2.5.4 节所述。在 IP 模拟之前先编译代码，C 编译器会忽略它们。综合器使用编译指示来构建到 RTL 的转换。

综合器使用 INTERFACE 编译指示来组织 IP 与其外部的连接方式。综合器一般提供多种协议来与 IP 交换数据。本书将会逐步介绍这些协议。

fetching_ip 中使用的 axilite 协议与 AXI 通信接口有关（第 11 章将介绍 AXI 接口）。

s_axilite 指定一个从设备，即 fetching_ip 组件是 AXI interconnect 的从设备。从设备接收来自主设备的请求（即读取或写入），并对它们进行响应。

使用 AXI interconnect 接口的 IP 可以连接到 AXI interconnect IP 上，将 IP 连接在一起，它们就可以直接进行通信了。

如上一章所述，AXI interconnect IP 将 adder_ip 连接到 Zynq7 处理器系统 IP（实际上，互连是由 Vivado 自动完成的）。本章后面将采用同样的方式连接 fetching_ip。

s_axilite 接口的顶层函数参数应使用 C/C++ 基本整数类型（即 int、unsigned int、char、short 和指针）。

不能通过 ap_int.h 头文件提供的模板类型（这些类型将在 5.3.2.4 节中介绍）使用 Vitis。因为 AXI 接口使用带字节使能的标准 32 位总线，因此 IP 参数应该有 1 个字节宽度、2 个字节宽度或 4 个字节宽度。

要运行 fetching_ip，应设置其输入参数，即运行代码起点的 start_pc 变量和存有 RISC-V 程序的 code_ram 内存。

Zynq IP 通过 AXI interconnect IP 将这些初始值发送到 fetching_ip，如图 5.3 所示。

Zynq IP 写入 AXI 互连桥。写入的基地址用于标识 fetching_ip 组件。写入的地址偏移量用于标识 fetching_ip 顶部函数参数，即 start_pc 或 code_ram。初始化 fetching_ip 组件时，必须要写入这些信息。

例如，要将 start_pc 参数初始化为地址 0，Zynq IP 将 0 写入地址 *(fetching_ip + start_pc)。

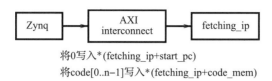

将 0 写入 *(fetching_ip+start_pc)

将 code[0..n−1] 写入 *(fetching_ip+code_mem)

图 5.3　通过 AXI interconnect IP 向 fetching_ip 写入参数

5.3.2.2　顶层函数的 do…while 循环

fetching_ip 顶层函数中有 1 个 do…while 循环，如代码清单 5.7 所示。

代码清单 5.7　fetching_ip 顶层函数主循环

```
...
code_address_t pc;
instruction_t  instruction;
bit_t          is_running;
pc = start_pc;
do{
#pragma HLS PIPELINE off
   fetch(pc, code_ram, &instruction);
   execute(pc, &pc);
   running_cond_update(instruction, &is_running);
} while (is_running);
}
```

每 1 次迭代表示 IP 的 1 个周期，注意不要与 FPGA 的周期混淆。

在本书中，FPGA 的周期设置为 10ns（100MHz）（这是由 Vitis 综合器自动完成的）。

"取指" IP 的周期是运行一次主循环迭代所需的时间。它由综合器计算得出，综合器再通过对硬件逻辑门和电路进行布局来实现代码，同时计算其延迟。

如果迭代的关键路径能满足 FPGA 周期，则 IP 周期等于 FPGA 周期。

"取指" IP 尽管已经很简洁了，但是迭代的关键路径还是不能满足 FPGA 的周期，主要是因为 fetch 函数需要访问存储器（code_ram 数组，用存储器来实现，存放要取出的 RISC-V 程序）。这种访问需要的时间要大于 10ns。

在 do…while 循环的开始，HLS PIPELINE off 编译指示通知综合器应该把两个连续的迭代（无重叠）完全分开。

对于非静态迭代次数的循环，由于迭代次数取决于获取的指令，由综合器来完成控制电路的构建。这个循环控制在图 5.2 中没有体现出来。

主循环 IP 可以使用任何形式的循环：for、while 和 do…while。但是，其他的嵌入式循环只能使用具有静态迭代次数的循环（即可以静态展开的循环）。

5.3.2.3　顶层函数的头文件

fetching_ip.h 文件（见代码清单 5.8）包含代码中使用的常量（代码内存大小和 RET 指令编码）和类型的定义。它输出了在测试平台（testbench）文件中使用的 fetching_ip 顶层函数的原型。

代码内存大小定义为 2^{16} 条指令，即 2^{18} 字节（256 KB）（如果要在 Basys3 开发板上测试 RISC-V 处理器实现，这个大小应该缩小到 64 KB，因为它使用的 XC7A35T FPGA 上只有

200 KB 的 RAM：在所有设计中将 LOG_CODE_RAM_SIZE 设置为 14）。

代码清单 5.8　fetching_ip.h 文件

```
#ifndef __FETCHING_IP
#define __FETCHING_IP
#include "ap_int.h"
#define LOG_CODE_RAM_SIZE 16
//size in words
#define CODE_RAM_SIZE      (1<<LOG_CODE_RAM_SIZE)
#define RET                0x8067
typedef unsigned int                    instruction_t;
typedef ap_uint<LOG_CODE_RAM_SIZE> code_address_t;
typedef ap_uint<1>                      bit_t;
void fetching_ip(
  unsigned int start_pc,
  unsigned int code_ram[CODE_RAM_SIZE]);
#endif
```

5.3.2.4　ap_uint<size> 和 ap_int<size> 模板类型

Vitis_HLS 环境提供 ap_<size> 和 ap_int<size> 模板类型（可通过 ap_int.h 头文件访问）。它们是 C++ 的参数化类型，用于定义任意大小的位字段（以位为单位，1 位到 1024 位之间的任意宽度）。ap_<size> 类型是无符号的，而 ap_int<size> 类型是有符号的。

在 fetching_ip.h 文件中定义了 bit_t 类型，它是一个无符号位（ap_uint<1>）。

所有的变量都应该准确定义所需的位大小。多于所需位的大小会产生不必要的连线和逻辑，即浪费资源。少于所需位的大小会导致错误。

例如，code_address_t 类型是一个无符号位字段，具有寻址程序存储器所需的确切宽度（即 LOG_CODE_RAM_SIZE 用于寻址 CODE_RAM_SIZE 指令存储器）（LOG_CODE_RAM_SIZE 定义为 $\log_2$(CODE_RAM_SIZE)）。

RISC-V 指令类型为 32 位的 instruction_t，它是一个无符号整数。

5.3.2.5　全局变量

读者可能已经注意到定义 fetching_ip 的代码没有使用任何全局变量。

作为一般规则，本书从不使用全局声明。函数中的所有变量要么是参数，要么是局部变量。Vitis_HLS 不禁止使用全局变量，但本书建议不要使用全局变量。

因为一旦声明了一些全局变量，就很想在任何需要的地方使用它们。在 HLS 代码中，综合器可能会遇到一些困难。如果代码中有多个地方写入变量，则综合器必须处理读取和写入之间的错误依赖关系，并且有可能保守地将实际上可以独立的访问串行化。

一个好的办法是让每个变量只在局部可见，通过参数传递来扩展这种可见性，并尽可能限制对代码中单个点的写入访问。

例如，要避免这种情况，将某些内容写入函数 f 的参数 v，将其他内容写入函数 g 的参数 w，而 v 和 w 共享同一地址。即使这两次更新彼此互斥，综合器可能也无法看到这两个写入操作可能不在同一周期内发生。结果将是两个函数进行不必要的串行化，一个接一个地写入。

5.3.2.6　并行性

取指 IP 的顶层函数依次调用三个函数：fetch、execute 和 running_cond_update。

fetch 函数读取指令，execute 函数计算下一个 pc，running_cond_update 函数计算 is_ running 条件来决定是否结束 do…while 循环。

这种连续的函数调用导致按照 C 语义的顺序运行，这就是 IP 的模拟方式。然而，在硬件中，如果实现功能的逻辑门和电路在参数之间有一些生产者 / 消费者依赖性，它们就会连接在一起。

而当两个功能独立时，它们并行运行。对于实现 IP 的所有指令都是如此。

当综合器实现用户的代码时，会找到计算的独立性，因此会存在并行性。当读者考虑代码时，应该始终牢记计算的硬件重排序特征。

Vitis_HLS 工具的 Schedule Viewer 能帮助读者将操作何时完成、持续多长时间以及依赖关系可视化。

5.3.3　fetch 函数

fetch.cpp 文件如代码清单 5.9 所示。

代码清单 5.9　fetch.cpp 文件

```
#include "debug_fetching_ip.h"
#include "fetching_ip.h"
#ifndef __SYNTHESIS__
#ifdef DEBUG_FETCH
#include <stdio.h>
#endif
#endif
void fetch(
  code_address_t pc,
  instruction_t *code_ram,
  instruction_t *instruction){
#pragma HLS INLINE off
  *instruction = code_ram[pc];
#ifndef __SYNTHESIS__
#ifdef DEBUG_FETCH
  printf("%04d: %08x\n", (int)(pc<<2), *instruction);
#endif
#endif
}
```

在 fetch 函数中，fetch 本身是从 code_ram 数组中读取的。

这是使用 HLS 工具的好处之一：要访问内存，只需访问表示内存的 C 数组即可。作为一般规则，每次需要访问某个硬件单元时，只需使用 C 变量或 C 运算符，然后让综合器将 C 代码转换为硬件。

例如，如果要计算整数的乘积，只需对两个整数变量（例如 a*b）使用 C 的乘法运算符。综合器就能奇迹般地在 FPGA 中构建必要的整数乘法器。如果要将两个浮点数相乘，只需将变量定义为 float 或 double 类型，综合器就会使用浮点乘法器，而不是使用整数乘法器。

5.3.3.1　pc 寄存器

存储器按字节寻址。例如，可以寻址内存来读取地址 1005 或 0x3ed 处的字节。

然而，程序存储器仅包含指令，它们是 32 位字。因此，fetch 函数按字读取程序存储器，即每次读取四个对齐的字节（例如，在字对齐地址 1004 处读取指令，它由 1004～1007 四个字节组成，如图 5.4 所示：红色地址是字对齐，绿色地址则不是）。

pc 寄存器寻址大小为 CODE_RAM_SIZE 字的程序存储器，即 4*CODE_RAM_SIZE 字节。

因此，pc 寄存器的宽度应为 LOG_CODE_RAM_SIZE+2 位。

取指时, pc 寄存器应指向一条指令, 即指向一个四字节对齐的字 (0、4、8 等)。这种字对齐指针的最低两位总是零 (例如地址 0x3ec 或 0b0011 1110 1100, 如图 5.4 所示)。

```
0x3ec: 0011 1110 11 00   字对齐的地址
0x3ed: 0011 1110 11 01
0x3ee: 0011 1110 11 10
0x3ef: 0011 1110 11 11
```

图 5.4 访问一个字节和访问一个对齐的字

为了尽量减少用于保存 pc 寄存器的触发器数量, 低位的两个 0 保持隐含模式。因此, pc 寄存器的宽度为 LOG_CODE_RAM_SIZE 位 (它是一个字指针, code_address_t 类型在 fetching_ip.h 文件中定义为 ap_uint<LOG_CODE_RAM_SIZE>, 参见代码清单 5.8)。

5.3.3.2 调试标志

debug_fetching_ip.h 文件如代码清单 5.10 所示。

代码清单 5.10 debug_fetching_ip.h 文件

```
#ifndef __DEBUG_FETCHING_IP
#define __DEBUG_FETCHING_IP
//comment the next line to turn off
//fetch debugging prints
#define DEBUG_FETCH
#endif
```

在 Vitis_HLS 项目中添加一些调试工具很重要。这些工具在仿真时运行, 但在综合时被忽略。一般来说, 最好的调试工具是为了在调试阶段为用户提供有关运行时的有用信息而构建的。

第一个调试工具输出取指的踪迹。

代码清单 5.9 中的 printf 函数将 pc 寄存器左移两位, 重构一个具有 LOG_CODE_RAM_SIZE+2 位的字节指针。因此, 调试跟踪输出字节地址, 这是一个调试惯例。

在 printf 函数中, 将 pc 的类型转换为 int (其基本类型为 code_address_t, 即 ap_uint<LOG_CODE_RAM_SIZE> 或 ap_uint<16>)。对于基于 ap_uint 的类型, 始终应该这样做, 因为 printf 会为缺失的位输出任意值。强制转换为 int 的操作将产生的 32 位字的高 16 位强制为 0。

5.3.3.3 __SYNTHESIS__ constant

因为 IP 不应该打印输出任何内容, 所以不应该对调试工具进行综合。

通过使用应用于 Vitis_HLS __SYNTHESIS__ constant 的 #ifndef 将输出信息的代码 "包裹起来", Vitis_HLS 就能够快速打开 / 关闭调试输出。每次开始综合时都会隐式地定义此常量, 否则不会定义 (__SYNTHESIS__ constant 的用法请参阅代码清单 5.9)。

5.3.3.4 INLINE 编译指示

在 fetch 函数中, INLINE 编译指示用于指示综合器这是一个内联函数, 即消除调用前参数的传递和返回后结果的传输。但是，如果不想使用内联，则需在函数的开头添加 INLINE off 编译指示，如代码清单 5.9 中的 fetch 代码所示。

当内联关闭时，该函数可以被认为是调用它的组件内的一个子组件。该设计作为一个组件（例如，在 Schedule Viewer 中）变得更具可读性，对其功能进行了抽象。但是综合器使用资源来实现参数传递，因此通常在关闭 INLINE 的情况下，设计会使用更多资源（例如 LUT 和 FF）并且可能更慢（即需要更多的 FPGA 周期来匹配关键路径）。

5.3.4 execute 函数

execute 函数在 execute.cpp 文件中定义，如代码清单 5.11 所示。该函数只计算下一个 pc。

代码清单 5.11 execute 函数

```
void execute(
  code_address_t  pc,
  code_address_t *next_pc){
#pragma HLS INLINE off
  *next_pc = compute_next_pc(pc);
}
```

compute_next_pc 函数也在 execute.cpp 中定义，如代码清单 5.12 所示。它对应于图 5.2 中的 "+1" 方框。

由于 pc 已被定义为字指针（参见 5.3.3.1 节），next_pc 的计算将 pc 加 1。这也节省了资源。（加法器更小，互连线更少……）

代码清单 5.12 compute_next_pc 函数

```
static code_address_t compute_next_pc(
  code_address_t pc){
#pragma HLS INLINE
  return (code_address_t)(pc + 1);
}
```

next_pc 变量始终指向程序存储器中的下一条指令。取指 IP 读取连续的地址。在 5.4 节中介绍的 fetching_decoding_ip 设计中，会通过加入分支和跳转来改变控制流。

5.3.5 IP 运行条件

在 do…while 循环结束时（参见代码清单 5.7），running_cond_update 函数设置循环继续执行的条件。

对于处理器，这应该对应于最后一条指令的执行，即从主函数返回。

在 fetching_ip 中，在遇到第一个 RET 指令时停止运行。

running_cond_update 函数在 fetching_ip.cpp 文件中定义，如代码清单 5.13 所示。

代码清单 5.13 running_cond_update 函数

```
static void running_cond_update(
  instruction_t instruction,
  bit_t        *is_running){
#pragma HLS INLINE off
  *is_running = (instruction != RET);
}
```

5.3.6　使用测试平台进行 IP 仿真

 实验

　　要对 fetching_ip 进行仿真，在 Vitis_HLS 中选择 Open Project，导航到 fetching_ip/ fetching_ip 文件夹，并单击 Open（要打开的文件夹是层次结构中的第二个 fetching_ip，打开的文件夹包含一个 .apc 文件夹）。然后在 Vitis_HLS Explorer 框中，右击 TestBench，再单击 Add Test Bench File，在 fetching_ip 文件夹中添加 testbench_fetching_ip.cpp 文件。在 Flow Navigator 框中，单击 Run C Simulation 和 OK。运行结果会输出在 fetching_ip_csim.log 选项卡中。

　　testbench_fetching_ip.cpp 文件（参见代码清单 5.14）中包含仿真此 IP 的 main 函数。main 函数调用 fetching_ip 的顶层函数，该函数运行存放在 code_ram 数组中的 RISC-V 程序。

　　该数组使用 #include 命令指示预处理器进行初始化。需要包含的十六进制 test_op_imm_0_text.hex 文件应该按照 3.1.3 节中的说明来构建，将 objcopy 和 hexdump 命令用于 test_op_imm_0.elf 文件（该文件是对 test_op_imm.s 基于文本 0 编译的结果）。

代码清单 5.14　testbench_fetching_ip.cpp 测试平台文件

```cpp
#include <stdio.h>
#include "fetching_ip.h"
unsigned int code_ram[CODE_RAM_SIZE]={
#include "test_op_imm_0_text.hex"
};
int main(){
  fetching_ip(0, code_ram);
  printf("done\n");
  return 0;
}
```

　　main 函数必须有一个 int 型结果（Vitis_HLS 不允许为 void）。在 fetching_ip 项目中，test_op_imm 程序被认为是任意一组由 RET 指令结束的 RISC-V 指令。

5.3.7　仿真输出

　　运行过程根据定义的调试标志进行输出。

　　如果在 debug_fetching_ip.h 文件中定义了 DEBUG_FETCH 标志，仿真过程中将输出代码清单 5.15 中所示的内容。

代码清单 5.15　仿真输出

```
0000: 00500593
0004: 00158613
0008: 00c67693
0012: fff68713
0016: 00576793
0020: 00c7c813
0024: 00d83893
0028: 00b83293
0032: 01c81313
0036: ff632393
0040: 7e633e13
0044: 01c35e93
0048: 41c35f13
0052: 00008067
done
```

5.3.8 fetching_ip 综合

当仿真成功后，就可以进行综合了（运行 C 代码的综合过程）。

图 5.5 所示为综合报告。BRAM 一列给出了 FPGA 中使用的 BRAM 块的数量（使用了 128 个块，这 128 个块映射到了 fetching_ip 的顶层函数参数中，其中 256 KB 用于 code_ram）。FF 一列给出了已实现逻辑使用的触发器数量（共有 106 400 个，使用了 225 个）。LUT 一列给出了使用的 LUT 数量（共有 53 200 个，使用了 272 个）。

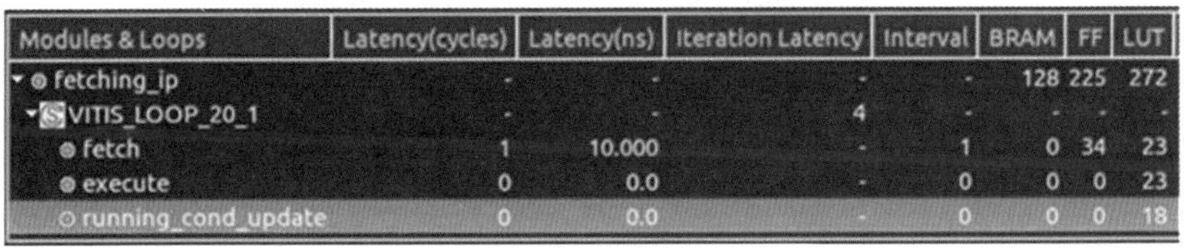

Modules & Loops	Latency(cycles)	Latency(ns)	Iteration Latency	Interval	BRAM	FF	LUT
▾ ● fetching_ip	-	-	-	-	128	225	272
▾ Ⓢ VITIS_LOOP_20_1	-	-	4	-	-	-	-
● fetch	1	10.000	-	1	0	34	23
● execute	0	0.0	-	0	0	0	23
○ running_cond_update	0	0.0	-	0	0	0	18

图 5.5　fetching_ip 的综合报告

图 5.6 所示为时序图。VITIS_LOOP_20_1（即 do…while 循环，综合器这么命名是因为它从源代码中的第 20 行开始进行综合）有三个 FPGA 周期的延迟。因此，处理器周期为30ns（33MHz）。

时序图显示函数 fetch 和 execute 是并行运行的（第 1 个周期和第 2 个周期用于取指，第 2 个周期也用于执行）。

在窗口的左上部分，选择 Module Hierarchy 选项卡。展开 VITIS_LOOP_20_1。单击 fetch 以显示 fetch 函数的时序，并单击 code_ram_addr(getelementptr) 行。

在 fetch 函数的执行（见图 5.7）中，程序存储器在周期 0 和周期 1 从 code_ram_load(read) 进行加载。在一个半 FPGA 周期后，就获得了指令（周期 1）。

如果单击底部中央框中的 Properties 选项卡，将会看到正在查看的信号的信息，如图 5.8 所示。

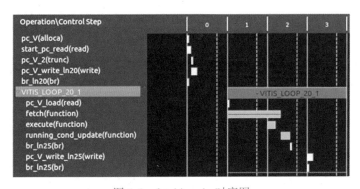

图 5.6　fetching_ip 时序图

图 5.7　fetch 函数时序图

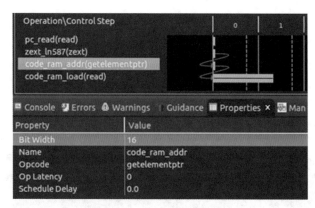

图 5.8　code_ram_addr 变量：依赖关系、位宽

code_ram_addr(getelemptr) 总线为 16 位宽（Properties 选项卡中的 BitWidth 字段）。

单击 code_ram_addr(getelementptr) 并将其选中。然后，单击右键，并转到源代码。

Code Source 选项卡将会打开，并显示 fetch.cpp 文件中的 fetch 函数代码（见图 5.9）。第 13 行被高亮显示，表明它是 code_ram_addr(getelementptr) 的来源，即 " *instruction = code_ram[pc]"。

在 execute 函数时序图（见图 5.10）中，在第 0 周期读取 pc 参数，即 do…while 循环迭代的第 2 个周期（图 5.10 中的 pc_read(read)），并在同一周期进行递增（add_ln232(+)）。

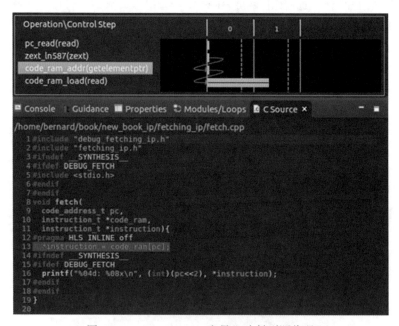

图 5.9　code_ram_addr 变量：映射到源代码

图 5.10　execute 函数时序图

Schedule Viewer 还显示了计算的不同阶段之间的依赖关系。在图 5.8 中，code_ram_load(read) 行右侧有一个来自 code_ram_addr(getelementptr) 行（读内存取决于寻址 pc）的紫色箭头。

5.3.9　z1_fetching_ip Vivado 项目

可以使用 Vivado 工具来构建模块，如图 5.11 所示。

可以使用 fetching_ip 文件夹中已经预先构建好的 z1_fetching_ip.xpr 文件（在 Vivado 中，打开项目，导航到 fetching_ip 文件夹并打开 z1_fetching_ip.xpr 文件，然后单击 Open Block Design）。

已经预先生成的比特流的报告如图 5.12 所示（在 Reports 选项卡中，向下滚动到 Implementation/Place Design/Utilization - Place Design；在 Utilization - Place Design - impl_1 框中，向下滚动到 1. Slice Logic）。Pynq-Z1 设计使用了 1538 个 LUT（2.89%）而不是 272 个。

图 5.11　z1_fetching_ip 块设计

1. Slice Logic

Site Type	Used	Fixed	Prohibited	Available	Util%
Slice LUTs	1538	0	0	53200	2.89
LUT as Logic	1478	0	0	53200	2.78
LUT as Memory	60	0	0	17400	0.34
LUT as Distributed RAM	0	0			
LUT as Shift Register	60	0			
Slice Registers	1549	0	0	106400	1.46
Register as Flip Flop	1549	0	0	106400	1.46
Register as Latch	0	0	0	106400	0.00
F7 Muxes	0	0	0	26600	0.00
F8 Muxes	0	0	0	13300	0.00

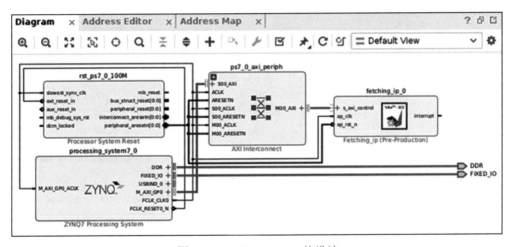

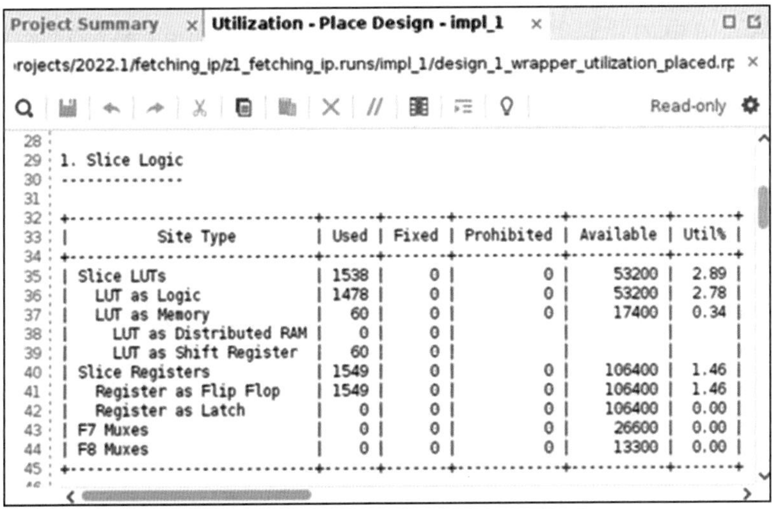

图 5.12　实现的资源利用报告

5.3.10 在 FPGA 上驱动 fetching_ip 的 helloworld.c 程序

 实验

为了在开发板上运行 fetching_ip，请插入开发板并将其打开。

启动 Vitis IDE（在 /opt/Xilinx/Vitis/2022.1 文件夹作为当前目录的终端中，运行 "source settings64.sh" 命令，然后运行 "vitis" 命令）。

将工作区命名为 workspace_fetching_ip。

在终端中，运行 "sudo putty"，选择 Serial，将 Serial line 设置为 /dev/ttyUSB1，将 Speed 设置为 115 200，然后单击 Open。

在 Vitis IDE 中，构建应用工程（Application Project），从硬件创建新平台（Create a new platform from hardware，XSA），浏览至 goossens-book-ip-projects/2022.1/fetching_ip 文件夹，选择 design_1_wrapper.xsa 文件并单击打开，然后单击 Next。

将应用程序项目（Application Project）命名为 z1_00，单击 Next 两次，然后单击 Finish。

在当前目录为 goossens-book-ip-projects/2022.1/fetching_ip 的终端中，运行 update_helloworld.sh shell 脚本。

在 Vitis IDE 中，单击 Launch Target Connection 按钮（参见图 2.88）。在 Target Connections 对话框中，展开 Hardware Server。双击 Local [default]。在 Target Connection Details 弹出窗口中，单击 OK。关闭目标连接（Target Connections）对话框。

在 Vitis IDE Explorer 框中，展开 z1_00_system/z1_00/src，并双击 helloworld.c 打开文件。可以将默认的 helloworld 程序替换为 goossens-book-ip-projects/2022.1/fetching_ip/helloworld.c 文件中的代码。

右键单击 z1_00_system，选择 Build Project。等到 Build Finished 消息输出在控制台中。

再次右键单击 z1_00_system 和 Run As/Launch Hardware。运行的结果（即 done）应该会输出在 putty 窗口中。

代码清单 5.16 中的代码是与 fetching IP 相关的 helloworld.c 驱动程序（不要忘记使用 update_helloworld.sh shell 脚本将 .hex 文件的路径调整为适合的环境）。它会仿真在 testbench_fetching_ip.cpp 文件中的 main 函数（即运行 IP 并在末尾输出 done 消息）。

代码清单 5.16 helloworld.c 文件

```c
#include <stdio.h>
#include "xfetching_ip.h"
#include "xparameters.h"
#define LOG_CODE_RAM_SIZE 16
//size in words
#define CODE_RAM_SIZE    (1<<LOG_CODE_RAM_SIZE)
XFetching_ip_Config *cfg_ptr;
XFetching_ip        ip;
word_type code_ram[CODE_RAM_SIZE]={
#include "test_op_imm_0_text.hex"
};
int main(){
  cfg_ptr = XFetching_ip_LookupConfig(XPAR_XFETCHING_IP_0_DEVICE_ID
      );
  XFetching_ip_CfgInitialize(&ip, cfg_ptr);
```

```
      XFetching_ip_Set_start_pc(&ip, 0);
      XFetching_ip_Write_code_ram_Words(&ip, 0, code_ram, CODE_RAM_SIZE
          );
      XFetching_ip_Start(&ip);
      while (!XFetching_ip_IsDone(&ip));
      printf("done\n");
}
```

所有以 XFetching_ip_ 为前缀的函数都在 xfetching_ip.h 文件中定义, xfetching_ip.h 是由 Vitis_HLS 工具构建的文件。

浏览 solution1/impl/misc/drivers/fetching_ip_v1_0/src 时, 可以在 Vitis_HLS 项目中找到 xfetching_ip.h 的副本 (也可以在 Vitis IDE 环境中通过在 Vitis IDE 页面右侧的 Outline 框双击 xfetching_ip.h 头文件名获得)。

XFetching_ip_LookupConfig 函数构建了一个与 IP 相关的配置结构, IP 由在 xparameters.h 文件中定义为常量的参数给出 (XPAR_XFETCHING_IP_0_DEVICE_ID, 这是 Vivado 设计中的 fetching_ip 组件)。它返回一个指向创建的结构的指针。

XFetching_ip_CfgInitialize 函数用来初始化配置结构, 即创建 IP 并返回指向它的指针。

XIp_name_LookupConfig 和 XIp_name_CfgInitialize 函数应该用于创建和处理从添加 (额外) 的库导入的任何 ip_name IP。

一旦创建了 fetching_ip, 并且可以通过 XFetching_ip_CfgInitialize 函数返回的 ip 指针对其寻址, 就需要发送初始值到 fetching_ip。

start_pc 参数通过调用 XFetching_ip_Set_start_pc 函数进行初始化。每个标量输入参数有一个 XFetching_ip_Set_ 函数, 每个标量输出参数有一个 XFetching_ip_Get_ 函数。

code_ram 数组参数通过调用 XFetching_ip_Write_code_ram_Words 函数进行初始化, 该函数以突发模式在 AXI 总线上发送一连串字。

XFetching_ip_Write_code_ram_Words 函数的第四个参数定义发送的字数 (CODE_RAM_SIZE)。第二个参数是写入目标数组 (0) 的起始地址。

一旦 start_pc 和程序存储器完成初始化, 就可以通过调用 XFetching_ip_Start 函数启动 fetching_ip。Zynq7 Processing System IP 通过 AXI 互连向 fetching_ip 发送开始信号。

然后 main 函数需要等待, 直到 fetching_ip 完成运行, 即退出 fetching_ip 顶层函数的 do … while 循环。这就是 helloworld main 函数中 while 循环的作用, 它由 XFetching_ip_IsDone 函数返回的值控制。

在 FPGA 上运行后, 读者可能会感到有点失望, 因为唯一的输出就是 done 消息。读者知道 IP 已经执行了某些操作, 但看不到已执行的操作, 其原因是程序的调试消息并未输出。

在接下来的设计中, 输出的结果会变得更有说服力。但你应该知道, 处理器不会输出任何内容。主要原因是处理器在外部世界不可见的内部寄存器中进行计算, 并从其内存中进行数据的存储和加载。当外部世界被授予对内存的访问权限时, 可以通过转储数据内存来观察计算结果。计算程序应该将其结果存储到内存中, 而不仅仅是将它们保存到寄存器中。

5.4　第二步: 添加一点译码操作来计算下一个 pc

5.4.1　RISC-V 指令编码

从内存中取出一条指令后, 就要对其进行译码, 之后才能执行该指令。

指令是一个 32 位字（在 RISC-V 中，32 是指数据宽度，而不是指令宽度：例如 RV64I 是指在 32 位指令中操作的 64 位数据）。

指令字包含多个字段，由 RISC-V 规范 [1] 的 2.2 节（基本格式）定义，也在本书的 4.1.3 节中做了介绍。

指令译码就是将一个指令字分解为多个字段。

组成 RISC-V 指令编码的字段包括主操作码 opcode、次操作码 func3、源寄存器 rs1 和 rs2、目标寄存器 rd、操作说明符 func7 和立即数 imm。

根据指令格式，RISC-V 指令是这些字段集合子集的组合（例如，I-TYPE 格式的指令由 imm、rs1、func3、rd 和 opcode 组成，R-TYPE 格式的指令由 func7、rs2、rs1、func3、rd 和 opcode 组成）。

例如，"addi a0, a0, 1"（I-TYPE 格式）被编码为十六进制 32 位值 0x00150513。

此编码包括立即数 1（imm）、左源寄存器 a0（rs1）、次操作码 addi（func3）、目标寄存器 a0（rd）和主操作码 OP_IMM（opcode）。

译码阶段的作用就是将 0x00150513 拆分成这些不同的字段。

"sub a0, a1, a2"指令编码（R-TYPE 格式）由操作说明符 sub（func7）、右源寄存器 a2（rs2）、左源寄存器 a1（rs1）、次操作码 add/sub（func3）、目标寄存器 a0（rd）和主操作码 OP（opcode）组成。

图 5.13 展示了用于译码 RISC-V 指令的硬件。各部分不使用逻辑门或电路，只是一组从指令字中拉出的连线。

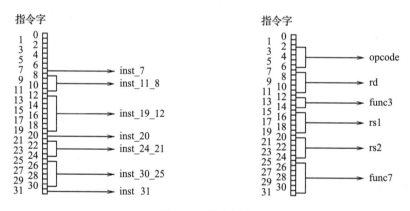

图 5.13 指令译码

图 5.13 展示了两种译码方式。左边展示了如何构成 imm 立即数，右边将指令分解为其主要的字段：opcode、rd、func3、rs1、rs2 和 func7。

RISC-V ISA 定义了 32 种不同的操作码（由五位主操作码字段进行编码），每一种都对应定义的六种格式之一：R-TYPE（寄存器类型，格式编号 1）、I-TYPE（立即类型，格式编号 2）、S-TYPE（存储类型，格式编号 3）、B-TYPE（分支类型，格式编号 4）、U-TYPE（upper 类型，格式编号 5）和 J-TYPE（跳转类型，格式编号 6）。

格式编号不是规范的一部分，只是作者在实现时定义的。

作者又添加了两个格式编号：UNDEFINED-TYPE（格式编号 0）和 OTHER-TYPE（格式编号 7，用于所有不属于 RV32I 集的指令）。

表 5.1 和表 5.2 所示为 RISC-V 规范的操作码和格式之间的对应关系。它不局限于 RV32I 子集，还包括完整的非特权级 RISC-V ISA 的所有指令。

表 5.1 所示为低位值为 0～3 的 opcode。

表 5.2 所示为低位值为 4～7 的 opcode。

图 5.14 所示为对指令格式进行译码的电路。它是一组并行工作的四个多路选择器，这四个多路选择器和第五个多路选择器串行连接。四个多路选择器从各自的 8 个 3 位格式编号中选择一个。所选项是由来自指令字第 2～4 位的 3 位选择码寻址的项（在图 5.14 中命名为 opcl）。

例如，当 opcl 的 3 位编码为 0b100 时，四个多路选择器输出各自的第四项（从多路选择器的顶部到底部由 0 到 7 依次编号），即最上面的第一个多路选择器的 I-TYPE 编码（0b010，格式编号 2），第二个多路选择器（0b001）的 R-TYPE 编码，第三个多路选择器（0b111）的 OTHER-TYPE 编码，以及第四个底部多路选择器的 OTHER-TYPE 编码。

表 5.1　操作码和格式的对应（操作码的第 2～4 位，数值在 000 和 011 之间）

opcode[65][432]	000	001	010	011
00	LOAD	LOAD-FP	CUSTOM-0	MISC-MEM
	I-TYPE	OTHER-TYPE	OTHER-TYPE	OTHER-TYPE
01	STORE	STORE-FP	CUSTOM-1	AMO
	S-TYPE	OTHER-TYPE	OTHER-TYPE	OTHER-TYPE
10	MADD	MSUB	NMSUB	NMADD
	OTHER-TYPE	OTHER-TYPE	OTHER-TYPE	OTHER-TYPE
11	BRANCH	JALR	RESERVED-1	JAL
	B-TYPE	I-TYPE	OTHER-TYPE	J-TYPE

表 5.2　操作码和格式的对应（操作码的第 2～4 位，数值在 100 和 111 之间）

opcode[65][432]	100	101	110	111
00	OP-IMM	AUIPC	OP-IMM-32	RV48-0
	I-TYPE	U-TYPE	OTHER-TYPE	OTHER-TYPE
01	OP	LUI	OP-32	RV64
	R-TYPE	U-TYPE	OTHER-TYPE	OTHER-TYPE
10	OP-FP	RESERVED-0	CUSTOM2-RV128	RV48-1
	OTHER-TYPE	OTHER-TYPE	OTHER-TYPE	OTHER-TYPE
11	SYSTEM	RESERVED-2	CUSTOM3-RV128	RV80
	OTHER-TYPE	OTHER-TYPE	OTHER-TYPE	OTHER-TYPE

右边的多路选择器根据其 2 位 opch 编码来选择左边四个多路选择器中的 1 个输出（指令字的第 5 位和第 6 位）。

例如，当 2 位编码为 0b00 时，右边的多路选择器输出来自左边最上面一个多路选择器的 I-TYPE 编码（0b010）。因此，与操作码 0b00100（OP-IMM）对应的格式是 I-TYPE。

综合器对电路进行了简化。例如，左侧第三个多路选择器具有八个相同的 OTHER-

TYPE 输入，可以通过将 OTHER-TYPE 编码直接连接到右侧多路选择器的第二项（从多路选择器的顶部到底部由 0 到 3 依次编号）来对其进行消除和替换。

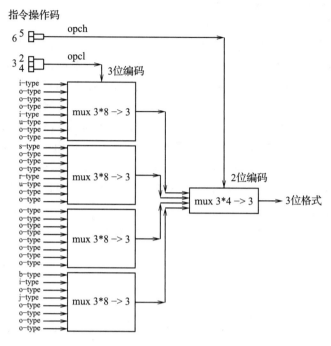

图 5.14 指令格式的译码

5.4.2 fetching_decoding_ip

所有与 fetching_decoding_ip 相关的源文件都可以在 fetching_decoding_ip 文件夹中找到。

fetching_decoding_ip 函数在 fetching_decoding_ip.cpp 文件中定义（见代码清单 5.17）。与前面的 fetching_ip 的顶层函数（如图 5.5 和图 5.6 所示）相比有些不同。

向 IP 添加了第三个参数（nb_instruction）来提供取出和译码的指令数，这有利于检查指令执行路径是否正确。

指令计数在本地计数器 nbi 中计算，在运行结束时将其复制到 nb_instruction 的输出参数。nbi 计数器在 statistic_update 函数中更新，如代码清单 5.18 所示，nbi 计数器在 fetching_decoding_ip.cpp 文件中定义。

代码清单 5.17 fetching_decoding_ip 的顶层函数

```
void fetching_decoding_ip(
  unsigned int    start_pc,
  unsigned int    code_ram[CODE_RAM_SIZE],
  unsigned int    *nb_instruction){
#pragma HLS INTERFACE s_axilite port=start_pc
#pragma HLS INTERFACE s_axilite port=code_ram
#pragma HLS INTERFACE s_axilite port=nb_instruction
#pragma HLS INTERFACE s_axilite port=return
  code_address_t        pc;
  instruction_t         instruction;
  bit_t                 is_running;
  unsigned int          nbi;
```

```
    decoded_instruction_t d_i;
    pc  = start_pc;
    nbi = 0;
    do{
#pragma HLS PIPELINE II=3
        fetch(pc, code_ram, &instruction);
        decode(instruction, &d_i);
        execute(pc, d_i, &pc);
        statistic_update(&nbi);
        running_cond_update(instruction, &is_running);
    } while (is_running);
    *nb_instruction = nbi;
}
```

代码清单 5.18 statistic_update 函数

```
static void statistic_update(
    unsigned int *nbi){
#pragma HLS INLINE off
    *nbi = *nbi + 1;
}
```

由于每次迭代获取并译码一条指令,因此取到的指令数和译码的指令数也是 IP 的周期数。

像所有其他参数一样,nb_instruction 参数映射到 s_axilite INTERFACE。但是,因为它是一个输出,所以被表示为一个指针。

使用 HLS PIPELINE 编译指示将循环迭代持续时间保持在三个 FPGA 周期。

HLS PIPELINE II = 3 将 Initiation Interval(II) 设置为 3。此间隔是下一次迭代开始之前的周期数。

如果循环迭代的持续时间为 d 个周期,并且 II 设置为 i(其中 $i \leqslant d$),则迭代每 i 个周期开始一次,并且每个新迭代与之前的迭代重叠 $d-i$ 个周期。

II 越小,设计越快。II 值给出了流水线的吞吐率。II = 3 时,流水线每三个周期输出一条指令。II = 1 时,输出速率为每周期一条指令。

图 5.15 所示为 HLS PIPELINE II = 3 和 HLS PIPELINE II = 1 的区别。

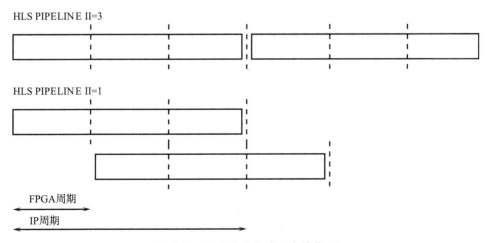

图 5.15 流水线化和非流水线化 IP

当 II 设置为 i 时,表示下一次迭代应该尽可能从当前周期之后的第 i 个 FPGA 周期开始。

在设计中，II 为 1 会导致两次连续迭代中，有两个 FPGA 周期重叠。这与下一个 pc 是在第三个周期计算的事实不相容（需要 3 个 FPGA 周期来进行取指、译码和在执行函数中选择递增的 pc），如果在前一次迭代之后调度了一个 FPGA 周期，则对下一次迭代而言就太晚了。即使是 II 是 2 也会出现问题（在这种情况下，综合器会检测到 II 违规）。

do…while 循环包含五个函数调用，增加了对 decode 函数和 statistic_update 函数的调用。

5.4.3   fetching_decoding_ip.h 文件

5.4.3.1   操作码定义

fetching_decoding_ip.h 文件包含 32 个操作码的定义（参见代码清单 5.19）。这些值在 RISC-V 体系结构规范中定义。

代码清单 5.19   fetching_decoding_ip.h 文件中的 RISC-V 操作码定义

```
...
#define LOAD             0b00000
#define LOAD_FP          0b00001
#define CUSTOM_0         0b00010
#define MISC_MEM         0b00011
...
#define JAL              0b11011
#define SYSTEM           0b11100
#define RESERVED_2       0b11101
#define CUSTOM_3_RV128    0b11110
#define RV80             0b11111
...
```

5.4.3.2   RISC-V 指令格式

fetching_decoding_ip.h 文件还包含六种 RISC-V 指令格式的定义（编号不是 RISC-V 规范的一部分），如代码清单 5.20 所示。

代码清单 5.20   fetching_decoding_ip.h 文件中的 RISC-V 格式定义

```
...
#define UNDEFINED_TYPE 0
#define R_TYPE         1
#define I_TYPE         2
#define S_TYPE         3
#define B_TYPE         4
#define U_TYPE         5
#define J_TYPE         6
#define OTHER_TYPE     7
...
```

5.4.3.3   RV32I 指令编码中的字段

fetching_decoding_ip.h 文件包含以下与 RV32I 指令编码相关的类型定义（参见 4.1.3 节中给出的格式）：

- type_t：RISC-V 指令格式。
- i_immediate_t：I-TYPE 立即数。
- s_immediate_t：S-TYPE 立即数。
- b_immediate_t：B-TYPE 立即数。
- u_immediate_t：U-TYPE 立即数。

- j_immediate_t：J-TYPE 立即值。
- opcode_t：主操作码。
- reg_num_t：寄存器编号。
- func3_t：副（次）操作码。
- func7_t：操作说明符。

即使 fetching_decoding_ip 还没有寄存器文件，指令编码也包含了寄存器编号的字段（第一个源寄存器 rs1、第二个源寄存器 rs2 和目标寄存器 rd）。

代码清单 5.21 所示为 fetching_decoding_ip.h 文件中的类型定义。

代码清单 5.21　fetching_decoding_ip.h 文件中的类型定义

```
...
typedef unsigned int                   instruction_t;
typedef ap_uint<LOG_CODE_RAM_SIZE> code_address_t;
typedef ap_uint <3>                    type_t;
typedef ap_int <20>                    immediate_t;
typedef ap_int <12>                    i_immediate_t;
typedef ap_int <12>                    s_immediate_t;
typedef ap_int <12>                    b_immediate_t;
typedef ap_int <20>                    u_immediate_t;
typedef ap_int <20>                    j_immediate_t;
typedef ap_uint <5>                    opcode_t;
typedef ap_uint <5>                    reg_num_t;
typedef ap_uint <3>                    func3_t;
typedef ap_uint <7>                    func7_t;
typedef ap_uint <1>                    bit_t;
...
```

5.4.3.4　decoded_instruction_t 类型

代码清单 5.22 中所示的 decode_instruction_t 类型在 fetching_decoding_ip.h 文件中定义。

该结构包含指令字的主要字段：主操作码、目的寄存器 rd、副操作码 func3、左源寄存器 rs1、右源寄存器 rs2、操作说明符 func7、指令格式 type 和立即数 imm。

代码清单 5.22　fetching_decoding_ip.h 文件中的 decoded_instruction_t 类型定义

```
typedef struct decoded_instruction_s{
  opcode_t    opcode;
  reg_num_t   rd;
  func3_t     func3;
  reg_num_t   rs1;
  reg_num_t   rs2;
  func7_t     func7;
  type_t      type;
  immediate_t imm;
} decoded_instruction_t;
```

5.4.3.5　decoded_immediate_t 类型

从指令的不同字段中译码出立即数，如图 5.13 左侧所示。代码清单 5.23 中所示的部分在 fetching_decoding_ip.h 文件中定义为 decoded_immediate_t 类型。

代码清单 5.23　fetching_decoding_ip.h 文件中的 decoded_immediate_t 类型定义

```
typedef struct decoded_immediate_s{
  bit_t       inst_31;
  ap_uint<6>  inst_30_25;
```

```
  ap_uint<4>    inst_24_21;
  bit_t         inst_20;
  ap_uint<8>    inst_19_12;
  ap_uint<4>    inst_11_8;
  bit_t         inst_7;
} decoded_immediate_t;
```

5.4.4   fetch 函数和 running_cond_update 函数

fetch 函数和 running_cond_update 函数与 fetching_ip 相比没有变化。

作为一般规则,读者将构建的后续 IP 采用增量设计。在新实现中,只有必要时才会更改功能。否则,在 IP 中设计的内容将保留在后续产品中。

5.4.5   decode 函数

decode 函数在 decode.cpp 文件中定义(参见代码清单 5.24)。

代码清单 5.24   decode.cpp 文件中的 decode 函数

```
void decode(
  instruction_t            instruction,
  decoded_instruction_t *d_i){
#pragma HLS INLINE off
  decode_instruction(instruction, d_i);
  decode_immediate  (instruction, d_i);
#ifndef __SYNTHESIS__
#ifdef DEBUG_DECODE
  print_decode(*d_i);
#endif
#endif
}
```

decode 函数将一条指令译码成两个部分,这两部分分别由函数 decode_instruction 和 decode_immediate 表示。

在调试模式下,当 debug_fetching_decoding_ip.h 文件中定义了 DEBUG_DECODE 常量时,decode 函数输出译码字段(调用 print_decode 函数)。

5.4.5.1   decode_instruction 函数

decode_instruction 函数(参见代码清单 5.25)在 decode.cpp 文件中定义。

该函数填充 d_i 结构,即设置 decoded_instruction_t 类型的字段。这个 d_i 结构字段与图 5.13 右侧所示的相匹配。

代码清单 5.25   decode_instruction 函数

```
static void decode_instruction(
  instruction_t            instruction,
  decoded_instruction_t *d_i){
#pragma HLS INLINE
  d_i->opcode    = (instruction >>  2);
  d_i->rd        = (instruction >>  7);
  d_i->func3     = (instruction >> 12);
  d_i->rs1       = (instruction >> 15);
  d_i->rs2       = (instruction >> 20);
  d_i->func7     = (instruction >> 25);
  d_i->type      = type(d_i->opcode);
}
```

type 字段(即指令格式)由 type 函数根据指令操作码设置。

5.4.5.2 type 函数

type.cpp 文件包含 type 函数。

type 函数对指令格式进行译码，如代码清单 5.26 所示。

操作码参数分为一个 2 位字段 opch（opcode 的 2 个最高有效位）和一个 3 位字段 opcl（opcode 的 3 个最低有效位）。

指令 "opch = opcode>>3" 是对 opcode 使用右移操作来设置 opch，opch 将被综合为 opcode 的高 2 位。

指令 "opcl = opcode" 将 opcode 的值缩小为 3 位的 opcl 目标变量。

对 opch 值使用的 switch-case 分支对应于图 5.14 中最右边的多路选择器。

代码清单 5.26　type.cpp 文件中的 type 函数

```
type_t type(opcode_t opcode){
#pragma HLS INLINE
  ap_uint<2> opch;
  ap_uint<3> opcl;
  opch = opcode>>3;
  opcl = opcode;
  switch(opch){
    case 0b00: return type_00(opcl);
    case 0b01: return type_01(opcl);
    case 0b10: return type_10(opcl);
    case 0b11: return type_11(opcl);
  }
  return UNDEFINED_TYPE;
}
```

type_00 函数（LOAD、OP_IMM 和 AUIPC）、type_01 函数（STORE、OP 和 LUI）、type_10 函数（来自 RV32I ISA 的指令）和 type_11 函数（BRANCH、JALR 和 JAL）也在 type.cpp 文件中定义。

它们对应到图 5.14 中最左边的四个多路选择器。

因为所有函数都是基于相同的模型，所以此处只展示了 type_00 函数（参见代码清单 5.27）。

代码清单 5.27　type.cpp 文件中的 type_00 函数

```
static type_t type_00(ap_uint<3> opcl){
#pragma HLS INLINE
  switch(opcl){
    case 0b000: return I_TYPE;      //LOAD
    case 0b001: return OTHER_TYPE;  //LOAD-FP
    case 0b010: return OTHER_TYPE;  //CUSTOM-0
    case 0b011: return OTHER_TYPE;  //MISC-MEM
    case 0b100: return I_TYPE;      //OP-IMM
    case 0b101: return U_TYPE;      //AUIPC
    case 0b110: return OTHER_TYPE;  //OP-IMM-32
    case 0b111: return OTHER_TYPE;  //RV48-0
  }
  return UNDEFINED_TYPE;
}
```

在读者构建的所有后续设计中，type 函数将保持不变。

5.4.5.3 decode_immediate 函数

decode_immediate 函数（参见代码清单 5.28）在 decode.cpp 文件中定义。

代码清单 5.28   decode_immediate 函数

```
static void decode_immediate(
  instruction_t              instruction,
  decoded_instruction_t *d_i){
#pragma HLS INLINE
  decoded_immediate_t d_imm;
  d_imm.inst_31    = (instruction >> 31);
  d_imm.inst_30_25 = (instruction >> 25);
  d_imm.inst_24_21 = (instruction >> 21);
  d_imm.inst_20    = (instruction >> 20);
  d_imm.inst_19_12 = (instruction >> 12);
  d_imm.inst_11_8  = (instruction >>  8);
  d_imm.inst_7     = (instruction >>  7);
  switch(d_i->type){
    case UNDEFINED_TYPE: d_i->imm = 0; break;
    case R_TYPE:         d_i->imm = 0; break;
    case I_TYPE:         d_i->imm = i_immediate(d_imm); break;
    case S_TYPE:         d_i->imm = s_immediate(d_imm); break;
    case B_TYPE:         d_i->imm = b_immediate(d_imm); break;
    case U_TYPE:         d_i->imm = u_immediate(d_imm); break;
    case J_TYPE:         d_i->imm = j_immediate(d_imm); break;
    case OTHER_TYPE:     d_i->imm = 0; break;
  }
}
```

该函数填充 d_i 结构的 imm 字段。imm 字段接收译码的立即数。译码如图 5.13 左侧所示。

5.4.5.4   i_immediate 函数

i_immediate、s_immediate、b_immediate、u_immediate 和 j_immediate 等函数在 immediate.cpp 文件中定义。

这些函数对不同字段进行组合来构建 I-TYPE（LOAD、JALR 和 OP_IMM 指令）、S-TYPE（STORE 指令）、B-TYPE（BRANCH 指令）、U-TYPE（LUI 和 AUIPC 指令）和 J-TYPE 常量（JAL 指令），如 4.1.3 节及 RISC-V 规范 [1] 的 2.3 节所示。

R-TYPE（即 OP 指令）没有编码的常量。

例如，代码清单 5.29 所示为 i_immediate 函数。

代码清单 5.29   i_immediate 函数

```
i_immediate_t i_immediate(decoded_immediate_t d_imm){
#pragma HLS INLINE
 return (((i_immediate_t)d_imm.inst_31    <<11) |
         ((i_immediate_t)d_imm.inst_30_25<< 5) |
         ((i_immediate_t)d_imm.inst_24_21<< 1) |
         ((i_immediate_t)d_imm.inst_20          ));
}
```

其他函数的构建方式与之类似，在读者构建的所有后续设计中，立即数译码函数将保持不变。

5.4.6   指令执行（计算下一个 pc）

execute 函数在 execute.cpp 文件中定义，如代码清单 5.30 所示。

该函数根据译码后保存在 d_i 结构中的指令格式计算下一个 pc。

代码清单 5.30   execute 函数

```
void execute(
```

```
  code_address_t          pc,
  decoded_instruction_t d_i,
  code_address_t       *next_pc){
#pragma HLS INLINE off
  *next_pc = compute_next_pc(pc, d_i);
}
```

compute_next_pc 函数（参见代码清单 5.31）也在 execute.cpp 文件中定义。它是由代码清单 5.12 所示版本略做扩展得到的。它负责直接跳转指令（JAL 操作码，例如调用 foo 函数的 "jal foo"）。

JAL 指令属于 J-TYPE。它们包含一个常数编码，该常数是相对于指令位置的偏移量。处理器将此偏移量加到当前 pc 上以获得下一个 pc。

偏移量由 j_immediate 函数从指令中提取，并在 d_i.imm 字段中译码。

对于所有其他指令（包括 BRANCH 指令），下一个 pc 始终设置为指向下一条指令（即 pc + 1）。条件分支和间接跳转将在 5.5 节的 fde_ip 设计中介绍。

RISC-V 规范规定，J-TYPE 常量要乘以 2，即向左移动一位，然后加到当前 pc 上，形成跳转目标地址。

但是，当去掉最低 2 位来寻址 code_ram 字存储器（字指针）时，计算出的偏移量会向右移动一位（next_ pc = pc + (d_i.imm>>1)）。

代码清单 5.31　　compute_next_pc 函数

```
code_address_t compute_next_pc(
  code_address_t          pc,
  decoded_instruction_t d_i){
#pragma HLS INLINE
  code_address_t next_pc;
  switch(d_i.type){
    case R_TYPE:
      next_pc = pc + 1;
      break;
    ...
    case J_TYPE:
      next_pc = pc + (d_i.imm>>1);
      break;
    default:
      next_pc = pc + 1;
      break;
  }
  return next_pc;
}
```

d_i.imm 字段的类型为 immediate_t（见代码清单 5.22），其位宽为 20 位。

然而，next_pc 的类型为 16 位宽的 code_address_t（LOG_CODE_RAM_SIZE，参见代码清单 5.8），其计算涉及 d_i.imm 的值。

综合器将 d_i.imm 的值缩小为其最低 16 位，并将这个 16 位的值加到 pc 上。

可以在综合后通过向下导航到 execute 图，在 Schedule Viewer 中进行检查。然后，查看 select_ln7_2(select) 行的 Properties（即 execute.cpp 文件中的第 7 行，即 compute_next_pc 函数中的 switch(d_i.type) 指令）。

Bit Width 属性为 16 位（见图 5.16）。

下一行（next_pc(+)）是与 pc 相加。同样，Bit Width 也为 16。

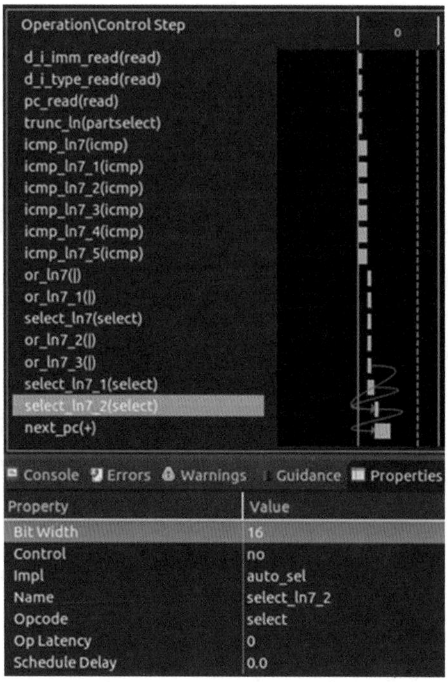

图 5.16　execute 函数的时序图

5.4.7　使用测试平台模拟 fetching_decoding_ip

> **实验**
>
> 为了模拟 fetching_decoding_ip，请按照 5.3.6 节中的说明进行操作。用 fetching_decoding_ip 替代 fetching_ip。

testbench_fetching_decoding_ip.cpp 文件（参见代码清单 5.32）添加了新的 nbi 参数，用于计算获取和译码的指令数量。test_op_imm_0_text.hex 文件保持不变。

代码清单 5.32　testbench_fetching_decoding_ip.cpp 文件

```
#include <stdio.h>
#include "fetching_decoding_ip.h"
unsigned int code_ram[CODE_RAM_SIZE]={
#include "test_op_imm_0_text.hex"
};
int main() {
  unsigned int nbi;
  fetching_decoding_ip(0, code_ram, &nbi);
  printf("%d fetched and decoded instructions\n", nbi);
  return 0;
}
```

IP 运行 test_op_imm_0_text.hex 文件中的代码。

运行时应该输出代码清单 5.33 中的内容（仅显示第一条和最后一条译码的指令）（译码的输出信息在 decode 函数中完成，请参阅代码清单 5.24）。

代码清单 5.33　fetching_decoding_ip 的模拟输出

```
|| 0000: 00500593
```

```
opcode:        4
rd:            b
func3:         0
rs1:           0
rs2:           5
func7:         0
I_TYPE
...
0052: 00008067
opcode:        19
rd:            0
func3:         0
rs1:           1
rs2:           0
func7:         0
I_TYPE
14 fetched and decoded instructions
```

5.4.8　fetching_decoding_ip 的综合

图 5.17 所示为综合报告。

Modules & Loops	Issue Type	Slack	Iteration Latency	Interval	BRAM	FF	LUT
▼ ● fetching_decoding_ip	⚠ Timing Violation	-0.20	-	-	128	319	576
ⓒ VITIS_LOOP_31_1	! Timing Violation	-	4	3	-	-	-
● fetch		-	-	2	0	2	14
● decode		-	-	1	0	0	79
● running_cond_update		-	-	1	0	0	18
● execute		-	-	1	0	0	128
● statistic_update		-	-	1	0	0	39

图 5.17　fetching_decoding_ip 的综合报告

综合报告中有 Timing Violation 警告。这并不会产生重要的影响，因为这涉及处理器时钟周期内的操作，并且不影响循环调度（当 II 间隔等于迭代延迟时，意味着连续迭代之间没有重叠）。

综合器不能将 fetch 函数末尾和 decode 函数的起始映射到 3 个 FPGA 周期内（如图 5.18 所示，右键单击综合报告的 Timing Violation 警告，然后选择 Go To Timing Violation，打开 Schedule Viewer）。

图 5.18　时序违例

作为一般规则，不要过度关注时序违例警告，除非涉及 IP 周期的结束时，即与主循环的最后一个 FPGA 周期的操作不适配。

可以尝试使用 Vivado 中的综合器。如果 IP 在开发板上工作正常，就可以忽略时序违例。

图 5.19 所示为 fetching_decoding_ip 的时序图。循环延迟是三个 FPGA 周期（30ns，33MHz），与 HLS PIPELINE II=3 指示的预期一致（参见代码清单 5.24）。

5.4.9　z1_fetching_decoding_ip Vivado 项目

z1_fetching_decoding_ip 的 Vivado 项目定义了如图 5.20 所示的模块设计。图 5.21 所示

为实现报告。该 IP 使用了 1318 个 LUT（2.48%）。

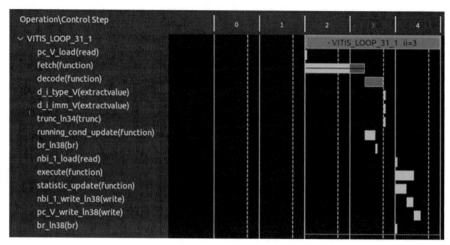

图 5.19　fetching_decoding_ip 时序图

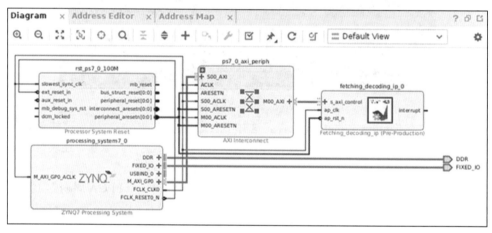

图 5.20　Vivado 中的 z1_fetching_decoding_ip 模块设计

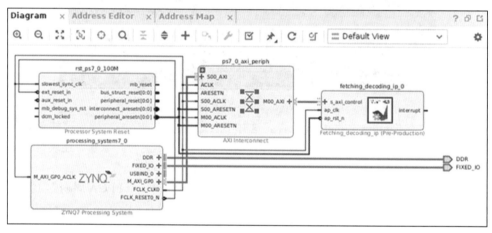

图 5.21　fetching_decoding_ip 的实现报告

5.4.10　驱动 fetching_decoding_ip 的 helloworld.c 代码

 实验

　　要在开发板上运行 fetching_decoding_ip，请按照 5.3.10 节中的说明进行操作。将 fetching_ip 替换为 fetching_decoding_ip。

　　helloworld.c 文件中的代码在代码清单 5.34 中给出（不要忘记使用 update_helloworld.sh shell 脚本使 .hex 文件的路径匹配你的环境）。

代码清单 5.34　*fetching_decoding_ip 文件夹中的 helloworld.c 文件*

```
#include <stdio.h>
#include "xfetching_decoding_ip.h"
#include "xparameters.h"
#define LOG_CODE_RAM_SIZE 16
//size in words
#define CODE_RAM_SIZE      (1<<LOG_CODE_RAM_SIZE)
XFetching_decoding_ip_Config *cfg_ptr;
XFetching_decoding_ip          ip;
word_type code_ram[CODE_RAM_SIZE]={
#include "test_op_imm_0_text.hex"
};
int main(){
  cfg_ptr = XFetching_decoding_ip_LookupConfig(
      XPAR_XFETCHING_DECODING_IP_0_DEVICE_ID);
  XFetching_decoding_ip_CfgInitialize(&ip, cfg_ptr);
  XFetching_decoding_ip_Set_start_pc(&ip, 0);
  XFetching_decoding_ip_Write_code_ram_Words(&ip, 0, code_ram,
      CODE_RAM_SIZE);
  XFetching_decoding_ip_Start(&ip);
  while (!XFetching_decoding_ip_IsDone(&ip));
  printf("%d fetched and decoded instructions\n",
    (int)XFetching_decoding_ip_Get_nb_instruction(&ip));
}
```

　　代码清单 5.35 显示了 test_op_imm.s 文件中的 RISC-V 代码的运行情况，应该在 putty 终端上进行输出。

代码清单 5.35　在 Pynq Z1 开发板上运行 test_op_imm RISC-V 代码时 helloworld 的输出

```
14 fetched and decoded instructions
```

5.5　第三步：填充执行级来构建寄存器通路

　　所有与 fde_ip 设计相关的源文件都在 fde_ip 文件夹中。

5.5.1　取指、译码和执行 IP：fde_ip 设计

　　Vitis_HLS fde_ip 项目（取指、译码和执行）将一个寄存器文件添加到处理器。图 5.22 所示为 fde_ip 组件。与 code_ram 内存块不同，reg_file 实体属于 IP，对外不可见。

　　寄存器文件是多端口存储器。fde_ip 寄存器文件包含 32 个寄存器。每个寄存器存储一个 32 位的数据。寄存器文件可以同时访问三个寄存器：使用三个不同的端口从两个源寄存器读出数据，向一个目标寄存器写入数据。

　　例如，指令"add a0, a1, a2"读取寄存器 a1 和 a2 的内容并进行求和，将结果写入寄存器 a0。

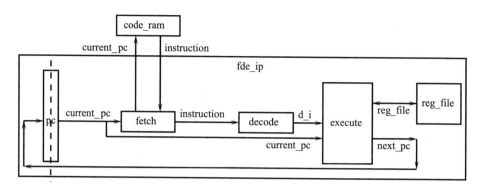

图 5.22 fde_ip 组件

代码清单 5.36 所示为在 fde_ip.cpp 文件中的 fde_ip 顶层函数的原型、局部变量声明和初始化定义。

代码清单 5.36 fde_ip 函数原型、局部变量声明和初始化

```
void fde_ip(
  unsigned int   start_pc,
  unsigned int   code_ram[CODE_RAM_SIZE],
  unsigned int *nb_instruction){
#pragma HLS INTERFACE s_axilite port=start_pc
#pragma HLS INTERFACE s_axilite port=code_ram
#pragma HLS INTERFACE s_axilite port=nb_instruction
#pragma HLS INTERFACE s_axilite port=return
  code_address_t       pc;
  int                  reg_file[NB_REGISTER];
#pragma HLS ARRAY_PARTITION variable=reg_file dim=1 complete
  instruction_t        instruction;
  bit_t                is_running;
  unsigned int         nbi;
  decoded_instruction_t d_i;
  for (int i=0; i<NB_REGISTER; i++) reg_file[i] = 0;
  pc  = start_pc;
  nbi = 0;
  ...
```

IP 在开始运行代码之前将所有寄存器清零。这是本书的做法：并不是 RISC-V 的规范。

HLS ARRAY_PARTITION 指示符用于对 reg_file 变量进行分区。选中的分区向综合器表明数组的每个元素（即每个寄存器）应被视为可单独访问。因此，一维数组将映射到 FPGA 的触发器，不会映射到 BRAM 块（即存储器）。

当使用 BRAM 块实现数组时，最多有两个访问端口（即最多可以同时访问数组的两项）。当用触发器（即每个存储位为一个触发器）实现时，可以同时访问所有项。

小型数组应通过 ARRAY_PARTITION 指示符实现为触发器，将 BRAM 块留给大型（例如程序存储器和数据存储器）数组使用。

在 fde_ip 顶层函数（参见代码清单 5.37）中，do … while 循环中的 HLS PIPELINE II=6 指示符将 IP 周期限制为 6 个 FPGA 周期（16.67MHz）。随着复杂性的增加，要在一个处理器周期内完成计算需要更长的时间。

代码清单 5.37 fde_ip 函数的 do … while 循环

```
  ...
  do{
#pragma HLS PIPELINE II=6
    fetch(pc, code_ram, &instruction);
```

```
    decode(instruction, &d_i);
#ifndef __SYNTHESIS__
#ifdef DEBUG_DISASSEMBLE
    disassemble(pc, instruction, d_i);
#endif
#endif
    execute(pc, reg_file, d_i, &pc);
    statistic_update(&nbi);
    running_cond_update(instruction, pc, &is_running);
  } while (is_running);
  *nb_instruction = nbi;
#ifndef __SYNTHESIS__
#ifdef DEBUG_REG_FILE
  print_reg(reg_file);
#endif
#endif
}
```

5.5.2 两种调试工具：寄存器文件转存和代码反汇编

本书在 IP 的顶层函数中添加了两个调试功能。

print_reg 函数（源代码在 print.cpp 文件中，见代码清单 5.38）可用于在运行期间随时转存寄存器文件的内容（在 fde_ip 项目中，用于查看运行后寄存器文件的最终状态）。

反汇编函数（没有展示代码，但可以在 disassemble.cpp 文件中找到）是一种在取指和译码时跟踪汇编代码的工具。

这两个功能将在所有的处理器设计中保持不变。

调试功能不是综合的部分。只要它们被排除在综合之外（使用 __SYNTHESIS__ 常量），C/C++ 编程和库函数的使用就没有限制。在这些调试函数中，局部变量应该是 C/C++ 类型，而不是 Vitis ap_uint 类型。

代码清单 5.38　print_reg 函数

```
void print_reg(int *reg_file){
  unsigned int i;
  for (i=1; i<NB_REGISTER; i++){
    print_reg_name(i);
    printf(" ");
#ifdef SYMB_REG
    if (i!=26 && i!=27) printf(" ");
#else
    if (i<10) printf(" ");
#endif
    printf("= %16d (%8x)\n", reg_file[i],
           (unsigned int)reg_file[i]);
  }
}
```

在 print_reg 函数中，print_reg_name 函数（在 print.cpp 文件中定义）输出寄存器的名称。可以使用 print.h 文件中定义的 SYMB_REG 常量在两种命名之间切换（参见代码清单 5.39）。

如果定义了常量，则应该用符号命名（寄存器 zero、ra、sp、a0 等）。否则，使用编号（寄存器 x0、x1、x2 等）。

代码清单 5.39　带有 SYMB_REG 常量的 print.h 文件

```
#ifndef __PRINT
#define __PRINT
#ifndef __SYNTHESIS__
#include "fde_ip.h"
//register names are printed as x0, x1, x2 ...
```

```
//to print symbolic register names (zero, ra, sp ...)
//uncomment next line
#define SYMB_REG
void print_reg_name(reg_num_t r);
void print_op(func3_t func3, func7_t func7);
void print_op_imm(func3_t func3, func7_t func7);
void print_msize(func3_t func3);
void print_branch(func3_t func3);
void print_reg(int *reg_file);
#endif
#endif
```

如代码清单 5.40 所示，debug_fde_ip.h 文件中定义 DEBUG_DISASSEMBLE 常量与否就可以控制反汇编功能的打开或关闭。

可以通过定义其他常量与否来对其他的调试输出进行打开或关闭：fetch 函数的调试输出（定义 DEBUG_FETCH 输出 fetch 地址和取到的指令字），execute 函数的调试输出（定义 DEBUG_EMULATE 开启指令的模拟，在 5.5.5 节中描述），调试寄存器文件内容的输出（定义 DEBUG_REG_FILE 来输出寄存器文件的最终内容）。

调试函数的编码方式允许调试功能的任意组合（例如调试取指和模拟，而无需反汇编调试输出）。

代码清单 5.40　debug_fde_ip.h 文件

```
#ifndef __DEBUG_FDE_IP
#define __DEBUG_FDE_IP
//comment the next line to turn off
//fetch debugging prints
#define DEBUG_FETCH
//comment the next line to turn off
//disassembling debugging prints
#define DEBUG_DISASSEMBLE
//comment the next line to turn off
//register file dump debugging prints
#define DEBUG_REG_FILE
//comment the next line to turn off
//emulation debugging prints
#define DEBUG_EMULATE
#endif
```

5.5.3　IP 的运行条件

如代码清单 5.41 所示，running_cond_update 函数在 fde_ip.cpp 文件中定义。

is_running 循环退出条件完成更新。要结束运行，IP 必须执行到一条 RET 指令，该指令带有一个为 0 的返回地址（下一个 pc 应该为空，也就是说返回的函数是 main）。

代码清单 5.41　running_cond_update 函数

```
static void running_cond_update(
  instruction_t  instruction,
  code_address_t pc,
  bit_t          *is_running){
#pragma HLS INLINE off
  *is_running = (instruction != RET || pc != 0);
}
```

5.5.4　fde_ip.h 文件

fde_ip.h 文件包含与寄存器文件大小有关的常量，如代码清单 5.42 所示。

代码清单 5.42　fde_ip.h 文件（与寄存器文件大小有关的常量）

```
...
#define LOG_REG_FILE_SIZE  5
#define NB_REGISTER        (1<<LOG_REG_FILE_SIZE)
...
```

它还包含（参见代码清单 5.43）另外一些常量，这些常量定义了映射到不同分支指令（B-TYPE 格式，操作码 BRANCH）中的 RISC-V 比较运算符。这些常量是 RISC-V 规范的一部分（请参阅参考文献 [1]，第 24 章，第 130 页，funct3 字段）。

代码清单 5.43　fde_ip.h 文件（与比较运算符有关的常量）

```
...
#define BEQ            0
#define BNE            1
#define BLT            4
#define BGE            5
#define BLTU           6
#define BGEU           7
...
```

与算术和逻辑运算符相关的常量也被定义（参见代码清单 5.44）。它们映射到对两个源寄存器（R-TYPE 格式，操作码 OP）进行计算的指令。这些常量也是 RISC-V 规范的一部分（请参阅参考文献 [1]，第 24 章，第 130 页，funct3 字段）。

代码清单 5.44　fde_ip.h 文件（寄存器 – 寄存器指令中与算术和逻辑运算符相关的常量）

```
...
#define ADD            0
#define SUB            0
#define SLL            1
#define SLT            2
#define SLTU           3
#define XOR            4
#define SRL            5
#define SRA            5
#define OR             6
#define AND            7
...
```

与相同运算符相关的常量的 immediate（立即数）版本也进行了定义（参见代码清单 5.45）。它们映射到一个源寄存器和一个常量之间的计算指令（I-TYPE 格式，操作码 OP-IMM）。这些常量也是 RISC-V 规范的一部分（请参阅参考文献 [1]，第 24 章，第 130 页，funct3 字段）。

代码清单 5.45　fde_ip.h 文件（与寄存器 – 立即数指令中的算术和逻辑运算相关的常量）

```
...
#define ADDI           0
#define SLLI           1
#define SLTI           2
#define SLTIU          3
#define XORI           4
#define SRLI           5
#define SRAI           5
#define ORI            6
#define ANDI           7
...
```

fde_ip.h 文件也包含了与寄存器文件相关的类型 reg_num_t 和 reg_num_p1_t（p1 代表 plus 1，即加 1）的定义，如代码清单 5.46 所示。

代码清单 5.46　　fde_ip.h 文件（reg_num_t 和 reg_num_p1_t 类型）

```
...
typedef ap_uint<LOG_REG_FILE_SIZE+1> reg_num_p1_t;
typedef ap_uint<LOG_REG_FILE_SIZE>   reg_num_t;
...
```

带有 p1_t 后缀的类型名称表明该类型的变量多使用一位。当变量用作循坏控制时，必须使用 plus 1 类型。

例如，在"for(*i* = 0; *i* < 16; *i*++)"中，变量 *i* 应该有五位宽，与常量 16（即二进制中的 0b10000）进行比较，但是在循环中 *i* 的范围在 0 到 15 之间，只需要四位。因此，作者写了如代码清单 5.47 所示的内容。

代码清单 5.47　　plus 1 类型代码清单

```
typedef ap_uint<4> loop_counter_t;
typedef ap_uint<5> loop_counter_p1_t;
loop_counter_p1_t i1;
loop_counter_t    i;
for (i1=0; i1<16; i1++){
  i = i1;//"i1" is shrinked to 4 bits to fit in "i"
  ...//iteration body using "i"
}
```

每次在整个循环体中使用变量 *i* 时，综合器都会生成 4 位值，并且仅用于循环控制，还会生成一个 5 位值进行递增并对变量 *i*1 的值进行判断。

fde_ip.h 文件中的其他常量和类型与 fetching_decoding_ip 项目相比没有变化。

5.5.5　译码函数和执行函数

与 fetching_decoding_ip 项目一样，主循环仍然包含五个函数调用：fetch、decode、execute、statistic_update 和 running_cond_update。

fetch 函数没有改变（fetch.cpp 文件）。

decode 函数（参见代码清单 5.48）除了译码的调试输出被删除了以外，其余部分也没有改动。

代码清单 5.48　　decode 函数

```
void decode(
  instruction_t           instruction,
  decoded_instruction_t *d_i){
#pragma HLS INLINE off
  decode_instruction(instruction, d_i);
  decode_immediate  (instruction, d_i);
}
```

执行单元如图 5.23 所示。

它在 execute.cpp 文件的 execute 函数中实现。

在 read_reg 函数中（参见代码清单 5.50，在 execute.cpp 文件中定义），rv1 和 rv2 的值从寄存器文件中读出。它们被传递给 compute_result 函数（参见代码清单 5.51 的 execute.cpp 文件）。计算结果由 write_reg 函数写回寄存器文件（参见代码清单 5.50）。

同时，下一个 pc 是根据当前 pc、read_reg 函数中读取的 rv1 值以及 compute_result 函数中计算结果的最低有效位计算得到的（参见代码清单 5.54）。

如果译码的指令是 JALR 间接跳转（例如，"jalr a0"是对地址 a0 处的函数进行调用；

rv1 是函数地址），则 rv1 值用于下一个 pc 的计算。

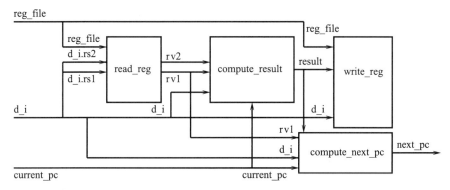

图 5.23　执行单元

如果译码的指令是条件分支，则 result 位用作分支条件（否则不使用）。

例如，在 " beq a0, a1, label" 指令中，结果的最低有效位在 compute_result 函数中置位或清零（参见代码清单 5.51），具体取决于 a0==a1 条件。该位被传递给 compute_next_pc 函数（第 4 个参数），并在 switch 指令的 B_TYPE 情况下用作决定分支目标的 cond 条件。

execute 函数如代码清单 5.49 所示。

代码清单 5.49　execute.cpp 文件中的 execute 函数

```
void execute(
  code_address_t          pc,
  int                     *reg_file,
  decoded_instruction_t d_i,
  code_address_t          *next_pc){
#pragma HLS INLINE off
  int rv1, rv2, result;
  read_reg(reg_file, d_i.rs1, d_i.rs2, &rv1, &rv2);
  result = compute_result(rv1, rv2, d_i, pc);
  write_reg(reg_file, d_i, result);
  *next_pc = compute_next_pc(pc, rv1, d_i, (bit_t)result);
#ifndef __SYNTHESIS__
#ifdef DEBUG_EMULATE
  emulate(reg_file, d_i, *next_pc);
#endif
#endif
}
```

emulate 函数完成一种调试功能，用于打印更新寄存器的文件（如果指令写入目标寄存器）和 pc（如果指令是跳转或采取的分支）。

emulate 函数等同于 spike 模拟器（不再解释 emulator 和 simulator 之间的区别，可以认为这两个术语是同义词）。

这里不介绍这个功能。读者可以在 emulate.cpp 文件中找到它的完整代码。

5.5.6　寄存器文件

图 5.24 所示为对寄存器文件的读写访问。write_enable 信号在置位时使能对寄存器文件的写访问（当目标寄存器不是寄存器 zero 时，并且当指令不是条件分支时，如 RISC-V ISA 的规定；注意，如果指令是 JAL 或 JALR，有一个目标寄存器：它们将返回地址写入目标寄存器 rd）。

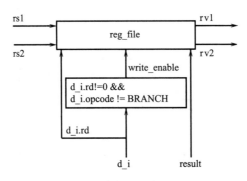

图 5.24 寄存器文件的访问

read_reg 和 write_reg 函数如代码清单 5.50 所示。

代码清单 5.50 execute.cpp 文件中的 read_reg 和 write_reg 函数

```
static void read_reg(
  int       *reg_file,
  reg_num_t rs1,
  reg_num_t rs2,
  int       *rv1,
  int       *rv2){
#pragma HLS INLINE
  *rv1 = reg_file[rs1];
  *rv2 = reg_file[rs2];
}
static void write_reg(
  int                  *reg_file,
  decoded_instruction_t d_i,
  int                   result){
#pragma HLS INLINE
  if (d_i.rd      != 0     &&
      d_i.opcode != BRANCH &&
      d_i.opcode != STORE)
    reg_file[d_i.rd] = result;
}
```

5.5.7 计算

图 5.25 所示为如何根据指令格式计算结果，以及如何选择最终结果。
compute_result 函数如代码清单 5.51 所示。

代码清单 5.51 execute.cpp 文件中的 compute_result 函数

```
static int compute_result(
  int                  rv1,
  int                  rv2,
  decoded_instruction_t d_i,
  code_address_t       pc){
#pragma HLS INLINE
  int            imm12 = ((int)d_i.imm)<<12;
  code_address_t pc4   = pc<<2;
  code_address_t npc4  = pc4 + 4;
  int            result;
  switch(d_i.type){
    case R_TYPE:
      result = compute_op_result(rv1, rv2, d_i);
      break;
    case I_TYPE:
      if (d_i.opcode == JALR)
        result = npc4;
      else if (d_i.opcode == LOAD)
```

```
              result = 0;
          else if (d_i.opcode == OP_IMM)
              result = compute_op_result(rv1, (int)d_i.imm, d_i);
          else
              result = 0;//(d_i.opcode == SYSTEM)
          break;
      case S_TYPE:
          result = 0;
          break;
      case B_TYPE:
          result = (unsigned int)
                  compute_branch_result(rv1, rv2, d_i);
          break;
      case U_TYPE:
          if (d_i.opcode == LUI)
              result = imm12;
          else//d_i.opcode == AUIPC
              result = pc4 + imm12;
          break;
      case J_TYPE:
          result = npc4;
          break;
      default:
          result = 0;
          break;
  }
  return result;
}
```

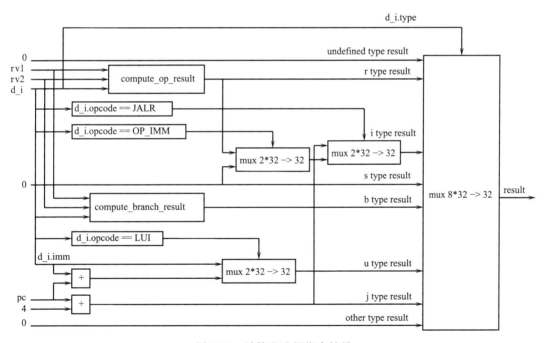

图 5.25　计算和选择指令结果

　　图 5.25 最右边的多路选择器实现了 **d_i.type** 变量上的一个开关（在图中，多路选择器命名为 mux 8*32 -> 32，它从 8 个字中选择一个 32 位字）。

　　compute_result 单元中的主要模块是 compute_op_result，专门用于计算 RISC-V OP 和 OP-IMM 操作码操作的结果（ADD/ADDI、SUB、SLL/SLLI、SLT/SLTI、SLTU/SLTIU、XOR/XORI、SRL/SRLI、SRA/SRAI、OR/ORI 和 AND/ANDI），如图 5.26 所示。

　　应该理解，该单元并行计算所有可能的结果，并且 func3 字段用于选择其中的指令结果

（回忆 5.1 节中 HLS 的一般编程概念：更多的计算可以缩短关键路径）。

compute_op_result 函数的实现如代码清单 5.52 所示。在 execute.cpp 文件中定义它。

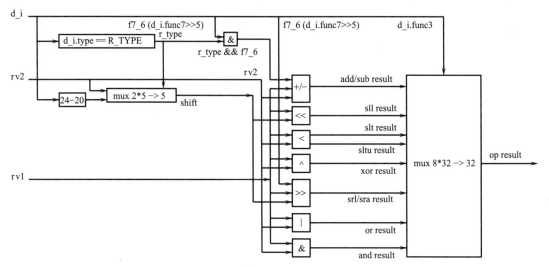

图 5.26 计算和选择 OP 操作结果

代码清单 5.52 execute.cpp 文件中的 compute_op_result 函数

```cpp
static int compute_op_result(
  int                   rv1,
  int                   rv2,
  decoded_instruction_t d_i){
#pragma HLS INLINE
  bit_t      f7_6   = d_i.func7>>5;
  bit_t      r_type = d_i.type == R_TYPE;
  ap_uint<5> shift;
  int        result;
  if (r_type)
    shift = rv2;
  else//I_TYPE
    shift = d_i.rs2;
  switch(d_i.func3){
    case ADD : if (r_type && f7_6)
                 result = rv1 - rv2;//SUB
               else
                 result = rv1 + rv2;
               break;
    case SLL : result = rv1 << shift;
               break;
    case SLT : result = rv1 < rv2;
               break;
    case SLTU: result = (unsigned int)rv1 < (unsigned int)rv2;
               break;
    case XOR : result = rv1 ^ rv2;
               break;
    case SRL : if (f7_6)
                 result = rv1 >> shift;//SRA
               else
                 result = (unsigned int)rv1 >> shift;
               break;
    case OR  : result = rv1 | rv2;
               break;
    case AND : result = rv1 & rv2;
               break;
  }
  return result;
}
```

compute_branch_result 函数（参见代码清单 5.53）计算分支条件（它返回一个 bit_t 结果）。符号很重要，因为综合器不会对有符号和无符号整数使用相同的比较器（< 和 >=）。

代码清单 5.53　execute.cpp 文件中的 compute_branch_result 函数

```
static bit_t compute_branch_result(
  int                      rv1,
  int                      rv2,
  decoded_instruction_t d_i){
#pragma HLS INLINE
  switch(d_i.func3){
    case BEQ : return (rv1 == rv2);
    case BNE : return (rv1 != rv2);
    case 2   :
    case 3   : return 0;
    case BLT : return (rv1 <  rv2);
    case BGE : return (rv1 >= rv2);
    case BLTU: return (unsigned int)rv1 <  (unsigned int)rv2;
    case BGEU: return (unsigned int)rv1 >= (unsigned int)rv2;
  }
  return 0;
}
```

compute_next_pc 函数（参见代码清单 5.54）完成了对 BRANCH 和间接跳转指令（JR/JALR）的处理。

代码清单 5.54　execute.cpp 文件中的 compute_next_pc 函数

```
static code_address_t compute_next_pc(
  code_address_t          pc,
  int                     rv1,
  decoded_instruction_t d_i,
  bit_t                   cond){
#pragma HLS INLINE
  code_address_t next_pc;
  switch(d_i.type){
    case R_TYPE:
      next_pc = (code_address_t)(pc+1);
      break;
    case I_TYPE:
      next_pc = (d_i.opcode==JALR)?
                (code_address_t)
                (((rv1 + (int)d_i.imm)&0xfffffffe)>>2):
                (code_address_t)(pc+1);
      break;
    case S_TYPE:
      next_pc = (code_address_t)(pc+1);
      break;
    case B_TYPE:
      next_pc = (cond)?
                (code_address_t)(pc + (d_i.imm>>1)):
                (code_address_t)(pc + 1);
      break;
    case U_TYPE:
      next_pc = (code_address_t)(pc + 1);
      break;
    case J_TYPE:
      next_pc = (code_address_t)(pc + (d_i.imm>>1));
      break;
    default:
      next_pc = (code_address_t)(pc + 1);
      break;
  }
  return next_pc;
}
```

5.5.8   使用测试平台模拟 fde_ip

 实验

> 要模拟 fde_ip，请按照 5.3.6 节中的说明进行操作。将 fetching_ip 替换为 fde_ip。
> 读者可以将 test_mem_0_text.hex 文件替换成在同一文件夹中能找到的任何其他 .hex
> 文件，然后运行模拟器。

本书添加了五个新的测试程序：test_branch.s 测试 BRANCH 指令，test_jal_jalr.s 测试 JAL 和 JALR 指令，test_lui_auipc.s 测试 LUI 和 AUIPC 指令，test_op.s 测试 OP 指令，test_sum.s 对前 10 个自然数求和。这些测试程序能用于测试所有处理器的 IP（下一章会添加更多测试程序来测试数据存储器的操作）。

如代码清单 5.55 所示的 testbench_fde_ip.cpp 文件用于 test_op_imm_0_text.hex 十六进制代码文件（从 test_op_imm.s 源文件得到）。

要运行另一个测试代码，只需替换 code_ram 数组声明中的 test_op_imm_0_text.hex 名称。要构建任何 .hex 文件，请使用 build.sh 脚本："./build.sh test_branch"构建 test_branch_0_text.hex（不用在意警告消息）。

无论如何，fde_ip 文件夹包含所有建议的测试代码的预构建十六进制文件。

代码清单 5.55   testbench_fde_ip.cpp 文件

```
#include <stdio.h>
#include "fde_ip.h"
unsigned int code_ram[CODE_RAM_SIZE]={
#include "test_sum_0_text.hex"
};
int main(){
  unsigned int nbi;
  fde_ip(0, code_ram, &nbi);
  printf("%d fetched, decoded and executed instructions\n",
         nbi);
  return 0;
}
```

test_branch.s 文件中包含测试分支指令的一段代码（参见代码清单 5.56）。

代码清单 5.56   test_branch.s 文件

```
        .globl  main
main:
        li      a0,-8     /*a0=-8*/
        li      a1,5      /*a1=5*/
        beq     a0,a1,.L1 /*if (a0==a1) goto .L1*/
        li      a2,1      /*a2=1*/
.L1:
        bne     a0,a1,.L2 /*if (a0!=a1) goto .L2*/
        li      a2,2      /*a2=2*/
.L2:
        blt     a0,a1,.L3 /*if (a0<a1) goto .L3*/
        li      a3,1      /*a3=1*/
.L3:
        bge     a0,a1,.L4 /*if (a0>=a1) goto .L4*/
        li      a3,2      /*a3=2*/
.L4:
        bltu    a0,a1,.L5 /*if (a0<a1) goto .L5  (unsigned)*/
        li      a4,1      /*a4=1*/
.L5:
```

```
        bgeu    a0,a1,.L6   /*if (a0>=a1) goto .L6 (unsigned)*/
        li      a4,2        /*a4=2*/
.L6:
        ret
```

它的运行产生的输出如代码清单 5.57 所示（SYMB_REG 在 print.h 文件中定义，值为空的寄存器未显示）。

代码清单 5.57 test_branch.s 代码的输出

```
0000: ff800513        li a0, -8
     a0  =                 -8 (fffffff8)
0004: 00500593        li a1, 5
     a1  =                  5 (       5)
0008: 00b50463        beq a0, a1, 16
     pc  =                 12 (       c)
0012: 00100613        li a2, 1
     a2  =                  1 (       1)
0016: 00b51463        bne a0, a1, 24
     pc  =                 24 (      18)
0024: 00b54463        blt a0, a1, 32
     pc  =                 32 (      20)
0032: 00b55463        bge a0, a1, 40
     pc  =                 36 (      24)
0036: 00200693        li a3, 2
     a3  =                  2 (       2)
0040: 00b56463        bltu a0, a1, 48
     pc  =                 44 (      2c)
0044: 00100713        li a4, 1
     a4  =                  1 (       1)
0048: 00b57463        bgeu a0, a1, 56
     pc  =                 56 (      38)
0056: 00008067        ret
     pc  =                  0 (       0)
...
a0  =                 -8 (fffffff8)
a1  =                  5 (       5)
a2  =                  1 (       1)
a3  =                  2 (       2)
a4  =                  1 (       1)
...
12 fetched and decoded instructions
```

test_jal_jalr.s 文件（参见代码清单 5.58）包含了测试跳转与链接指令 JAL 和 JALR 的一段代码。

代码清单 5.58 test_jal_jalr.s 文件

```
        .globl  main
main:
        mv      t0,ra       /*t0=ra (save return address)*/
here0:
        auipc   a0,0        /*a0=pc+0   (a0=4)*/
here1:
        auipc   a1,0        /*a1=pc+0   (a0=8)*/
        li      a2,0        /*a2=0*/
        li      a4,0        /*a4=0*/
        j       .L1         /*goto .L1*/
.L1:
        addi    a2,a2,1     /*a2++*/
        jal     f           /*f()              (call f)*/
        li      a3,3        /*a3=3*/
        jalr    52(a1)      /*(*(a1+52))()   (call f)*/
        jr      44(a0)      /*goto *(a0+44) (goto there)*/
        addi    a4,a4,1     /*a4++*/
there:
        addi    a4,a4,1     /*a4++*/
```

```
        mv        ra,t0     /*ra=t0 (restore return address)*/
        ret
f:
        addi      a2,a2,1   /*a2++*/
        ret
```

它的输出如代码清单 5.59 所示（SYMB_REG 已定义，值为空的寄存器未显示）。

代码清单 5.59 test_jal_jalr.s 代码的输出

```
0000: 00008293        addi t0, ra, 0
    t0 =                  0 (        0)
0004: 00000517        auipc a0, 0
    a0 =                  4 (        4)
0008: 00000597        auipc a1, 0
    a1 =                  8 (        8)
0012: 00000613        li a2, 0
    a2 =                  0 (        0)
0016: 00000713        li a4, 0
    a4 =                  0 (        0)
0020: 0040006f        j 24
    pc =                 24 (       18)
0024: 00160613        addi a2, a2, 1
    a2 =                  1 (        1)
0028: 020000ef        jal ra, 60
    pc =                 60 (       3c)
    ra =                 32 (       20)
0060: 00160613        addi a2, a2, 1
    a2 =                  2 (        2)
0064: 00008067        ret
    pc =                 32 (       20)
0032: 00300693        li a3, 3
    a3 =                  3 (        3)
0036: 034580e7        jalr 52(a1)
    pc =                 60 (       3c)
    ra =                 40 (       28)
0060: 00160613        addi a2, a2, 1
    a2 =                  3 (        3)
0064: 00008067        ret
    pc =                 40 (       28)
0040: 02c50067        jr 44(a0)
    pc =                 48 (       30)
0048: 00170713        addi a4, a4, 1
    a4 =                  1 (        1)
0052: 00028093        addi ra, t0, 0
    ra =                  0 (        0)
0056: 00008067        ret
    pc =                  0 (        0)
...
a0 =                     4 (        4)
a1 =                     8 (        8)
a2 =                     3 (        3)
a3 =                     3 (        3)
a4 =                     1 (        1)
...
18 fetched and decoded instructions
```

test_lui_auipc.s 文件（参见代码清单 5.60）包含测试 upper 指令 LUI 和 AUIPC 的一段代码。

代码清单 5.60 test_lui_auipc.s 文件

```
        .globl    main
main:
        lui       a1,0x1    /*a1=(1<<12)          (4096)*/
        auipc     a2,0x1    /*a2=pc+(1<<12) (pc+4096)*/
        sub       a2,a2,a1  /*a2-=a1*/
        addi      a2,a2,20  /*a2+=20*/
```

```
        jr      a2          /*goto a2  (.L1)*/
        li      a1,3        /*a1=3*/
.L1:
        li      a3,100      /*a3=100*/
        ret
```

它的输出如代码清单 5.61 所示（SYMB_REG 已定义，值为空的寄存器未显示）。

代码清单 5.61　test_lui_auipc.s 代码的输出

```
0000: 000015b7      lui a1, 4096
    a1  =              4096 (      1000)
0004: 00001617      auipc a2, 4096
    a2  =              4100 (      1004)
0008: 40b60633      sub a2, a2, a1
    a2  =                 4 (         4)
0012: 01460613      addi a2, a2, 20
    a2  =                24 (        18)
0016: 00060067      jr a2
    pc  =                24 (        18)
0024: 06400693      li a3, 100
    a3  =               100 (        64)
0028: 00008067      ret
    pc  =                 0 (         0)
...
a1  =                4096 (      1000)
a2  =                  24 (        18)
a3  =                 100 (        64)
...
7 fetched and decoded instructions
```

test_op.s 文件（见代码清单 5.62）中是测试 OP 指令的代码（寄存器 – 寄存器操作，即有两个源寄存器且没有立即数）。

代码清单 5.62　test_op.s 文件

```
        .globl  main
main:
        li      a0,13       /*a0=13*/
        li      a4,12       /*a4=12*/
        li      a1,7        /*a1=7*/
        li      t0,28       /*t0=28*/
        li      t6,-10      /*t6=-10*/
        li      s2,2022     /*s2=2022*/
        add     a2,a1,zero  /*a2=a1*/
        and     a3,a2,a0    /*a3=a2&a0*/
        or      a5,a3,a4    /*a5=a3|a4*/
        xor     a6,a5,t0    /*a6=a5^t0*/
        sub     a6,a6,a1    /*a6-=a1*/
        sltu    a7,a6,a0    /*a7=a6<a0   (unsigned)*/
        sll     t1,a6,t0    /*t1=a6<<t0*/
        slt     t2,t1,t6    /*t2=t1<t6    (signed)*/
        sltu    t3,t1,s2    /*t3=t1<s2   (unsigned)*/
        srl     t4,t1,t0    /*t4=t1>>t0  (unsigned)*/
        sra     t5,t1,t0    /*t5=t1>>t0    (signed)*/
        ret
```

它的输出如代码清单 5.63 所示（SYMB_REG 已定义，值为空的寄存器未显示）。

代码清单 5.63　test_op.s 代码的输出

```
0000: 00d00513      li a0, 13
    a0  =                13 (         d)
0004: 00c00713      li a4, 12
    a4  =                12 (         c)
0008: 00700593      li a1, 7
    a1  =                 7 (         7)
0012: 01c00293      li t0, 28
```

```
        t0  =                28  (        1c)
0016: ff600f93        li t6, -10
        t6  =               -10  (ffffff6)
0020: 7e600913        li s2, 2022
        s2  =              2022  (       7e6)
0024: 00058633        add a2, a1, zero
        a2  =                 7  (         7)
0028: 00a676b3        and a3, a2, a0
        a3  =                 5  (         5)
0032: 00e6e7b3        or a5, a3, a4
        a5  =                13  (         d)
0036: 0057c833        xor a6, a5, t0
        a6  =                17  (        11)
0040: 40b80833        sub a6, a6, a1
        a6  =                10  (         a)
0044: 00a838b3        sltu a7, a6, a0
        a7  =                 1  (         1)
0048: 00581333        sll t1, a6, t0
        t1  =       -1610612736  (a0000000)
0052: 01f323b3        slt t2, t1, t6
        t2  =                 1  (         1)
0056: 01233e33        sltu t3, t1, s2
        t3  =                 0  (         0)
0060: 00535eb3        srl t4, t1, t0
        t4  =                10  (         a)
0064: 40535f33        sra t5, t1, t0
        t5  =                -6  (ffffffa)
0068: 00008067        ret
        pc  =                 0  (         0)
...
t0  =                28  (        1c)
t1  =       -1610612736  (a0000000)
t2  =                 1  (         1)
...
a0  =                13  (         d)
a1  =                 7  (         7)
a2  =                 7  (         7)
a3  =                 5  (         5)
a4  =                12  (         c)
a5  =                13  (         d)
a6  =                10  (         a)
a7  =                 1  (         1)
s2  =              2022  (       7e6)
...
t4  =                10  (         a)
t5  =                -6  (ffffffa)
t6  =               -10  (ffffff6)
18 fetched and decoded instructions
```

test_op_imm.s 文件在前面展示过了（参见代码清单 3.13）。

它的输出如代码清单 5.64 所示（SYMB_REG 已定义，值为空的寄存器未显示）。

代码清单 5.64   test_op_imm.s 代码的输出

```
0000: 00500593        li a1, 5
        a1  =                 5  (         5)
0004: 00158613        addi a2, a1, 1
        a2  =                 6  (         6)
0008: 00c67693        andi a3, a2, 12
        a3  =                 4  (         4)
0012: fff68713        addi a4, a3, -1
        a4  =                 3  (         3)
0016: 00576793        ori a5, a4, 5
        a5  =                 7  (         7)
0020: 00c7c813        xori a6, a5, 12
        a6  =                11  (         b)
0024: 00d83893        sltiu a7, a6, 13
        a7  =                 1  (         1)
0028: 00b83293        sltiu t0, a6, 11
        t0  =                 0  (         0)
```

```
0032: 01c81313      slli t1, a6, 28
     t1   =        -1342177280 (b0000000)
0036: ff632393      slti t2, t1, -10
     t2   =                  1 (         1)
0040: 7e633e13      sltiu t3, t1, 2022
     t3   =                  0 (         0)
0044: 01c35e93      srli t4, t1, 28
     t4   =                 11 (         b)
0048: 41c35f13      srai t5, t1, 28
     t5   =                 -5 (ffffffffb)
0052: 00008067      ret
     pc   =                  0 (         0)
...
t1   =        -1342177280 (b0000000)
t2   =                  1 (         1)
...
a1   =                  5 (         5)
a2   =                  6 (         6)
a3   =                  4 (         4)
a4   =                  3 (         3)
a5   =                  7 (         7)
a6   =                 11 (         b)
a7   =                  1 (         1)
...
t4   =                 11 (         b)
t5   =                 -5 (ffffffffb)
...
14 fetched and decoded instructions
```

test_sum.s 文件(参见代码清单 5.65)包含了将前 10 个整数求和写到寄存器 a0(x10) 中的一段代码。

代码清单 5.65   test_sum.s 文件

```
        .globl   main
main:
        li      a0,0        /*a0=0*/
        li      a1,0        /*a1=0*/
        li      a2,10       /*a2=10*/
.L1:
        addi    a1,a1,1     /*a1++*/
        add     a0,a0,a1    /*a0+=a1*/
        bne     a1,a2,.L1   /*if (a1!=a2) goto .L1*/
        ret
```

它的输出如代码清单 5.66 所示(SYM_REG 已定义,值为空的寄存器不显示,中间迭代不显示)。

代码清单 5.66   test_sum.s 代码的输出

```
0000: 00000513      li a0, 0
     a0   =                  0 (         0)
0004: 00000593      li a1, 0
     a1   =                  0 (         0)
0008: 00a00613      li a2, 10
     a2   =                 10 (         a)
0012: 00158593      addi a1, a1, 1
     a1   =                  1 (         1)
0016: 00b50533      add a0, a0, a1
     a0   =                  1 (         1)
0020: fec59ce3      bne a1, a2, 12
     pc   =                 12 (         c)
...
0012: 00158593      addi a1, a1, 1
     a1   =                 10 (         a)
0016: 00b50533      add a0, a0, a1
     a0   =                 55 (        37)
0020: fec59ce3      bne a1, a2, 12
```

```
    pc  =                    24 (       18)
0024: 00008067      ret
    pc  =                     0 (        0)
...
a0  =                    55 (       37)
a1  =                    10 (        a)
a2  =                    10 (        a)
...
34 fetched and decoded instructions
```

5.5.9 fde_ip 综合

对于综合来说，除了最高层次的函数 fetch、decode、execute、statistic_update 和 running_cond_update 以外，所有的函数都是内联函数（指示符 HLS INLINE）。fde_ip 的综合报告如图 5.27 所示。

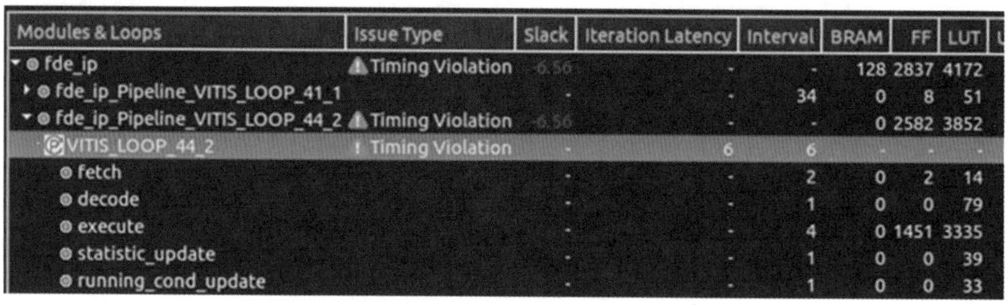

图 5.27 fde_ip 的综合报告

Schedule Viewer 表明 IP 周期与 HLS PIPELINE II=6 指示符要求的 6 个 FPGA 周期相对应（参见图 5.28）。

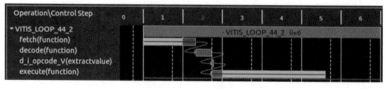

图 5.28 fde_ip 的时序图

综合报告展示了 Timing Violation 警告。这并不重要，因为它涉及处理器周期内的操作并且不影响 6 个周期的调度。综合器无法将 fetch 函数的结尾、decode 函数的结尾和 execute 函数的开头映射到 2 个循环周期内（见图 5.29）。

图 5.29 时序违约

5.5.10 z1_fde_ip Vivado 项目

z1_fde_ip Vivado 项目定义了图 5.30 所示的设计。

生成的比特流使用了 3313 个 LUT，占 FPGA 上可用 LUT 的 6.23%（见图 5.31）。

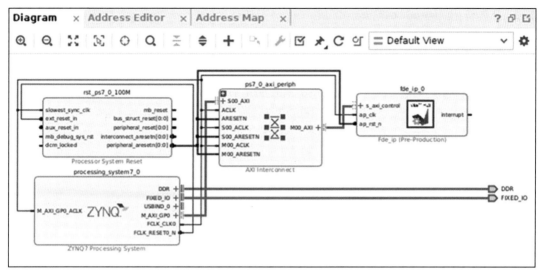

图 5.30 z1_fde_ip 模块设计

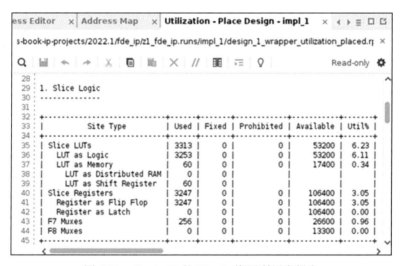

图 5.31 fde_ip IP 的 Vivado 资源利用率报告

5.5.11 使用 helloworld.c 程序驱动 FPGA 中的 fde_ip

> ⚠ 实验
>
> 要在开发板上运行 fde_ip，请按照 5.3.10 节中的说明进行操作，用 fde_ip 替换 fetching_ip。
>
> 你可以使用自己的 IP，将 test_mem_0_text.hex 文件替换成同一文件夹中能找到的任何其他 .hex 文件。

helloworld.c 文件如代码清单 5.67 所示（不要忘记用 update_helloworld.sh shell 脚本使 hex 文件的路径匹配到你的环境）。

代码清单 5.67   helloworld.c 文件

```
#include <stdio.h>
#include "xfde_ip.h"
#include "xparameters.h"
#define LOG_CODE_RAM_SIZE 16
//size in words
#define CODE_RAM_SIZE      (1<<LOG_CODE_RAM_SIZE)
XFde_ip_Config *cfg_ptr;
XFde_ip         ip;
word_type code_ram[CODE_RAM_SIZE]={
#include "test_op_imm_0_text.hex"
};
int main(){
  cfg_ptr = XFde_ip_LookupConfig(XPAR_XFDE_IP_0_DEVICE_ID);
  XFde_ip_CfgInitialize(&ip, cfg_ptr);
  XFde_ip_Set_start_pc(&ip, 0);
  XFde_ip_Write_code_ram_Words(&ip, 0, code_ram, CODE_RAM_SIZE);
  XFde_ip_Start(&ip);
  while (!XFde_ip_IsDone(&ip));
  printf("%d fetched, decoded and executed instructions\n",
    (int)XFde_ip_Get_nb_instruction(&ip));
}
```

如果在 test_op_imm_0_text.hex 文件中运行 RISC-V 代码，putty 终端应该打印如代码清单 5.68 所示的内容。

代码清单 5.68   test_op_imm_0_text.hex RISC-V 代码在 FPGA 上执行时，putty 终端上的输出信息

```
14 fetched, decoded and executed instructions
```

参考文献

[1] https://riscv.org/specifications/isa-spec-pdf/

构建 RISC-V 处理器

摘要

本章将带领读者构建第一个 RISC-V 处理器。该版本实现的微体系结构是非流水结构的。IP 周期包含取指、译码和执行。

6.1 rv32i_npp_ip 顶层函数

Vitis_HLS 项目被命名为 rv32i_npp_ip（npp 代表非流水线），这将是本书对 RISC-V ISA RV32I 子集的第一个实现。

所有与 rv32i_npp_ip 相关的源文件都可以在 rv32i_npp_ip 文件夹中找到。

6.1.1 rv32i_npp_ip 顶层函数原型、局部声明和初始化

rv32i_npp_ip 顶层函数在 rv32i_npp_ip.cpp 文件中定义。rv32i_npp_ip 顶层函数原型、局部声明和初始化在代码清单 6.1 中显示。参数中添加了 data_ram，它是代码通过 LOAD 和 STORE 指令读取和写入数据的数组。

代码清单 6.1　rv32i_npp_ip 顶层函数原型、局部声明和初始化

```
void rv32i_npp_ip(
  unsigned int  start_pc,
  unsigned int  code_ram[CODE_RAM_SIZE],
  int           data_ram[DATA_RAM_SIZE],
  unsigned int *nb_instruction){
#pragma HLS INTERFACE s_axilite port=start_pc
#pragma HLS INTERFACE s_axilite port=code_ram
#pragma HLS INTERFACE s_axilite port=data_ram
#pragma HLS INTERFACE s_axilite port=nb_instruction
#pragma HLS INTERFACE s_axilite port=return
#pragma HLS INLINE recursive
  code_address_t        pc;
  int                   reg_file[NB_REGISTER];
#pragma HLS ARRAY_PARTITION variable=reg_file dim=1 complete
  instruction_t         instruction;
  bit_t                 is_running;
  unsigned int          nbi;
  decoded_instruction_t d_i;
  for (int i=0; i<NB_REGISTER; i++) reg_file[i] = 0;
  pc  = start_pc;
  nbi = 0;
  ...
```

一个常见的问题是：为什么有两个内存数组（code_ram 和 data_ram）？为什么要把数据和程序分开？在一个处理器中，通常有一个内存，由程序和数据共享。当编译器构建可执行文件时，它将程序和数据都映射到同一个内存空间。

我们需要两个独立的空间，因为需要同时访问程序存储器和数据存储器。如果只有一个单端口的内存数组，程序访问（即指令获取）和数据访问（即 LOAD 或 STORE 指令的执行）

必须在不同的时刻进行，即应该在两个不同的 FPGA 周期开始访问。

rv32i_npp_ip 处理器是非流水的，因此，处理每条指令要经过多个连续的步骤：取指、译码、执行（包括访问内存的 load/store），以及写回。在时间上很容易将取指和执行分开，让取指和 load/store 在不同的 FPGA 周期开始。因此，对于 rv32i_npp_ip 的实现，原本可以使用单一的存储器。但是第 8 章将介绍流水线设计，该设计使得处理器取指和 load/store 在同一个 FPGA 周期执行。

然而，即使两个访问是同时进行的，也有一种方法可以避免在 Xilinx FPGA 上分离程序存储器和数据存储器。每个 BRAM（Block RAM）都有两个访问端口，允许使用一个端口进行取指，使用另一个端口进行数据访存。但是在本书的第二部分，当实现多核处理器时，第二个端口被用于提供远程访问（处理器核 i 访问处理器核 j 数据存储器中的内存字）。

因此，为了避免在不同的实现中使用不同的内存模型，将使用独立的程序存储器和数据存储器。这与具有独立指令和数据一级缓存的经典处理器没有太大区别。

这将影响可执行文件的构建方式，7.3.1 节将解释如何解决这一问题。

rv32i_npp_ip.h 文件中的常量 DATA_RAM_SIZE 将数据存储器的大小定义为 2^{16} 个字（2^{18} 字节，256KB）（如果要在 Basys3 开发板上测试 RISC-V 处理器的实现，数据存储器大小应该减少到 64KB，因为 XC7A35T FPGA 的 RAM 只有 200KB：在所有的设计中 LOG_DATA_RAM_SIZE 设为 14，即 16K 字）。

数据存储器通过 s_axilite 接口协议从外部访问。因此，在运行后使用 AXI 连接从外部查看内存的内容。

为了优化迭代时间，内联已通过在 HLS INTERFACE 指示符之后添加的指示符 HLS INLINE recursive 系统地启用。

INLINE 指示符的 recursive（递归）选项意味着对顶层函数调用的所有函数进行内联。

6.1.2 do…while 循环

rv32i_npp_ip 顶层函数 do…while 循环的代码如代码清单 6.2 所示。

代码清单 6.2 rv32i_npp_ip 顶层函数 do…while 循环

```
   ...
   do{
#pragma HLS PIPELINE II=7
    fetch(pc, code_ram, &instruction);
    decode(instruction, &d_i);
#ifndef __SYNTHESIS__
#ifdef DEBUG_DISASSEMBLE
    disassemble(pc, instruction, d_i);
#endif
#endif
    execute(pc, reg_file, data_ram, d_i, &pc);
    statistic_update(&nbi);
    running_cond_update(instruction, pc, &is_running);
   } while (is_running);
   *nb_instruction = nbi;
#ifndef __SYNTHESIS__
#ifdef DEBUG_REG_FILE
   print_reg(reg_file);
#endif
#endif
   }
```

处理器周期设置为 7 个 FPGA 周期（pragma HLS PIPELINE II = 7）。

6.2 译码更新

fetch 函数定义在 fetch.cpp 文件中。与前面章节中的 fetch 函数相比，它没有变化（见 5.3.3 节）。

添加了一些预计算的布尔字段作为操作码译码的结果，并将它们添加到 decoded_ instruction_t 类型中（例如，"d_i.opcode == LOAD"设置 bit_t 变量 is_load）。与多次比较 5 位数值相比，驱动一个位的成本更低。

已经添加了必要的译码，用来替换在 execute 函数及与之相关的所有操作码比较。在 rv32i_npp_ip.h 文件的 decoded_instruction_t 类型的定义中，有 8 个新的位字段。新的定义见代码清单 6.3。

代码清单 6.3　decoded_instruction_t 类型

```
label
typedef struct decoded_instruction_s{
  opcode_t    opcode;
  ...
  immediate_t imm;
  bit_t       is_load;
  bit_t       is_store;
  bit_t       is_branch;
  bit_t       is_jalr;
  bit_t       is_op_imm;
  bit_t       is_lui;
  bit_t       is_ret;
  bit_t       is_r_type;
} decoded_instruction_t;
```

decode_instruction 函数在 decode.cpp 中定义。该函数可被扩展以填充新字段，如代码清单 6.4 所示。

代码清单 6.4　decode_instruction 函数

```
label
static void decode_instruction(
  instruction_t          instruction,
  decoded_instruction_t *d_i){
  d_i->opcode    = (instruction >> 2);
  ...
  d_i->func7     = (instruction >> 25);
  d_i->is_load   = (d_i->opcode == LOAD);
  d_i->is_store  = (d_i->opcode == STORE);
  d_i->is_branch = (d_i->opcode == BRANCH);
  d_i->is_jalr   = (d_i->opcode == JALR);
  d_i->is_ret    = (instruction == RET);
  d_i->is_lui    = (d_i->opcode == LUI);
  d_i->is_op_imm = (d_i->opcode == OP_IMM);
  d_i->type      = type(d_i->opcode);
  d_i->is_r_type = (d_i->type   == R_TYPE);
}
```

6.3 数据存储器访问：对齐和大小端

指令存储器中存放一组有序的指令。在 RV32I ISA 中，每条指令是一个 32 位字。因此，存储器以 32 位作为一个存储单元。取指函数读取对齐的字，5.3.4 节已介绍过相关内容。

数据存储器是一组有序的字节。相邻的字节可以两两组织在一起，形成半字（16 位）。也可以每 4 个连续的字节组织在一起，形成字（32 位）。半字可以由两个在 16 位字边界上对齐的字节组成，如图 6.1 左边部分所示，也可以不对齐，如图 6.1 右边部分所示。如果一个半字的地址是偶数，即最低有效位是 0，那么它就是对齐的。

12
F6
100　101
对齐的半字，在
偶地址100处的两
个对齐的字节
(100 mod 2 = 0)
F6
2B
101　102
未对齐的半字，在
奇地址101处的两个
未对齐的字节
(101 mod 2 = 1)

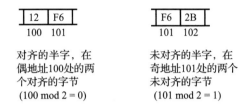

图 6.1　对齐和未对齐的半字

类似地，如果一个字地址的两个最低有效位都为 0，则该字是对齐的，如图 6.2 所示。

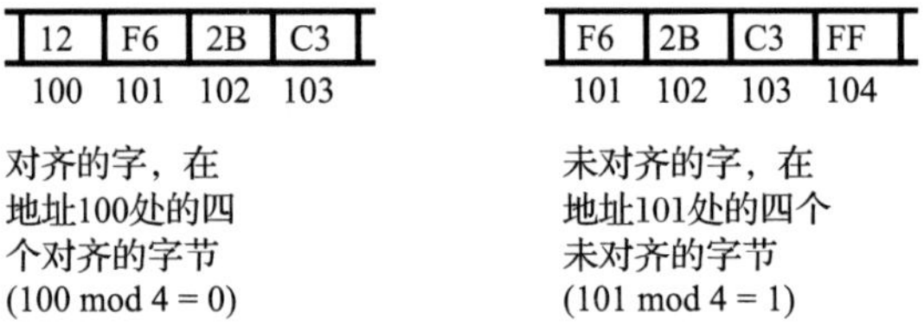

12
F6
2B
C3
100　101　102　103
对齐的字，在
地址100处的四
个对齐的字节
(100 mod 4 = 0)
F6
2B
C3
FF
101　102　103　104
未对齐的字，在
地址101处的四个
未对齐的字节
(101 mod 4 = 1)

图 6.2　对齐和未对齐的字

当一个字被存储到内存中时，字节可以按照两种相反的顺序写入。

小端处理器从最低有效字节开始写入（即最低有效字节写入地址的最低字节）。大端处理器从最高有效字节开始写入（即最高有效字节写入地址的最低字节）。图 6.3 显示了小端存储和大端存储之间的区别。

将12F62BC3存储在地址100处
小端存储
C3
2B
F6
12
100　101　102　103
大端存储
12
F6
2B
C3
100　101　102　103

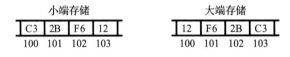

图 6.3　小端存储和大端存储

小端处理器加载最低地址的字节（即图 6.3 左侧的字节 0xc3）并将其写入目标寄存器中的最低有效字节位置（将 0x12F62BC3 加载到目标寄存器）。

大端处理器将其加载并写入（即图 6.3 右侧的字节 0x12）最高有效字节位置（将 0x12F62BC3 加载到目标寄存器）。

RISC-V 规范对大端实现 / 小端实现并没有明确规定。根据用于定义的 load 和 store 操作的 C 代码（见 6.4 节），Vitis HLS 综合器构建了小端的字节序列。

6.4　execute 函数

6.4.1　访存地址的计算

execute 函数（见代码清单 6.5，该函数在 execute.cpp 文件中定义）将数据内存指针作为一个新的参数（data_ram）。该函数还包括执行 LOAD 和 STORE 指令（调用 mem_load 和 mem_store 函数）。

代码清单 6.5　execute 函数

```
void execute(
  code_address_t          pc,
  int                     *reg_file,
  int                     *data_ram,
  decoded_instruction_t d_i,
  code_address_t          *next_pc){
  int              rv1, rv2, result;
  b_data_address_t address;
  read_reg(reg_file, d_i.rs1, d_i.rs2, &rv1, &rv2);
  result  = compute_result(rv1, rv2, d_i, pc);
  address = result;
  if (d_i.is_store)
    mem_store(data_ram, address, rv2, (ap_uint<2>)d_i.func3);
  if (d_i.is_load)
    result = mem_load(data_ram, address, d_i.func3);
  write_reg(reg_file, d_i, result);
  *next_pc = compute_next_pc(pc, rv1, d_i, (bit_t)result);
#ifndef __SYNTHESIS__
#ifdef DEBUG_EMULATE
  emulate(reg_file, d_i, *next_pc);
#endif
#endif
}
```

如果是访存指令（例如"lw a0, 4(a1)"），compute_result 函数返回访存的地址，该地址是 rs1 寄存器的值和立即数偏移量之和（例如"lw a0, 4(a1)"指令中的 a1 + 4）。

在计算出访存地址后，就可以进行内存访问了。根据 d_i.is_load 和 d_i.is_store 预计算出的结果，调用 mem_store 函数或 mem_load 函数。

mem_load 函数返回从内存加载的值，该值在 write_reg 函数中被写入目标寄存器。mem_store 函数把要存储的 rv2 值写到 data_ram 数组中。

6.4.2　compute_result 函数

compute_result 函数（见代码清单 6.6，该函数在 execute.cpp 文件中定义）是为了处理 S-TYPE 指令（STORE 操作码）和 I-TYPE 格式的 LOAD 变体。

在这两种情况下，计算的结果都是从 rv1 和 d_i.imm 之和中获得的访存地址。

代码清单 6.6　compute_result 函数

```
static int compute_result(
  int                   rv1,
  int                   rv2,
  decoded_instruction_t d_i,
  code_address_t        pc){
  int              imm12 = ((int)d_i.imm)<<12;
  code_address_t pc4   = pc<<2;
  code_address_t npc4  = pc4 + 4;
  int              result;
  switch(d_i.type){
    ...
    case I_TYPE:
      if (d_i.is_jalr)
        result = npc4;
      else if (d_i.is_load)
        result = rv1 + (int)d_i.imm;
      else if (d_i.is_op_imm)
        result = compute_op_result(rv1, (int)d_i.imm, d_i);
      else
        result = 0;//(d_i.opcode == SYSTEM)
      break;
    case S_TYPE:
      result = rv1 + (int)d_i.imm;
```

```
      break;
      ...
    }
  return result;
}
```

compute_next_pc 和 compute_op_result 函数（都定义在 execute.cpp 文件中）更新为在指令译码中使用新的位字段（d_i.is_jalr 和 d_i.is_r_type）。

6.4.3　mem_store 函数

mem_store 函数（见代码清单 6.7，该函数在 execute.cpp 文件中定义）被组织成一个访问宽度为 msize 的开关，即 3 位 func3 字段。

代码清单 6.7　mem_store 函数

```
label
static void mem_store(
  int              *data_ram,
  b_data_address_t address,
  int              rv2,
  ap_uint<2>       msize){
  h_data_address_t a1 = (address >> 1);
  w_data_address_t a2 = (address >> 2);
  char             rv2_0;
  short            rv2_01;
  rv2_0  = rv2;
  rv2_01 = rv2;
  switch(msize){
    case SB:
      *((char*) (data_ram) + address) = rv2_0;
      break;
    case SH:
      *((short*)(data_ram) + a1)        = rv2_01;
      break;
    case SW:
      data_ram[a2]                      = rv2;
      break;
    case 3:
      break;
  }
}
```

要存储的值是 rv2_0 的低字节（SB）、rv2_01 的低半字（SH）或完整的 rv2 值（SW）。

写入地址可以是字节指针（char *）、半字指针（short *）或字指针（int *）。

综合器设置字节使能，将写操作限制在寻址的字中具体的字节。SB 指令使能寻址字中任意位置的单个字节；SH 指令使能一对对齐的相邻字节，即在寻址字的起始地址或结束地址处的一对字节；SW 指令使能寻址字的所有字节。

RISC-V 规范将如何进行未对齐的访问留给用户实现时自由决定。

在本书的实现中，在 SW 或 LW 访问之前，地址的两个最低有效位被丢弃（右移两位），强制 4 字节边界对齐。对于 SH、LH 和 LHU，地址的最低有效位被丢弃（右移一位），强制 2 字节边界对齐。

因此，即使访问地址未对齐，处理器也会执行对齐的访问（例如，如果地址是 4a + 3，访问的字是地址 4a 处对齐的字，由字节 4a、4a + 1、4a + 2 和 4a + 3 组成）。

换句话说，程序员应该对齐多字节数据。例如，应对结构进行填充以避免未对齐。代码清单 6.8 显示了这种填充结构的示例。添加了两个填充字段，每个字段一个字节（pad1 和 pad2），以确保 s1 和 s2 变量中的 j 字段对齐。

代码清单 6.8 对齐字段的结构

```
//it is assumed that the start of the s1 structure is word aligned
struct s_s{
  int   i;//word aligned
  short s;//half word aligned
  char  pad1;//byte aligned
  char  pad2;//byte aligned
  int   j;//word aligned, thanks to the pad1 and pad2 fields
} s1, s2;
```

LOAD 和 STORE 指令的地址是 w_data_address_t 类型的字地址，或者半字地址的 h_data_address_t（多一位），或者字节地址的 b_data_address_t（多两位）。

这些类型在 rv32i_npp_ip.h 文件中定义（见代码清单 6.9）。

代码清单 6.9 rv32i_npp_ip.h 文件中数据存储类型的定义

```
...
typedef ap_uint<LOG_DATA_RAM_SIZE>   w_data_address_t;
typedef ap_uint<LOG_DATA_RAM_SIZE+1> h_data_address_t;
typedef ap_uint<LOG_DATA_RAM_SIZE+2> b_data_address_t;
...
```

6.4.4 mem_load 函数

mem_load 函数（见代码清单 6.10，该函数在 execute.cpp 文件中定义）的工作方式与 store 函数不同。

代码清单 6.10 mem_load 函数：加载地址字

```
      label
static int mem_load(
  int              *data_ram,
  b_data_address_t address,
  func3_t          msize){
  ap_uint<2>       a01 =  address;
  bit_t            a1  = (address >> 1);
  w_data_address_t a2  = (address >> 2);
  int              result;
  char             b, b0, b1, b2, b3;
  unsigned char    ub, ub0, ub1, ub2, ub3;
  short            h, h0, h1;
  unsigned short   uh, uh0, uh1;
  int              w, ib, ih;
  unsigned int     iub, iuh;
  w   = data_ram[a2];
  b0  = w;
  ub0 = b0;
  b1  = w>>8;
  ub1 = b1;
  h0  = ((ap_uint<16>)ub1<<8) | (ap_uint<16>)ub0;
  uh0 = h0;
  b2  = w>>16;
  ub2 = b2;
  b3  = w>>24;
  ub3 = b3;
  h1  = ((ap_uint<16>)ub3<<8) | (ap_uint<16>)ub2;
  uh1 = h1;
  ...
```

由于字节写使能位的存在，store 函数将值写入寻址字节并且只有这些字节被访问。

load 函数访问一个完全对齐的字，从中提取 LW、LH、LHU、LB 或 LBU 指令请求的字节。

load 函数访问在寻址字边界上对齐的四个字节（address 参数是一个字节地址，从中提取字地址 a2，并右移 2 位）。

载入的字根据大小（字节、半字或字）和地址的最低有效位（a01 为字节访问，a1 为半字访问）来建立所需的数据。

对于 LB 和 LH，取入的数据被符号扩展到目标寄存器的大小（即用载入数据的符号位副本来填充数据字的左边）。对于 LBU 和 LHU，载入的数据进行 0 扩展（即用 0 填充数据字的左边）。具体过程见代码清单清单 6.11。

代码清单 6.11　mem_load 函数：载入数据

```
label
  ...
  switch(a01){
    case 0b00: b = b0; break;
    case 0b01: b = b1; break;
    case 0b10: b = b2; break;
    case 0b11: b = b3; break;
  }
  ub  = b;
  ib  = (int)b;
  iub = (unsigned int)ub;
  h   = (a1)?h1:h0;
  uh  = h;
  ih  = (int)h;
  iuh = (unsigned int)uh;
  switch(msize){
    case LB:
      result = ib;  break;
    case LH:
      result = ih;  break;
    case LW:
      result = w;   break;
    case 3:
      result = 0;   break;
    case LBU:
      result = iub; break;
    case LHU:
      result = iuh; break;
    case 6:
    case 7:
      result = 0;   break;
  }
  return result;
}
```

6.4.5　write_reg 函数

write_reg 函数（见代码清单 6.12，该函数在 execute.cpp 文件中定义）将结果写回目标寄存器，除非该指令是 STORE、BRANCH，或者目标寄存器是 0 号寄存器。

代码清单 6.12　write_reg 函数

```
static void write_reg(
  int                   *reg_file,
  decoded_instruction_t d_i,
  int                   result){
  if (d_i.rd != 0    &&
      !d_i.is_branch &&
      !d_i.is_store)
    reg_file[d_i.rd] = result;
}
```

6.5　用测试平台模拟 rv32i_npp_ip

 实验

　　要模拟 rv32i_npp_ip，请按照 5.3.6 节的描述进行操作，用 rv32i_npp_ip 替换 fetching_ip。

　　可以使用模拟器，用在同一文件夹中找到的任何其他 .hex 文件来替换所包含的 test_mem_0_text.hex 文件。

　　testbench_rv32i_npp_ip.cpp 文件中的主函数在运行结束后输出数据存储器的内容（见代码清单 6.13）。为了避免冗长的转储，只输出非空字。

代码清单 6.13　testbench_rv32i_npp_ip.cpp 文件

```c
#include <stdio.h>
#include "rv32i_npp_ip.h"
int          data_ram[DATA_RAM_SIZE];
unsigned int code_ram[CODE_RAM_SIZE]={
#include "test_mem_0_text.hex"
};
int main(){
  unsigned int nbi;
  int          w;
  rv32i_npp_ip(0, code_ram, data_ram, &nbi);
  printf("%d fetched and decoded instructions\n", nbi);
  printf("data memory dump (non null words)\n");
  for (int i=0; i<DATA_RAM_SIZE; i++){
    w = data_ram[i];
    if (w != 0)
      printf("m[%5x] = %16d (%8x)\n", 4*i, w,
             (unsigned int)w);
  }
  return 0;
}
```

　　code_ram 数组初始化为包含要运行的 RISC-V 代码。此代码是从 ELF 文件的 .text 部分获得的。

　　添加了两个新的测试程序：test_load_store.s（参见代码清单 6.14），用来测试 RV32I ISA 中定义的各种大小的 load 和 store 操作；test_mem.s（参见代码清单 6.18），用来设置包含前 10 个自然数的数组并对它们求和。它们的十六进制转换可以在 rv32i_npp_ip 文件夹中找到。

代码清单 6.14　test_load_store.s 文件

```
main:
      li      t0,1      /*t0=1*/
      li      t1,2      /*t1=2*/
      li      t2,-3     /*t2=-3*/
      li      t3,-4     /*t3=-4*/
      li      a0,0      /*a0=0*/
      sw      t0,0(a0)  /*t[a0]=t0        (word access)*/
      addi    a0,a0,4   /*a0+=4*/
      sh      t1,0(a0)  /*t[a0]=t1   (half word access)*/
      sh      t0,2(a0)  /*t[a0+2]=t0 (half word access)*/
      addi    a0,a0,4   /*a0+=4*/
      sb      t3,0(a0)  /*t[a0  ]=t3      (byte access)*/
      sb      t2,1(a0)  /*t[a0+1]=t2      (byte access)*/
      sb      t1,2(a0)  /*t[a0+2]=t1      (byte access)*/
      sb      t0,3(a0)  /*t[a0+3]=t0      (byte access)*/
      lb      a1,0(a0)  /*a1=t[a0  ]      (byte access)*/
      lb      a2,1(a0)  /*a2=t[a0+1]      (byte access)*/
      lb      a3,2(a0)  /*a3=t[a0+2]      (byte access)*/
```

```
        lb      a4,3(a0)    /*a4=t[a0+3]       (byte access)*/
        lbu     a5,0(a0)    /*a5=t[a0]   (unsigned byte access)*/
        lbu     a6,1(a0)    /*a6=t[a0+1] (unsigned byte access)*/
        lbu     a7,2(a0)    /*a7=t[a0+2] (unsigned byte access)*/
        addi    a0,a0,-4    /*a0-=4*/
        lh      s0,2(a0)    /*s0=t[a0+2] (half word access)*/
        lh      s1,0(a0)    /*s1=t[a0]   (half word access)*/
        lhu     s2,4(a0)    /*s2=t[a0+4] (unsigned h.w. access)*/
        lhu     s3,6(a0)    /*s3=t[a0+6] (unsigned h.w. access)*/
        addi    a0,a0,-4    /*a0-=4*/
        lw      s4,8(a0)    /*s4=t[a0+8]       (word access)*/
        ret
```

构成输出的第一部分的 store 指令如代码清单 6.15 所示。

代码清单 6.15   test_load_store.s 输出：store 指令

```
    label
 0000: 00100293     li t0, 1
     t0 =                1 (          1)
 0004: 00200313     li t1, 2
     t1 =                2 (          2)
 0008: ffd00393     li t2, -3
     t2 =               -3 (fffffffd)
 0012: ffc00e13     li t3, -4
     t3 =               -4 (fffffffc)
 0016: 00000513     li a0, 0
     a0 =                0 (          0)
 0020: 00552023     sw t0, 0(a0)
     m[        0] =                1 (          1)
 0024: 00450513     addi a0, a0, 4
     a0 =                4 (          4)
 0028: 00651023     sh t1, 0(a0)
     m[        4] =                2 (          2)
 0032: 00551123     sh t0, 2(a0)
     m[        6] =                1 (          1)
 0036: 00450513     addi a0, a0, 4
     a0 =                8 (          8)
 0040: 01c50023     sb t3, 0(a0)
     m[        8] =               -4 (fffffffc)
 0044: 007500a3     sb t2, 1(a0)
     m[        9] =               -3 (fffffffd)
 0048: 00650123     sb t1, 2(a0)
     m[        a] =                2 (          2)
 0052: 005501a3     sb t0, 3(a0)
     m[        b] =                1 (          1)
```

构成输出的最后一部分的 load 指令如代码清单 6.16 所示。

代码清单 6.16   test_load_store.s 输出：load 指令

```
 0056: 00050583     lb a1, 0(a0)
     a1 =               -4 (fffffffc)     (m[        8])
 0060: 00150603     lb a2, 1(a0)
     a2 =               -3 (fffffffd)     (m[        9])
 0064: 00250683     lb a3, 2(a0)
     a3 =                2 (          2)     (m[        a])
 0068: 00350703     lb a4, 3(a0)
     a4 =                1 (          1)     (m[        b])
 0072: 00054783     lbu a5, 0(a0)
     a5 =              252 (       fc)     (m[        8])
 0076: 00154803     lbu a6, 1(a0)
     a6 =              253 (       fd)     (m[        9])
 0080: 00254883     lbu a7, 2(a0)
     a7 =                2 (          2)     (m[        a])
 0084: ffc50513     addi a0, a0, -4
     a0 =                4 (          4)
 0088: 00251403     lh s0, 2(a0)
     s0 =                1 (          1)     (m[        6])
 0092: 00051483     lh s1, 0(a0)
```

```
          s1    =                  2 (          2)     (m[          4])
0096: 00455903       lhu s2, 4(a0)
          s2    =              65020 (       fdfc)     (m[          8])
0100: 00655983       lhu s3, 6(a0)
          s3    =                258 (        102)     (m[          a])
0104: ffc50513       addi a0, a0, -4
          a0    =                  0 (          0)
0108: 00852a03       lw s4, 8(a0)
          s4    =           16973308 (   102fdfc)     (m[          8])
0112: 00008067       ret
          pc    =                  0 (          0)
```

运行后，处理器输出寄存器文件，testbench 程序输出运行的指令数和非空的内存字，如代码清单 6.17 所示。

代码清单 6.17　test_load_store.s 输出：寄存器文件和内存转储

```
label
ra  =                  0 (          0)
...
tp  =                  0 (          0)
t0  =                  1 (          1)
t1  =                  2 (          2)
t2  =                 -3 ( fffffffd)
s0  =                  1 (          1)
s1  =                  2 (          2)
a0  =                  0 (          0)
a1  =                 -4 ( fffffffc)
a2  =                 -3 ( fffffffd)
a3  =                  2 (          2)
a4  =                  1 (          1)
a5  =                252 (         fc)
a6  =                253 (         fd)
a7  =                  2 (          2)
s2  =              65020 (       fdfc)
s3  =                258 (        102)
s4  =           16973308 (    102fdfc)
s5  =                  0 (          0)
...
s11 =                  0 (          0)
t3  =                 -4 ( fffffffc)
t4  =                  0 (          0)
...
29 fetched and decoded instructions
data memory dump (non null words)
m[   0] =                  1 (          1)
m[   4] =              65538 (      10002)
m[   8] =           16973308 (    102fdfc)
```

第二个测试程序是 test_mem.s，如代码清单 6.18 所示（计算用前 10 个自然数初始化的数组的 10 个元素的总和；在注释中，给出了每个 RISC-V 汇编指令的 C 等价语义）。

代码清单 6.18　test_mem.s 文件

```
label
        .globl  main
main:
        li      a0,0        /*a0=0*/
        li      a1,0        /*a1=0*/
        li      a2,0        /*a2=0*/
        addi    a3,a2,40    /*a3=40*/
.L1:
        addi    a1,a1,1     /*a1++*/
        sw      a1,0(a2)    /*t[a2]=a1*/
        addi    a2,a2,4     /*a2+=4*/
        bne     a2,a3,.L1   /*if (a2!=a3) goto .L1*/
        li      a1,0        /*a1=0*/
        li      a2,0        /*a2=0*/
```

```
.L2:
        lw      a4,0(a2)    /*a4=t[a2]*/
        add     a0,a0,a4    /*a0+=a4*/
        addi    a2,a2,4     /*a2+=4*/
        bne     a2,a3,.L2   /*if (a2!=a3) goto .L2*/
        sw      a0,4(a2)    /*t[a2+4]=a0*/
        ret
```

test_mem.s 文件运行的第一部分输出如代码清单 6.19 所示。

代码清单 6.19　test_mem.s 输出：写数组循环的第一次迭代

```
    label
||0000: 00000513        li a0, 0
||    a0 =              0 (          0)
||0004: 00000593        li a1, 0
||    a1 =              0 (          0)
||0008: 00000613        li a2, 0
||    a2 =              0 (          0)
||0012: 02860693        addi a3, a2, 40
||    a3 =             40 (         28)
||0016: 00158593        addi a1, a1, 1
||    a1 =              1 (          1)
||0020: 00b62023        sw a1, 0(a2)
||    m[       0] =               1 (          1)
||0024: 00460613        addi a2, a2, 4
||    a2 =              4 (          4)
||0028: fed61ae3        bne a2, a3, 16
||    pc =             16 (         10)
||0016: 00158593        addi a1, a1, 1
||    a1 =              2 (          2)
||0020: 00b62023        sw a1, 0(a2)
||    m[       4] =               2 (          2)
||...
```

数组初始化后，对其进行读取并将读出的数值累加到 a0 寄存器中。运行的第二部分输出如代码清单 6.20 所示。

代码清单 6.20　test_mem.s 输出：退出写数组循环，进入读数组循环

```
||...
||0024: 00460613        addi a2, a2, 4
||    a2 =             40 (         28)
||0028: fed61ae3        bne a2, a3, 16
||    pc =             32 (         20)
||0032: 00000593        li a1, 0
||    a1 =              0 (          0)
||0036: 00000613        li a2, 0
||    a2 =              0 (          0)
||0040: 00062703        lw a4, 0(a2)
||    a4 =              1 (          1)    (m[       0])
||0044: 00e50533        add a0, a0, a4
||    a0 =              1 (          1)
||0048: 00460613        addi a2, a2, 4
||    a2 =              4 (          4)
||0052: fed61ae3        bne a2, a3, 40
||    pc =             40 (         28)
||0040: 00062703        lw a4, 0(a2)
||    a4 =              2 (          2)    (m[       4])
||...
```

当数组中的所有元素都累加完后，最后的总和被保存到内存中。运行的第三部分输出如代码清单 6.21 所示。

代码清单 6.21　test_mem.s 输出：退出读数组循环，并存储结果

```
    label
||...
||0044: 00e50533        add a0, a0, a4
```

```
    a0    =                  55  (        37)
0048: 00460613         addi a2, a2, 4
    a2    =                  40  (        28)
0052: fed61ae3         bne a2, a3, 40
    pc    =                  56  (        38)
0056: 00a62223         sw a0, 4(a2)
    m[        2c] =                  55  (        37)
0060: 00008067         ret
    pc    =                   0  (         0)
```

处理器输出其寄存器文件的最终状态，总和在 a0 中，如代码清单 6.22 所示。

代码清单 6.22 test_mem.s 输出：寄存器文件

```
label
...
a0    =                 55  (        37)
a1    =                  0  (         0)
a2    =                 40  (        28)
a3    =                 40  (        28)
a4    =                 10  (         a)
...
```

如代码清单 6.23 所示，testbench 程序输出了执行指令的数量和非空的内存字，即数组元素及其总和。

代码清单 6.23 test_mem.s 输出：内存

```
label
88 fetched and decoded instructions
data memory dump (non null words)
m[    0] =                  1  (         1)
m[    4] =                  2  (         2)
m[    8] =                  3  (         3)
m[    c] =                  4  (         4)
m[   10] =                  5  (         5)
m[   14] =                  6  (         6)
m[   18] =                  7  (         7)
m[   1c] =                  8  (         8)
m[   20] =                  9  (         9)
m[   24] =                 10  (         a)
m[   2c] =                 55  (        37)
```

6.6 rv32i_npp_ip 的综合

综合报告显示 IP 周期对应 7 个 FPGA 周期（见图 6.4）。

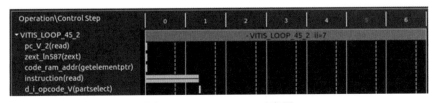

图 6.4 rv32i_npp_ip IP 的综合报告

Schedule Viewer 确认是 7 个周期（见图 6.5）。

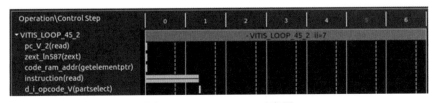

图 6.5 rv32i_npp_ip 时序图

6.7　z1_rv32i_npp_ip Vivado 项目

Vivado 项目中的模块设计如图 6.6 所示。

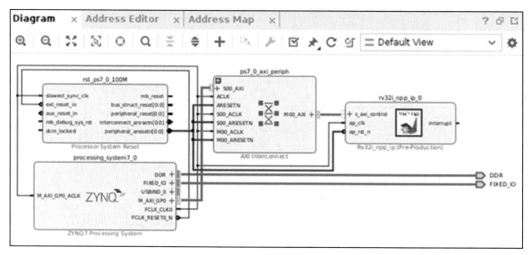

图 6.6　Vivado z1_rv32i_npp_ip 模块设计

Pynq-Z1 开发板的 Vivado 实现用了 4091 个 LUT，占 FPGA 上可用 LUT 的 7.69%（见图 6.7）。

Site Type	Used	Fixed	Prohibited	Available	Util%
Slice LUTs	4091	0	0	53200	7.69
LUT as Logic	4031	0	0	53200	7.58
LUT as Memory	60	0	0	17400	0.34
LUT as Distributed RAM	0	0			
LUT as Shift Register	60	0			
Slice Registers	2091	0	0	106400	1.97
Register as Flip Flop	2091	0	0	106400	1.97
Register as Latch	0	0	0	106400	0.00
F7 Muxes	261	0	0	26600	0.98
F8 Muxes	0	0	0	13300	0.00

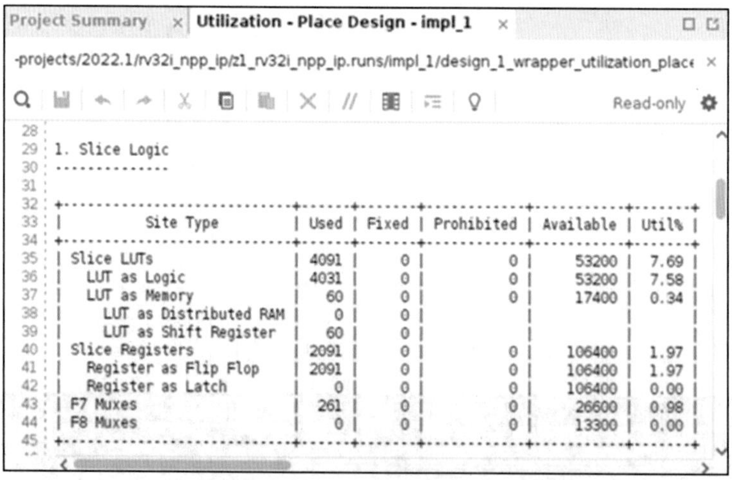

图 6.7　rv32i_npp_ip 的 Vivado 利用率报告

6.8　在 FPGA 上驱动 rv32i_npp_ip 的 helloworld.c 程序

实验

要在开发板上运行 rv32i_npp_ip，请按照 5.3.10 节的说明用 rv32i_npp_ip 代替 fetching_ip。

> 你可以使用自己的 IP，用在同一文件夹中找到的任何其他的 .hex 文件来替换 test_mem_0_text.hex 文件。

helloworld.c 文件如代码清单 6.24 所示（不要忘记用 update_helloworld.sh shell 脚本根据环境修改 hex 文件的路径；要运行另一个测试程序，请更新 code_ram 数组初始化中的 #include 行）。

代码清单 6.24 在 Pynq-Z1 开发板上的 helloworld.c 程序运行 test_mem.s 代码

```c
#include <stdio.h>
#include "xrv32i_npp_ip.h"
#include "xparameters.h"
#define LOG_CODE_RAM_SIZE 16
//size in words
#define CODE_RAM_SIZE      (1<<LOG_CODE_RAM_SIZE)
#define LOG_DATA_RAM_SIZE 16
//size in words
#define DATA_RAM_SIZE      (1<<LOG_DATA_RAM_SIZE)
XRv32i_npp_ip_Config *cfg_ptr;
XRv32i_npp_ip        ip;
word_type code_ram[CODE_RAM_SIZE]={
#include "test_mem_0_text.hex"
};
int main(){
  word_type w;
  cfg_ptr = XRv32i_npp_ip_LookupConfig(
      XPAR_XRV32I_NPP_IP_0_DEVICE_ID);
  XRv32i_npp_ip_CfgInitialize(&ip, cfg_ptr);
  XRv32i_npp_ip_Set_start_pc(&ip, 0);
  XRv32i_npp_ip_Write_code_ram_Words(&ip, 0, code_ram,
      CODE_RAM_SIZE);
  XRv32i_npp_ip_Start(&ip);
  while (!XRv32i_npp_ip_IsDone(&ip));
  printf("%d fetched and decoded instructions\n",
    (int)XRv32i_npp_ip_Get_nb_instruction(&ip));
  printf("data memory dump (non null words)\n\r");
  for (int i=0; i<DATA_RAM_SIZE; i++){
    XRv32i_npp_ip_Read_data_ram_Words(&ip, i, &w, 1);
    if (w != 0)
      printf("m[%5x] = %16d (%8x)\n", 4*i, (int)w,
          (unsigned int)w);
  }
}
```

在 test_mem.s 文件中运行 RISC-V 代码将在 putty 终端上输出，如代码清单 6.25 所示。

代码清单 6.25 helloworld.c 程序在 putty 终端上的输出

```
88 fetched and decoded instructions
data memory dump (non null words)
m[    0] =                1 (        1)
m[    4] =                2 (        2)
m[    8] =                3 (        3)
m[    c] =                4 (        4)
m[   10] =                5 (        5)
m[   14] =                6 (        6)
m[   18] =                7 (        7)
m[   1c] =                8 (        8)
m[   20] =                9 (        9)
m[   24] =               10 (        a)
m[   2c] =               55 (       37)
```

测试 RISC-V 处理器

摘要

本章通过三个步骤来测试读者的第一个 RISC-V 处理器：测试所有最常用的指令（本书提供的六个测试程序），通过官方 riscv-tests 及来自 mibench 测试集和官方 riscv-tests 的测试基准程序的测试。

7.1 用本书的测试程序测试 rv32i_npp_ip 处理器

已经介绍了六个 RISC-V 测试程序：test_branch.s 测试 BRANCH 指令，test_ jal_ jalr.s 测试 JAL 和 JALR 指令，test_lui_auipc.s 测试 LUI 和 AUIPC 指令，test_load_store.s 测试 LOAD 和 STORE 指令。test_op.s 测试 OP 指令，test_op_imm.s 测试 OP_IMM 指令。

它们足以确保译码器识别 RV32I ISA 中的所有指令，并且执行单元可以运行这些指令。

然而，有许多特殊情况是这六个程序无法检查的。例如，寄存器 zero 是否不能被写入？作为源，它提供值 0 吗？每种格式的常量是否都被正确译码（有很多情况需要测试，因为译码后的立即数的值由指令字中不同位的许多字段组成，根据指令格式以不同的方式组合）？

RISC-V 组织提供了一组程序来测试所有指令，比作者做得更详尽。但是，在运行官方的 riscv-tests 程序之前应先运行本书的代码，有以下两点原因。

首先，riscv-tests 代码是嵌入的，嵌入代码本身是由 RISC-V 指令组成的。因此，如果读者的处理器有问题，可能无法运行启动测试代码。

其次，调试硬件不像调试软件那么简单。在 FPGA 上，读者没有调试器（如果有调试器，但只是用于在 Zynq SoC 的 ARM 处理器上运行的 helloworld 驱动程序代码，而不是用于在 FPGA 上实现的 IP 上运行的 RISC-V 代码）。当读者的 FPGA 不向 putty 终端发送任何内容时，调试 IP 的唯一方法是一步一步、一次又一次地分析代码并评估每一条指令。与复杂的 riscv-tests 程序相比，本书的简单 RISC-V 程序不太可能因为处理器实现而出错。

一旦读者的处理器成功地运行了本书的六个测试代码（不仅在模拟器上，而且在 FPGA 上），可以尝试运行 riscv-tests。

7.2 使用官方 riscv-tests 进行更多测试

所有与 riscv-tests 相关的源文件都可以在 riscv-tests 文件夹中找到。

7.2.1 用 spike 运行 riscv-tests

为了确保处理器实现符合 RISC-V 规范，必须通过 RISC-V 组织提供的 riscv-tests。

已经将 riscv-tests 适配到 Vitis_HLS 环境。本书的 riscv-tests 版本在 riscv-tests 文件夹中提供。

在该文件夹中，env 和 isa 子文件夹是从 https://github.com/riscv-software-src /riscv-tests 中获取的原始版本。

benchmarks、my_env 和 my_isa 子文件夹是经过修改的版本，适用于 Vitis_HLS 环境。

要构建测试并使用 spike 运行它们，请在 riscv-tests/isa 文件夹中应用 make run（参见代码清单 7.1）。每次测试运行都将一个错误消息附加到标准错误流，并重定向到一个文件。对于 addi 指令测试，文件名为 rv32ui-p-addi.out32。如果测试通过，则该文件为空。

代码清单 7.1　使用 spike 运行 riscv-tests

```
$ cd $HOME/goossens-book-ip-projects/2022.1/riscv-tests/isa
$ make run XLEN=32
spike --isa=rv32gc rv32ui-p-simple 2> rv32ui-p-simple.out32
spike --isa=rv32gc rv32ui-p-add 2> rv32ui-p-add.out32
spike --isa=rv32gc rv32ui-p-addi 2> rv32ui-p-addi.out32
...
$
```

没有使用 pk 解释器。仿真代码（如 rv32ui-p-add）包含自己的操作系统代理，并由 spike 自己进行加载。

由于 spike 仿真器没有已知的错误，因此运行后所有文件都是空的。

7.2.2　riscv-tests 结构

在介绍 riscv-tests 到 Vitis_HLS 环境的端口之前，必须在源代码中介绍它们的结构。

7.2.2.1　测试文件

这些测试是 riscv-test/isa/rv64ui 文件夹中的 .S 文件（从 add.S 到 xori.S，每个 x.S 文件都包含一段汇编代码，用于测试涉及 x 指令的各种情况）。

例如，add.S 文件的部分内容如代码清单 7.2 所示。

代码清单 7.2　add.S 文件

```
...
#include "riscv_test.h"
#include "test_macros.h"

RVTEST_RV64U
RVTEST_CODE_BEGIN

  #-------------------------------------------
  # Arithmetic tests
  #-------------------------------------------

  TEST_RR_OP( 2,  add, 0x00000000, 0x00000000, 0x00000000 );
  TEST_RR_OP( 3,  add, 0x00000002, 0x00000001, 0x00000001 );
  TEST_RR_OP( 4,  add, 0x0000000a, 0x00000003, 0x00000007 );
...
```

7.2.2.2　宏

每个测试文件由 riscv-test/isa/macros/scalar/test_macros.h 文件中定义的宏组成。

RVTEST_RV64U 和 RVTEST_CODE_BEGIN 宏没有参数。TEST_RR_OP 宏有五个参数。

例如，TEST_RR_OP 宏定义如代码清单 7.3 所示。

代码清单 7.3   test_macros.h 文件中的 TEST_RR_OP 宏定义

```
#define TEST_RR_OP( testnum, inst, result, val1, val2 ) \
    TEST_CASE( testnum, x14, result, \
      li   x1, MASK_XLEN(val1); \
      li   x2, MASK_XLEN(val2); \
      inst x14, x1, x2; \
    )
```

宏由三部分定义：#define 关键字、宏的名称及其可选的参数（如 TEST_RR_OP(testnum, inst, result, val1, val2)）及其定义（该行的其余部分，可以用 "\" 扩展）。

7.2.2.3　宏的预处理

宏由编译器的预处理程序操作。预处理程序通过定义替换宏的每个实例，用真实值来替换参数。如代码清单 7.4 所示，替换 add.S 中的前两个 TEST_RR_OP。

代码清单 7.4   add.S 文件中的 TEST_RR_OP 宏替换

```
#include "riscv_test.h"
#include "test_macros.h"

RVTEST_RV64U
RVTEST_CODE_BEGIN

  #-------------------------------------------------
  # Arithmetic tests
  #-------------------------------------------------

  TEST_CASE( 2, x14, 0x00000000, \
    li   x1, MASK_XLEN(0x00000000); \
    li   x2, MASK_XLEN(0x00000000); \
    add x14, x1, x2; \
  );
  TEST_CASE( 3, x14, 0x00000002, \
    li   x1, MASK_XLEN(0x00000001); \
    li   x2, MASK_XLEN(0x00000001); \
    add x14, x1, x2; \
  )
```

TEST_CASE 和 **MASK_XLEN** 也是宏（见代码清单 7.5 ）。

代码清单 7.5   test_macros.h 文件中的 MASK_XLEN 宏定义和 TEST_CASE 宏定义

```
#define MASK_XLEN(x) ((x) \& ((1 << (__riscv_xlen - 1) << 1) - 1))
#define TEST_CASE( testnum, testreg, correctval, code... ) \
test_ ## testnum: \
    code; \
    li   x7, MASK_XLEN(correctval); \
    li   TESTNUM, testnum; \
    bne testreg, x7, fail;
```

替换过程一直持续到所有宏都被替换为止。通过在编译器中使用 -E 选项仅检查预处理程序任务标识符进行正确的宏替换（见代码清单 7.6 ）。

代码清单 7.6   add.S 文件中的预处理程序替换任务

```
$ cd $HOME/goossens-book-ip-projects/2022.1/riscv-tests/isa/rv64ui
$ riscv32-unknown-elf-gcc -I../../env/p -I../macros/scalar -E add.S
    > add_preprocessor.S
$ cat add_preprocessor.S
...
  #-------------------------------------------------
  # Arithmetic tests
  #-------------------------------------------------
```

```
  test_2: li x1, ((0x00000000) & ((1 << (32 - 1) << 1) - 1)); li
      x2, ((0x00000000) & ((1 << (32 - 1) << 1) - 1)); add x14, x1,
      x2;; li x7, ((0x00000000) & ((1 << (32 - 1) << 1) - 1)); li
      gp, 2; bne x14, x7, fail;;
  test_3: li x1, ((0x00000001) & ((1 << (32 - 1) << 1) - 1)); li
      x2, ((0x00000001) & ((1 << (32 - 1) << 1) - 1)); add x14, x1,
      x2;; li x7, ((0x00000002) & ((1 << (32 - 1) << 1) - 1)); li
      gp, 3; bne x14, x7, fail;;
...
```

7.2.2.4 预处理后的测试文件

没有必要了解整个替换过程，但需要了解测试文件是由什么组成的。

当编译器开始编译，add.S 文件被翻译成包含 RISC-V 指令的文本，其中 add 指令出现在某些测试情况中（这就是为什么必须确保设计的处理器至少能够运行包含被测指令的一些指令）。

例如，在 test_2 代码块中，寄存器 x1 和 x2 被清空，然后将它们相加并将结果保存到 x14 中。寄存器 x7 被初始化为预期结果（即 0+0 应该是 0）。寄存器 gp 接收测试编号（即 2）。比较寄存器 x14 和 x7。如果它们不匹配，则意味着测试失败，分支指令将（通过 7.2.3 节介绍的另一个宏）转移到在其他地方定义的失败标签。

如果测试成功，继续运行下一个测试（即 test_3）。

在 test_3 中，除了寄存器的初始化，代码是相同的：x1 和 x2 设置为 1，x7 设置为 2，gp 设置为 3。

add_preprocessor.S 文件最后有 38 个对 add 指令的测试，如代码清单 7.7 所示。

代码清单 7.7　add_preprocessor.S 文件的结尾

```
$ cat add_preprocessor.S
...
  test_38: li x1, ((16) & ((1 << (32 - 1) << 1) - 1)); li x2, ((30)
      & ((1 << (32 - 1) << 1) - 1)); add x0, x1, x2;; li x7, ((0)
      & ((1 << (32 - 1) << 1) - 1)); li gp, 38; bne x0, x7, fail;;

  bne x0, gp, pass; fail: fence; 1: beqz gp, 1b; sll gp, gp, 1; or
      gp, gp, 1; li a7, 93; addi a0, gp, 0; ecall; pass: fence; li
      gp, 1; li a7, 93; li a0, 0; ecall
...
```

代码清单 7.8 中展示了一个可读性更好的版本。

代码清单 7.8　add_preprocessor.S 文件的结尾（可读性更好的版本）

```
test_38: li    x1, ((16) & ((1 << (32 - 1) << 1) - 1))
         li    x2, ((30) & ((1 << (32 - 1) << 1) - 1))
         add   x0, x1, x2
         li    x7, ((0) & ((1 << (32 - 1) << 1) - 1))
         li    gp, 38
         bne   x0, x7, fail
         bne   x0, gp, pass
fail:    fence
1:       beqz  gp, 1b
         sll   gp, gp, 1
         or    gp, gp, 1
         li    a7, 93
         addi  a0, gp, 0
         ecall
pass:    fence
         li    gp, 1
         li    a7, 93
         li    a0, 0
         ecall
```

最后一个测试将 16 到 30 累加到寄存器 x0 中。别名为 zero 的寄存器 x0 不能被写入。因此，将寄存器 x0 与清零的 x7 进行比较。如果它们不匹配，分支将指示失败。否则，分支指示通过测试。

无论 x0 和 x7 之间的比较结果如何，都会调用 93 号系统调用（在 spike 仿真的 RISC-V 机器中，ecall 指令调用 x7 寄存器所指的系统调用，即 93）。

被调用的系统调用属于 spike。它通过 a0 到 a5 寄存器接收参数（如果通过，则清除 a0，如果失败，则设置为 2*test number+1；如果通过，gp 设置为 1，如果失败，则将 gp 设置为测试编号；这可能就是为什么第一个测试编号是 2 而不是 1）。

目前还不是很清楚这个系统调用是如何进行的（因为没有说明文档）。它肯定会向标准错误流写入失败信息。由 make run 启动的 spike 命令将此标准错误流重定向到错误文件。

7.2.3 使 riscv-tests 结构适配 Vitis_HLS 环境

在 spike 上运行的测试程序必须适配到 rv32i_npp_ip 仿真器和 FPGA。例如，ebreak 指令和在 spike 中的系统调用在 rv32i_npp_ip 实现中并不存在。

对每个 x.S 测试程序的 riscv_test.h 文件进行修改，以适配 Vitis_HLS 环境（主要是从 Peter Gu 的博客上发现的一个命题中，对 Vitis_HLS 进行了修改），（https://www.ustcpetergu. com/MyBlog/experience/2021/07/09/about-riscv-testing.html），他本人受到 https://github.com/ YosysHQ/picorv32 上的 PicoRV32 实现的启发）。

新版本是代码清单 7.9 中的 my_riscv_test.h，位于 riscv-tests/my_env/p 文件夹中。

对于每条测试指令，测试结果可以在 a0 寄存器中得到（如果通过测试，则为空），并保存在 result_zone 内存中（从字节地址 0x2000 或字地址 0x800 开始）。

RVTEST_CODE_BEGIN 宏仅包含 TEST_FUNC_NAME 标签定义（参见代码清单 7.9 中的"#define RVTEST_CODE_BEGIN"）。

TEST_FUNC_NAME 是一个宏，被定义为测试指令的名称（例如 addi）。

该宏未在代码中定义。直接在编译命令中通过 -D 选项定义（包含编译命令和 -D 选项的 shell 脚本见 7.2.6 节）。

RVTEST_FAIL 和 RVTEST_PASS 宏被定义为将其 a0 结果保存到 result zone（参见代码清单 7.9 中的"#define RVTEST_FAIL"和"#define RVTEST_PASS"）。

RVTEST_FAIL 和 RVTEST_PASS 宏跳到 TEST_FUNC_RET。

TEST_FUNC_RET 宏类似于 TEST_FUNC_NAME 宏。应该在编译命令中用 -D 选项定义。

TEST_FUNC_RET 宏定义为被测试指令的名称，后面加上"_ret"后缀。

例如，对于 addi 指令，TEST_FUNC_RET 宏被定义为"addi_ret"。

代码清单 7.9 my_riscv_test.h 文件

```
// See LICENSE for license details.
#ifndef _ENV_PHYSICAL_SINGLE_CORE_H
#define _ENV_PHYSICAL_SINGLE_CORE_H
#define RVTEST_RV32U
#define RVTEST_RV64U
#define TESTNUM gp
#define INIT_XREG                                    \
```

```
        .text;                                          \
        li  x1, 0;                                      \
...
        li  x31, 0;
#define RVTEST_CODE_BEGIN                               \
        .text;                                          \
        .global  TEST_FUNC_NAME;                        \
        .global  TEST_FUNC_RET;                         \
TEST_FUNC_NAME:
#define RVTEST_CODE_END
#define RVTEST_PASS                                     \
        .equ    result_zone,0x2000;                     \
        .text;                                          \
        li      a0,0;                                   \
        lui     t0,%hi(result_zone);                    \
        addi    t0,t0,%lo(result_zone);                 \
        lw      t1,0(t0);                               \
        sw      a0,0(t1);                               \
        addi    t1,t1,4;                                \
        sw      t1,0(t0);                               \
        jal     zero,TEST_FUNC_RET;                     \
#define RVTEST_FAIL                                     \
        .text;                                          \
        mv      a0,TESTNUM;                             \
        lui     t0,%hi(result_zone);                    \
        addi    t0,t0,%lo(result_zone);                 \
        lw      t1,0(t0);                               \
        sw      a0,0(t1);                               \
        addi    t1,t1,4;                                \
        sw      t1,0(t0);                               \
        jal     zero,TEST_FUNC_RET;                     \
#define RVTEST_DATA_BEGIN                               \
        .data;                                          \
        .align   4;                                     \
#define RVTEST_DATA_END                                \
        .data;                                          \
        .align   4;
#endif
```

同样，作者也修改了 test_macros.h 文件。riscv-tests/my_isa/macros/scalar 中的 my_test_
macros.h 文件就是作者修改的。

7.2.4　添加 _start.S 程序将所有测试合并

这些测试合并在一个名为 _start.S 的程序中，如代码清单 7.10 所示。_start.S 文件在
riscv-test/my_isa/my_rv32ui 文件夹中。

代码清单 7.10　_start.S 文件

```
#include "../../my_env/p/my_riscv_test.h"
        .text
        .globl   _start
        .equ    result_zone,0x2000
_start:
        lui     a0,%hi(result_zone)
        addi    a0,a0,%lo(result_zone)
        addi    a1,a0,4
        sw      a1,0(a0)
        INIT_XREG
#define TEST(n)                              \
        .global  n;                          \
        jal     zero,n;                      \
        .global  n ## _ret;                  \
n ## _ret:
        TEST(addi  )
        TEST(add   )
...
```

```
TEST(xori  )
TEST(xor   )
li        ra,0
ret
```

_start.S 文件连续运行 37 条指令的测试（外加 simple.S 的测试），并将结果保存在 result_zone 数组中。

_start.S 文件定义了 TEST（n）宏。

TEST（n）宏跳转到标签 n（"jal zero, n"；例如，TEST(addi) 跳转到 RVTEST_CODE_ BEGIN 中定义的标签 addi，开始运行 addi.S）。

该宏还定义了标签 n_ret（例如，TEST(addi) 定义了标签 addi_ret，这是 RVTEST_PASS 或 RVTEST_FAIL 之后的跳转地址）。

为了总结结构，详细介绍一下 addi 指令的测试示例。

_start.S 中的 TEST(addi) 跳转到标签 addi（"jal zero, addi" 在 TEST 宏扩展之后）。addi 标签在 addi.S 文件中通过 RVTEST_CODE_BEGIN 宏扩展定义。

运行 addi.S 测试（addi.S 中一系列的宏，从 TEST_IMM_OP 开始）。addi.S 代码以 TEST_PASSFAIL 宏结束，该宏在 my_test_macros.h 文件中定义，并扩展为 fail 或 pass 标签的分支。

在 pass 标签处，RVTEST_PASS 宏扩展为 my_riscv_test.h 文件中给出的代码，它清除了当前的 result_zone 字（表示测试通过）并跳转到 addi_ret。

addi_ret 标签在 TEST(addi) 宏扩展的最后。它后面是 TEST(add) 宏，开始进行 add 指令测试。

7.2.5 在 Vitis_HLS 中仿真测试的 testbench

编写一个新的 testbench（见代码清单 7.11）来读取 result_zone 并输出每个测试的结果（testbench_riscv_tests_rv32i_npp_ip.cpp 在 riscvtests/my_isa/my_rv32ui 文件夹中）。

代码清单 7.11 testbench_riscv_tests_rv32i_npp_ip.cpp 文件

```cpp
#include <stdio.h>
#include "../../../rv32i_npp_ip/rv32i_npp_ip.h"
unsigned int data_ram[DATA_RAM_SIZE]={
#include "test_0_data.hex"
};
unsigned int code_ram[CODE_RAM_SIZE]={
#include "test_0_text.hex"
};
char       *name[38] = {
  "addi  ", "add   ", "andi  ", "and   ", "auipc ",
  "beq   ", "bge   ", "bgeu  ", "blt   ", "bltu  ", "bne   ",
  "jalr  ", "jal   ",
  "lb    ", "lbu   ", "lh    ", "lhu   ", "lui   ", "lw    ",
  "ori   ", "or    ",
  "sb    ", "sh    ", "simple",
  "slli  ", "sll   ", "slti  ", "sltiu ", "slt   ", "sltu  ",
  "srai  ", "sra   ", "srli  ", "srl   ", "sub   ", "sw    ",
  "xori  ", "xor   "
};
int main(){
  unsigned int nbi;
  int          w;
  rv32i_npp_ip(0, (instruction_t*)code_ram, (int*)data_ram, &nbi);
  for (int i=0; i<38; i++){
    printf("%s:",name[i]);
    if (data_ram[0x801+i]==0)
```

```
      printf(" all tests passed\n");
    else
      printf(" test %d failed\n",data_ram[0x801+i]);
    }
    return 0;
  }
```

由 rv32i_npp_ip 处理器运行的代码定义为 test_0_text.hex 文件（将使用 7.2.6 节中介绍的 shell 脚本构建）。该文件包含编译器在编译 _start.S 文件时提供的 RISC-V 指令代码。

就 test_0_data.hex 文件来说，测试中的 LOAD 指令从必须由数据 hex 文件提供的内存字中读取。

这些 LOAD 指令访问的数据在 .S 文件中定义（lw.S、lh.S、lhu.S、lb.S 和 lbu.S）。

它们被合并到用于初始化 data_ram 数组的 test_0_data.hex 文件中（这个文件由相同的 shell 脚本构建）。注意，程序存储器和数据存储器是分开的，因此有两个初始化文件：test_0_data.hex 用于初始化数据 RAM，test_0_code.hex 用于初始化程序 RAM）。

当调用 rv32i_npp_ip 函数时，会运行 code_ram 数组中的代码，即 _start.S 文件。测试的结果被保存在 data_ram 数组的 result_zone 中（字地址 0x801 是第一条指令的测试结果，即 addi）。当内存字为空时，测试通过。否则，该值是第一个失败测试的标识号。

7.2.6　在 Vitis_HLS 环境中运行 riscv-tests

 实验

要在 rv32i_npp_ip 上仿真 riscv-test，在以 riscv-test/my_isa/my_rv32ui 为当前目录的终端，运行 ./my_build_all.sh。

按照 5.3.6 节中的说明进行操作，用 rv32i_npp_ip 替换 fetching_ip，用 riscv-test/my_isa/my_rv32ui/testbench_riscv_tests_rv32i_npp_ip.cpp 替换 testbench_fetching_ip.cpp。

rv32i_npp_ip_csim.log 中的仿真结果应该显示所有测试均已通过。

7.2.6.1　为 Vitis_HLS 构建 riscv-tests 环境

Vitis_HLS 的 riscv-tests 环境是用 riscv-test/my_isa/my_rv32ui 文件夹中的 my_build_all.sh shell 脚本建立的。运行代码清单 7.12 中的命令。

代码清单 7.12　创建 test_0_text.hex 和 test_0_data.hex 文件

```
$ cd $HOME/goossens-book-ip-projects/2022.1/riscv-tests/my_isa/
    my_rv32ui
$ ./my_build_all.sh
$
```

my_build_all.sh 脚本（如代码清单 7.13 所示）编译每个 .S 文件，定义 TEST_FUNC_NAME 和 TEST_FUNC_RET 变量（例如 " -DTEST_FUNC_NAME = addi" 和 " -DTEST_FUNC_RET = addi_ret" 用于编译 addi.S）。

然后编译 _start.S 文件。

当编译完所有源文件，脚本将它们链接起来构建 test.elf 文件。通常，链接器将程序和数据连在一起来构建一个内存区域（.text 部分后面跟 .data 部分）。

rv32i_npp_ip 处理器有独立的程序和数据存储区。为此，脚本命令链接器将程序和数据都放在地址 0 处（-Ttext 0 和 -Tdata 0）。当两部分重叠时，链接器会报错。为避免这种情况，脚本使用了 -no-check-sections 选项。该选项不适用于 gcc 编译器，但适用于 ld 链接器（-Wl, no-check-sections）。

此外，在 _start.S 中定义的 _start 标签应该是运行入口。脚本使用 -nostartfiles 来防止链接器添加一些与操作系统相关的启动程序。同样，不应该添加任何库（-nostdlib），使 code_ram 数组中的代码尽可能短。

链接器构建的 test.elf 文件分为几个部分。可能有很多部分，其中 .text 部分用于程序，.rodata 部分用于只读数据，.data 部分用于初始化全局数据，.bss 部分用于未初始化的全局数据。

ELF 文件由加载程序（loader）操作。操作系统提供了加载程序，每次运行程序时都会用到它。加载程序分配处理器内存中的部分，即从 .text 部分加载程序，从 .data 部分加载数据。

由于 rv32i_npp_ip 处理器没有操作系统，所以没有加载程序。在这种情况下，必须提取 .text 和 .data 部分并把它们放在 code_ram 和 data_ram 数组中。

从 test.elf 文件中，用 objcopy 工具提取 .text 和 .data 部分，并保存在 test_0_text.bin 和 test_0_data.bin 文件中。

然后，用 hexdump 工具，将十六进制转换为 ASCII 表示（例如，十六进制 0xdeadbeef 被转换为 10 个字符 '0'、'x'、'd'、'e'、'a'、'd'、'b'、'e'、'e'、'f'）。这种转换建立了一个文件，可以包含在 code_ram 或 data_ram 数组的初始化中。

代码清单 7.13 my_build_all.sh 脚本文件

```
riscv32-unknown-elf-gcc -c -DTEST_FUNC_NAME=addi -DTEST_FUNC_RET=
    addi_ret addi.S -o addi.o
...
riscv32-unknown-elf-gcc -c -DTEST_FUNC_NAME=xor -DTEST_FUNC_RET=
    xor_ret xor.S -o xor.o
riscv32-unknown-elf-gcc -c _start.S -o _start.o
riscv32-unknown-elf-gcc -O3 -static -nostartfiles -nostdlib -o test
    .elf -Ttext 0 -Tdata 0 -Wl,-no-check-sections _start.o [a-z]*.o
riscv32-unknown-elf-objcopy -O binary --only-section=.text test.elf
    test_0_text.bin
riscv32-unknown-elf-objcopy -O binary --only-section=.data test.elf
    test_0_data.bin
hexdump -v -e '"0x" /4 "%08x" ",\n"' test_0_text.bin > test_0_text.
    hex
hexdump -v -e '"0x" /4 "%08x" ",\n"' test_0_data.bin > test_0_data.
    hex
```

7.2.6.2 riscv-tests 输出

如果 debug_rv32i_npp_ip.h 文件中未注释调试常量定义，则在 testbench_riscv_tests_rv32i_npp_ip.cpp 文件的 main 函数中调用 rv32i_npp_ip 函数，会输出 RISC-V 指令的反汇编和仿真，如代码清单 7.14~7.20 所示。

_start.S 代码开头的 INIT_XREG 宏（参考代码清单 7.9 和 7.10）清除了所有寄存器。运行后输出了如代码清单 7.14 中所示的反汇编和仿真（从程序存储器地址 0016 到 0136）。

代码清单 7.14 rv32i_npp_ip 函数的输出

```
0000: 00002537       lui a0, 8192
    a0 =               8192 (   2000)
0004: 00050513       addi a0, a0, 0
    a0 =               8192 (   2000)
```

```
0008: 00450593     addi a1, a0, 4
    a1 =                8196 (    2004)
0012: 00b52023     sw a1, 0(a0)
    m[    2000] =             8196 (    2004)
0016: 00000093     li ra, 0
    ra =                   0 (       0)
0020: 00000113     li sp, 0
    sp =                   0 (       0)
...
0132: 00000f13     li t5, 0
    t5 =                   0 (       0)
0136: 00000f93     li t6, 0
    t6 =                   0 (       0)
0140: 0a00006f     j 300
    pc =                 300 (     12c)
...
```

然后，输出了 addi 第一次测试的反汇编和仿真（从 0300 到 0316），如代码清单 7.15 所示。

代码清单 7.15　rv32i_npp_ip 函数的输出

```
...
0300: 00000093     li ra, 0
    ra =                   0 (       0)
0304: 00008713     addi a4, ra, 0
    a4 =                   0 (       0)
0308: 00000393     li t2, 0
    t2 =                   0 (       0)
0312: 00200193     li gp, 2
    gp =                   2 (       2)
0316: 26771c63     bne a4, t2, 948
    pc =                 320 (     140)
...
```

然后输出了 addi 运行的其他测试的反汇编和仿真，直到 test 25（addi 测试编号 25 从 0924 到 0940），见代码清单 7.16。如果 addi 的所有测试都成功，则在地址 0980 继续运行，即 RVTEST_PASS（否则为 0948，即 RVTEST_FAIL）。当 result zone 报告成功后，在地址 0144 处（addi_ret）继续运行。

代码清单 7.16　rv32i_npp_ip 函数的输出

```
...
0924: 02100093     li ra, 33
    ra =                  33 (      21)
0928: 03208013     addi zero, ra, 50

0932: 00000393     li t2, 0
    t2 =                   0 (       0)
0936: 01900193     li gp, 25
    gp =                  25 (      19)
0940: 00701463     bne zero, t2, 948
    pc =                 944 (     3b0)
0944: 02301263     bne zero, gp, 980
    pc =                 980 (     3d4)
0980: 00000513     li a0, 0
    a0 =                   0 (       0)
0984: 000022b7     lui t0, 8192
    t0 =                8192 (    2000)
0988: 00028293     addi t0, t0, 0
    t0 =                8192 (    2000)
0992: 0002a303     lw t1, 0(t0)
    t1 =                8196 (    2004)    (m[    2000])
0996: 00a32023     sw a0, 0(t1)
    m[    2004] =                0 (       0)
1000: 00430313     addi t1, t1, 4
```

```
       t1   =                8200 (    2008)
1004: 0062a023       sw t1, 0(t0)
    m[   2000] =                8200 (    2008)
1008: ca1ff06f       j 144
    pc   =                 144 (      90)
...
```

所有的指令都被连续测试，直到 xor 指令（代码清单 7.17 中的 test 2 从 30288 到 30320）。

代码清单 7.17 rv32i_npp_ip 函数的输出

```
...
30288: ff0100b7       lui ra, 65536
    ra   =          -16711680 (ff010000)
30292: f0008093       addi ra, ra, -256
    ra   =          -16711936 (ff00ff00)
30296: 0f0f1137       lui sp, -61440
    sp   =          252645376 ( f0f1000)
30300: f0f10113       addi sp, sp, -241
    sp   =          252645135 ( f0f0f0f)
30304: 0020c733       xor a4, ra, sp
    a4   =         -267390961 (f00ff00f)
30308: f00ff3b7       lui t2, -4096
    t2   =         -267390976 (f00ff000)
30312: 00f38393       addi t2, t2, 15
    t2   =         -267390961 (f00ff00f)
30316: 00200193       li gp, 2
    gp   =                  2 (       2)
30320: 4a771063       bne a4, t2, 31504
    pc   =              30324 (    7674)
...
```

xor 的最后一次测试是测试编号 27（从 31468 到 31496）。最后一个测试报告保存到 result zone（从 31536 到 31564，见代码清单 7.18）。运行结束，ret 为 0。

代码清单 7.18 rv32i_npp_ip 函数的输出

```
...
31468: 111110b7       lui ra, 69632
    ra   =          286330880 (11111000)
31472: 11108093       addi ra, ra, 273
    ra   =          286331153 (11111111)
31476: 22222137       lui sp, 139264
    sp   =          572661760 (22222000)
31480: 22210113       addi sp, sp, 546
    sp   =          572662306 (22222222)
31484: 0020c033       xor zero, ra, sp

31488: 00000393       li t2, 0
    t2   =                  0 (       0)
31492: 01b00193       li gp, 27
    gp   =                 27 (      1b)
31496: 00701463       bne zero, t2, 31504
    pc   =              31500 (    7b0c)
31500: 02301263       bne zero, gp, 31536
    pc   =              31536 (    7b30)
31536: 00000513       li a0, 0
    a0   =                  0 (       0)
31540: 000022b7       lui t0, 8192
    t0   =               8192 (    2000)
31544: 00028293       addi t0, t0, 0
    t0   =               8192 (    2000)
31548: 0002a303       lw t1, 0(t0)
    t1   =               8344 (    2098)       (m[    2000])
31552: 00a32023       sw a0, 0(t1)
    m[   2098] =                  0 (       0)
31556: 00430313       addi t1, t1, 4
```

```
    t1  =                 8348  (     209c)
31560: 0062a023      sw t1, 0(t0)
    m[    2000] =               8348  (     209c)
31564: dd8f806f      j 292
    pc  =                  292  (      124)
0292: 00000093      li ra, 0
    ra  =                    0  (        0)
0296: 00008067      ret
    pc  =                    0  (        0)
...
```

寄存器信息会被输出（在代码清单 7.19 的 do…while 循环退出后，从 rv32i_npp_ip 函数中输出）。

代码清单 7.19　rv32i_npp_ip 函数的输出

```
...
ra  =                    0  (        0)
sp  =            572662306  (22222222)
gp  =                   27  (      1b)
tp  =                    2  (        2)
t0  =                 8192  (    2000)
t1  =                 8348  (    209c)
t2  =                    0  (        0)
...
a1  =                   96  (      60)
a2  =                    0  (        0)
a3  =                 9476  (    2504)
a4  =            267390960  (  ff00ff0)
a5  =                    0  (        0)
...
```

最后，testbench 的 main 函数输出测试结果，如代码清单 7.20 所示。

代码清单 7.20　testbench_riscv_tests_rv32i_npp_ip.cpp 文件中 main 函数的输出

```
...
addi : all tests passed
add  : all tests passed
andi : all tests passed
and  : all tests passed
...
sub  : all tests passed
sw   : all tests passed
xori : all tests passed
xor  : all tests passed
```

如果测试失败，将输出类似"addi : test 8 fail"的提示。

7.2.7　在 FPGA 上测试

 实验

在开发板上运行 riscv-tests，请按照 5.3.10 节中的说明进行，将 fetching_ip 替换为 rv32i_npp_ip。

helloworld.c 驱 动 程 序 是 riscv-tests/my_isa/my_rv32ui/helloworld_rv32i_ npp_ip.c 文件。

至于仿真，板上的运行应该在 putty 窗口中显示所有测试都通过。

用于驱动 FPGA 的 helloworld_rv32i_npp_ip.c 在 riscv-tests/my_isa/my_rv32ui 文件夹中。
它显示在代码清单 7.21 中（不要忘记用同一文件夹中的 update_helloworld.sh shell 脚本

根据环境修改 hex 文件的路径）。

代码清单 7.21 在 FPGA 上运行测试的 helloworld_rv32i_npp_ip.c 文件

```c
#include <stdio.h>
#include "xrv32i_npp_ip.h"
#include "xparameters.h"
#define LOG_CODE_RAM_SIZE 16
//size in words
#define CODE_RAM_SIZE        (1<<LOG_CODE_RAM_SIZE)
#define LOG_DATA_RAM_SIZE 16
//size in words
#define DATA_RAM_SIZE        (1<<LOG_DATA_RAM_SIZE)
XRv32i_npp_ip_Config *cfg_ptr;
XRv32i_npp_ip        ip;
word_type data_ram[DATA_RAM_SIZE]={
#include "test_0_data.hex"
};
word_type code_ram[CODE_RAM_SIZE]={
#include "test_0_text.hex"
};
char      *name[38] = {
  "addi ", "add   ", "andi ", "and   ", "auipc ",
  "beq  ", "bge  ", "bgeu ", "blt  ", "bltu ", "bne  ",
  "jalr ", "jal  ",
  "lb   ", "lbu  ", "lh   ", "lhu  ", "lui  ", "lw   ",
  "ori  ", "or   ",
  "sb   ", "sh   ", "simple",
  "slli ", "sll  ", "slti ", "sltiu", "slt  ", "sltu ",
  "srai ", "sra  ", "srli ", "srl  ", "sub  ", "sw   ",
  "xori ", "xor  "
};
int main(){
  word_type d;
  cfg_ptr = XRv32i_npp_ip_LookupConfig(
      XPAR_XRV32I_NPP_IP_0_DEVICE_ID);
  XRv32i_npp_ip_CfgInitialize(&ip, cfg_ptr);
  XRv32i_npp_ip_Set_start_pc(&ip, 0);
  XRv32i_npp_ip_Write_code_ram_Words(&ip, 0, code_ram,
      CODE_RAM_SIZE);
  XRv32i_npp_ip_Write_data_ram_Words(&ip, 0, data_ram,
      DATA_RAM_SIZE);
  XRv32i_npp_ip_Start(&ip);
  while (!XRv32i_npp_ip_IsDone(&ip));
  for (int i=0; i<38; i++){
    printf("%s:",name[i]);
    XRv32i_npp_ip_Read_data_ram_Words(&ip, 0x801+i, &d, 1);
    if (d == 0)
      printf(" all tests passed\n");
    else
      printf(" test %d failed\n",(int)d);
  }
}
```

7.3 在 rv32i_npp_ip 处理器上运行基准测试集

所有与 mibench 测试集有关的源文件都可以在 mibench/my_mibench 文件夹中找到。

为了进一步测试处理器，应该运行真实的程序，并将其结果与使用 spike 计算的结果进行比较。

基准测试集是一组可以用来比较处理器的程序。基准测试集有两个目标：测试处理器和比较不同的设计（因为在接下来的章节中将实现其他版本的 RISC-V 处理器）。

本书选择了 mibench 测试集。它由专用于嵌入式计算的应用程序组成，它主要面向自制处理器，而非高性能应用。

还有更多新测试集，但 FPGA 上处理器的主要问题是 SoC 可编程部分的大小。Zynq XC7Z020 提供 140 个 BRAM 块，每个块可存储 4KB 的数据。因此，要在 Pynq-Z1/Pynq-Z2 开发板上运行的 RISC-V 应用程序的代码和数据不应大于 560KB。

在 mibench 测试集中，必须删除一些过大的代码。

另一个制约因素来自没有操作系统。所有的 benchmark 都由三部分组成：输入、计算、输出。I/O 部分使用标准库的 I/O 函数，如 scanf 和 printf。用内存访问操作来替代这些 I/O 函数相当容易。scanf 输入由一组初始化处理器 data_ram 数组的数据替代。printf 输出由一组保存在 data_ram 数组中的生成数据替代。

但是，一些应用程序使用其他与操作系统相关的函数。最常用的是 malloc。malloc 函数分配存储空间由操作系统完成，而不是由编译器处理。要在裸机平台上使用 malloc，用户需要模拟操作系统，实现对编译代码寻址的内存空间（堆内存）之外的内存空间管理。

本书决定简化基准测试集，只保留易于移植到无操作系统环境中的应用程序。

然而，通常情况下不应该修改基准测试集。将运行修改测试集的 RISC-V 处理器性能与基于原始测试集运行的现有处理器性能进行比较是不公平的。

但是，当使用 benchmark 比较时（例如，将非流水线 rv32i_npp_ip 处理器与下一章介绍的 rv32i_pp_ip 流水线实现进行比较），只要 benchmark 的修改对处理器的每一个实现都是相同的，可以根据需要进行基准测试。修改后的 benchmark 也应该代表设计的特殊性。

代表性（representative）意味着，如果实现了高速缓存，需要在基准测试集中加入一些具有不同内存访问模式的程序，以衡量高速缓存未命中对性能的影响。相反，如果内存访问时间不变，则可以简化基准测试集。

7.3.1　mibench 测试集中的 basicmath_small 基准测试

> 🪧 **实验**
>
> 　　为了仿真 mibench 测试，如 basicmath_small 基准测试，在当前目录为 mibench/my_mibench/my_automotive/basicmath 的终端，运行 build.sh shell 脚本。
>
> 　　在 Vitis_HLS 中，打开 rv32i_npp_ip 项目，在 my_mibench/my_automotive/basicmath 文件夹中，将 testbench 文件设置为 testbench_basicmath_rv32i_npp_ip.cpp 文件。
>
> 　　在 debug_rv32i_npp_ip.h 文件中，注释所有的调试常量定义（从 rv32i_npp_ip.cpp 文件中打开）。
>
> 　　然后单击 **Run C Simulation**。
>
> 　　可以用同样的方法处理 mibench/my_mibench 和 riscv-test/benchmarks 文件夹中的其他基准测试。

作者已经修改了 mibench 基准测试集，从而适配 Vitis_HLS 环境。

在 mibench 文件夹中，my_mibench 子文件夹包含修改后的 mibench 测试集。mibench 子文件夹包含原始的 mibench 文件。

7.3.1.1　make 基准测试

只需在每个单独的文件夹中运行 make 即可进行所有基准测试。例如，要生成 basicmath_small，请按代码清单 7.22 所示运行 make。

代码清单 7.22 生成 basicmath_small

```
$ cd $HOME/goossens-book-ip-projects/2022.1/mibench/my_mibench/
  my_automotive/basicmath
$ make
...
$
```

在最初的 mibench 测试集中，对于每个基准测试，都提供了两个数据集，一个小的和一个大的。已经丢弃了大数据集，因为文本或数据太大，无法装入 data_ram 或 code_ram 数组中（主要问题是数据集的容量大小，而不是大数据集运行时间）。此外，对于一些基准测试（如 basicmath_small），减少了计算量，使其可以在 FPGA 上运行（即保持在 Zynq XC7Z020 FPGA 中可用的 140 个 BRAM 块的限制之内）。

因为包含浮点计算，所以 basicmath_small 的代码很大，而编译器是针对没有浮点指令的 ISA（RV32I ISA）。因此，浮点运算是通过使用整数指令的库函数来进行计算。这些数学库函数与 basicmath_small 程序链接在一起。

7.3.1.2 用 spike 运行基准测试

用 spike 运行 basicmath_small，只需输入代码清单 7.23 中的命令。

代码清单 7.23 用 spike 运行 basicmath_small

```
$ spike /opt/riscv/riscv32-unknown-elf/bin/pk
  ./basicmath_small > small.out
$ head small.out
bbl loader
********** CUBIC FUNCTIONS ***********
Solutions: 2.000000 6.000000 2.500000
Solutions: 2.500000
Solutions: 1.635838
Solutions: 13.811084
Solutions: -9.460302 0.152671 -0.692369
Solutions: -9.448407 0.260617 -0.812210
Solutions: -9.436449 0.348553 -0.912103
Solutions: -9.424429 0.424429 -1.000000
$
```

basicmath_small.c 文件中的代码使用 printf 函数来显示结果。spike 仿真器有显示驱动程序，可以在计算机屏幕上输出。但是 rv32i_npp_ip 处理器没有。

因此，如果编译了对 printf 的调用，spike 就会运行编译后的代码，然后输出。但同样的代码在 rv32i_npp_ip 处理器上运行，不会产生任何输出。

为了在缺少驱动程序的情况下获得输出，rv32i_npp_ip 处理器将结果保存在 data_ram 数组中。testbench 程序或 FPGA 驱动程序读取 data_ram 数组，并重新输出。

7.3.1.3 使 basicmath_small 基准测试适配 Vitis_HLS 环境

在 basicmath_small 示例中，basicmath_small_no_print.c 替换了 basicmath_small.c 文件（两个文件都在 my_mibench/my_automotive/ basicmath 文件夹中）。

顾名思义，新文件没有输出。这两个文件几乎相同。计算结果相同，保存在相同的内存位置。唯一不同的是，有输出版本在运行结束时读取内存，按照原始的 basicmath_small.c 程序进行输出。

basicmath_small.c 中的代码要用 spike 来运行。这个运行很有用，因为它提供了参考输出。

没有输出的 basicmath_small_no_print.c 版本在 rv32i_npp_ip 处理器上运行，用
testbench 产生一个输出，将该输出与参考输出进行比较。

为了构建在 rv32i_npp_ip 处理器上运行的代码，与 riscv-tests 程序一样，必须构建基于
0（0-based）的二进制文件（使用链接器文件 linker.lds），并将其转换为十六进制文件。可以用
my_mibench/my_automotive/basicmath 文件夹中的 build.sh 脚本来完成（见代码清单 7.24）。

代码清单 7.24 创建 basicmath_small_no_print_0_text.hex 文件和 basicmath_small_no_print_0_data.
hex 文件

```
$ cd $HOME/goossens-book-ip-projects/2022.1/mibench/my_mibench/
    my_automotive/basicmath
$ ./build.sh
$
```

shell 脚本编译（见代码清单 7.25），用 objcopy 建立了两个二进制文件，并用 hexdump
转换成十六进制。

代码清单 7.25 build.sh 文件

```
$ cat build.sh
riscv32-unknown-elf-gcc -static -O3 -nostartfiles -o
    basicmath_small_no_print.elf -T linker.lds -Wl,-no-check-
    sections basicmath_small_no_print.c rad2deg.c cubic.c isqrt.c -
    lm
riscv32-unknown-elf-objcopy -O binary --only-section=.text
    basicmath_small_no_print.elf basicmath_small_no_print_0_text.
    bin
riscv32-unknown-elf-objcopy -O binary --only-section=.data
    basicmath_small_no_print.elf basicmath_small_no_print_0_data.
    bin
hexdump -v -e '"0x" /4 "%08x" ",\n"'
    basicmath_small_no_print_0_text.bin >
    basicmath_small_no_print_0_text.hex
hexdump -v -e '"0x" /4 "%08x" ",\n"'
    basicmath_small_no_print_0_data.bin >
    basicmath_small_no_print_0_data.hex
$
```

7.3.1.4 linker.lds 脚本文件

为了建立 basicmath_small_no_print.elf 文件，将所有数据收集在同一个 .data 中，需要
一个链接器脚本文件。因为编译器会产生一些只读数据，放在 .rodata 部分。必须将 .rodata
和 .data 部分合并到 data_ram 数组中。如果没有链接器脚本文件，链接器会将只读数据放在
text 部分。

链接器脚本文件是将不同源文件（输入部分）的编译部分组合成一组输出部分。

构建 basicmath_small_no_print.elf 文件的 linker.lds 文件如代码清单 7.26 所示。它在
my_mibench/my_automotive/basicmath 文件夹中。

代码清单 7.26 linker.lds 文件

```
ENTRY(main)
SECTIONS
{
    . = 0;
    .text :
    {
        *(.text.main);
        *(.text*);
    }
```

```
    . = 0;
    .data :
    {
        *(.*data*);
    }
    .bss :
    {
        *(.*bss*);
    }
}
```

linker.lds 文件描述了三个输出部分：.text 的文本部分、.data 的初始化数据部分和 .bss 的未初始化数据部分（它们是用"{}"命名的部分）。

这些输出部分是由来自输入 ELF 文件的输入部分连接而成（输入部分在大括号内命名）。

.text 输出部分是由所有名为 .text.main 的输入部分和所有以 .text 为前缀的输入部分组成的。.text 输出部分从程序 RAM 中的地址 0 处开始（". = 0"将当前地址设为 0）。

.data 输出部分从数据 RAM 中的地址 0 开始。它由输入文件中的所有数据部分连接而成，包括只读数据（只读数据部分通常在其名称中使用 rodata 一词）。

.bss 输出部分在数据 RAM 中的 .data 部分之后开始。它由输入文件中的所有 bss 部分连接而成。

例如，basicmath_small_no_print.elf 是通过编译四个文件构建的：basicmath_small_no_print.c、rad2deg.c、cubic.c 和 isqrt.c。因此，basicmath_small_no_print.elf 中的 .text 输出部分是由四个".c"文件编译产生的中间文件的四个输入 .text 部分连接而成的。

7.3.1.5　将 main 函数放在程序存储器的地址 0 处

basicmath_small_no_print.c 是唯一有 .text.main 的文件。它用与 main 函数相关的 __attribute__ 指令定义（见代码清单 7.27）。

由于链接器脚本文件将 .text.main 放在 .text 输出部分的首位，这确保将 main 函数放在程序存储器的起始位置，一般是地址 0 处，因此处理器开始运行 main 函数。

代码清单 7.27　__attribute__((section)) 指令和保存计算结果的 result 全局数组

```c
#include <string.h>
#include "snipmath.h"
int result[3500];
void main() __attribute__((section(".text.main")));
void main(){
  double   a1 = 1.0,  b1 = -10.5,  c1 = 32.0,  d1 = -30.0;
  double   a2 = 1.0,  b2 = -4.5,   c2 = 17.0,  d2 = -30.0;
  double   a3 = 1.0,  b3 = -3.5,   c3 = 22.0,  d3 = -31.0;
  double   a4 = 1.0,  b4 = -13.7,  c4 = 1.0,   d4 = -35.0;
  double   x[3], d, r;
  double   X;
  int      solutions;
  int      i, i3, i4, gi = 0;
  unsigned long l = 0x3fed0169L, u;
  struct   int_sqrt q;
  long     n = 0;
...
```

7.3.1.6　将 basicmath_small 运行结果保存到内存中

main 函数将结果保存在 result[3500] 全局数组中（参见代码清单 7.28）。全局索引 gi 沿着 result 数组移动。结果只是一个接一个地相加。比如，第一个三次方程的解的个数后面跟着解。前者是整数，后者是双精度浮点数。

代码清单 7.28 全局索引 gi

```
...
  /* solve some cubic functions */
  /* should get 3 solutions: 2, 6 & 2.5  */
  SolveCubic(a1, b1, c1, d1, &solutions, x);
  memcpy(&result[gi],&solutions,sizeof(int));
  gi++;
  for(i=0;i<solutions;i++){
    memcpy(&result[gi],&x[i],sizeof(double));
    gi+=2;
  }
...
```

在 build.sh 脚本构建了 basicmath_small_no_print.elf 文件后，可以使用 objdump 工具（见代码清单 7.29）获得 result 全局数组在内存中的位置（该脚本为代码构建了 basicmath_small_no_print_0_text.hex 文件，以及用于数据的 basicmath_small_no_print_0_data.hex 文件）：

代码清单 7.29 data 部分（以 .bss 开始）中的 result 地址

```
$ ./build.sh
$ riscv32-unknown-elf-objdump -t
  basicmath_small_no_print.elf | grep "result"
00000b18 g    O .bss    000036b0 result
$
```

7.3.1.7 重构 basicmath_small 输出

testbench 文件必须从 data_ram 中的 result 数组的内容重构输出。testbench 的程序如代码清单 7.30 所示。

testbench_basicmath_rv32i_npp_ip.cpp 在 my_mibench/my_automotive/basic math 文件夹中。

代码清单 7.30 testbench_basicmath_rv32i_npp_ip.cpp 文件

```cpp
#include <stdio.h>
#include "../../../../rv32i_npp_ip/rv32i_npp_ip.h"
#define PI     3.14159265358979323846
#define RESULT 0xb18
unsigned int data_ram[DATA_RAM_SIZE]={
#include "basicmath_small_no_print_0_data.hex"
};
unsigned int code_ram[CODE_RAM_SIZE]={
#include "basicmath_small_no_print_0_text.hex"
};
int main(){
  unsigned int  nbi, i, gi, solutions;
  double        d;
  double        X;
  int           i3, i4;
  unsigned long l = 0x3fed0169L, u;
  rv32i_npp_ip(0, (instruction_t*)code_ram, (int*)data_ram, &nbi);
  gi = RESULT/4;
  printf("********* CUBIC FUNCTIONS **********\n");
  printf("Solutions:");
  memcpy(&solutions, &data_ram[gi], sizeof(int));
  gi++;
  for(i=0;i<solutions;i++){
    memcpy(&d,&data_ram[gi],sizeof(double));
    gi+=2;
    printf(" %f",d);
  }
```

```
printf("\n");
...
printf("********* ANGLE CONVERSION **********\n");
for (i=0, X = 0.0; X <= 360.0; i++, X += 1.0){
    memcpy(&d,&data_ram[gi],sizeof(double));
    gi+=2;
    printf("%3.0f degrees = %.12f radians\n", X, d);
}
puts("");
for (i=0, X = 0.0; X <= (2 * PI + 1e-6); i++, X += (PI / 180)){
    memcpy(&d,&data_ram[gi],sizeof(double));
    gi+=2;
    printf("%.12f radians = %3.0f degrees\n", X, d);
}
printf("%d fetched, decoded and run instructions\n", nbi);
return 0;
}
```

7.3.1.8 testbench 输出

运行后输出代码清单 7.31 中所示的内容（大约三分钟内运行 3000 万条指令）。

代码清单 7.31 main 函数输出

```
********* CUBIC FUNCTIONS **********
Solutions: 2.000000  6.000000  2.500000
Solutions: 2.500000
Solutions: 1.635838
Solutions: 13.811084
Solutions: -9.460302  0.152671  -0.692369
Solutions: -9.448407  0.260617  -0.812210
Solutions: -9.436449  0.348553  -0.912103
Solutions: -9.424429  0.424429  -1.000000
...
6.178465552060 radians = 354 degrees
6.195918844580 radians = 355 degrees
6.213372137100 radians = 356 degrees
6.230825429620 radians = 357 degrees
6.248278722140 radians = 358 degrees
6.265732014660 radians = 359 degrees
6.283185307180 radians = 360 degrees
30897739 fetched, decoded and run instructions
```

7.3.2 在 FPGA 上运行 basicmath_small 基准测试

 实验

要在开发板上运行 basicmath_small 基准测试，请按照 5.3.10 节中的说明进行，用
rv32i_npp_ip 替换 fetching_ip。

helloworld.c 驱动程序是 mibench/my_mibench/my_automotive/basicmath/ helloworld_
rv32i_npp_ip.c 文件。

输出结果应该与仿真结果和 spike 运行结果相同。

用于驱动 FPGA 的 helloworld_rv32i_npp_ip.c 文件如代码清单 7.32 所示（不要忘记用
update_helloworld.sh shell 脚本根据环境修改 hex 文件的路径）。helloworld_rv32i_npp_ip.c
文件在 my_mibench/my_automotive/basicmath 文件夹中。

代码清单 7.32　在 FPGA 上运行 basicmath_small_no_print 的 helloworld_rv32i_npp_ip.c 文件

```c
#include <stdio.h>
#include "xrv32i_npp_ip.h"
#include "xparameters.h"
#define PI 3.14159265358979323846
#define LOG_CODE_RAM_SIZE 16
//size in words
#define CODE_RAM_SIZE       (1<<LOG_CODE_RAM_SIZE)
#define LOG_DATA_RAM_SIZE 16
//size in words
#define DATA_RAM_SIZE       (1<<LOG_DATA_RAM_SIZE)
XRv32i_npp_ip_Config *cfg_ptr;
XRv32i_npp_ip         ip;
word_type data_ram[DATA_RAM_SIZE]={
#include "basicmath_small_no_print_0_data.hex"
};
word_type code_ram[CODE_RAM_SIZE]={
#include "basicmath_small_no_print_0_text.hex"
};
int main(){
  unsigned int  i, gi, solutions;
  double        d;
  double        X;
  int           i3, i4;
  unsigned long l = 0x3fed0169L, u;
  cfg_ptr = XRv32i_npp_ip_LookupConfig(
      XPAR_XRV32I_NPP_IP_0_DEVICE_ID);
  XRv32i_npp_ip_CfgInitialize(&ip, cfg_ptr);
  XRv32i_npp_ip_Set_start_pc(&ip, 0);
  XRv32i_npp_ip_Write_code_ram_Words(&ip, 0, code_ram,
      CODE_RAM_SIZE);
  XRv32i_npp_ip_Write_data_ram_Words(&ip, 0, data_ram,
      DATA_RAM_SIZE);
  XRv32i_npp_ip_Start(&ip);
  while (!XRv32i_npp_ip_IsDone(&ip));
  gi = 0xb18/4;
  printf("********* CUBIC FUNCTIONS ***********\n");
  printf("Solutions:");
  XRv32i_npp_ip_Read_data_ram_Words(&ip, gi, (word_type*)&solutions
      , 1);
  gi++;
  for(i=0;i<solutions;i++){
    XRv32i_npp_ip_Read_data_ram_Words(&ip, gi, (word_type*)&d, 2);
    gi+=2;
    printf(" %f",d);
  }
  printf("\n");
  ...
  for (i=0, X = 0.0; X <= (2 * PI + 1e-6); i++, X += (PI / 180)){
    XRv32i_npp_ip_Read_data_ram_Words(&ip, gi, (word_type*)&d, 2);
    gi+=2;
    printf("%.12f radians = %3.0f degrees\n", X, d);
  }
  printf("%d fetched, decoded and run instructions\n",
      (int)XRv32i_npp_ip_Get_nb_instruction(&ip));
  return 0;
}
```

helloworld（在 Vitis IDE 的 FPGA 上运行）和 testbench（在 Vitis HLS 中仿真）的输出结果相同。

7.3.3   mibench 测试集的其他基准测试

要运行改编后的 mibench 测试集的其他基准测试，以同样的方式进行。

对于 mibench/my_mibench/my_dir 文件夹中 bench.c 的基准，首先 make（Makefile 构建 bench 可执行文件）（因为 bench.c 是用有标准链接的 riscv32-unknown-elf-gcc 编译器编译的，它只能由 spike 运行，不能由 rv32i_npp_ip 处理器运行）。

然后，在 bench 可执行文件上运行 spike。这将生成参考输出文件。

第二步是构建 testbench 程序使用的 bench_no_print_0_text.hex 和 bench_no_print_0_data.hex 文件（可以在每个基准测试文件夹中找到预构建的 hex 文件）。运行 build.sh，编译 bench.c 的 bench_no_print.c 版本，没有输出。ELF 文件的数据和程序部分由 objcopy 提取，hex 文件由 hexdump 建立。

第三步是运行 rv32i_npp_ip 处理器。加入在 mibench/my_mibench/my_dir 文件夹中的 testbench_bench_rv32i_npp_ip.cpp 文件，然后开始 Vitis_HLS 仿真。

仿真后，可以将其输出与参考输出进行比较。它们应该是相同的。

然后，必须在 FPGA 上运行 helloworld_rv32i_npp_ip.c（z1_rv32i_npp_ip Vivado 项目）。

在从 helloworld_rv32i_npp_ip.c 程序构建 Vitis IDE 项目之前，确保将 hex 文件的路径调整为自己的环境。为此，运行 update_helloworld.sh shell 脚本。

请注意，一些 mibench 基准测试不适用于 Basys3（XC7A35T）或任何基于 XC7Z010 FPGA 的电路板，因为可用的 BRAM 块数量不一样。在 XC7Z020 芯片上，有 140 个块，即 560KB 的内存。在 XC7Z010 芯片上，只有 60 个块，即 240KB，在 XC7A35T 上，只有 50 个块，即 200KB。

增加了 7 个基准测试，它们包含在 riscv-tests 中（在 riscv-tests/benchmarks 文件夹中）。它们的测试程序与 mibench 的测试程序相同（每个基准测试文件夹包含一个 build.sh shell 脚本、一个 update_helloworld.sh 脚本和一个用于为 spike 构建可执行文件的 Makefile）。

7.3.4   mibench 和 riscv-tests 基准在 rv32i_npp_ip 实现上的执行时间

表 7.1 显示了基准测试在 rv32i_npp_ip 处理器的 FPGA 实现的执行时间（以秒为单位），其中执行时间用公式 5.1 计算（$nmi * cpi * c$，其中 $c = 70$ ns）。cpi 值为 1（每条指令在单个循环迭代中完全处理，即在一个处理器周期内）。

这些执行时间是 FPGA 上的运行时间（不考虑输出的重构）。Vitis_HLS 仿真器的运行时间明显更长（例如，mm 基准测试在 FPGA 上的运行时间是 11 秒，在仿真器上的运行时间是 13 分钟）。

表 7.1   mibench 和 riscv-tests 在 rv32i_npp_ip 处理器上运行的机器指令数（nmi）和执行时间

基准测试程序	nmi	时间（s）
Basicmath	30 897 739	2.162 841 730
Bitcount	32 653 239	2.285 726 730
qsort	6 683 571	0.467 849 970

（续）

基准测试程序	nmi	时间（s）
Stringsearch	549 163	0.038 441 410
Rawcaudio	633 158	0.044 321 060
Rawdaudio	468 299	0.032 780 930
crc32	300 014	0.021 000 980
fft	31 365 408	2.195 578 560
fft_ inv	31 920 319	2.234 422 330
Median	27 892	0.001 952 440
mm	157 561 374	11.029 296 180
Multiply	417 897	0.029 252 790
qsort	271 673	0.019 017 110
spmv	1 246 152	0.087 230 640
Towers	403 808	0.028 266 560
vvadd	16 010	0.001 120 700

7.4　建议练习：RISC-V 的 M 和 F 指令扩展

7.4.1　使 rv32i_npp_ip 设计适应 RISC-V 的 M 扩展

本节将修改 rv32i_npp_ip 处理器以添加 RISC-V 的 M 扩展。

这里不提供最终的 IP。读者必须自己进行设计，直到能在自己的开发板上工作。此处将简单地列出完成练习必须经历的不同步骤。

首先应该查看 RISC-V 规范文档来了解 M 扩展（文献 [1] 的第 7 章）。在同一文档中，可以在第 24 章（第 131 页：RV32M 标准扩展）中找到这些新指令的编码定义。

接下来，应该打开 rv32im_npp_ip 的新 Vitis_HLS 项目，其中包含一个同名的顶层函数。可以把 rv32i_npp_ip 文件夹中的所有代码复制到 rv32im_npp_ip 文件夹中。

然后，应该更新 rv32im_npp_ip.h 文件，添加新的常量来定义 M 扩展（译码中的 opcode、func3 和 func7 字段）。

最后，应该更新 rv32im_npp_ip 代码的 execute 函数。fetch 和 decode 函数不受影响（取一条乘法指令与取一条加法指令没有区别，译码，即分解成片段，也不受影响，因为乘法和除法指令格式是 R-TYPE）。

在 execute 函数中，会找到 compute_result 函数，它根据指令格式计算出结果。R-TYPE 计算调用函数 compute_op_result，它根据指令编码的 func3 和 func7 字段来进行算术运算。

必须更新函数中的 switch，来处理 M 扩展中提出的不同新编码。例如，要用 rv1 乘 rv2，只需在 C 语言中编写 rv1 * rv2，综合器将完成剩下的工作，实现硬件乘法器。对于每个 RISC-V 操作，只需要找到匹配的 C 操作符（例如，C 语言中的 % 操作符表示取余）。

一旦完成对 compute_op_result 函数的修改，就可以仿真设计的 IP。需要写一个 RISC-V 的汇编代码，包含每个新实现的指令。

直接用 RISC-V 汇编语言编写可能比从 C 语言编译更快。用 test_op.h 作为模型。

如果想从 C 源代码生成汇编代码，使用编译器的 march 选项来获得乘 / 除 RISC-V 指令："riscv32-unknown-elf-gcc source.c-march = rv32im -mabi = ilp32 -o executable"。

用相同的 testbench 程序，并让它与乘法和除法测试代码一起运行。

当设计的 IP 正确仿真后，就可以开始综合了。必须使处理器周期满足乘法和除法的持续时间（处理器周期应该足够长以计算除法）。这意味着更改 HLS PIPELINE II 的值。

将所有指令执行时间保持除法时间一样是低效的。然而，这种低效来自非流水线。在第 9 章中，将介绍适合不同执行时间的多周期流水线结构。

一旦综合完成，就可以将其导出。

在 Vivado 中，可以构建包含新的 rv32im_npp_ip 的新设计。然后，创建 HDL 包装器，生成比特流，导出硬件，包括比特流。

打开开发板电源，启动 putty 终端。

在 Vitis IDE 中，用导出的比特流创建应用项目，生成一个初始的 helloworld.c 文件，将其替换为产生与 testbench 程序相同结果的驱动程序。

打开与电路板的连接。

用比特流对 FPGA 进行编程，在开发板上运行驱动程序。

整个过程应该在一天到一周的时间内完成。

7.4.2 使 rv32i_npp_ip 设计适应 RISC-V 的 F 扩展

一个更具有挑战性的项目是添加 F 扩展（浮点，简单精度）。这个项目需要一周到一个月的时间才能完成。

为了从 C 源代码生成 F 和 D 扩展指令，使用选项 march = rv32if 或 march = rv32id（例如 "riscv32-unknown-elf-gcc source.c -march = rv32if mabi = ilp32-o executable"）。

为了处理两个寄存器文件（整数寄存器和浮点寄存器），定义 union 类型将 32 位值的两个译码融合在一起非常有用（见代码清单 7.33）。一方面，该值将被解释为整数。另一方面，它被解释为单精度浮点数。

代码清单 7.33 定义 union 类型将 32 位值的两个译码融合

```
typedef union int_spfp_u{
  int   i;
  float f;
} int_spfp_t
```

如果 u 声明为 int_spfp_t，u.i 是值 u 的整数解释，u.f 是其单精度浮点解释，如代码清单 7.34 所示。

代码清单 7.34 使用 union 类型的变量

```
#include <stdio.h>
typedef union int_spfp_u{
  int   i;
  float f;
} int_spfp_t;
int_spfp_t u;
void main(){
  u.f = 1.0;
  printf("u.f=%f, u.i=%d, u=%8x\n",u.f,u.i,u.i);
}
```

代码清单 7.34 中的代码输出代码清单 7.35 中的内容。

代码清单 7.35   输出 union 类型的变量值

```
u.f=1.000000, u.i=1065353216, u=3f800000
```

在仿真阶段，代码运行正常。但是它假定联合的 u.i 和 u.f 字段共享相同的内存位置。而综合版本的联合并不是这样的。

在 Vitis_HLS 中，建议谨慎使用 union。如果 union 的使用被限制在单个函数中，这样是安全的（例如，在函数的开头定义 union，在函数主体中使用它的字段）。

这是 Vitis 文档中提到的 union："与 C/C++ 编译不同，综合并不保证对 union 中的所有字段使用相同的内存（在综合的情况下是寄存器）。Vitis HLS 执行优化以提供最佳硬件。"

7.5   调试提示

如果习惯用高级调试器来调试程序，可能会发现调试硬件相当简单。然而，有一些技巧可以在不使用 VHDL 和时序图的情况下调试 IP。

7.5.1   综合不是仿真：可以禁用仿真的某些部分

主要的提示来自这样一句话：综合不是仿真。在综合过程中，程序不运行。因此，要综合的程序不需要是可运行的。你可以很容易地禁用程序的某些部分。

在所有的调试工作中，主要的技术是隔离有错误的部分（有问题的程序就有错误，没有问题就没有错误）。以同样的方式，当综合器无法满足约束时，试着减少代码。

可以通过删除函数或注释一些行来消除错误。在这样做的时候不要怕：记住，综合不会运行程序。但是，请注意综合器会删除程序中未使用的部分，并且综合结果可能为空。

当满足约束后，就开始逐步添加程序中丢弃的部分，直到问题再次出现。

当发现问题根源时，可以对程序进行重组，获得可综合版本。

7.5.2   无限仿真：用 for 循环替换 do…while 循环

第二个提示涉及处理器的仿真。do…while 循环有时可能会无限运行。

解决这个问题的方法是把它变成一个 for 循环，运行足够多的迭代来结束 RISC-V 测试程序（本书给出的所有测试程序在几十个周期内结束）。

7.5.3   Frozen IP On FPGA：检查 ap_int 和 ap_uint 变量

第三个提示是关于 Frozen IP On FPGA。有时，综合的结果看起来不错，但是当在电路板上运行比特流时，没有任何输出。这是因为 IP 没有达到 do…while 循环的末尾。因此，没有 IsDone 信号从 IP 发送到 Zynq，helloworld.c 驱动程序一直停留在"while (!X...IsDone(&ip));"循环中等待。

这可能是由于 ap_uint 或 ap_int 变量中缺少一位数据。

例如，代码清单 7.36 说明了一个类型错误的循环计数器。

代码清单 7.36   不好的循环

```
typedef ap_uint<4> loop_counter_t;
loop_counter_t i;
for (i=0; i<16; i++){
```

```
    .../iteration body using "i"
}
```

仿真结果将是正确的，因为编译器会将 loop_counter_t 类型替换为 char 类型（最小的 C 语言定义类型，足以容纳 loop_counter_t 类型）。但综合器将生成一个 RTL，其中 i 正好有 4 位。i++ 操作是在 4 位上计算的，即模 16，而 i 永远不会达到 16。因此，在 FPGA 上，循环永远不会结束。

请参考 5.5.4 节的结尾，找到声明 i 的正确方法。

7.5.4 Frozen IP On FPGA：检查 #ifndef__SYNTHESIS__ 内部的计算

IP 运行也可能会阻塞，因为一些必要的计算在 #ifndef __SYNTHESIS__ 和 #endif 中进行。在这种情况下，仿真可能正确，而 FPGA 运行不正确。

7.5.5 Frozen IP On FPGA：用 for 循环代替"while (!IsDone(...)); "循环

当 IP 没有退出时，可以尝试在 helloworld 驱动中用空 for 循环替换等待 Done 信号的 while 循环（即用"for (int i = 0; i<1000000; i++); "代替"while (!X..._ip_IsDone(...)); "）。

空的 for 循环不等待 IP 完成。驱动程序的其余部分应该输出内存状态，以给出一些提示，说明在 IP 卡住之前运行了多久。

7.5.6 Frozen IP On FPGA：减少 RISC-V 代码的运行

设计的 IP 是一个运行 RISC-V 代码的处理器，另一个提示与此相关。由于 IP 是为运行任何 RISC-V 代码而构建的，可以直接在 helloworld 驱动程序所包含的 hex 文件中删除部分 RISC-V 代码（例如注释想删除的十六进制代码）。

例如，可以将 RISC-V 代码限制为其最后一条 RET 指令，并查看设计的 IP 能否正常运行。通过减少 RISC-V 代码，可以隔离（即删除）有问题的指令，并知道应该更正 HLS 代码的哪一部分。

7.5.7 FPGA 上的非确定性行为：检查初始化

如果多次运行相同的 RISC-V 代码在 FPGA 上产生不同的结果，这可能意味着 IP 实现代码中的某些变量尚未初始化。在 FPGA 上没有像 C 语言那样的隐式初始化。因此，仿真可能是正确的，而在 FPGA 上运行是错误的。

7.5.8 在 FPGA 上运行时的调试输出

尽管 IP 本身没有调试器（Vitis IDE 有一个调试器，但它只涉及 helloworld 驱动程序，当然不涉及 IP），但可以让处理器 IP 提供一些关于运行进程的信息。

可以在 RISC-V 代码中添加一些 STORE 指令，而不是输出一条 RISC-V 代码无法执行的消息（当然，IP 至少应能够正确运行 STORE 指令）。在 Vitis IDE 中运行的驱动程序中，可以检查存储，例如读取各自的内存地址，就像检查连续输出一样。

参考文献

[1] https://riscv.org/specifications/isa-spec-pdf/

构建流水线 RISC-V 处理器

摘要

本章将构建第二个版本的 RISC-V 处理器。第二个版本中提出实现的微体系结构是流水线的。在一个处理器周期内，新的处理器取出指令 i 并进行译码、指令 i-1 执行、指令 i-2 访问内存，指令 i-3 将结果写回。

8.1 第一步：流水线控制

所有与 simple_pipeline_ip 相关的源文件都可以在 simple_pipeline_ip 文件夹中找到。

8.1.1 非流水线微架构与流水线微架构的区别

图 8.1 说明了非流水线微架构（如第 6 章中构建的 rv32i_npp_ip）和流水线微架构之间的区别，主要区别在于如何考虑 do…while 循环的迭代方式。

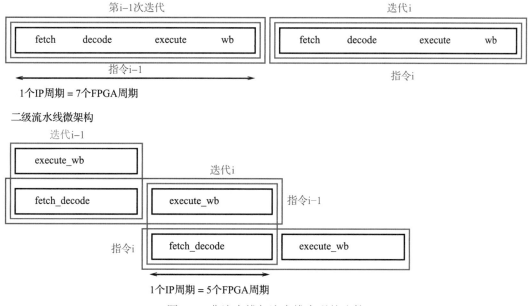

图 8.1　非流水线与流水线实现的比较

在非流水线设计中，主循环的一次迭代（矩形红框）包含指令处理的所有四个主要步骤：取指、译码、执行（包括访存）和写回。在 rv32i_npp_ip 设计中，这是在 7 个 FPGA 周期内完成的。一个循环迭代映射一条指令（蓝框）从取指到写回的完整过程。在非流水线设计中，蓝框（围绕指令执行）和红框（围绕迭代）是相同的。

在具有多个流水级的流水线设计中（图 8.1 中为二级），一个迭代（垂直的红色方框）包含指令处理的执行和写回结束步骤（迭代 i 包含指令 i-1 的 execute_wb 阶段）和下一条指令处理的取指和译码步骤（迭代 i 包含指令 i 的 fetch_decode 阶段）。

指令处理（水平蓝框）分布在两个连续的迭代中。在流水线设计中，红框垂直延伸（围绕同一周期中的不同流水级），蓝框水平延伸（围绕跨越连续周期的指令处理）。

如果指令 i 的 fetch_decode 阶段独立于指令 i-1 的 execute_wb 阶段，那么迭代 i 中的两个阶段可以并行运行，从而减少 5 个 FPGA 周期的迭代延迟。

在非流水线设计中，execute 函数的输入是 decode 函数的输出（译码后的内容在同一迭代中执行）。在流水线设计中，迭代 i-1（指令 i-1 的取指和译码）中 fetch_decode 阶段的输出是迭代 i（指令 i-1 的执行和写回）中 execute_wb 阶段的输入。

为了实现这一点，交换了主循环中的函数，如代码清单 8.1 所示，这是代码清单 6.2 中所示的代码，但是对所有函数调用进行了重新排序。

代码清单 8.1 流水线处理器

```
do{
  pc_i = pc_ip1;
  //read reg_file
  running_cond_update(instruction, reg_file, &is_running);
  //write reg_file and read d_i
  execute(pc_i, reg_file, data_ram, d_i, &pc_ip1);
  //write d_i and read instruction
  decode(instruction, &d_i);
  //write instruction and read pc
  fetch(pc_i, code_ram, &instruction);
} while (is_running);
```

在代码清单 6.2 中，变量指令 d_i 和 reg_file 数组存在读后写（RAW）相关（如果写入 v，然后读取 v，则对变量 v 存在 RAW 相关；读操作依赖于写操作）。

在代码清单 8.1 中，由于读操作放在写操作之前，因此这些相关关系已经被移除。例如，在 execute 中对 reg_file 写之前先读取 running_cond_update 中的 reg_file。

由于 execute 函数在 fetch 函数读取 pc（以完成 fetch）之前，先向 pc（下一个 pc）进行了写入，因此在对 pc 上的相关关系不能通过重排消除。然而，fetch 函数读取的 pc 应该是 execute 函数在下一个 pc 计算之前操作的 pc。

我们将 pc_i 复制到 pc，其中 pc 在第 i 次迭代，pc_ip1 是第 i+1 次迭代中的 pc。

execute 函数读取 pc_i 以计算 pc_ip1。fetch 函数读取相同的 pc_i，并且与 execute 函数不存在相关关系。通过这种方式，fetch 函数和 execute 函数可以独立运行，因为它们都在自己的 pc_i 副本上工作。

利用这两种技术（重排和复制），循环包含由综合器进行并行调度的独立函数。

8.1.2 流水级之间的连接结构

这里添加了结构化变量，封装了两个流水级中每个阶段为下一个迭代计算的内容。

- f_to_f 和 f_to_e 是在迭代结束时由 fetch_decode 阶段写入的变量。在迭代 i 时，fetch_decode 阶段将分别保存迭代 i+1 中 fetch_decode 阶段和 execute_wb 阶段使用的内容。f_to_f 表示 fetch_decode 阶段与其自身之间的通信链路。f_to_e 表示 fetch_decode 阶段和 execute_wb 阶段之间的通信链路。

- e_to_f 和 e_to_e 是由 execute_wb 阶段写入的相似变量。

作者还按照阶段 x 和 y 添加了相应的变量，命名方案 y_from_x 和 x_to_y，例如 e_from_f 和 f_to_e。变量 y_from_x 是变量 x_to_y 的副本。在迭代开始时，将变量 x_to_y 复制到 y_from_x（就像 pc_ip1 被复制到 pci 中一样）。

添加了其他 _from_ 变量，使所有的函数调用完全可重排。结果表明，当在调用 execute_wb 前调用 fetch_decode 时，Vivado 实现使用的资源比相反顺序时要少。作者对此无法做出解释。

simple_pipeline_ip.h 文件（参见代码清单 8.2）包含 _from_ 和 _to_ 变量声明的类型定义：

代码清单 8.2　simple_pipeline_ip.h 文件中，流水级间的传输类型定义

```
typedef struct from_f_to_f_s{
  code_address_t next_pc;
} from_f_to_f_t;
typedef struct from_f_to_e_s{
  code_address_t        pc;
  decoded_instruction_t d_i;
#ifndef __SYNTHESIS__
#ifdef DEBUG_DISASSEMBLE
  instruction_t         instruction;
#endif
#endif
} from_f_to_e_t;
typedef struct from_e_to_f_s{
  code_address_t target_pc;
  bit_t          set_pc;
} from_e_to_f_t;
typedef struct from_e_to_e_s{
  bit_t cancel;
} from_e_to_e_t;
```

fetch_decode 阶段使用 f_to_f.next_pc 将其计算出的下一个 pc 发送给自己（针对非分支 / 跳转指令）。它用 f_to_e.pc 和 f_to_e.d_i 分别将取指的 pc 和译码后的指令 d_i 发送到下一次迭代 execute_wb 阶段。

execute_wb 阶段用 e_to_f.target_pc 和 e_to_f.set_pc 将其计算出的 target_pc 位和 set_pc 位发送到 fetch_decode 阶段的下一次迭代。set_pc 位指示执行的指令是否为分支 / 跳转指令。

execute_wb 阶段用 e_to_e.cancel 向自身发送一个 cancel 位。如果执行的指令是分支 / 跳转指令，则设置 cancel 位（因此，发送到 fetch_decode 阶段的 set_pc 和发送到 execute_wb 阶段的 cancel 具有相同的值）。cancel 位表示下一条指令的执行应该被取消（8.1.4 节将对此做出解释）。

在 simple_pipeline_ip 函数中声明了 f_to_f、f_to_e、e_to_f、e_to_e 和相应的 _from_ 变量。以 start_pc 为目标，初始化这些变量以启动流水线（e_to_f.set_pc 置位），就好像执行的前一条指令是分支 / 跳转指令一样。execute_wb 阶段在第一次迭代期间不做任何工作（e_to_e.cancel 置位）。

8.1.3　IP 顶层函数

simple_pipeline_ip.cpp 文件中的 simple_pipeline_ip 函数与 rv32i_npp_ip 函数具有相同的原型（参见代码清单 8.3）。

代码清单 8.3 simple_pipeline_ip 函数：原型、局部声明和初始化

```
void simple_pipeline_ip(
  unsigned int   start_pc,
  unsigned int   code_ram[CODE_RAM_SIZE],
  int            data_ram[DATA_RAM_SIZE],
  unsigned int   *nb_instruction){
#pragma HLS INTERFACE s_axilite port=start_pc
#pragma HLS INTERFACE s_axilite port=code_ram
#pragma HLS INTERFACE s_axilite port=data_ram
#pragma HLS INTERFACE s_axilite port=nb_instruction
#pragma HLS INTERFACE s_axilite port=return
#pragma HLS INLINE recursive
  int            reg_file[NB_REGISTER];
#pragma HLS ARRAY_PARTITION variable=reg_file dim=1 complete
  from_f_to_f_t  f_to_f, f_from_f;
  from_f_to_e_t  f_to_e, e_from_f;
  from_e_to_f_t  e_to_f, f_from_e;
  from_e_to_e_t  e_to_e, e_from_e;
  bit_t          is_running;
  unsigned int   nbi;
  for (int i=0; i<NB_REGISTER; i++) reg_file[i] = 0;
  e_to_f.target_pc = start_pc;
  e_to_f.set_pc    = 1;
  e_to_e.cancel    = 1;
  nbi              = 0;
  ...
```

主循环（见代码清单 8.4）包含当前取指（指令 i、fetch_decode 函数）和上一次迭代中取指和译码的指令的执行（指令 i-1、execute_wb 函数）。

Initial Interval 被设置为 5（II = 5），因此处理器周期也设置为 5 个 FPGA 周期（20MHz）。

代码清单 8.4 simple_pipeline_ip 函数：主循环

```
    ...
    do{
#pragma HLS PIPELINE II=5
    f_from_f = f_to_f; e_from_f = f_to_e;
    f_from_e = e_to_f; e_from_e = e_to_e;
    fetch_decode(f_from_f, f_from_e, code_ram, &f_to_f, &f_to_e);
    execute_wb(e_from_f, e_from_e, reg_file, data_ram, &e_to_f, &
        e_to_e);
    statistic_update(e_from_e.cancel, &nbi);
    running_cond_update(e_from_e.cancel, e_from_f.d_i.is_ret,
        e_to_f.target_pc, &is_running);
    } while (is_running);
    ...
}
```

simple_pipeline_ip 函数是对多组件设计的描述，其中两个流水级代表两个组件，如图 8.2 所示（fetch_decode 是红色框及其连线，execute_wb 是蓝色框及其连线）。

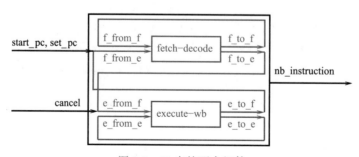

图 8.2　IP 中的两个组件

8.1.4 流水线中的控制流指令处理

当译码的指令是一个控制流指令时（即跳转指令或条件分支指令时），下一次取指地址（计算出的控制流目标地址）由下一次迭代的 execute_wb 函数确定。

因此，在下一次迭代中，fetch_decode 函数将会从错误的地址取指（即使用 pc+1，而不是计算出的目标地址）。

为了避免运行错误的指令，可以通过阻止其更新执行结果来取消其执行（至少要取消目标寄存器的写入和存储器的写入等操作）。

这是一个普遍的模式：一条指令 i 对后面一条指令 i+k 有影响（例如 i 取消 i+1），由 i 计算的值被转发（forwarded）到 i+k（例如一个 cancel 位被转发）。

在控制流指令的情况下，有三个需要转发的值：set_pc 位、计算的目标地址和 cancel 位，其中 cancel 位是 set_pc 位的副本。如果指令为 JAL、JALR，或者为分支指令，则 set_pc 位由 execute_wb 函数设置。对于其他任何指令，set_pc 位将被清除。

set_pc 位由下一次迭代中调用的 fetch_decode 函数使用。它由 e_to_f 和 f_from_e 变量传输，并用于决定哪个 pc 对下一次 fetch 有效，即在 fetch_decode 阶段计算的 next_pc（set_pc 位为 0）或由 execute_wb 阶段转发的 target_pc（set_pc 位为 1）。

图 8.3 展示了红色矩形（迭代 i）与绿色相邻矩形（下一次迭代 i + 1）之间的双重传输（图中用洋红色表示）。

取消位由 execute_wb 阶段转发给自己（见图 8.4 中的蓝色箭头）。当 cancel 位被置位时，将取消下一次迭代的执行。

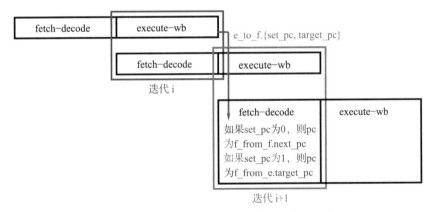

图 8.3 流水线传输（set_pc 位，目标地址）

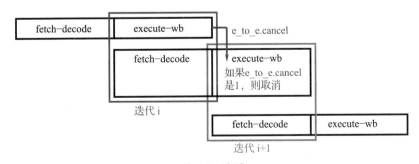

图 8.4 取消

8.1.5 fetch_decode 流水级

fetch_decode 函数代码（在 fetch_decode.cpp 文件中）如代码清单 8.5 所示。

取指的 pc 要么是 fetch_decode 函数计算的下一个 pc，要么是前一次迭代时 execute_wb 函数计算的目标 pc。选择位（selection bit）由上一次迭代中的 execute_wb 函数计算得到。fetch_decode 函数通过 f_to_e->pc 将 pc 发送给 execute_wb 函数。

代码清单 8.5　fetch_decode 函数

```
void fetch_decode(
  from_f_to_f_t  f_from_f,
  from_e_to_f_t  f_from_e,
  unsigned int   *code_ram,
  from_f_to_f_t  *f_to_f,
  from_f_to_e_t  *f_to_e){
  code_address_t pc;
  instruction_t  instruction;
  pc = (f_from_e.set_pc)  ?
        f_from_e.target_pc : f_from_f.next_pc;
  fetch(pc, code_ram, &(f_to_f->next_pc), &instruction);
  decode(instruction, &(f_to_e->d_i));
  f_to_e->pc = pc;
#ifndef __SYNTHESIS__
#ifdef DEBUG_DISASSEMBLE
  f_to_e->instruction = instruction;
#endif
#endif
}
```

fetch 函数代码（在 fetch.cpp 文件中）如代码清单 8.6 所示。

代码清单 8.6　fetch 函数

```
void fetch(
  code_address_t  pc,
  instruction_t   *code_ram,
  code_address_t  *next_pc,
  instruction_t   *instruction){
  *next_pc = (code_address_t)(pc + 1);
  *instruction = code_ram[pc];
}
```

decode.cpp 文件中的 decode 函数没有改变，只是添加了一个 is_jal 位（decoded_instruction_t 类型中的新字段，并在 decode_instruction 函数中设置）。is_jal 位用于 execute 函数。

8.1.6 execute_wb 流水级

execute_wb 函数（参见代码清单 8.7～8.10）位于 execute_wb.cpp 文件中。

它接收 e_from_f 和 e_from_e，并发送 e_to_f 和 e_to_e。

代码清单 8.7　execute_wb 函数原型及局部声明

```
void execute_wb(
  from_f_to_e_t  e_from_f,
  from_e_to_e_t  e_from_e,
  int            *reg_file,
  int            *data_ram,
  from_e_to_f_t  *e_to_f,
  from_e_to_e_t  *e_to_e){
  int   rv1, rv2, rs, op_result, result;
  bit_t bcond, taken_branch;
  ...
```

当 e_from_e.cancel 置位时，execute_wb 阶段处于空闲状态。在同一迭代中，fetch_decode 函数获取 target_pc 指令（参见图 8.5 中的迭代 i）。

当 e_from_e.cancel 置位时，execute_wb 函数不进行任何计算（见代码清单 8.8）。它只清除 e_to_f.set_pc 和 e_to_e.cancel 位。

代码清单 8.8 execute_wb 函数计算：取消

```
...
if (e_from_e.cancel){
  e_to_f->set_pc = 0;
  e_to_e->cancel = 0;
}
...
```

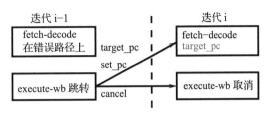

图 8.5 cancel 置位时的流水线

图 8.6 给出了由于清除 set_pc 位和 cancel 位而取消后，迭代 i+1 中发生的情况。

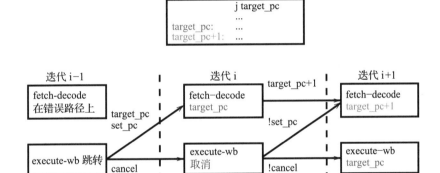

图 8.6 清除 cancel 位时的流水线

图 8.7 给出了如果目标指令也是跳转成功的指令时的流水线。

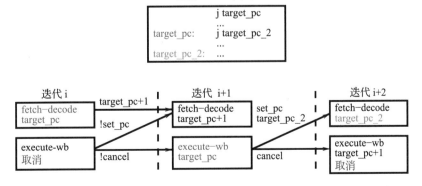

图 8.7 两个连续的跳转指令

当 e_from_e.cancel 位未置位时，execute_wb 阶段执行在前一次迭代中获取的指令，并计算 e_to_f.set_pc 和 e_to_e.cancel 位的值，如代码清单 8.9 所示。

代码清单 8.9　execute_wb 函数计算：没有取消

```
    ...
    else{
      read_reg(reg_file, e_from_f.d_i.rs1, e_from_f.d_i.rs2, &rv1, &
          rv2);
      bcond        = compute_branch_result(rv1, rv2, e_from_f.d_i.
          func3);
      taken_branch = e_from_f.d_i.is_branch && bcond;
      rs           =(e_from_f.d_i.is_r_type)?
                       rv2:(int)e_from_f.d_i.imm;
      op_result    = compute_op_result(e_from_f.d_i, rv1, rs);
      result       = compute_result(e_from_f.pc, e_from_f.d_i, rv1,
          op_result);
      if (e_from_f.d_i.is_store)
        mem_store(data_ram, (b_data_address_t)result, rv2, e_from_f.
           d_i.func3);
      else if (e_from_f.d_i.is_load)
        result = mem_load(data_ram, (b_data_address_t)result,
           e_from_f.d_i.func3);
      write_reg(e_from_f.d_i, reg_file, result);
      e_to_f->target_pc =
        compute_next_pc(e_from_f.pc, e_from_f.d_i, bcond, rv1);
      e_to_f->set_pc    = e_from_f.d_i.is_jalr ||
                          (e_from_f.d_i.is_jal) ||
                            taken_branch;
      e_to_e->cancel    = e_to_f->set_pc;
      ...
```

所有的调试输出信息都放在 execute_wb 函数中。它们的组织方式与 rv32i_npp_ip 设计中的输出相同，如代码清单 8.10 所示。

代码清单 8.10　execute_wb 函数计算：调试输出

```
    ...
#ifndef __SYNTHESIS__
#ifdef DEBUG_FETCH
    printf("%04d: %08x        ",
      (int)(e_from_f.pc<<2), e_from_f.instruction);
#ifndef DEBUG_DISASSEMBLE
    printf("\n");
#endif
#endif
#ifdef DEBUG_DISASSEMBLE
    disassemble(e_from_f.pc, e_from_f.instruction,
                e_from_f.d_i);
#endif
#ifdef DEBUG_EMULATE
    emulate(reg_file, e_from_f.d_i, e_to_f->target_pc);
#endif
#endif
    }
}
```

计算、内存访问、寄存器读取、寄存器写入的函数基本不变（它们都位于 execute.cpp 文件中）。

8.1.7　IP 的仿真与综合

 实验

要仿真 simple_pipeline_ip，请按照 5.3.6 节中的说明进行操作，将 fetching_ip 替换为 simple_pipeline_ip。

可以使用仿真器，将包含的 test_mem_0_text.hex 文件替换为同一文件夹中的其他 .hex 文件。

所有函数均为内联（指示符 HLS INLINE recursive）以优化大小和速度。

testbench 代码（在 testbench_simple_pipeline_ip.cpp 文件中）不变，8 个测试文件保持不变，输出相同。

综合报告如图 8.8 所示。迭代延迟需要 5 个 FPGA 周期（见图 8.9）。

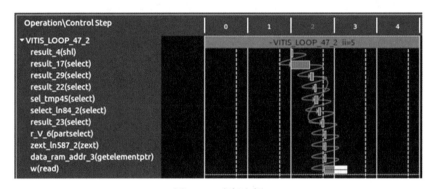

图 8.8　simple_pipeline_ip 的综合报告

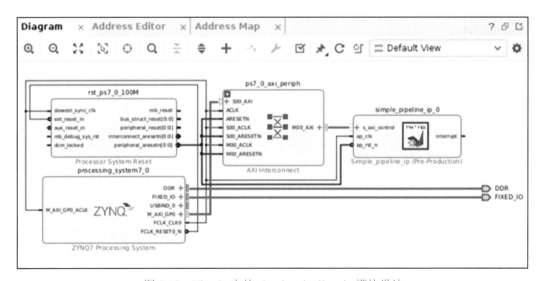

图 8.9　时序违例

在迭代调度的第 2 个周期存在时序违例，可以忽略。

8.1.8　使用 IP 的 Vivado 项目

Vivado 项目的模块设计如图 8.10 所示。

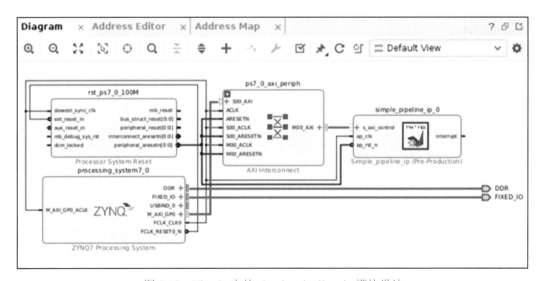

图 8.10　Vivado 中的 simple_pipeline_ip 模块设计

图 8.11 为 simple_pipeline_ip 设计的 Vivado 实现成本（4720 个 LUT，占 8.87%）。

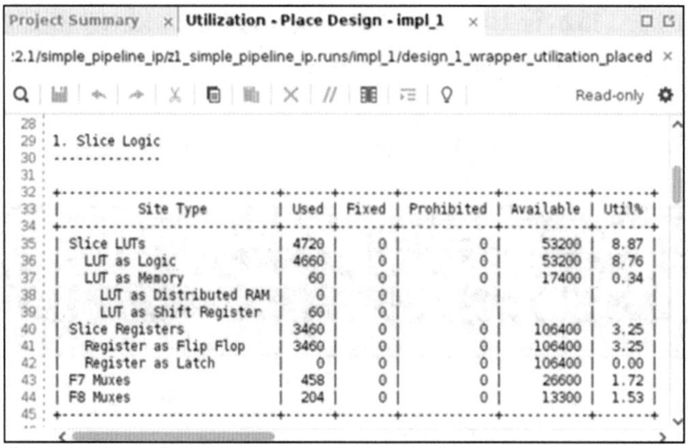

Project Summary × | Utilization - Place Design - impl_1 ×

:2.1/simple_pipeline_ip/z1_simple_pipeline_ip.runs/impl_1/design_1_wrapper_utilization_placed

Read-only

1. Slice Logic

Site Type	Used	Fixed	Prohibited	Available	Util%
Slice LUTs	4720	0	0	53200	8.87
LUT as Logic	4660	0	0	53200	8.76
LUT as Memory	60	0	0	17400	0.34
LUT as Distributed RAM	0	0			
LUT as Shift Register	60	0			
Slice Registers	3460	0	0	106400	3.25
Register as Flip Flop	3460	0	0	106400	3.25
Register as Latch	0	0	0	106400	0.00
F7 Muxes	458	0	0	26600	1.72
F8 Muxes	204	0	0	13300	1.53

图 8.11　simple_pipeline_ip Vivado 的实现报告

8.1.9　在开发板上运行 Vivado 项目

> **实验**
>
> 要在开发板上运行 simple_pipeline_ip，请按照 5.3.10 节中的说明进行操作，将 fetching_ip 替换为 simple_pipeline_ip。
>
> 可以使用自己的 IP，将包含的 test_mem_0_text.hex 文件替换为同一文件夹中的其他 .hex 文件。

helloworld.c 文件如代码清单 8.11 所示（不要忘记使用 update_helloworld.sh shell 脚本将 hex 文件的路径调整到工作环境中）。要使用 simple_pipeline_ip 运行另一个测试程序，只需要更新“#include test_mem_0_text.hex”行。

代码清单 8.11　运行 test_mem_0_text.hex 的 helloworld.c 文件

```
#include <stdio.h>
#include "xsimple_pipeline_ip.h"
#include "xparameters.h"
#define LOG_CODE_RAM_SIZE 16
//size in words
#define CODE_RAM_SIZE      (1<<LOG_CODE_RAM_SIZE)
#define LOG_DATA_RAM_SIZE 16
//size in words
#define DATA_RAM_SIZE      (1<<LOG_DATA_RAM_SIZE)
XSimple_pipeline_ip_Config *cfg_ptr;
XSimple_pipeline_ip         ip;
word_type code_ram[CODE_RAM_SIZE] = {
#include "test_mem_0_text.hex"
};
int main(){
  word_type w;
  cfg_ptr = XSimple_pipeline_ip_LookupConfig(
      XPAR_XSIMPLE_PIPELINE_IP_0_DEVICE_ID);
  XSimple_pipeline_ip_CfgInitialize(&ip, cfg_ptr);
  XSimple_pipeline_ip_Set_start_pc(&ip, 0);
  XSimple_pipeline_ip_Write_code_ram_Words(&ip, 0, code_ram,
      CODE_RAM_SIZE);
  XSimple_pipeline_ip_Start(&ip);
  while (!XSimple_pipeline_ip_IsDone(&ip));
  printf("%d fetched and decoded instructions\n",
    (int)XSimple_pipeline_ip_Get_nb_instruction(&ip));
  printf("data memory dump (non null words)\n");
```

```
for (int i=0; i<DATA_RAM_SIZE; i++){
    XSimple_pipeline_ip_Read_data_ram_Words(&ip, i, &w, 1);
    if (w != 0)
        printf("m[%5x] = %16d (%8x)\n", 4*i, (int)w,
               (unsigned int)w);
}
}
```

如代码清单 8.12 所示，FPGA 上的运行结果在 putty 终端上输出。

代码清单 8.12　helloworld 的输出

```
88 fetched and decoded instructions
data memory dump (non null words)
m[    0] =                1 (        1)
m[    4] =                2 (        2)
m[    8] =                3 (        3)
m[    c] =                4 (        4)
m[   10] =                5 (        5)
m[   14] =                6 (        6)
m[   18] =                7 (        7)
m[   1c] =                8 (        8)
m[   20] =                9 (        9)
m[   24] =               10 (        a)
m[   2c] =               55 (       37)
```

8.1.10　simple_pipeline_ip 的进一步测试

通过 riscv-tests 是明智的选择。其中一些测试是针对流水线的。它们可以检查是否遵守了相关关系。

要在 Vitis_HLS 仿真器上通过 riscv-tests，只需用 riscv-tests/my_isa/my_rv32ui 文件夹中的 testbench_riscv_tests_simple_pipeline_ip.cpp 程序作为 testbench 即可。

要在 FPGA 上通过 riscv-tests，必须使用 riscv-tests/my_isa/my_rv32ui 文件夹中的 helloworld_simple_pipeline_ip.c。

通常情况下，由于已经为 rv32i_npp_ip 处理器运行了 update_helloworld.sh shell 脚本，因此应该根据环境修改 helloworld_simple_pipeline_ip.c 路径。如果还没有进行修改，则必须运行 update_helloworld.sh shell 脚本。

8.1.11　非流水线设计与流水线设计的比较

为了比较 simple_pipeline_ip 和 rv32i_npp_ip 的性能，必须运行上一章给出的基准测试集（mibench 和 riscv-tests 基准测试）。

在 mibench/my_mibench/my_automotive/basicmat 文件夹中找到 testbench_basicmath_simple_pipeline_ip.cpp 和 helloworld_simple_pipeline_ip.c 文件，在 Vitis_HLS 仿真器和 FPGA 上运行 basicmath_small。在那里，还可以找到所有其他 testbench 和用于其他的基准测试程序的 helloworld 程序。

如果还没有运行 rv32i_npp_ip 处理器的基准测试程序，请确保使用 build.sh shell 脚本构建 hex 文件。还要确保用 update_helloworld.sh 脚本修改 helloworld 文件中的路径。

表 8.1 给出了用公式 5.1 计算的基准测试的执行时间（$nmi * cpi * c$，其中 $c = 50ns$）。

非控制流指令的 cpi 值为 1，控制流指令的 cpi 值为 2（16 个基准的平均值为 1.19）。

尽管 cpi 值增加了（从 1.00 增加到 1.19），但流水线实现比基线 rv32i_npp_ip 运行更快（速度的提升幅度从 8% 到 26%），这要归功于将周期时间缩短为 50 ns，而不是原先的 70ns。

为了进一步改进流水线，可以将指令执行过程划分为更多的流水级。

表 8.1   二级流水线 simple_pipeline_ip 处理器上基准测试的执行时间

基准测试集	基准测试程序	周期数	*cpi*	时间（s）	基线时间（s）	性能提升（%）
mibench	basicmath	37 611 825	1.22	1.880 591 250	2.162 841 730	13
mibench	bitcount	37 909 997	1.16	1.895 499 850	2.285 726 730	17
mibench	qsort	8 080 719	1.21	0.404 035 950	0.467 849 970	14
mibench	stringsearch	634 391	1.16	0.031 719 550	0.038 441 410	17
mibench	rawcaudio	747 169	1.18	0.037 358 450	0.044 321 060	16
mibench	rawcaudio	562 799	1.20	0.028 139 950	0.032 780 930	14
mibench	crc32	330 014	1.10	0.016 500 700	0.021 000 980	21
mibench	fft	38 221 438	1.22	1.911 071 900	2.195 578 560	13
mibench	fft_inv	38 896 511	1.22	1.944 825 550	2.234 422 330	13
riscv-tests	median	35 469	1.27	0.001 773 450	0.001 952 440	9
riscv-tests	mm	193 397 241	1.23	9.669 862 050	11.029 296 180	12
riscv-tests	multiply	540 022	1.29	0.027 001 100	0.029 252 790	8
riscv-tests	qsort	322 070	1.19	0.016 103 500	0.019 017 110	15
riscv-tests	spmv	1 497 330	1.20	0.074 866 500	0.087 230 640	14
riscv-tests	towers	418 189	1.04	0.020 909 450	0.028 266 560	26
riscv-tests	vvadd	18 010	1.12	0.000 900 500	0.001 120 700	20

8.2   第二步：将流水线分成多个流水级

所有与 rv32i_pp_ip 相关的源文件都可以在 rv32i_pp_ip 文件夹中找到。

8.2.1   四级流水线

正如之前所述，对单个指令的处理是通过几个步骤完成的：取指、译码、执行（如果指令是访存指令，则还需要计算一个内存地址）、访存和写回。

二级流水线组织可以进一步细化，将指令处理分为四个阶段：取指和译码、执行、访存、寄存器写回（取指和译码步骤保持在与 simple_pipeline_ip 设计相同的流水级；在第 9 章中，将设计一个具有独立取指和译码阶段的流水线）。

如果指令不是访存指令，则在访存阶段什么都不做，只是将已经计算出的结果传输到写回阶段。

图 8.12 展示了一个四级流水线：取指和译码（f + d）、执行、访存（mem）、以及写回（wb）。绿色水平矩形为单条指令的 4 步处理。红色垂直矩形应该在顶层函数的主循环中。

8.2.2   流水级之间的连接

该流水线在 rv32i_pp_ip 项目中实现（用于运行 RV32I ISA 的流水线 IP）。

在流水级之间增加新连接，将四个流水级连接起来的情况如图 8.13 所示。

传输类型在 rv32i_pp_ip.h 文件中定义（参见代码清单 8.13 和 8.14）。

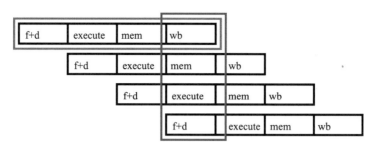

图 8.12 四级流水线

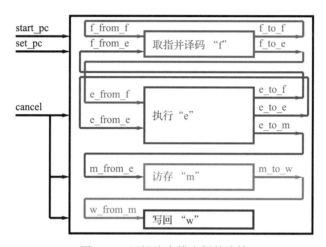

图 8.13 四级流水线之间的连接

来自 f 级的传输不变。

从 e 级到 f 级和 e 级的传输也不变。

从 e 到 m（见代码清单 8.13），cancel 位是 e 级接收到并传输到 m 级的。（当 e 级从自身接收到一个 cancel 位集合时，意味着它将取消其在当前迭代中的计算；m 级应该在下一次迭代中取消其计算，因此要将 cancel 位的副本从 e 级传输到 m 级）。

代码清单 8.13 from_e_to_m_t 类型定义

```
typedef struct from_e_to_m_s{
  bit_t                  cancel;
  int                    result;
  int                    rv2;
  decoded_instruction_t  d_i;
#ifndef __SYNTHESIS__
#ifdef DEBUG_DISASSEMBLE
  code_address_t         pc;
  instruction_t          instruction;
#endif
#ifdef DEBUG_EMULATE
  code_address_t         next_pc;
#endif
#endif
} from_e_to_m_t;
```

计算结果（从 e 级接收到的结果或在 m 级载入的结果）从 m 级传输到 w 级（见代码清单 8.14），目标 rd 和已译码的 is_ret 和 has_no_dest 等信号以及从 e 级接收的 cancel 位也从 m 级传输到 w 级。

代码清单 8.14 from_m_to_w_ 类型定义

```
typedef struct from_m_to_w_s{
  bit_t                  cancel;
  int                    result;
  reg_num_t              rd;
  bit_t                  is_ret;
  bit_t                  has_no_dest;
#ifndef __SYNTHESIS__
#ifdef DEBUG_DISASSEMBLE
  instruction_t          instruction;
  decoded_instruction_t  d_i;
  code_address_t         pc;
#endif
#ifdef DEBUG_EMULATE
#ifndef DEBUG_DISASSEMBLE
  decoded_instruction_t  d_i;
#endif
  code_address_t         next_pc;
#endif
#endif
} from_m_to_w_t;
```

8.2.3　fetch_decode 流水级的 decode 部分

decode 和 decode_immediate 函数没有改变（decode.cpp 文件）。

decoded_instruction_t 类型（rv32i_pp_ip.h 文件）已扩展为添加了一个新的 has_no_dest 位，用于阻止写回寄存器文件，当指令不对寄存器文件中的元素进行写入（即 BRANCH、STORE 或寄存器 zero）时设置它。decode_instruction 函数填充新字段。

8.2.4　IP 的顶层函数

rv32i_pp_ip 顶层函数（rv32i_pp_ip.cpp 文件）如代码清单 8.15 和 8.16 所示。

代码清单 8.15 rv32i_pp_ip 函数原型、局部声明和初始化

```
void rv32i_pp_ip(
  unsigned int  start_pc,
  unsigned int  code_ram[CODE_RAM_SIZE],
  int           data_ram[DATA_RAM_SIZE],
  unsigned int *nb_instruction,
  unsigned int *nb_cycle){
#pragma HLS INTERFACE s_axilite port=start_pc
#pragma HLS INTERFACE s_axilite port=code_ram
#pragma HLS INTERFACE s_axilite port=data_ram
#pragma HLS INTERFACE s_axilite port=nb_instruction
#pragma HLS INTERFACE s_axilite port=nb_cycle
#pragma HLS INTERFACE s_axilite port=return
#pragma HLS INLINE recursive
  int           reg_file[NB_REGISTER];
#pragma HLS ARRAY_PARTITION variable=reg_file dim=1 complete
  from_f_to_f_t  f_to_f, f_from_f;
  from_f_to_e_t  f_to_e, e_from_f;
  from_e_to_f_t  e_to_f, f_from_e;
  from_e_to_e_t  e_to_e, e_from_e;
  from_e_to_m_t  e_to_m, m_from_e;
  from_m_to_w_t  m_to_w, w_from_m;
  bit_t          is_running;
  unsigned int   nbi;
  unsigned int   nbc;
  for (reg_num_p1_t i=0; i<NB_REGISTER; i++) reg_file[i] = 0;
  e_to_f.target_pc = start_pc;
  e_to_f.set_pc    = 1;
  e_to_e.cancel    = 1;
  e_to_m.cancel    = 1;
```

```
    m_to_w.cancel    = 1;
    nbi              = 0;
    nbc              = 0;
    ...
```

rv32i_pp_ip 添加了一个新的 nb_cycle 参数。取消（cancellings）意味着流水线不是每个周期输出一条指令，因此运行的指令数不等于运行的周期数。

从周期的 nb_cycle 数和指令的 nb_instruction 数计算出基准测试结果的 IPC（nb_instruction/nb_cycle，它是 *cpi* 的倒数）。

对 cancel 位和 set_pc 位进行置位以初始化流水线：除了 fetch 和 decode 之外的所有流水级都被取消（置位 e_to_e.cancel 以取消流水级 e，置位 e_to_m.cancel 以取消流水级 m，置位 m_to_w.cancel 以取消流水级 w）。

rv32i_pp_ip 主循环（见代码清单 8.16）反映了包含 6 个并行调用的四级流水线组织：fetch_decode 对指令 i + 3 进行取指和译码，指令 i + 2 在 execute 阶段执行，指令 i + 1 在 mem_access 阶段访问内存，指令 i 在 wb 阶段写回的结果，statistic_update 计算指令数和运行周期数，running_cond_update 更新运行条件。

代码清单 8.16　rv32i_pp_ip do…while 循环和返回

```
    ...
  do{
#pragma HLS PIPELINE II=3
    f_from_f = f_to_f; f_from_e = e_to_f; e_from_f = f_to_e;
    e_from_e = e_to_e; m_from_e = e_to_m; w_from_m = m_to_w;
    fetch_decode(f_from_f, f_from_e, code_ram, &f_to_f, &f_to_e);
    execute(f_to_e, e_from_f, e_from_e.cancel,
            m_from_e.cancel, m_from_e.d_i.has_no_dest,
            m_from_e.d_i.rd, m_from_e.result,
            w_from_m.cancel, w_from_m.has_no_dest,
            w_from_m.rd, w_from_m.result, reg_file,
            &e_to_f, &e_to_e, &e_to_m);
    mem_access(m_from_e, data_ram, &m_to_w);
    wb(w_from_m, reg_file);
    statistic_update(w_from_m.cancel, &nbi, &nbc);
    running_cond_update(w_from_m.cancel, w_from_m.is_ret, w_from_m.
        result, &is_running);
  } while (is_running);
  *nb_cycle       = nbc;
  *nb_instruction = nbi;
#ifndef __SYNTHESIS__
#ifdef DEBUG_REG_FILE
  print_reg(reg_file);
#endif
#endif
}
```

当循环开始时，流水线空闲。除了 fetch_decode 之外的所有流水级都接收一个输入的取消位，该位由 _to_ 变量到 _from_ 变量的副本设置。

HLS PIPELINE 将 Initiation Interval(II) 设置为 3。因此，处理器周期为 3 个 FPGA 周期（30ns，33Mhz）。

fetch_decode.cpp 和 fetch.cpp 文件不变。

8.2.5　执行阶段的旁路机制

在执行阶段，从寄存器文件中读取源操作数。然而，两个先前的指令仍在处理中。它们已经计算出了结果，但还没有将结果写回寄存器文件。如果执行的指令源操作数之一是由前面两条指令之一更新的寄存器，则其结果应旁路（bypass）如图 8.14 所示读取的源寄存器。

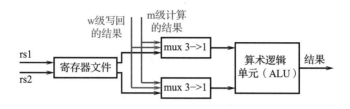

图 8.14　执行中源操作数的旁路

蓝色的结果是在 m 级计算的结果，红色的结果是在 w 级写回的结果。

mux3->1 框是指 3 选 1 多路选择器。如果满足以下条件：m 阶段未被取消、指令要写入目标寄存器，且目标寄存器与 e 阶段的源寄存器相同（对于上面的多路选择器，为 rs1；对于下面的多路选择器，为 rs2），多路选择器会输出其上部输入。否则，若满足以下条件：w 阶段未被取消、指令要写入目标寄存器，且目标寄存器与 e 阶段的源寄存器相同，则多路选择器会输出其中部输入。如果还是不满足条件，则多路选择器会输出其下部输入（即从寄存器文件中读取的值）。

因此，寄存器源按照从 m 级、w 级或从寄存器文件读取的优先顺序来进行选择。

在任何流水线中，旁路机制的优先级顺序是：从读取寄存器文件的流水级（在这个四级流水线中，执行阶段读取寄存器文件）之后的流水级一直到写回阶段。

不幸的是，旁路机制加长了关键路径，因为它在寄存器文件的读取和 ALU 之间插入了一个 3 选 1 的多路选择器。

此外，ALU 的输入取决于 m 级和 w 级的数据。w 级传输的数据不在关键路径上，因为它是在周期开始时就准备好了，且在写回过程中没有被修改（寄存器文件访问延迟比 w 级的数据传输时间长）。

但是对于 m 级，如果指令是 load 指令，则从内存中加载数据。存储器的访问时间比寄存器文件访问时间长得多，因此，对于一次 load 操作，m 级的数据传输位于关键路径上。

为了限制 3 选 1 多路选择器对关键路径的影响，从 m 级传输到多路选择器上部输入的数据，并不是在 m 级计算得到的数据，而是由 m 级接收并从 e 级传播的值（因此，旁路应用于 e 级 ALU 计算出的数据，而不是 m 级中由内存读入的数据；对于 load 指令，有一个特殊的处理，将在 8.2.7 节中详细解释）。

execute 函数调用 get_source 函数，get_source 函数调用 bypass 函数。

execute.cpp 文件（见代码清单 8.17）中的 bypass 函数选择 mem_result 和 wb_result 之间最新的源数据。m 级发送的 mem_result 数据优先于 w 级（更准确地说，如果 m 级正在旁路，则 bypass 函数返回 mem_result 的数据，否则返回 wb_result 的数据）。

代码清单 8.17　bypass 函数

```
static int bypass(
  bit_t    m_bp,
  int      mem_result,
  int      wb_result){
  if (m_bp) return mem_result;
  else      return wb_result;
}
```

execute.cpp 文件中的 get_source 函数（参见代码清单 8.18）计算源数据 rs1 和 rs2 的旁路条件（bypass_rs1 和 bypass_rs2）。

当旁路应用于 m 级或 w 级时，每个条件都会被置位。

如代码清单 8.18 所示，如果下列 4 个条件都成立，则旁路适用于在 m 级处理的指令 i 的源 rs1：m 级不被取消，指令 i 有一个目标地址，指令 i 的 rs1 源寄存器不是寄存器 zero，以及位于 m 流水级的指令 j 以寄存器 rs1 作为其目标寄存器。在这种情况下，置位布尔变量 m_bp_1。

如果这四个条件都为真，则置位布尔变量 w_bp_1，用 w 级替换 m 级。

在相同条件下置位布尔变量 m_bp_2 和 w_bp_2，将 rs1 寄存器替换为 rs2 寄存器。

当旁路条件（bypass_rs1 或 bypass_rs2）置位时，将调用 bypass 函数，从而在 mem_result 数据和 wb_result 数据之间进行选择。否则，源被设置为从寄存器文件中读取，并作为一个参数被接收（r1 对应 rs1，r2 对应 rs2）。

代码清单 8.18　get_source 函数

```
static void get_source(
  int          r1,
  int          r2,
  from_f_to_e_t e_from_f,
  bit_t        m_cancel,
  bit_t        m_has_no_dest,
  reg_num_t    m_rd,
  int          m_result,
  bit_t        w_cancel,
  bit_t        w_has_no_dest,
  reg_num_t    w_rd,
  int          w_result,
  int          *rv1,
  int          *rv2){
  bit_t      m_bp_1, m_bp_2, w_bp_1, w_bp_2;
  bit_t      bypass_rs1, bypass_rs2;
  reg_num_t rs1, rs2;
  rs1 = e_from_f.d_i.rs1;
  rs2 = e_from_f.d_i.rs2;
  m_bp_1 = (!m_cancel && !m_has_no_dest &&
           rs1!=0    && rs1==m_rd);
  w_bp_1 = (!w_cancel && !w_has_no_dest &&
           rs1!=0    && rs1==w_rd);
  bypass_rs1 = m_bp_1 || w_bp_1;
  m_bp_2 = (!m_cancel && !m_has_no_dest &&
           rs2!=0    && rs2==m_rd);
  w_bp_2 = (!w_cancel && !w_has_no_dest &&
           rs2!=0    && rs2==w_rd);
  bypass_rs2 = m_bp_2 || w_bp_2;
  *rv1 = (bypass_rs1)?bypass(m_bp_1, m_result, w_result):r1;
  *rv2 = (bypass_rs2)?bypass(m_bp_2, m_result, w_result):r2;
}
```

8.2.6　执行阶段

8.2.6.1　execute 函数

execute 函数如代码清单 8.19、代码清单 8.20、代码清单 8.23 和代码清单 8.24 所示（execute.cpp 文件）。

该函数读取寄存器文件（见代码清单 8.19）以获得 rs1 和 rs2 的值（read_reg），如果旁路生效则调用 get_source 更新这些数据。

代码清单 8.19   获取源操作数的 execute 函数

```
void execute(
  from_f_to_e_t   f_to_e,
  from_f_to_e_t   e_from_f,
  bit_t           e_cancel,
  bit_t           m_cancel,
  bit_t           m_has_no_dest,
  reg_num_t       m_rd,
  int             m_result,
  bit_t           w_cancel,
  bit_t           w_has_no_dest,
  reg_num_t       w_rd,
  int             w_result,
  int             *reg_file,
  from_e_to_f_t *e_to_f,
  from_e_to_e_t *e_to_e,
  from_e_to_m_t *e_to_m){
  int     r1, r2, rv1, rv2, rs;
  int     c_op_result, c_result, result;
  reg_num_t rs1, rs2;
  bit_t   bcond, taken_branch, load_delay, is_rs1_reg, is_rs2_reg
          ;
  opcode_t opcode;
  rs1 = e_from_f.d_i.rs1;
  rs2 = e_from_f.d_i.rs2;
  r1  = read_reg(reg_file, rs1);
  r2  = read_reg(reg_file, rs2);
  get_source(r1, r2,
          e_from_f,
          m_cancel,
          m_has_no_dest,
          m_rd,
          m_result,
          w_cancel,
          w_has_no_dest,
          w_rd,
          w_result,
          &rv1, &rv2);
  ...
```

一旦知道了源操作数，execute 函数计算（见代码清单 8.20）分支条件（compute_branch_result 函数不变）、计算操作的结果（compute_op_result 函数不变）、计算指令规定的结果（compute_ result 函数）和下一个 pc（compute_next_pc 函数不变）。

代码清单 8.20   用于计算的 execute 函数

```
  ...
  bcond = compute_branch_result(rv1, rv2, e_from_f.d_i.func3);
  taken_branch = e_from_f.d_i.is_branch && bcond;
  rs = (e_from_f.d_i.is_r_type)?
      rv2:(int)e_from_f.d_i.imm;
  c_op_result = compute_op_result(e_from_f.d_i, rv1, rs);
  c_result    = compute_result(e_from_f.pc, e_from_f.d_i, rv1);
  result      = (e_from_f.d_i.is_r_type ||
                 e_from_f.d_i.is_op_imm)?
                 c_op_result:c_result;
  e_to_f->target_pc =
          compute_next_pc(e_from_f.pc, e_from_f.d_i, rv1,
                          bcond);
  ...
```

8.2.6.2 compute_result 函数

计算函数被分组到一个新文件（compute.cpp）中。

compute_result 函数已进行了修改，使其与 compute_op_result 函数（参见代码清单 8.21）

相互独立。通过这种更改，这两个函数可以并行运行。

代码清单 8.21　compute_result 函数

```
int compute_result(
  code_address_t          pc,
  decoded_instruction_t d_i,
  int                     rv1){
  int              imm12 = ((int)d_i.imm)<<12;
  code_address_t pc4    = pc<<2;
  code_address_t npc4   = pc4 + 4;
  int              result;
  switch(d_i.type){
    case R_TYPE:
      //computed by compute_op_result()
      result = 0;
      break;
    case I_TYPE:
      if (d_i.is_jalr)
        result = (unsigned int)npc4;
      else if (d_i.is_load)
        result = rv1 + (int)d_i.imm;
      else if (d_i.is_op_imm)
        //computed by compute_op_result()
        result = 0;
      else
        result = 0;//(opcode == SYSTEM)
      break;
    case S_TYPE:
      result = rv1 + (int)d_i.imm;
      break;
    case B_TYPE:
      //computed by compute_branch_result()
      result = 0;
      break;
    case U_TYPE:
      if (d_i.is_lui)
        result = imm12;
      else//d_i.opcode == AUIPC
        result = pc4 + imm12;
      break;
    case J_TYPE:
      result = (unsigned int)npc4;
      break;
    default:
      result = 0;
      break;
  }
  return result;
}
```

8.2.6.3　load_delay 位

如果执行的指令是非取消的 LOAD，并且取指和译码阶段的下一条指令使用载入的值作为源操作数（例如，f_to_e.d_i.rs1 是载入 e_from_f.d_i.rd 的目标寄存器），则在 execute 函数（参见代码清单 8.23）中对 load_delay 位进行置位。

例如，如果要运行的代码包含代码清单 8.22 所示的指令，则在 lw 指令处于 execute 阶段时对 load_delay 位进行置位。

代码清单 8.22　紧跟 load 指令的指令使用 load 指令载入的值

```
      ...
      lw    a1,0(a2)
      addi  a1,a1,1
      ...
```

如 8.2.7 节所述，如果置位了 load_delay 位，则必须取消当前的取指操作。target_pc 被设置为当前的取指 pc（即应重新取下一条指令）。

代码清单 8.23　execute 函数设置 load_delay 位

```
...
opcode    = f_to_e.d_i.opcode;
is_rs1_reg = ((opcode != JAL)    && (opcode != LUI)    &&
             (opcode != AUIPC)  && (f_to_e.d_i.rs1 != 0)));
is_rs2_reg = ((opcode != OP_IMM) && (opcode != LOAD)   &&
             (opcode != JAL)    && (opcode != JALR)   &&
             (opcode != LUI)    && (opcode != AUIPC) &&
             (f_to_e.d_i.rs2 != 0)));
load_delay = !e_cancel   && e_from_f.d_i.is_load &&
             ((is_rs1_reg && (e_from_f.d_i.rd == f_to_e.d_i.rs1))
                  ||
              (is_rs2_reg && (e_from_f.d_i.rd == f_to_e.d_i.rs2))));
if (load_delay) e_to_f->target_pc = e_from_f.pc + 1;
...
```

如果指令是未取消的跳转、已经被执行的分支或者如果设置了 load_delay 位，则设置 set_pc 位（参见代码清单 8.24）。

execute 阶段将 set_pc 位发送给 f 级。

execute 阶段向自身发送一个 cancel 位（cancel 位是 set_pc 位的副本）。

发送给自身的 cancel 位也被发送到 m 级。

execute 阶段将其结果发送到 m 级（如果指令是 RET，则发送的结果为 target_pc，即返回地址）。

执行阶段发送 rv2（如果指令是 STORE，则为存储数据；如果有旁路，则为旁路后的数据）和 d_i（其中包含要传播到 w 阶段的 rd，func3 是内存访问大小以及其他由 m 阶段和 w 阶段使用的译码得到的位）。

其他数据（指令及其 pc 和计算的 target_pc）被发送，用于调试目的（它们不在综合模式中）。

代码清单 8.24　execute 函数设置传输的值

```
...
e_to_f->set_pc =(e_from_f.d_i.is_jalr ||
                 e_from_f.d_i.is_jal  ||
                 taken_branch         ||
                 load_delay)          &&
                 !e_cancel;
e_to_e->cancel      = e_to_f->set_pc;
e_to_m->cancel      = e_cancel;
e_to_m->result      =(e_from_f.d_i.is_ret)?
                     (int)e_to_f->target_pc:result;
e_to_m->rv2         = rv2;
e_to_m->d_i         = e_from_f.d_i;
#ifndef __SYNTHESIS__
#ifdef DEBUG_DISASSEMBLE
e_to_m->pc          = e_from_f.pc;
e_to_m->instruction = e_from_f.instruction;
#endif
#ifdef DEBUG_EMULATE
e_to_m->next_pc     = e_to_f->target_pc;
#endif
#endif
}
```

8.2.7 内存载入冒险

如代码清单 8.22 所示，如果一个访存的 load 操作后面跟着一个要使用载入的数据的计算，那么仅仅使用旁路技术是不够的，因为当访存阶段结束时，下一条指令执行阶段也结束了，如图 8.15 左侧所示（mem 阶段返回的数据应同时作为 execute 阶段处理的指令的源操作数输入）。

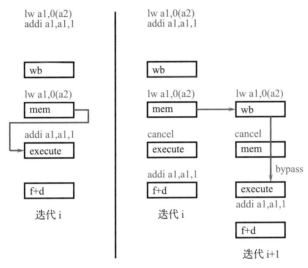

图 8.15　将 load 指令和使用 load 结果的指令分开

解决这个问题最简单的方法是让程序员（或编译器）通过在 load 和使用载入数据的指令之间插入任何不相关的指令来避免。

可以将相同的策略应用于相关的计算指令，而不是实现任何旁路单元。然而，一般的旁路情况比 load 相关情况更频繁，编译器需要插入两条不相关的指令，而不是只插入一条。

更一般地，如果从读寄存器到写回寄存器有 s 个流水级，包括这两个流水级，则编译器必须在两条指令之间插入 $s-1$ 条不相关的指令，以避免使用解决 RAW 相关的旁路机制。

图 8.16 以 $s = 3$ 为例。一共有四条指令：W、I1、I2 和 R。W 指令的目标地址是寄存器 r。R 指令以 r 为源操作数。如果 W 和 R 被至少两条不访问寄存器 R 的指令（I1 和 I2）隔开，则不需要旁路。

图 8.16　当插入两个不相关的指令时，不需要旁路

然而，由于编译器的原因，这种惰性解决方案通常不适用。GNU RISC-V 交叉编译器不提供任何选项来处理指令之间的延迟（仅有针对分支延迟的选项）。

仍然可以操作编译器来产生汇编代码，并在需要的地方插入 NOP 指令（NOP 是中性的 No-OPeration 指令，不改变处理器状态）。这种操作必须在生成十六进制代码之前对汇编代码进行，以保持正确的代码引用（计算标签定义和标签使用之间的位移）。

然而，这样的后处理不适用于链接库，因为它们已被编译。

对于加载操作，另一种解决方案是将取消（cancellation）扩展到 load 操作相关的计算。

在图 8.15 的左侧，"addi a1, a1, 1"指令对前面的"lw a1, 0(a2)"指令载入的数进行递增操作。然而，当 addi 指令执行时，lw 指令仍在进行载入操作。可以将数据从 load 转发到 execute 阶段，但这将在 execute 阶段和 mem 阶段串行化。这样的串行化会破坏流水线的优势。

在图 8.15 的右侧，取消了"addi a1, a1, 1"指令的第一次取值，在流水线中引入一个等效的 NOP 指令。在迭代 i 中重新获取相同的 addi 指令（如果检测到了 load-and-use 相关，则设置 set_pc 位，从而重新对 load 指令之后的指令进行取指参见代码清单 8.23 中的最后一行）。在迭代 i+1 中，wb 阶段的数据（即迭代 i mem 阶段产生的数据）旁路到执行阶段。

8.2.8　访存阶段

mem 阶段（mem.cpp 文件）由 mem_load、mem_store 和 mem_access 等 函 数 组 成。mem_load 函数和 mem_store 函数不变。

对 mem_cpp 文件中的 mem_access 函数（参见代码清单 8.25）稍做修改，增加了取消的情况（m_from_e.cancel）。如果 mem 阶段的指令不是 load 指令，则其结果不会被修改。否则，它将接收载入的数据。mem_access 函数填充 m_to_w 字段，以传输载入结果或传播在 execute 函数中计算的结果。

代码清单 8.25　mem_access 函数

```
void mem_access(
  from_e_to_m_t  m_from_e,
  int           *data_ram,
  from_m_to_w_t *m_to_w){
  b_data_address_t address;
  address     = m_from_e.result;
  m_to_w->cancel = m_from_e.cancel;
  if (!m_from_e.cancel){
    m_to_w->result     =
     (m_from_e.d_i.is_load)                              ?
       mem_load(data_ram, address, m_from_e.d_i.func3):
       m_from_e.result;
    if (m_from_e.d_i.is_store)
     mem_store(data_ram, address, m_from_e.rv2,
             (ap_uint<2>)m_from_e.d_i.func3);
  }
  m_to_w->rd        = m_from_e.d_i.rd;
  m_to_w->is_ret      = m_from_e.d_i.is_ret;
  m_to_w->has_no_dest  = m_from_e.d_i.has_no_dest;
#ifndef __SYNTHESIS__
#ifdef DEBUG_DISASSEMBLE
  m_to_w->pc        = m_from_e.pc;
  m_to_w->instruction = m_from_e.instruction;
  m_to_w->d_i        = m_from_e.d_i;
#endif
#ifdef DEBUG_EMULATE
#ifndef DEBUG_DISASSEMBLE
  m_to_w->d_i        = m_from_e.d_i;
#endif
  m_to_w->next_pc    = m_from_e.next_pc;
#endif
#endif
}
```

8.2.9　写回阶段

wb 函数位于 wb.cpp 文件中（见代码清单 8.26）。

wb 阶段是收集调试信息的地方，调试信息都放在同一个阶段中。它提供与 rv32i_npp_ip 相同的输出，没有烦琐的交错，也没有诸如取消指令之类的无用细节。

代码清单 8.26 wb 函数

```
void wb(
  from_m_to_w_t  w_from_m,
  int            *reg_file){
  if (!w_from_m.cancel){
    if (!w_from_m.has_no_dest)
      reg_file[w_from_m.rd] = w_from_m.result;
#ifndef __SYNTHESIS__
#ifdef DEBUG_FETCH
    printf("%04d: %08x         ",
           (int)(w_from_m.pc<<2), w_from_m.instruction);
#ifndef DEBUG_DISASSEMBLE
    printf("\n");
#endif
#endif
#ifdef DEBUG_DISASSEMBLE
    disassemble(w_from_m.pc, w_from_m.instruction,
                w_from_m.d_i);
#endif
#ifdef DEBUG_EMULATE
    emulate(reg_file, w_from_m.d_i, w_from_m.next_pc);
#endif
#endif
  }
}
```

8.2.10 testbench 函数

 实验

为了仿真 rv32i_pp_ip，请按照 5.3.6 节所述，将 fetching_ip 替换为 rv32i_pp_ip。

可以使用仿真器，将包含的 test_mem_0_text.hex 文件替换为同一文件夹中的其他 .hex 文件。

testbench_test_mem_rv32i_pp_ip.cpp 文件中的 main 函数添加了新的 nbc 参数来计算周期数（参见代码清单 8.27）。

代码清单 8.27 testbench_test_mem_rv32i_pp_ip.cpp 文件

```
#include <stdio.h>
#include "rv32i_pp_ip.h"
int          data_ram[DATA_RAM_SIZE];
unsigned int code_ram[CODE_RAM_SIZE]={
#include "test_mem_0_text.hex"
};
int main() {
  unsigned int  nbi;
  unsigned int  nbc;
  int           w;
  rv32i_pp_ip(0, code_ram, data_ram, &nbi, &nbc);
  printf("%d fetched and decoded instructions\
 in %d cycles (ipc = %2.2f)\n", nbi, nbc, ((float)nbi)/nbc);
  printf("data memory dump (non null words)\n");
  for (int i=0; i<DATA_RAM_SIZE; i++){
    w = data_ram[i];
    if (w != 0)
      printf("m[%5x] = %16d (%8x)\n", 4*i, w, (unsigned int)w);
  }
  return 0;
}
```

8.2.11　IP 综合

图 8.17 为 rv32i_pp_ip 的综合报告。

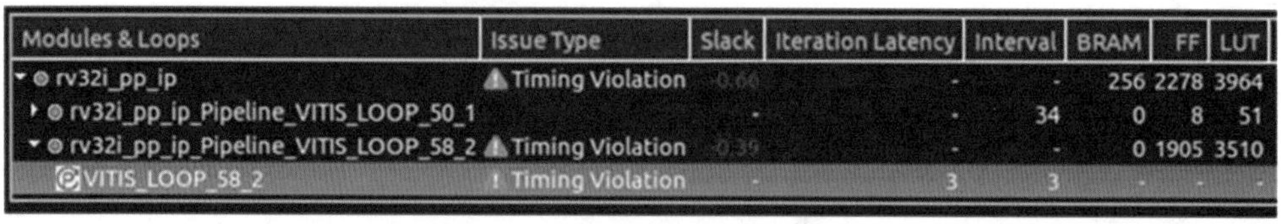

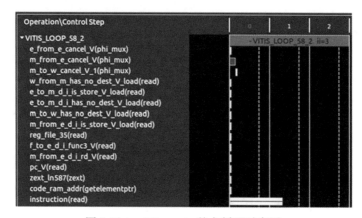

图 8.17　rv32i_pp_ip 的综合报告

图 8.18 为 rv32i_pp_ip 的主循环时序图。迭代延迟为 3 个 FPGA 周期。取指操作（图底部的 instruction(read)）横跨时钟周期 0 和 1。

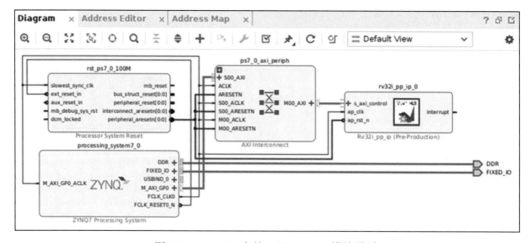

图 8.18　rv32i_pp_ip 的主循环时序图

8.2.12　Vivado 项目

图 8.19 为 Vivado 项目模块设计。

图 8.19　Vivado 中的 rv32i_pp_ip 模块设计

图 8.20 为 rv32i_pp_ip 设计的 Vivado 实现成本（4334 个 LUT，占 8.15%）。

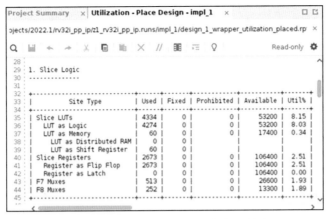

图 8.20 rv32i_pp_ip Vivado 的实现报告

8.2.13 Vivado 项目在开发板上的执行情况

 实验

要在开发板上运行 rv32i_pp_ip,请按照 5.3.10 节所述进行操作,用 rv32i_pp_ip 替换 fetching_ip。

可以使用自己的 IP,将包含的 test_mem_0_text.hex 文件替换为在同一文件夹中找到的其他 .hex 文件。

helloworld.c 文件中的代码如代码清单 8.28 所示(不要忘记使用 update_helloworld.sh shell 脚本根据自己的环境调整 hex 文件的路径)。code_ram 数组初始化与 test_mem 程序有关。

代码清单 8.28 helloworld.c 文件

```c
#include <stdio.h>
#include "xrv32i_pp_ip.h"
#include "xparameters.h"
#define LOG_CODE_RAM_SIZE 16
//size in words
#define CODE_RAM_SIZE      (1<<LOG_CODE_RAM_SIZE)
#define LOG_DATA_RAM_SIZE 16
//size in words
#define DATA_RAM_SIZE      (1<<LOG_DATA_RAM_SIZE)
XRv32i_pp_ip_Config *cfg_ptr;
XRv32i_pp_ip            ip;
word_type code_ram[CODE_RAM_SIZE] = {
#include "test_mem_0_text.hex"
};
int main(){
  unsigned int nbi, nbc;
  word_type    w;
  cfg_ptr = XRv32i_pp_ip_LookupConfig(XPAR_XRV32I_PP_IP_0_DEVICE_ID
    );
  XRv32i_pp_ip_CfgInitialize(&ip, cfg_ptr);
  XRv32i_pp_ip_Set_start_pc(&ip, 0);
  XRv32i_pp_ip_Write_code_ram_Words(&ip, 0, code_ram, CODE_RAM_SIZE
    );
  XRv32i_pp_ip_Start(&ip);
  while (!XRv32i_pp_ip_IsDone(&ip));
  nbi = XRv32i_pp_ip_Get_nb_instruction(&ip);
  nbc = XRv32i_pp_ip_Get_nb_cycle(&ip);
```

```
   printf("%d fetched and decoded instructions\
 in %d cycles (ipc = %2.2f)\n", nbi, nbc, ((float)nbi)/nbc);
   printf("data memory dump (non null words)\n");
   for (int i=0; i<DATA_RAM_SIZE; i++){
     XRv32i_pp_ip_Read_data_ram_Words(&ip, i, &w, 1);
     if (w != 0)
       printf("m[%4x] = %16d (%8x)\n", 4*i, (int)w,
              (unsigned int)w);
   }
 }
```

如果运行 test_mem.h 文件中的 RISC-V 代码，将产生如代码清单 8.29 所示的输出。

代码清单 8.29　helloworld 输出

```
88 fetched and decoded instructions in 119 cycles (ipc = 0.74)
data memory dump (non null words)
m[    0] =                1 (        1)
m[    4] =                2 (        2)
m[    8] =                3 (        3)
m[    c] =                4 (        4)
m[   10] =                5 (        5)
m[   14] =                6 (        6)
m[   18] =                7 (        7)
m[   1c] =                8 (        8)
m[   20] =                9 (        9)
m[   24] =               10 (        a)
m[   2c] =               55 (       37)
```

8.2.14　rv32i_pp_ip 的进一步测试

要在 Vitis_HLS 仿真器上运行通过 riscv-tests，只需要使用 riscv-tests/my_isa/my_rv32ui 文件夹中的 testbench_riscv_tests_rv32i_pp_ip.cpp 程序作为 testbench。

要在 FPGA 上运行通过 riscv-tests，必须使用 riscv-tests/my_isa/my_rv32ui 文件夹中的 helloworld_rv32i_pp_ip.c。通常情况下，由于已经运行了其他处理器的 update_helloworld.sh shell 脚本，所以 helloworld_rv32i_pp_ip.c 文件应该具有与运行环境匹配的路径。如果没有，则必须运行 update_helloworld.sh shell 脚本。

8.3　比较二级流水线与四级流水线

要运行 mibench 测试套件中的一个基准测试（例如 my_dir/bench），可以将 testbench 设置为位于 mibench/my_mibench/my_dir/bench 文件夹中的 testbench_bench_rv32i_pp_ip.cpp 文件。例如，要运行 basicmath，可以在 mibench/my_mibench/my_automotive/basicmath 中将 testbench 设置为 testbench_basicmath_rv32i_pp_ip.cpp。

要运行一个官方的 riscv-tests 基准测试程序，例如 bench，需要将 testbench 设置为 riscv-tests/benchmarks/bench 文件夹中的 testbench_bench_rv32i_pp_ip.cpp 文件。例如，要运行 median 基准测试程序，需要将 testbench 设置为 riscv-tests/benchmarks/median 文件夹中的 testbench_median_rv32i_pp_ip.cpp 文件。

要在 FPGA 上运行相同的基准测试程序，请选择 helloworld_rv32i_pp_ip.c 并在 Vitis IDE 中运行。

表 8.2 显示了根据公式 5.1 计算的基准测试的执行时间（$nmi * cpi * c$，其中 $c = $ 30ns）。

尽管流水线级数增加了，但平均 cpi 几乎没有变化（从 1.19 增加到 1.20），并且将周期时间从 50ns 降低到 30ns 可以确保执行时间缩短了 40%。

与 rv32i_npp_ip 相比，改进超过 50%，而 IP 的大小增加不到 6%（4334 个 LUT 而不是 4091 个）。流水线在现代处理器设计中是必不可少的，因为流水线处理器在几乎不增加芯片面积的情况下运行更快。

表 8.2　基准测试程序在四级流水线 rv32i_pp_ip 处理器上的执行时间

基准测试集	基准测试程序	周期数	*cpi*	时间（s）	二级流水线时间（s）	性能提升（%）
mibench	basicmath	37 643 157	1.22	1.129 294 710	1.880 591 250	40
mibench	bitcount	37 909 999	1.16	1.137 299 970	1.895 499 850	40
mibench	qsort	8 086 191	1.21	0.242 585 730	0.404 035 950	40
mibench	stringsearch	635 830	1.16	0.019 074 900	0.031 719 550	40
mibench	rawcaudio	758 171	1.20	0.022 745 130	0.037 358 450	39
mibench	rawcaudio	562 801	1.20	0.016 884 030	0.028 139 950	40
mibench	crc32	360 016	1.20	0.010 800 480	0.016 500 700	35
mibench	fft	38 233 594	1.22	1.147 007 820	1.911 071 900	40
mibench	fft_inv	38 908 668	1.22	1.167 260 040	1.944 825 550	40
riscv-tests	median	35 471	1.27	0.001 064 130	0.001 773 450	40
riscv-tests	mm	193 405 475	1.23	5.802 164 250	9.669 862 050	40
riscv-tests	multiply	540 024	1.29	0.016 200 720	0.027 001 100	40
riscv-tests	qsort	330 630	1.22	0.009 918 900	0.016 103 500	38
riscv-tests	spmv	1 497 940	1.20	0.044 938 200	0.074 866 500	40
riscv-tests	towers	426 385	1.06	0.012 791 550	0.020 909 450	39
riscv-tests	vvadd	18 012	1.13	0.000 540 360	0.000 900 500	40

构建多周期流水线 RISC-V 处理器

摘要

本章将构建第三个版本的 RISC-V 处理器。这个版本实现的微架构通过暂停流水线中的指令来处理依赖关系，直到它所依赖的指令全部离开流水线为止。为此，添加了一个新的发射（issue）阶段。此外，流水级的组织方式允许指令在同一阶段停留多个周期。指令处理分为六个步骤，以进一步将处理器周期缩短到两个 FPGA 周期（即 50MHz）：取指（fetch）、译码（decode）、发射（issue）、执行（execute）、访存（memory access）和写回（writeback）。当运算具有不同的延迟（例如多周期算术运算或内存访问）时，这种多周期流水线微架构就非常有用。

9.1 流水线与多周期流水线的区别

所有与 multicycle_pipeline_ip 相关的源文件都可以在 multicycle_pipeline_ip 文件夹中找到。

9.1.1 冻结流水级的等待信号

上一章中实现的流水线组织有一个重要的缺点：指令沿着流水线移动，一条指令在流水级停留的时间不能超过一个周期。

这样做的结果是，所有的计算都必须采用相同的执行延迟（即，所有的计算结果都在执行阶段的一个周期内生成）。这不适用于 RISC-V F 或 D 浮点扩展的实现。即使对实现添加整数除法的 M 扩展也是一个问题。

另一个后果是指令在进入执行阶段之前不能等待其源操作数：当指令开始执行时，源操作数必须全部就绪。必须在流水线中添加一个旁路机制，以转发已经计算出但尚未写入寄存器的数据。该旁路硬件会影响关键路径。在没有旁路的情况下，执行阶段可以满足两个 FPGA 周期的限制。而使用旁路，执行阶段需要三个 FPGA 周期。

在多周期流水线组织中，当一条指令必须在同一阶段停留多个周期时，它向前面的流水级发送等待信号，如图 9.1 所示。

图 9.1 当源操作数未就绪时，指令发射阶段发送 i_wait 信号

每个流水级接收一些输入（例如，流水级 y 从流水级 x 接收结构 x_to_y），对其进行处理并发送输出（例如，将结构 y_to_z 发送到流水级 z）。然而，如果该流水级有一个 wait 输入信号，则将保持冻结，这意味着它根本不改变其输出（不接收也不处理其输入信号，并且保持输出不变）。

一个流水级会等待它输入的 wait 信号被清除（例如，发射阶段可以向取指阶段和译码阶段发送一个空的 wait 信号）。

当等待的流水级接收到 wait 信号被清除时，恢复流水线执行，并开始处理其输入。

9.1.2 有效的输入位和输出位

流水级的输入和输出采用与上一章描述（见 8.1.2 节）相同的结构。

但是，为了允许多周期流水级的等待，每个阶段的输入和输出结构都包含一个有效位（见图 9.2）。当多周期流水级正在进行处理时，其输出是无效的。一旦最终结果准备就绪且等待条件被清除，则将置位有效位。

图 9.2　等待发射的操作使其输出失效，直到 wait 信号被清除

9.1.3 取指并计算下一个 pc

为了使处理器周期保持在两个 FPGA 周期的限制内，取指阶段不能对获取的指令进行译码。从程序存储器中读取操作，填充指令译码的结构以及根据指令格式计算立即数的操作需要太多工作量，无法在两个 FPGA 周期内（即 20ns）完成。这是 rv32i_pp_ip 处理器周期必须为 30ns 的两个原因之一（另一个原因是旁路对执行阶段延迟的影响）。

尽管译码可以移动到专用的译码阶段，但下一个 pc 的计算却不能移动。如果从取指阶段没有有效的 pc 输出到其本身，下一个周期将无法获取指令。

在取指阶段，可以同时计算顺序的下一个 pc。但如果获取指令是一条跳转指令或者分支指令，则顺序的 pc 不正确。

与前一章中所做的取消错误路径不同，多周期流水线在取指阶段进行一些译码操作，从而可以在下一个 pc 未知时阻止取指操作（即当前取回的指令为 BRANCH、JAL 或 JALR 时）。

对于 JAL 指令，下一个 pc 在译码阶段是已知的。对于 BRANCH 或 JALR 指令，在执行阶段计算出目标之前，下一个 pc 仍然未知。取指阶段在接收到下一个 pc 的有效输入前将一直保持空闲状态。

如果 BRANCH、JAL 或 JALR 三种情况都不发生，则取指阶段将向自己发送一个有效的下一个 pc。在这种情况下，下一个 pc 是 pc + 1。

图 9.3 显示了取指阶段的输入是如何根据由取指阶段本身、译码阶段或执行阶段产生的有效输入位而设置的。

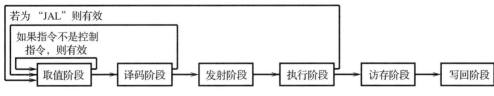

图 9.3　设置取指阶段的 pc

如果这三个输入中的任何一个有效，则取指阶段保持空闲。每当取到 BRANCH 或 JALR 指令时，取指阶段会保持三个周期的空闲（时间足够将控制指令移动到执行阶段，在该阶段计算目标 pc，并将其和有效位一起发送回取指阶段）。每当取到 JAL 指令时，取指阶段会保持一个周期的空闲。

控制指令占整个运行过程中所取指令的 10%～20%，其中大部分是分支指令。因此，对性能的影响相当大，下一章构建的微体系结构提供了一种用有用的工作来填补空闲周期的方法。

9.1.4 多周期流水级的安全结构

当一个多周期流水级 s 从其输入稳定到产生输出需要超过一个周期时，它会发出等待信号，并将等待信号发送给前面的流水级。另外，还会清除发送给其后续流水级的输出有效位。

在同一周期中，前一阶段进行计算，并在周期结束时发送有效输出。

在下一周期中，流水级 s 接收到有效的输入，但它不应该在对前一个输入进行计算时使用该输入。

这种多周期流水级具有内部安全结构（见图 9.4）。该结构用于存储输入。每个流水级对保存的数据进行计算，而不是直接对输入数据进行计算。

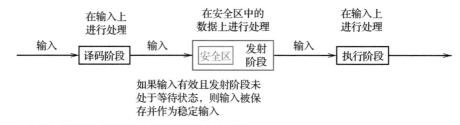

图 9.4 多周期流水级中的安全区

当输入有效且流水级不再处于等待状态时，新输入被保存在流水级的安全区中。

当流水级完成处理时，它清空其安全区。

在等待期间，不会保存有效的输入。它将一直处于待机状态，直到等待结束。当发射阶段被冻结时，输入被保存下来并一直保持稳定，直到发射阶段恢复。

9.1.5 多个多周期流水级

如果流水线中包含多个多周期流水级（例如，实现 RISC-V ISA 的 M 或 F 扩展的多周期执行阶段和用于访问存储层次的多周期访存阶段），每个多周期流水级都具有安全区，并向其前一个流水级发出等待信号，如图 9.5 所示。

当流水级 s' 发出等待信号，而较早的流水级 s 已经发出自己的等待信号时（例如，在 i_wait 信号置位时 e_wait 信号有效），新的等待信号将冻结包含流水级 s 在内的流水线。然而，流水级 s 可以从其在安全区中获取稳定的输入继续进行处理。

如果流水级 s 在流水级 s' 之前完成处理，则其输出有效位将被置位，但该流水级仍保持冻结状态，直到流水级 s' 清除其等待信号。在 s 之前的流水级也保持冻结状态。

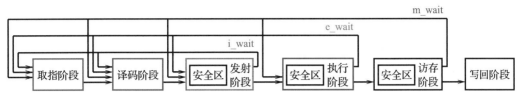

当i_wait信号被置位时，红色流水级被冻结
当e_wait信号被置位时，红色流水级和绿色流水级被冻结
当m_wait信号被置位时，红色流水级、绿色流水级和蓝色流水级被冻结
如果i_wait信号被清除同时e_wait或m_wait信号被置位，则红色流水级、绿色流水级和蓝色流水级在m_wait
信号置位时被冻结
如果i_wait信号被清除，同时e_wait和m_wait信号都被清除，则红色流水级恢复

图 9.5　多个等待信号

如果流水级 s 和流水级 s' 在同一周期内完成处理，则它们的输出同时有效，整个流水线再次被激活。

如果流水级 s 在流水级 s' 之后完成处理，则在 s' 的等待位被清除时，s 和 s' 之间的流水线会恢复。但是，在 s 之前的流水线仍保持冻结状态，因为 s 的等待位仍保持设置。因此，在 s 完成处理之前，s 之后的流水级会接收到无效的输入。由于 s 的下一个流水级的输入无效，因此它不会进行任何处理，并发送无效的输出。

9.2　IP 的顶层函数

multicycle_pipeline_ip 函数位于 multicycle_pipeline_ip.cpp 文件中。

多周期 IP 的顶层函数的原型与 rv32i_pp_ip 函数相同（参见 8.1.3 节代码中的原型部分）。

局部声明如代码清单 9.1 所示。它们包括流水级的互连、i_wait 信号和发射阶段使用的 i_safe 结构。

代码清单 9.1　multicycle_pipeline_ip 函数的局部声明

```
 ...
 int            reg_file         [NB_REGISTER];
#pragma HLS ARRAY_PARTITION variable=reg_file          dim=1 complete
 bit_t          is_reg_computed[NB_REGISTER];
#pragma HLS ARRAY_PARTITION variable=is_reg_computed dim=1 complete
 from_f_to_f_t f_to_f;
 from_f_to_d_t f_to_d;
 from_d_to_f_t d_to_f;
 from_d_to_i_t d_to_i;
 bit_t          i_wait;
 i_safe_t       i_safe;
 from_i_to_e_t i_to_e;
 from_e_to_f_t e_to_f;
 from_e_to_m_t e_to_m;
 from_m_to_w_t m_to_w;
 bit_t          is_running;
 counter_t      nbi;
 counter_t      nbc;
 ...
```

本版本中了添加 is_reg_computed 数组，当流水线使用寄存器进行计算时，该数组用于锁定寄存器的值。对于寄存器文件中的每个寄存器，is_reg_computed 数组都有一个 1 位的条目与之对应。

当一条指令发射时，它的目标寄存器 r 被锁定，即 is_reg_computed[r] 位被置位。当指令进入写回阶段时，is_reg_computed[r] 位被清除。

初始化阶段（见代码清单 9.2）从调用 init_reg_file 函数开始，该函数初始化寄存器文件（即所有寄存器都被清零）和 is_reg_computed 数组中的寄存器锁定位（所有寄存器都被标记为未锁定）。

代码清单 9.2 multicycle_pipeline_ip 函数初始化

```
...
init_reg_file (reg_file, is_reg_computed);
f_to_f.is_valid  = 1;
f_to_f.next_pc   = start_pc;
f_to_d.is_valid  = 0;
d_to_f.is_valid  = 0;
d_to_i.is_valid  = 0;
i_to_e.is_valid  = 0;
e_to_f.is_valid  = 0;
e_to_m.is_valid  = 0;
m_to_w.is_valid  = 0;
i_wait           = 0;
i_safe.is_full   = 0;
nbi              = 0;
nbc              = 0;
...
```

然后，除了 f_to_f 外，所有连接都被标记为无效（is_valid 位被清零）。f_to_f.next_pc 接收 start_pc 地址。发射阶段不处于等待状态（i_wait 位被清零）并且其安全区区为空。

multicycle_pipeline_ip.cpp 文件包含代码清单 9.3 所示的主 do…while 循环。

函数调用的顺序是相反的，以避免 RAW 相关（即从写回阶段到取指阶段的相关）。

代码清单 9.3 multicycle_pipeline_ip 函数中的 do…while 循环

```
    ...
    do{
#pragma HLS PIPELINE II=2
#pragma HLS LATENCY max=1
#ifndef __SYNTHESIS__
#ifdef DEBUG_PIPELINE
    printf("==========================================\n");
    printf("cycle %d\n", (int)nbc);
#endif
#endif
    statistic_update(i_to_e, &nbi, &nbc);
    running_cond_update(m_to_w, &is_running);
    write_back(m_to_w, reg_file, is_reg_computed);
    mem_access(e_to_m, data_ram, &m_to_w);
    execute(i_to_e,
#ifndef __SYNTHESIS__
#ifdef DEBUG_PIPELINE
            reg_file,
#endif
#endif
            &e_to_f, &e_to_m);
    issue(d_to_i, reg_file, is_reg_computed, &i_safe, &i_to_e, &
        i_wait);
    decode(f_to_d, i_wait, &d_to_f, &d_to_i);
    fetch(f_to_f, d_to_f, e_to_f, i_wait, code_ram, &f_to_f, &
        f_to_d);
    } while (is_running);
    ...
```

"HLS LATENCY max = 1" 编译指示符指示综合器尝试最多使用一个独立的寄存器来实现操作的连续性，即将迭代时序限制在最多两个 FPGA 周期。

作为一般规则，如果希望实现的延迟最多为 $n+1$ 个周期，则应该定义"HLS LATENCY max = n"。

如果取消激活"HLS LATENCY max = 1"指令（例如，将该行变为注释），则综合器将迭代处理扩展到三个 FPGA 周期，而不是两个（但是，它仍将 IP 周期保持为两个 FPGA 周期；因此，对于两个连续的迭代，存在一个周期重叠）。使用"HLS LATENCY max = 1"编译指示符，迭代延迟和 IP 周期将保持一致（II = 2）。fetch、decode、issue、execute、mem_access 和 write_back 函数实现了六个流水级。

这些函数被独立地进行组织和放置，它们可以并行运行。

不过，仍存在一些 RAW 相关。译码阶段和取指阶段（d_to_f）之间的逆向链接就属于这种情况，它由 decode 函数写入，由 fetch 函数读取。对于 e_to_f（execute 函数写入 e_to_f 结构，fetch 函数从中读取）和 i_wait（由 issue 函数写入，由 decode 函数和 fetch 函数读取）也是相同的情况。

这些 RAW 相关将会使部分计算串行化。但事实证明，综合器可以将 do…while 循环中的所有计算映射到两个 FPGA 周期之内，这可能是因为这些相关关系不在关键路径中。

statistic_update 函数和 running_cond_update 函数在 rv32i_pp_ip 设计中的作用相同。

DEBUG_PIPELINE 定义可用于在处理器工作时对每个周期切换的信息进行转储（在每个周期，取指阶段输出获取的指令，译码阶段输出译码的内容，以此类推，对于六个流水级的每个阶段都是如此），也可用于已实现的执行跟踪（execution trace）（和先前实现的 execution trace 具有相同的输出）。

该常量将在 debug_multicycle_pipeline_ip.h 文件中定义。

代码清单 9.14～9.19 显示了定义 DEBUG_PIPELINE 常量时的输出结果。

与 rv32i_pp_ip 相比，顶层函数在 do…while 循环之后的结束部分没有变化。

9.3　流水级

每个流水级都建立在相同的模式上。只有在存在有效输入且未收到等待信号时，一个流水级才能工作。计算在 stage_job 函数中完成。流水级在 set_output_to_ 函数中生成其输出。在流水级等待期间，输出不变。当没有输入时，输出被清除。

9.3.1　取指阶段

fetch 函数的代码（在 fetch.cpp 文件中）如代码清单 9.4 所示。

代码清单 9.4　fetch 函数

```
void fetch(
  from_f_to_f_t   f_from_f,
  from_d_to_f_t   f_from_d,
  from_e_to_f_t   f_from_e,
  bit_t           i_wait,
  instruction_t *code_ram,
  from_f_to_f_t *f_to_f,
  from_f_to_d_t *f_to_d){
  bit_t              has_input;
  instruction_t      instruction;
  decoded_control_t d_ctrl;
  bit_t              is_ctrl;
  code_address_t     pc;
  if (!i_wait){
```

```
        has_input = f_from_f.is_valid || f_from_d.is_valid || f_from_e.
            is_valid;
        if (has_input){
          if (f_from_f.is_valid)
            pc = f_from_f.next_pc;
          else if (f_from_d.is_valid)
            pc = f_from_d.target_pc;
          else if (f_from_e.is_valid)
            pc = f_from_e.target_pc;
          stage_job(pc, code_ram, &instruction, &d_ctrl);
#ifndef __SYNTHESIS__
#ifdef DEBUG_PIPELINE
          printf("fetched  ");
          printf("%04d: %08x        \n",
            (int)(pc<<2), instruction);
#endif
#endif
          set_output_to_f(pc, f_to_f);
          set_output_to_d(pc, instruction, d_ctrl, f_to_d);
        }
        is_ctrl = d_ctrl.is_branch || d_ctrl.is_jalr ||
                  d_ctrl.is_jal;
        f_to_f->is_valid = has_input && !is_ctrl;
        f_to_d->is_valid = has_input;
      }
    }
```

如果 i_wait 条件被置位（即由于寄存器锁定而使发射阶段停止），则 fetch 函数返回（即取指阶段保持冻结状态）。

在前一个周期结束时，如果任何发出 pc 的流水级（包括取指级、译码级或执行级）发送了有效输出，则 fetch 函数对 has_input 位进行置位。

当获取到控制指令时，取指级不会向其自身输出任何有效的 next_pc 值，取指暂停。但是，取指级将获取的指令输出到译码级。

如果控制指令是 JAL，则下一个周期中的译码级将 target_pc 值发送回取指级，该流水级将继续执行。

如果控制指令是 BRANCH 或 JALR，则下一个周期中的译码级不能发送有效的 target_pc 值。因此，取指级保持挂起。当计算出 BRANCH 或 JALR 目标时，执行级发送 target_pc 值，而取指级继续。

因此，在三个能够发出 pc 的流水级给出的有效位中，最多只能有一个被置位。

如果没有输入（has_input 被清除），则该流水级保持空闲状态。它会清除其输出的有效位。

如果有输入，则该流水级在 stage_job 函数中执行其工作（取指和部分译码）。

该流水级将输出设置为自身（下一个顺序 pc）和译码级（当前 pc 和已获取的指令）。

每个流水级设置输出有效位（只有当指令不是控制指令时，对其自身的输出才有效）。

stage_job 函数（参见代码清单 9.5）从输入 pc 寻址的 code_ram 中获取指令。它不对获取的指令进行译码。但是，它检查指令是否为控制指令（decode_control 函数）。

decode_control 函数和 stage_job 函数位于 fetch.cpp 文件中。

代码清单 9.5　decode_control 函数和 stage_job 函数

```
static void decode_control(
  instruction_t     instruction,
  decoded_control_t *d_ctrl){
  opcode_t opcode;
  opcode = (instruction >> 2);
```

```
  d_ctrl->is_branch = (opcode == BRANCH);
  d_ctrl->is_jalr   = (opcode == JALR);
  d_ctrl->is_jal    = (opcode == JAL);
}
static void stage_job(
  code_address_t      pc,
  unsigned int       *code_ram,
  instruction_t      *instruction,
  decoded_control_t *d_ctrl){
  *instruction = code_ram[pc];
  decode_control(*instruction, d_ctrl);
}
```

两个 set_output 函数（参见代码清单 9.6，fetch.cpp 文件）填充下一个译码级和取指级本身的结构字段。译码级的输出包含 decode_control 函数计算出的位，以避免重新计算。

代码清单 9.6　set_output_to_f 和 set_output_to_d 函数

```
static void set_output_to_f(
  code_address_t pc,
  from_f_to_f_t *f_to_f){
  f_to_f->next_pc = pc + 1;
}
static void set_output_to_d(
  code_address_t      pc,
  instruction_t       instruction,
  decoded_control_t d_ctrl,
  from_f_to_d_t      *f_to_d){
  f_to_d->pc          = pc;
  f_to_d->instruction = instruction;
  f_to_d->is_branch   = d_ctrl.is_branch;
  f_to_d->is_jalr     = d_ctrl.is_jalr;
  f_to_d->is_jal      = d_ctrl.is_jal;
}
```

9.3.2　译码阶段

实现译码阶段的代码与实现取指阶段的代码具有相同的组织结构。

在 multicycle_pipeline_ip.cpp 文件中定义的 decoded_instruction_t 类型中添加了两个位（参见代码清单 9.7）：is_reg_rs1 和 is_reg_rs2。如果译码的 rs1 字段（或者 rs2 字段）表示寄存器源，则对 is_reg_rs1 位（或者 is_reg_rs2 位）置位。

代码清单 9.7　decode_instruction_t 类型

```
typedef struct decoded_instruction_s{
  opcode_t      opcode;
  ...
  immediate_t imm;
  bit_t         is_rs1_reg;
  bit_t         is_rs2_reg;
  ...
  bit_t         is_r_type;
} decoded_instruction_t;
```

decode.cpp 文件中定义的 decode_instruction 函数（请参见代码清单 9.8 和 9.9）被更新，以考虑已经译码的有关控制指令的位（is_branch、is_jalr 和 is_jal）。

对计算进行了重新组织，以最小化表达式中的冗余，并插入许多局部的信息位（例如 is_lui 或 is_not_auipc）。

代码清单 9.8　decode_instruction 函数：计算局部位

```
static void decode_instruction(
```

```
  instruction_t              instruction,
  bit_t                      is_branch,
  bit_t                      is_jalr,
  bit_t                      is_jal,
  decoded_instruction_t *d_i){
  opcode_t opcode;
  bit_t    is_lui;
  bit_t    is_load;
  bit_t    is_store;
  bit_t    is_op_imm;
  bit_t    is_not_auipc;
  bit_t    is_not_jal;
  opcode        = (instruction >> 2);
  is_lui        = (opcode == LUI);
  is_load       = (opcode == LOAD);
  is_store      = (opcode == STORE);
  is_op_imm     = (opcode == OP_IMM);
  is_not_auipc  = (opcode != AUIPC);
  is_not_jal    = !is_jal;
...
```

decode_instruction 函数也进行了更新，以填充两个新的 is_rs1_reg 和 is_rs2_reg 字段。

代码清单 9.9　decode_instruction 函数：填充 d_i 字段

```
  ...
  d_i->opcode     =   opcode;
  ...
  d_i->is_rs1_reg = (is_not_jal    && !is_lui      &&
                     is_not_auipc && (d_i->rs1 != 0));
  d_i->is_rs2_reg = (!is_op_imm   && !is_load      &&
                     is_not_jal    && !is_jalr     &&
                     !is_lui       && is_not_auipc &&
                     (d_i->rs2 != 0));
  ...
  d_i->is_r_type  = (d_i->type    == R_TYPE);
}
```

立即数（decode.cpp 文件）的译码不变（参见 5.4.5 节）。

如果设置了 i_wait 条件（即译码阶段保持冻结状态），decode.cpp 文件中的 decode 函数（参见代码清单 9.10）将返回。

代码清单 9.10　decode 函数

```
void decode(
  from_f_to_d_t  d_from_f,
  bit_t          i_wait,
  from_d_to_f_t *d_to_f,
  from_d_to_i_t *d_to_i){
  decoded_instruction_t d_i;
  code_address_t        target_pc;
  if (!i_wait){
    if (d_from_f.is_valid){
      stage_job(d_from_f.pc, d_from_f.instruction,
                d_from_f.is_branch, d_from_f.is_jalr,
                d_from_f.is_jal, &d_i, &target_pc);
#ifndef __SYNTHESIS__
#ifdef DEBUG_PIPELINE
      printf("decoded  %04d: ", (int)(d_from_f.pc<<2));
      disassemble(d_from_f.pc, d_from_f.instruction, d_i);
#endif
#endif
      set_output_to_f(target_pc, d_to_f);
      set_output_to_i(d_from_f.pc, d_i,
#ifndef __SYNTHESIS__
                      d_from_f.instruction, target_pc,
#endif
                      d_to_i);
```

```
    }
    d_to_f->is_valid = d_from_f.is_valid && d_i.is_jal;
    d_to_i->is_valid = d_from_f.is_valid;
  }
}
```

如果没有有效输入，则清除输出的有效位。

如果有来自取指阶段的输入有效位，则在 stage_job 函数中对接收到的指令进行译码。取指阶段和发射阶段的输出在两个 set_output 函数中进行填充。输出有效位被置位（如果译码的指令是 JAL，则取指阶段的输出被置位）。

decode.cpp 文件中的 stage_job 函数（参见代码清单 9.11）对指令进行译码、译码立即数，并计算 JAL target_pc。

代码清单 9.11　decode stage_job 函数

```
static void stage_job(
  code_address_t          pc,
  instruction_t           instruction,
  bit_t                   is_branch,
  bit_t                   is_jalr,
  bit_t                   is_jal,
  decoded_instruction_t *d_i,
  code_address_t         *target_pc){
  decode_instruction(instruction, is_branch, is_jalr, is_jal,
                     d_i);
  decode_immediate   (instruction, d_i);
  if (d_i->is_jal)
    *target_pc = pc+(code_address_t)(d_i->imm >> 1);
}
```

decode.cpp 文件中的 set_output_to_f 函数和 set_output_to_i 函数填充输出结构 d_to_f 和 d_to_i（参见代码清单 9.12）。

代码清单 9.12　set_output_to_f 函数和 set_output_to_i 函数

```
static void set_output_to_f(
  code_address_t target_pc,
  from_d_to_f_t  *d_to_f){
  d_to_f->target_pc = target_pc;
}
static void set_output_to_i(
  code_address_t          pc,
  decoded_instruction_t d_i,
#ifndef __SYNTHESIS__
  instruction_t           instruction,
  code_address_t          target_pc,
#endif
  from_d_to_i_t          *d_to_i){
  d_to_i->pc            = pc;
  d_to_i->d_i           = d_i;
#ifndef __SYNTHESIS__
  d_to_i->instruction = instruction;
  d_to_i->target_pc   = target_pc;
#endif
}
```

9.3.3　发射阶段

发射阶段的工作是读取寄存器文件中的源寄存器并将它们的值发送给执行阶段。只有在流水线的后续阶段中没有同时计算当前指令的源寄存器时，该阶段才将指令下发到下一阶段（如果 is_reg_computed[r] 被置位，则正在计算源寄存器 r；置位的位锁定寄存器）。

9.3.3.1   发射阶段的指令调度

在严格的指令调度中，如果目标寄存器被锁定，则无法发射指令。这或许令人意外。代码清单 9.13 展示的 RISC-V 代码说明了为什么发出具有锁定目标的指令可能会导致执行不正确。

代码清单 9.13   RISC-V 代码片段，说明如果目标寄存器被锁定，应该阻止指令发射

```
0000        li      a0, 18
0004        li      a0, 19
0008        addi    a0, a0, 1
0012        ret
```

代码清单 9.14～9.16 中所示的调度（通过将 DEBUG_PIPELINE 常量置位，在 multicycle_pipeline_ip 中运行 RISC-V 代码的输出结果）显示了在发射前未检查目标寄存器时，这三条指令如何在流水线中移动。

在周期 2（见代码清单 9.14），寄存器 a0 被指令（0000）锁定（当指令发出时，目标寄存器被锁定）。

代码清单 9.14   在指令发射前未检查目标寄存器时的调度：周期 0 到周期 2

```
===========================================
cycle 0
fetched   0000: 01200513
===========================================
cycle 1
decoded   0000: li a0, 18
fetched   0004: 01300513
===========================================
cycle 2
issued    0000
decoded   0004: li a0, 19
fetched   0008: 00150513
```

寄存器 a0 是指令（0004）的目标寄存器。在周期 3（见代码清单 9.15），即使寄存器 a0 自周期 2 起就被锁定，但由于未检查目标寄存器的锁，因此不会阻止指令（0004）发射（副作用是寄存器 a0 再次被锁定）。

代码清单 9.15   在指令发射前未检查目标寄存器时的调度：周期 3 到周期 5

```
===========================================
cycle 3
execute   0000
issued    0004
decoded   0008: addi a0, a0, 1
fetched   0012: 00008067
===========================================
cycle 4
mem       0000
execute   0004
===========================================
cycle 5
wb        0000
    a0   =              18 (        12)
mem       0004
issued    0008
decoded   0012: ret
```

在周期 5，寄存器 a0 由指令（0000）解锁（指令写回时目标寄存器解锁）。

在周期 5，指令（0008）发射，此时，处于 mem 级的指令（0004）还未更新寄存器

a0。因此，指令（0008）从 a0 中读取 18，因为它正在被指令（0000）写入（在 do…while 循环中，由于在 write_back 阶段之后调用 issue 函数，因此在发射阶段中的读取操作跟在 write_back 阶段中的写入操作之后）。

在周期 8（见代码清单 9.16），指令（0008）将值 19 写入寄存器 a0（即 18+1），这是最终输出的寄存器值。

代码清单 9.16　在指令发射前未检查目标寄存器时的调度：周期 6 到周期 9

```
=========================================
cycle 6
wb        0004
     a0    =                19 (      13)
execute   0008
issued    0012
=========================================
cycle 7
mem       0008
execute   0012
     pc    =                 0 (       0)
=========================================
cycle 8
wb        0008
     a0    =                19 (      13)
mem       0012
=========================================
cycle 9
wb        0012
=========================================
```

9.3.3.2　发射阶段的指令调度：严格调度

此调度将检查目标寄存器，并与前面应用的调度进行比较，如代码清单 9.17～9.19 所示。前三个周期的情况保持不变。

在周期 3（见代码清单 9.17），指令（0004）不会发射，因为它的目标寄存器 a0 被锁定。

代码清单 9.17　在指令发射前检查目标寄存器时的调度：周期 3 到周期 5

```
=========================================
cycle 3
execute   0000
=========================================
cycle 4
mem       0000
=========================================
cycle 5
wb        0000
     a0    =                18 (      12)
issued    0004
decoded   0008: addi a0, a0, 1
fetched   0012: 00008067
```

在周期 5，指令（0000）的写回操作将寄存器 a0 解锁，同时指令（0004）在该周期发射（在发射阶段中读取 is_reg_computed [a0] 之前，write_back 阶段将其清除）。

在周期 8，指令（0004）写回之后，指令（0008）发射（见代码清单 9.18）。因此，指令（0008）从 a0 寄存器中读取到的值是 19。

代码清单 9.18　在指令发射前检查目标寄存器时的调度：周期 6 到周期 9

```
=========================================
cycle 6
execute   0004
```

```
=====================================
cycle 7
mem      0004
=====================================
cycle 8
wb       0004
    a0   =                    19 (        13)
issued   0008
decoded  0012: ret
=====================================
cycle 9
execute  0008
issued   0012
=====================================
```

在周期 9，指令（0008）的执行阶段计算出值 20。

在周期 11，指令（0008）将值 20 写入寄存器 a0（参见代码清单 9.19）。

代码清单 9.19　在指令发射前检查目标寄存器时的调度：周期 10 到周期 12

```
=====================================
cycle 10
mem      0008
execute  0012
    pc   =                     0 (         0)
=====================================
cycle 11
wb       0008
    a0   =                    20 (        14)
mem      0012
=====================================
cycle 12
wb       0012
=====================================
```

9.3.3.3　发射阶段的指令调度：松弛调度（非严格调度）

当代码包含如代码清单 9.13 所示的两个连续的寄存器初始化时，才需要检查目标寄存器是否上锁，这种情况在优化代码中永远不会发生（在优化代码中，应删除无用的第一个初始化）。

例如，load 指令紧跟着一条对载入寄存器进行计算的指令（如“lw a0, 0(a1)”紧跟“addi a0, a0, 1”），这种检查就不是必需的。在这种情况下，由于对寄存器 a0 存在 RAW 相关，在 load 结束之前，第二条指令不会发射：lw 指令写入 a0，而 addi 指令读取 a0。

为了节省 LUT/FF 资源，multicycle_pipeline_ip 设计采用了不检查目标寄存器锁定状态的松弛指令调度策略。

9.3.3.4　issue 函数

issue 函数（issue.cpp 文件）如代码清单 9.20 所示。

代码清单 9.20　issue 函数

```cpp
void issue(
  from_d_to_i_t  i_from_d,
  int            *reg_file,
  bit_t          *is_reg_computed,
  i_safe_t       *i_safe,
  from_i_to_e_t  *i_to_e,
  bit_t          *i_wait){
  bit_t is_locked_1;
  bit_t is_locked_2;
  int   rv1;
```

```
        int    rv2;
    if (!(*i_wait) && !i_safe->is_full){
        save_input_from_d(i_from_d, i_safe);
        i_safe->is_full = i_from_d.is_valid;
    }
    if (i_safe->is_full){
        is_locked_1 =
            i_safe->d_i.is_rs1_reg &&
            is_reg_computed[i_safe->d_i.rs1];
        is_locked_2 =
            i_safe->d_i.is_rs2_reg &&
            is_reg_computed[i_safe->d_i.rs2];
        *i_wait = is_locked_1 || is_locked_2;
        if (!(*i_wait)){
            stage_job(i_safe->d_i, reg_file, &rv1, &rv2);
#ifndef __SYNTHESIS__
#ifdef DEBUG_PIPELINE
            printf("issued    ");
            printf("%04d\n", (int)(i_safe->pc<<2));
#endif
#endif
            set_output_to_e(i_safe->pc, i_safe->d_i, rv1, rv2,
#ifndef __SYNTHESIS__
                            i_safe->instruction,
                            i_safe->target_pc,
#endif
                            i_to_e);
            if (!i_safe->d_i.has_no_dest)
                is_reg_computed[i_safe->d_i.rd] = 1;
        }
    }
    i_to_e->is_valid = i_safe->is_full && !(*i_wait);
    i_safe->is_full  = (*i_wait);
}
```

如果发射阶段不处于等待状态（即 i_wait 未设置）且安全区为空，则输入会被保存在安全区中（save_input_from_d 函数）。如果输入有效，则安全区为满。

如果安全区已满（因为刚刚被填满或因为发射阶段正在等待），则会检查安全区中每个指令源操作数的 is_reg_computed 锁定状态：计算 is_locked_1（对于寄存器源 rs1）和 is_locked_2（对于寄存器源 rs2）的位。

如果源操作数没有被锁定，则发射阶段向执行阶段发射指令并输出相关的信号。

根据两个锁检查位设置一个新的 i_wait 值。

如果可能发射指令（即 i_wait 的新值为 0），则通过 stage_ job 函数在寄存器文件中读取源操作数。读出的数据被复制到输出结构中，然后发送给执行阶段（set_output_to_e 函数）。目标寄存器 rd（如果有的话）被锁定（设置 is_reg_computed[i_safe->d_i.rd] 位）。

只有当安全区中有指令并且执行阶段没有指令在等待时，执行阶段的输出才有效。然后，将安全区清空（即 is_full 位被清除）。

然而，如果要应用严格调度，则应通过添加与指令目标 i_safe->d_i.rd 相关的第三个检查位 is_locked_d 来更新 issue 函数，如代码清单 9.21 所示。

代码清单 9.21　issue 函数

```
void issue(
    from_d_to_i_t  i_from_d,
    int            *reg_file,
    bit_t          *is_reg_computed,
    i_safe_t       *i_safe,
    from_i_to_e_t  *i_to_e,
    bit_t          *i_wait){
    bit_t is_locked_1;
```

```
bit_t is_locked_2;
bit_t is_locked_d;
...
if (i_safe->is_full){
  is_locked_1 =
    i_safe->d_i.is_rs1_reg &&
    is_reg_computed[i_safe->d_i.rs1];
  is_locked_2 =
    i_safe->d_i.is_rs2_reg &&
    is_reg_computed[i_safe->d_i.rs2];
  is_locked_d =
   !i_safe->d_i.has_no_dest &&
    is_reg_computed[i_safe->d_i.rd];
  *i_wait = is_locked_1 || is_locked_2 || is_locked_d;
...
}
```

9.3.3.5　stage_ job 函数

issue.cpp 文件中的 stage_ job 函数（参见代码清单 9.22）从寄存器文件中读取源操作数。

代码清单 9.22　stage_ job 函数

```
static void stage_job(
  decoded_instruction_t d_i,
  int                    *reg_file,
  int                    *rv1,
  int                    *rv2){
  *rv1 = reg_file[d_i.rs1];
  *rv2 = reg_file[d_i.rs2];
}
```

9.3.3.6　set_output_to_e 函数

issue.cpp 文件中的 set_output_to_e 函数（参见代码清单 9.23）用源操作数 rv1 和 rv2、译码的 d_i 和 pc 来填充 i_to_e 结构（在执行阶段中需要 pc 来计算 BRANCH 或 JALR 指令的目标地址）。

代码清单 9.23　set_output_to_e 函数

```
static void set_output_to_e(
  code_address_t         pc,
  decoded_instruction_t d_i,
  int                    rv1,
  int                    rv2,
#ifndef __SYNTHESIS__
  instruction_t          instruction,
  code_address_t         target_pc,
#endif
  from_i_to_e_t         *i_to_e){
  i_to_e->pc             = pc;
  i_to_e->d_i            = d_i;
  i_to_e->rv1            = rv1;
  i_to_e->rv2            = rv2;
#ifndef __SYNTHESIS__
  i_to_e->instruction = instruction;
  i_to_e->target_pc   = target_pc;
#endif
}
```

9.3.4　执行阶段

执行阶段不受 i_wait 信号的影响（就像发射阶段之后的所有阶段一样）。

9.3.4.1 execute 函数

execute 函数（在 execute.cpp 文件中）如代码清单 9.24 所示。

代码清单 9.24 execute 函数

```
void execute(
  from_i_to_e_t  e_from_i,
#ifndef __SYNTHESIS__
#ifdef DEBUG_PIPELINE
  int           *reg_file,
#endif
#endif
  from_e_to_f_t *e_to_f,
  from_e_to_m_t *e_to_m){
  bit_t          bcond;
  int            result1;
  int            result2;
  code_address_t target_pc;
  code_address_t next_pc;
  if (e_from_i.is_valid){
    compute  (e_from_i.pc, e_from_i.d_i, e_from_i.rv1,
              e_from_i.rv2, &bcond, &result1, &result2,
              &next_pc);
    stage_job(e_from_i.pc, e_from_i.d_i, bcond, next_pc,
              &target_pc);
#ifndef __SYNTHESIS__
#ifdef DEBUG_PIPELINE
    printf("execute  ");
    printf("%04d\n", (int)(e_from_i.pc<<2));
    if (e_from_i.d_i.is_branch || e_from_i.d_i.is_jalr)
      emulate(reg_file, e_from_i.d_i, next_pc);
#endif
#endif
    set_output_to_f(target_pc, e_to_f);
    set_output_to_m(e_from_i.d_i, result1, result2, next_pc,
                    e_from_i.rv2, target_pc,
#ifndef __SYNTHESIS__
                    e_from_i.pc, e_from_i.instruction,
#endif
                    e_to_m);
  }
  //block fetch after last RET
  //(i.e. RET with 0 return address)
  e_to_f->is_valid   =
    e_from_i.is_valid        &&
   (e_from_i.d_i.is_branch ||
   (e_from_i.d_i.is_jalr   &&
   (!e_from_i.d_i.is_ret    || (next_pc != 0))));
  e_to_m->is_valid - e_from_i.is_valid;
}
```

如果从发射阶段接收到有效输入，则执行阶段计算 BRANCH 条件、ALU 的结果、内存访问地址以及 BRANCH 和 JALR 的 next_pc（compute 函数将所有计算进行分组）。

然后，设置要发送到取指阶段的 target_pc（在 stage_job 函数中）。之后，在两个 set_output 函数中填充输出结构字段。最后，执行阶段设置输出的有效位。

如果没有有效输入，则发送到取指阶段和访存阶段的输出也无效。否则，发送到访存阶段的输出是有效的。如果执行的指令是 BRANCH 或 JALR，则发送到取指阶段的输出也是有效的。

如果指令是 RET（RET 是以寄存器 RA 为源寄存器、以寄存器 zero 为目标寄存器的 JALR 指令），并且如果寄存器 RA 为空，则这是从 main 函数返回的最后一条指令。在这种情况下，发送到取指阶段的输出无效，不会发送返回地址。

9.3.4.2 compute 函数

execute.cpp 文件中的 compute 函数（参见代码清单 9.25）同时计算分支条件 bcond（compute_branch_result）、result1 的 ALU 结果（compute_op_result）、result2 的结果（由 compute_result 函数返回的结果，即内存访问地址、LUI 立即数或 AUIPC 的和）以及 BRANCH 和 JALR 的 next_pc（compute_next_pc）。

代码清单 9.25　compute 函数

```
static void compute(
  code_address_t        pc,
  decoded_instruction_t d_i,
  int                   rv1,
  int                   rv2,
  bit_t                 *bcond,
  int                   *result1,
  int                   *result2,
  code_address_t        *next_pc){
  *bcond   = compute_branch_result(rv1, rv2, d_i.func3);
  *result1 = compute_op_result(rv1, rv2, d_i);
  *result2 = compute_result(rv1, pc, d_i);
  *next_pc = compute_next_pc(pc, d_i, rv1);
}
```

这些计算函数保持不变（compute_result 函数见 8.2.6 节，其他计算函数参见 5.5.7 节）。它们位于 compute.cpp 文件中。

9.3.4.3 stage_job 函数

execute.cpp 文件中的 stage_job 函数（见代码清单 9.26）根据计算出的 next_pc 和 bcond 分支条件设置 BRANCH 和 JALR 指令 target_pc。

代码清单 9.26　stage_job 函数

```
static void stage_job(
  code_address_t        pc,
  decoded_instruction_t d_i,
  bit_t                 bcond,
  code_address_t        next_pc,
  code_address_t        *target_pc){
  *target_pc =
    (bcond || d_i.is_jalr)?next_pc:(code_address_t)(pc + 1);
}
```

对于 BRANCH，如果 bcond 置位，则目标是 next_pc。否则，目标是顺序 pc（即未转移成功的 BRANCH 指令的 pc+1）。

对于 JALR 指令，目标是 next_pc。

9.3.4.4 set_output 函数

execute.cpp 文件中的 set_output 函数设置执行阶段的输出结构。

set_output_to_f 函数如代码清单 9.27 所示。

代码清单 9.27　set_output_to_f 函数

```
static void set_output_to_f(
  code_address_t target_pc,
  from_e_to_f_t *e_to_f){
  e_to_f->target_pc = target_pc;
}
```

set_output_to_m 函数如代码清单 9.28 所示。

value 字段可以由不同的源进行设置，具体取决于主操作码。对于 RET 指令，value 为 target_pc，即返回地址。对于 JAL 和 JALR 指令（RET 指令除外），value 为 result2，即在 compute_result 函数中计算的链接地址。如果指令有一个 upper 立即数（LUI 和 AUIPC），其 value 也是 result2。

如果指令是 STORE，则用 rv2 设置 value 字段。

对于所有其他指令（例如 OP 或 OP_IMM 操作码），value 是 compute_op_result 函数中计算的 result1。LOAD 指令也将 value 设置为 result1，由于 load 操作使用载入的数据覆盖了数值字段，因此这个设置无关紧要。

访存阶段不仅仅进行访存操作，还要输出结果的目标。对于所有指令来说，访存阶段是执行阶段和写回阶段之间的一个过渡。因此，执行阶段要发送访存阶段和写回阶段需要的所有信息（这就是为什么 value 字段要保存任何操作码的计算结果）。

代码清单 9.28　set_output_to_m 函数

```
static void set_output_to_m(
  decoded_instruction_t d_i,
  int                     result1,
  int                     result2,
  code_address_t          next_pc,
  int                     rv2,
  code_address_t          target_pc,
#ifndef __SYNTHESIS__
  code_address_t          pc,
  instruction_t           instruction,
#endif
  from_e_to_m_t          *e_to_m){
  e_to_m->rd             = d_i.rd;
  e_to_m->has_no_dest    = d_i.has_no_dest;
  e_to_m->is_load        = d_i.is_load;
  e_to_m->is_store       = d_i.is_store;
  e_to_m->func3          = d_i.func3;
  //e_to_m->is_ret is used by running_cond_update
  e_to_m->is_ret         = d_i.is_ret;
  e_to_m->address        = result2;
  e_to_m->value          =
    (d_i.is_ret)?
      (int)target_pc:
    (d_i.is_jal || d_i.is_jalr || (d_i.type == U_TYPE))?
      result2:
    (d_i.is_store)?
      rv2:
      result1;
  e_to_m->target_pc      =
    (d_i.is_jal || d_i.is_branch)?
      target_pc:
      next_pc;
#ifndef __SYNTHESIS__
  e_to_m->pc             = pc;
  e_to_m->instruction    = instruction;
  e_to_m->d_i            = d_i;
#endif
}
```

9.3.4.5　running_cond_update 函数

multicycle_pipeline_ip.cpp 文件（参见代码清单 9.29）中的 running_cond_update 函数监视访存阶段和写回阶段之间的连接。running_cond_update 函数跟踪返回到地址 0 的 RET 指令（从访存阶段到写回阶段的输出是有效的，is_ret 位置位，并且 value 为空）。当满足这种条件时，is_running 条件将更新为结束顶层函数中的主循环。

这就是为什么 is_ret 位字段出现在 e_to_m 结构中并传播到 m_to_w 结构的原因，即使访存阶段和写回阶段都不使用它。

代码清单 9.29   running_cond_update 函数

```
static void running_cond_update(
  from_m_to_w_t w_from_m,
  bit_t         *is_running){
  *is_running =
    !w_from_m.is_valid ||
    !w_from_m.is_ret   ||
     w_from_m.value != 0;
}
```

9.3.5   访存阶段

mem_access.cpp 文件中的 mem_access 函数如代码清单 9.30 所示。

代码清单 9.30   mem_access 函数

```
void mem_access(
  from_e_to_m_t  m_from_e,
  int            *data_ram,
  from_m_to_w_t *m_to_w){
  int value;
  if (m_from_e.is_valid){
    value = m_from_e.value;
    stage_job(m_from_e.is_load, m_from_e.is_store,
              m_from_e.address, m_from_e.func3, data_ram,
            &value);
#ifndef __SYNTHESIS__
#ifdef DEBUG_PIPELINE
    printf("mem       ");
    printf("%04d\n", (int)(m_from_e.pc<<2));
#endif
#endif
    set_output_to_w(m_from_e.rd, m_from_e.has_no_dest,
                    m_from_e.is_ret, value,
#ifndef __SYNTHESIS__
                    m_from_e.pc,  m_from_e.instruction,
                    m_from_e.d_i, m_from_e.target_pc,
#endif
                    m_to_w);
  }
  m_to_w->is_valid = m_from_e.is_valid;
}
```

如果来自执行阶段的输入是有效的，那么访存阶段就完成该阶段规定的工作。

stage_job 函数在加载或存储中起作用。

set_output_to_w 函数填充 m_to_w 输出结构字段。

最后，如果执行阶段的输入有效，则输出有效位置位，否则清除。

mem_access.cpp 文件中的 stage_job 函数（见代码清单 9.31）要么从内存中加载数据，要么向内存存储数据。如果指令既不是 load 指令也不是 store 指令，则该函数只做返回操作。

mem.cpp 文件中的 mem_load 函数和 mem_store 函数不变。

代码清单 9.31   stage_job 函数

```
static void stage_job(
```

```
bit_t               is_load,
bit_t               is_store,
b_data_address_t address,
func3_t             func3,
int                 *data_ram,
int                 *value){
if (is_load)
  *value = mem_load(data_ram, address, func3);
else if (is_store)
  mem_store(data_ram, address, *value, (ap_uint<2>)func3);
}
```

mem_access.cpp 文件中的 set_output_to_w 函数（参见代码清单 9.32）填充 m_to_w 结构。它传输了指令译码中与写回相关的部分，即目标寄存器 rd 和指示指令没有目标寄存器的 has_no_dest 信号。

代码清单 9.32　set_output_to_w 函数

```
static void set_output_to_w(
  reg_num_t               rd,
  bit_t                   has_no_dest,
  bit_t                   is_ret,
  int                     value,
#ifndef __SYNTHESIS__
  code_address_t          pc,
  instruction_t           instruction,
  decoded_instruction_t d_i,
  code_address_t          target_pc,
#endif
  from_m_to_w_t          *m_to_w){
  m_to_w->rd            = rd;
  m_to_w->has_no_dest = has_no_dest;
  m_to_w->is_ret        = is_ret;
  m_to_w->value         = value;
#ifndef __SYNTHESIS__
  m_to_w->pc            = pc;
  m_to_w->instruction = instruction;
  m_to_w->d_i           = d_i;
  m_to_w->target_pc   = target_pc;
#endif
}
```

它还输出 is_ret 位，指示指令是否为 RET。正如之前提到的，这个位被顶层函数的主循环控制使用，而不是被写回阶段使用。

set_output_to_w 函数将其 value 参数发送到写回阶段，如果该指令是 LOAD 指令，则该参数是从内存中加载的值，否则是由执行阶段计算的值。

9.3.6　写回阶段

wp.cpp 文件中的 write_back 函数如代码清单 9.33 所示。

代码清单 9.33　write_back 函数

```
void write_back(
  from_m_to_w_t w_from_m,
  int           *reg_file,
  bit_t         *is_reg_computed){
  if (w_from_m.is_valid){
    stage_job(w_from_m.has_no_dest, w_from_m.rd,
              w_from_m.value, reg_file);
    if (!w_from_m.has_no_dest)
      is_reg_computed[w_from_m.rd] = 0;
#ifndef __SYNTHESIS__
#ifdef DEBUG_PIPELINE
    printf("wb         ");
```

```
    printf("%04d\n", (int)(w_from_m.pc<<2));
    if (!w_from_m.d_i.is_branch && !w_from_m.d_i.is_jalr)
      emulate(reg_file, w_from_m.d_i, w_from_m.target_pc);
#else
#ifdef DEBUG_FETCH
    printf("%04d: %08x      ",
      (int)(w_from_m.pc<<2), w_from_m.instruction);
#ifndef DEBUG_DISASSEMBLE
    printf("\n");
#endif
#endif
#ifdef DEBUG_DISASSEMBLE
    disassemble(w_from_m.pc, w_from_m.instruction,
              w_from_m.d_i);
#endif
#ifdef DEBUG_EMULATE
    emulate(reg_file, w_from_m.d_i, w_from_m.target_pc);
#endif
#endif
#endif
    }
}
```

如果写回阶段输入有效且指令有目标地址，则 stage_job 函数将 value 写入目标寄存器 rd。

然后，write_back 函数通过清除 is_reg_computed[w_from_m.d] 位来解锁写入寄存器 rd。

如果写回阶段的输入无效，则 write_back 函数只做返回操作。

如果指令有目标地址，则在 wb.cpp 文件（见代码清单 9.34）中的 writeback stage_job 函数将 value 写入目标寄存器。

代码清单 9.34　写回 stage_job 函数

```
static void stage_job(
  bit_t     has_no_dest,
  reg_num_t rd,
  int       value,
  int       *reg_file){
  if (!has_no_dest) reg_file[rd] = value;
}
```

9.4　仿真、综合与运行 IP

9.4.1　IP 仿真与综合

> **实验**
>
> 　　为了仿真 multicycle_pipeline_ip，按照 5.3.6 节中所述的操作，用 multicycle_pipeline_ip 替换 fetching_ip。
>
> 　　可以使用仿真器，将包含的 test_mem_0_text.hex 文件替换为同一文件夹中的其他 .hex 文件。

testbench_multicycle_pipeline_ip.cpp 文件中的 testbench 代码不变，仿真结果也不变（除了运行的周期数不同之外）。

当定义 DEBUG_PIPELINE 常量时（取消 debug_multicycle_pipeline_ip.h 文件中的定义

行注释），仿真结果以逐周期执行的形式呈现，每个流水级输出其工作（输出发生在该流水级输出有效的周期中）。参考代码清单 9.14～9.19。

图 9.6 为综合报告。

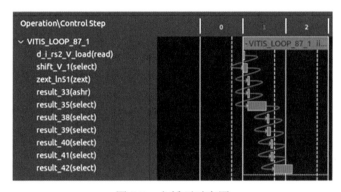

图 9.6 多周期流水线 IP 的综合报告

图 9.7 为带有时序违例的主循环时序图。调度为两个周期（20ns，50MHz），时序违例可以忽略。

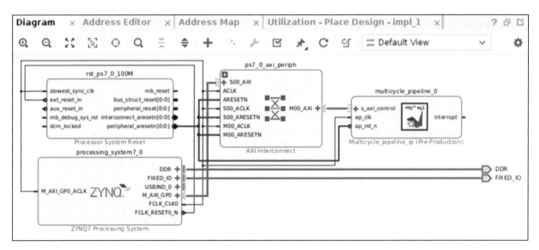

图 9.7 主循环时序图

9.4.2 Vivado 项目及实现报告

图 9.8 为 Vivado 模块设计。

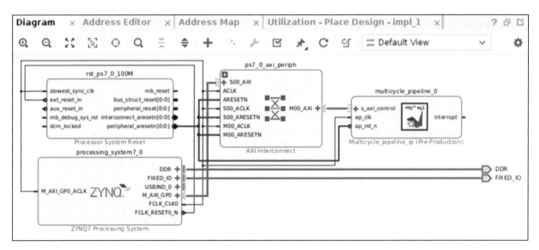

图 9.8 Vivado 多周期流水线 IP 的模块设计

图 9.9 为 Vivado 实现报告（4111 个 LUT，占 7.73%）。

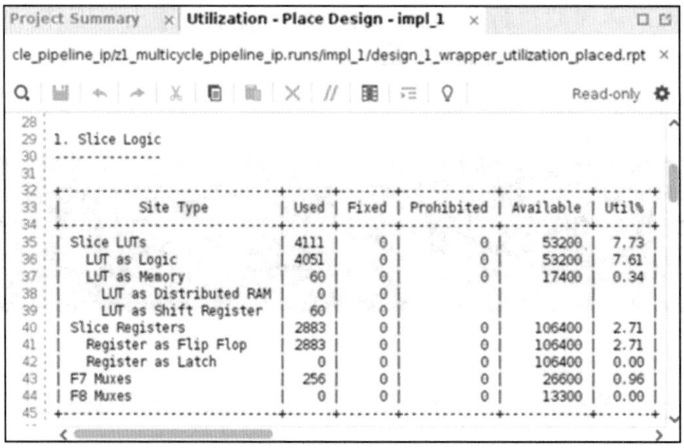
Project Summary | Utilization - Place Design - impl_1

cle_pipeline_ip/z1_multicycle_pipeline_ip.runs/impl_1/design_1_wrapper_utilization_placed.rpt

Read-only

1. Slice Logic

Site Type	Used	Fixed	Prohibited	Available	Util%
Slice LUTs	4111	0	0	53200	7.73
LUT as Logic	4051	0	0	53200	7.61
LUT as Memory	60	0	0	17400	0.34
LUT as Distributed RAM	0	0			
LUT as Shift Register	60	0			
Slice Registers	2883	0	0	106400	2.71
Register as Flip Flop	2883	0	0	106400	2.71
Register as Latch	0	0	0	106400	0.00
F7 Muxes	256	0	0	26600	0.96
F8 Muxes	0	0	0	13300	0.00

图 9.9 Vivado 多周期流水线 IP 的实现报告

9.4.3 在开发板上运行 IP

实验

要在开发板上运行 multicycle_pipeline_ip，请按照 5.3.10 节中所述操作，将 fetching_ip 替换为 multicycle_pipeline_ip。

可以使用自己的 IP，将包含的 test_mem_0_text.hex 文件替换为在同一文件夹中找到的其他 .hex 文件。

helloworld.c 文件如代码清单 9.35 所示（不要忘记使用 update_helloworld.sh shell 脚本根据运行环境调整 hex 文件的路径）。

代码清单 9.35 运行 test_mem.s RISC-V 程序文件的 helloworld.c 文件

```
#include <stdio.h>
#include "xmulticycle_pipeline_ip.h"
#include "xparameters.h"
#define LOG_CODE_RAM_SIZE 16
//size in words
#define CODE_RAM_SIZE     (1<<LOG_CODE_RAM_SIZE)
#define LOG_DATA_RAM_SIZE 16
//size in words
#define DATA_RAM_SIZE     (1<<LOG_DATA_RAM_SIZE)
XMulticycle_pipeline_ip_Config *cfg_ptr;
XMulticycle_pipeline_ip        ip;
word_type code_ram[CODE_RAM_SIZE] = {
#include "test_mem_0_text.hex"
};
int main(){
  unsigned int nbi, nbc;
  word_type    w;
  cfg_ptr = XMulticycle_pipeline_ip_LookupConfig(
      XPAR_XMULTICYCLE_PIPELINE_IP_0_DEVICE_ID);
  XMulticycle_pipeline_ip_CfgInitialize(&ip, cfg_ptr);
  XMulticycle_pipeline_ip_Set_start_pc(&ip, 0);
  XMulticycle_pipeline_ip_Write_code_ram_Words(&ip, 0, code_ram,
      CODE_RAM_SIZE);
  XMulticycle_pipeline_ip_Start(&ip);
  while (!XMulticycle_pipeline_ip_IsDone(&ip));
  nbi = XMulticycle_pipeline_ip_Get_nb_instruction(&ip);
  nbc = XMulticycle_pipeline_ip_Get_nb_cycle(&ip);
  printf("%d fetched and decoded instructions\
 in %d cycles (ipc = %2.2f)\n", nbi, nbc, ((float)nbi)/nbc);
```

```
  printf("data memory dump (non null words)\n");
  for (int i=0; i<DATA_RAM_SIZE; i++){
    XMulticycle_pipeline_ip_Read_data_ram_Words
      (&ip, i, &w, 1);
    if (w != 0)
      printf("m[%4x] = %16d (%8x)\n", 4*i, (int)w,
              (unsigned int)w);
  }
}
```

如果运行 test_mem.h 文件中的 RISC-V 代码，则会产生如代码清单 9.36 所示的输出
（217 个周期，在 rv32i_pp_ip 上运行了 119 个周期；锁定机制不如第 8 章中的旁路版本有效；
IPC 低，这意味着流水线远未填满）。

代码清单 9.36　helloworld 输出

```
88 fetched and decoded instructions in 217 cycles (ipc = 0.41)
data memory dump (non null words)
m[    0] =                1 (       1)
m[    4] =                2 (       2)
m[    8] =                3 (       3)
m[    c] =                4 (       4)
m[   10] =                5 (       5)
m[   14] =                6 (       6)
m[   18] =                7 (       7)
m[   1c] =                8 (       8)
m[   20] =                9 (       9)
m[   24] =               10 (       a)
m[   2c] =               55 (      37)
```

9.4.4　multicycle_pipeline_ip 的进一步测试

要在 Vitis_HLS 仿真器上通过 riscv-tests，只需要使用 riscv-tests/my_isa/my_rv32ui 文
件夹中的 testbench_riscv_tests_multicycle_pipeline_ip.cpp 程序作为 testbench。

要在 FPGA 上通过 riscv-tests 测试，必须使用 riscv-tests/my_isa/my_rv32ui 文件夹中
的 helloworld_multicycle_pipeline_ip.c 文件。通常，由于已经为其他处理器运行了 update_
helloworld.sh shell 脚本，因此 helloworld_multicycle_pipeline_ip.c 文件应该已经适配了环境
路径。如果没有，则必须运行 /update_helloworld.sh。

9.5　比较多周期流水线与四级流水线

要从 mibench 套件（例如 my_dir/bench）运行基准测试程序，可以将 testbench 设置为在
mibench/my_mibench/my_dir/bench 文件夹中的 testbench_bench_multicycle_pipeline_ip.cpp
文件。例如，要运行 basicmath，可以在 mibench/my_mibench/my_automotive/basicmath 文
件夹中将 testbench 设置为 testbench_basicmath_multicycle_pipeline_ip.cpp。

为了运行其中一个官方的 riscv-tests 基准测试程序，比如 bench，将 testbench 设置
为 riscv-tests/benchmarks/bench 文件夹中的 testbench_bench_multicycle_pipeline_ip.cpp 文
件。例如，为了运行 median，在 riscv-tests/benchmarks/median 文件夹中将 testbench 设置为
testbench_median_multicycle_pipeline_ip.cpp。

要在 FPGA 上运行相同的基准测试程序，请选择 helloworld_multicycle_pipeline_ip.c 在
Vitis IDE 中运行。

表 9.1 显示了根据公式 5.1 计算的 testbench 的执行时间（$nmi * cpi * c$，其中 $c = 20ns$）。

尽管时钟周期已经缩短（20～30ns），但 *cpi* 为之前的 1.60 倍（1.92 与 1.20 相比；主要是因为寄存器锁定/解锁系统不如旁路效率高，以及新增发射阶段导致流水线变长，即增加了延迟），导致性能与在 rv32i_pp_ip 设计中实现的四级流水线相比有所下降。

cpi 越高，性能下降的幅度越大（towers 的 *cpi* 为 1.26，提升 20%；stringsearch 的 *cpi* 为 2.26，下降 30%）。

注意，mm 基准测试程序在仿真器上的运行大约需要一个小时（在 FPGA 上需要几秒钟）。如果基准测试在 FPGA 上运行，而不在 Vitis_HLS 模拟器上运行，则可以节省大量时间。

只有当 ISA 被扩展到某些多周期指令时，才应该实现多周期流水线，例如 F、D 或 M 扩展（或者如果数据存储器为包含 cache 的层次结构，这意味着访存需要多个周期）。

表 9.1   基准测试程序在六级流水线 multicycle_pipeline_ip 处理器上的执行时间

测试集	基准测试程序	周期数	*cpi*	时间（s）	四级流水线时间（s）	性能提升（%）
mibench	basicmath	62 723 992	2.03	1.254 479 840	1.129 294 710	−11
mibench	bitcount	57 962 065	1.78	1.159 241 300	1.137 299 970	−2
mibench	qsort	12 845 805	1.92	0.256 916 100	0.242 585 730	−6
mibench	stringsearch	1 240 390	2.26	0.024 807 800	0.019 074 900	−30
mibench	rawcaudio	1 363 673	2.15	0.027 273 460	0.022 745 130	−20
mibench	rawcaudio	942 834	2.01	0.018 856 680	0.016 884 030	−12
mibench	crc32	660 028	2.20	0.013 200 560	0.010 800 480	−22
mibench	fft	64 979 537	2.07	1.299 590 740	1.147 007 820	−13
mibench	fft_inv	66 054 232	2.07	1.321 084 640	1.167 260 040	−13
riscv-tests	median	53 141	1.91	0.001 062 820	0.001 064 130	0
riscv-tests	mm	328 860 252	2.09	6.577 205 040	5.802 164 250	−13
riscv-tests	multiply	745 904	1.78	0.014 918 080	0.016 200 720	8
riscv-tests	qsort	491 648	1.81	0.009 832 960	0.009 918 900	1
riscv-tests	spmv	2 426 687	1.95	0.048 533 740	0.044 938 200	−8
riscv-tests	towers	510 511	1.26	0.010 210 220	0.012 791 550	20
riscv-tests	vvadd	24 016	1.50	0.000 480 320	0.000 540 360	11

改善多周期流水线的一种方法是对其进行更高效的填充。编译器可以通过重新排列指令来使等待周期数最少（但是必须修改编译器）。

一个重要的改进是避免由于下一个 pc 计算延迟而产生的空闲周期。这可以通过分支预测器来实现，如图 9.10 所示。

分支预测器从当前 pc（当前 pc 本身大多数情况下是先前预测的结果）和过去控制流指令的目标缓存集合中预测下一个 pc（如果当前 pc 在其中一个缓存中，则表示它是控制流指令的地址，缓存给出目标地址，这是预测值；否则，预测值为 pc+1）。

预测的下一个 pc 在整个流水线中向前传递，直到在写回阶段与计算出的下一个 pc 进行比较。如果它们匹配，则继续运行（correction order 位被清除，让 pc 接收图 9.10 中左侧显示的 mux 多路选择器下部的输入）。否则（correction order 置位，pc 接收多路选择器上部的输入），计算出的下一个 pc 被发送回取指阶段以更正指令路径。

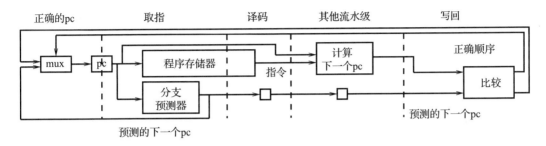

图 9.10　带有分支预测的流水线

流水线中的指令全部取消。无论预测的正确性如何，都会更新分支预测器中目标的缓存。

由于分支预测器能够在单个处理器周期内产生预测结果，所以取指阶段每个周期都会接收一个新的预测 pc，即使在获取控制指令时也是如此。只有当预测错误时，已经在错误路径上的指令才会被丢弃，相应的周期也会浪费。最好的预测器 [1] 达到了预测每千指令 8 个分支错误的比例（Mispredictions Per Kilo Instructions，MPKI），即平均每 125 个指令有一个错误的预测。

另一种提高设计性能和降低 *cpi* 的方法是通过多线程提供其他指令源，这将是下一步设计。

9.6　建议练习：将 II 减少到 1

使用多周期流水线，处理器周期已增加至 50 MHz。然而，通过使初始化间隔 II = 1，可以将速度提高一倍。

该练习是为了实现这样一个 II = 1 的设计。请注意，取指阶段的下一个 pc 计算根本无法受益于任何译码，因为取指延迟为两个周期（BRAM 块延迟；然而，BRAM 访问的吞吐量是每个周期一次访问，即每个周期可以启动一次新的访问）。由于取指阶段持续时间是两个周期，当处理器获取指令时，新的取指应该从预测的地址开始。

最简单的预测是系统地将下一个 pc 设置为 pc+1。对于这种静态预测器，MPKI 是控制指令的比率（平均而言，有 15% 的 JAL、JALR 或发生转移的分支指令），即 MPKI = 150（每六到七条指令中有一个预测错误）。

应该尽快纠正错误预测，即如果指令是 JAL，则在译码阶段进行纠正；如果指令是 JALR 或分支发生的 BRANCH，则在执行阶段进行纠正。

一旦 II = 1 的实现工作正常，就可以在 testbench 中对其测试，计算平均 *cpi*，并将该设计的性能与本章中介绍的多周期流水线设计以及第 8 章中介绍的四级流水线设计进行比较。

然后，可以通过将预测机制替换为动态分支预测器 [例如 Two-Level Adaptive Training 分支预测 [2]、组合分支预测器（如 gshare）[3]、（部分）标记几何历史长度分支预测（TAGE）[1]] 等来提高 *cpi*。

参考文献

[1] A. Seznec, P. Michaud, A case for (partially) TAgged GEometric history length branch prediction. J. Instruction Level Parallelism (2006)

[2] T.-Y. Yeh, Y.N. Patt, Two-level adaptive training branch prediction, in *MICRO 24: Proceedings of the 24th Annual International Symposium on Microarchitecture*, pp. 51–61 (1991)

[3] S. McFarling, *Combining Branch Predictors*. Digital Western Research Laboratory Technical Note 36 (1993)

使用多 hart 流水线构建 RISC-V 处理器

摘要

在本章会构建第四个 RISC-V 处理器。在这个版本中提出的微架构实现通过用多个指令流填充流水线来改进 cpi。从操作系统层面来看，控制流是一个线程。处理器可以设计为承载多个线程并同时运行这些线程（同步多线程或 SMT，由 Tullsen 在文献 [1] 中命名）。处理器中的此类线程专用插槽（slot）称为 hart（硬件线程的缩写，HARdware Thread）。本章介绍的 multihart 设计最多可以容纳八个 hart。流水线有六个流水级。处理器周期是两个 FPGA 周期（即 50MHz）。

10.1　使用多 hart 处理器同时处理多个线程

有多种技术可以填充流水线并将 cpi 降低到尽可能接近 1。周期浪费是由于等待条件，即指令之间的依赖（或相关）性。恢复这些周期的一种方法是通过预测消除依赖性。可以通过分支预测消除控制流依赖性，如 9.5 节所述。也可以通过值预测 [2-3] 消除数据依赖性。然而，预测器是复杂的硬件，本书中不会给出实现。

另一种方法是使用不相关的指令来填充空的流水线槽。当一条指令正在等待先前的结果时，流水线会继续获取和处理后续指令，并使它们绕过已暂停的指令。这称为乱序或 OoO 计算 [4]。OoO 实现非常麻烦，需要复杂的附加逻辑，如寄存器重命名单元 [5]。OoO 的性价比（性能提升 VS 复杂度）使其仅适合于推测执行的超标量设计 [6]，在这种设计中，流水级可以同时处理多条指令，并且通过分支预测器提供取指单元所需的地址。同样，本书中没有给出 OoO 的设计实现，将继续使用最合适的 cpi 为 1 的标量设计（即逐条处理指令）。

填充流水线的第三种方法是对来自多个流的指令（即运行多个线程）进行交错调度，这称为多线程。

需要指出的是，多线程是一种让流水线进行更多计算的方法，而不是加速一个线程运行的方法。流水线由线程共享，每个线程以与其数量对应的速度运行（例如，如果有两个线程，则处理器速度减半，每个线程填充一半的流水线槽位）。

要处理多线程，必须为处理器提供多个 pc 和寄存器文件 [在实现寄存器重命名的多线程 OoO 设计中（如 SMT），寄存器文件是共享的]。流水级和计算单元是共享的。

流水级之间的连接必须指定哪个线程将其结果发送到下一个流水级（例如 d_to_i.hart 将某些内容从译码阶段发送到发射阶段）。

运行线程指令意味着从专用寄存器文件读取源操作数并将结果写入指定的寄存器文件。如果指令是控制流指令，则会更新相应线程的 pc。

multihart_ip 的硬件设计如图 10.1 所示（该图描绘了 4-hart 设计）。该图显示了流水线的六个阶段，上半部分从左到右，下半部分从右到左进行移动。

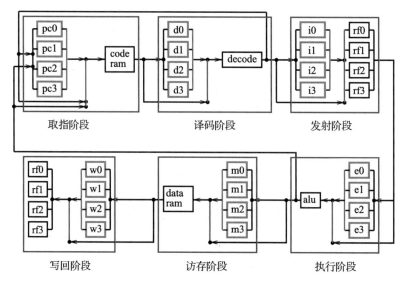

图 10.1 多 hart 流水线

在图 10.1 中，绿色矩形代表 hart 槽。

每个流水线阶段都有四个槽位（例如，名为 i0 到 i3 的绿色矩形用于发射阶段）。每个槽位可以承载一条指令。在取指阶段，槽位名称为 pc0 到 pc3。每个槽位都可以容纳一个正在运行的线程的指令的代码内存地址。

每个流水级在每个周期处理一条指令。因此，要处理的 hart 是在每个流水级的四个槽位中选择的。该选择在所有流水级同时进行。在同一个周期内，不同流水级可能会选择不同的 hart：比如取指阶段是 hart 0，译码阶段是 hart 3，发射阶段是 hart 2 等。

选择分两个连续步骤完成。

第一个选择步骤由深红色直线表示。它在四个 hart 槽位中选择其中一个线程。第二步用红色直线表示。如果存在的话，它要么从深红色的第一步中选择所选线程，要么从前一阶段的输出中选择输入指令。

每条选择的直线代表从一个多路选择器选择的一个输入。

如果流水级中或流水级输入的指令准备就绪，即满足某些与流水级有关的条件，则可以选择线程。例如，如果其源寄存器未被锁定，则在发射阶段的指令就绪。

选择过程遵循固定的优先顺序。第一步优先于第二步。在第一步中，hart 的顺序依次提升（即 hart 0 的优先级最高，hart 3 的优先级最低）。在取指阶段，来自译码阶段的 pc 优先于来自执行阶段的 pc。

因此在图 10.1 中，任何深红色线中最上面的输入具有最高优先级，而任何红线中最下面的输入具有最低优先级。

hart 的选择在关键路径中增加了一些延迟。对一些计算重新进行了组织，使每条路径都符合两个 FPGA 周期的限制。

10.2 多 hart 内存模型

在基于操作系统的处理器中，内存模型由操作系统管理。内存实际上是一个字节数组，但操作系统通过对其进行分页，并根据进程或线程的需要对页面进行分配和释放来管理空间。因此，线程不能直接访问物理内存。它的内存由不连续的页面组成，通过页表进行访问和管理。

本书并未进一步详细说明内存的操作系统组织。

对于没有操作系统的处理器或裸机，可以更自由地按照自己的意愿组织内存。截至目前，我们一直在考虑运行单个程序的处理器。在这种情况下，程序可以随意访问一个由字节数组组成的处理器内存。

然而，我们已经将程序存储器和数据存储器分开（参见第 6 章）[这里存在一些类似于禁止 JIT（即时）编译的缺点，例如直接构建 bit-banging 指令：构建的程序无法从数据存储器向程序存储器传输构建好的指令；然而，出于与存储体上访问端口数量的原因，作者将这两个内存分开）。

在介绍多线程时，需要重新考虑内存的组织方式。

对于程序存储器，可以保持相同的组织结构。系统中有一个存储程序的数组，所有线程都可以通过取指阶段对其进行访问（请注意，在一个周期中只能选择一个线程来取指）。

在每个周期中，取指阶段从一个线程中读取一条指令。线程可以放置在程序存储器中的任何位置。多个线程甚至可以共享它们的代码。

对于数据存储器，应该重新考虑单字节数组模型。

首先，与程序存储器相反，数据存储器是可写的。因此需要保护一个线程的内存空间免受其他线程写入的影响。但是，必须保持灵活性，一方面要禁止多线程并发访问，另一方面要允许线程之间共享内存空间。

其次，每个线程都可以使用一个堆栈空间，它应该是完全私有的。

因此，按如下方式调整数据存储器：它现在是一个子内存数组，每个 hart 有一个分区。这个分区可以实现保护机制。每个 hart 访问自己的分区。分区分为两部分：一端的静态数据部分和另一端的堆栈。两部分可以相互融合。程序员应该注意堆栈永远不会与静态数据部分重叠（因为没有操作系统可以保证这种情况）。

然而，为了允许内存共享，一个 hart 可以访问其他 hart 的内存分区。在进行这种操作时，程序员应该非常谨慎。当然，不能访问其他 hart 内存分区的堆栈部分，只能访问它们的静态数据部分。

通过内存共享，就可以实现并行。可以将计算划分为多个线程，并且将计算的数据分区并分配到 hart 存储器中。

当然，由于处理器每个周期运行一个 hart，因此线程并不是真正并行运行。它们以交错方式运行。然而，正如将在本章中展示的那样，多线程组织提高了流水线的效率，因此，多线程计算的运行速度略高于顺序运行的速度。

处理器旨在处理分区内存模型。load 或 store 指令计算数据存储器的访问地址，运行的 hart 将其视为相对于它自己的分区，如图 10.2 所示。

在图 10.2 的上半部分，每个 hart 访问自己分区的第一个内存字。例如，hart 1 从地址 0 加载，这变成了对红色方块的访问，即 hart 1 分区中的内存位置 0。hart 2 也是从地址 0 加载，但是这个相对于它自己的数据内存分区的地址，变成了对绿色方块的访问。

在图 10.2 的下半部分，hart 1 依次访问内存不同分区中的字。HART_DATA_RAM_SIZE 常量是 hart 内存分区的大小（以字为单位）。

第一条 load 指令（蓝色）访问第一个分区的第一个字，位于相对字地址 –HART_

DATA_RAM_SIZE，即绝对字地址 0。

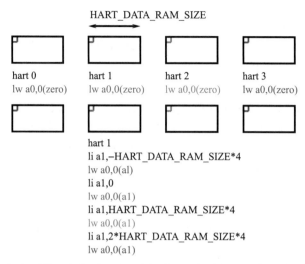

图 10.2　hart 如何对分区内存寻址（上半部分：局部访问，下半部分：访问整个内存）

第二条 load 指令（红色）访问第二个分区的第一个字，位于相对字地址 0，即绝对字地址 HART_DATA_RAM_SIZE。

第三条 load 指令（绿色）访问第三个分区的第一个字，位于相对字地址 HART_DATA_RAM_SIZE，即绝对字地址 2*HART_DATA_RAM_SIZE。

第四条 load 指令（棕色）访问最后一个分区的第一个字，位于相对字地址 2*HART_DATA_RAM_SIZE，即绝对字地址 3*HART_DATA_RAM_SIZE。

在这四块内存中，hart 0 相对字地址范围为 0 到 4*HART_DATA_RAM_SIZE-1。

对于 hart 1，相对字地址范围从 -HART_DATA_RAM_SIZE 到 3*HART_DATA_RAM_SIZE-1。

对于 hart 2，相对字地址范围从 -2*HART_DATA_RAM_SIZE 到 2*HART_DATA_RAM_SIZE-1。

对于 hart 3，相对字地址范围从 -3*HART_DATA_RAM_SIZE 到 HART_DATA_RAM_SIZE-1。

对于任何 hart，负相对地址是对前一个 hart 的分区的访问（hart 0 相对地址从不为负），正相对地址是对本地分区的访问（如果相对字地址小于 HART_DATA_RAM_SIZE）或后续 hart 的分区。

裸机上 hart 分区内存模型的主要优点是保护和共享机制由硬件直接处理（一个细心的程序员应该确保写入数据的线程和对相同数据进行读取的另一个线程正确同步，在写入指令之后执行读取指令；multihart 设计中没有硬件来确保这种同步；10.4.2 节展示了一个多线程正确自同步的并行程序）。

10.3　multihart 流水线

multihart_ip 相关的所有源文件都可以在 multihart_ip 文件夹中找到。

本章的流水线与前一章介绍的多周期流水线具有相同的六个阶段。

取指阶段略有修改（见图 10.3）。由于流水线的目的是运行多个线程，因此不必在每个周期都提供一个新的 pc。如果新 pc 每隔一个周期可用，则 2-hart 流水线可以交替线程，第一个使用偶数周期，第二个使用奇数周期。这种方式存在的一个缺点是，如果只有一个线程在运行，则会浪费一半的周期。

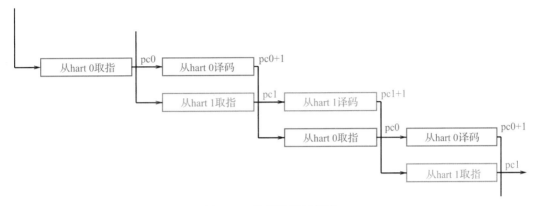

图 10.3　取指阶段不译码

取指阶段不对指令进行译码，它无法区分控制流，也不计算下一个 pc 值。如果指令既不是 BRANCH 也不是 JALR，则下一个 pc 的计算在译码阶段完成。与取指阶段为自己生成下一个 pc 的多周期流水线组织相比，这种设计为至少有两个线程的运行提供了更好的性能。此外，这种简化节省了 LUT。

在图 10.3 中，取指阶段的取指 pc 转发到译码阶段，译码阶段计算下一个 pc。计算出的下一个 pc 被发送到取指阶段，在初始取指后两个周期接收它。因此，只有当至少有两个线程在运行时才能填充流水线（hart 0 中的红色线程和 hart 1 中的绿色线程）。

10.3.1　hart 的数量

hart 的数量在 multihart_ip.h 文件中定义（参见代码清单 10.1）。要更改它，需要更改 LOG_NB_HART 常量的定义（1 代表两个 hart，2 代表四个 hart，3 代表八个 hart）。hart 的数量不能为 1（LOG_NB_HART 不能为 null）且不能大于 8。

程序存储器被组织为一个存储体，由所有 hart 共享。所有 hart 运行的代码都混合存在同一个内存中。

数据存储器是分区的。每个 hart 都有一个 HART_DATA_RAM_SIZE 字的私有分区。无论 hart 的数量是多少，总数据内存大小为 DATA_RAM_SIZE，即 2^{16} 字（256KB）。因此，当 hart 数量增加时，hart 内存分区大小会减少。例如，有两个 hart，每个 hart 都有一个 2^{15} 字的分区（128 KB）。对于四个 hart，分区的大小为 2^{14} 个字（64 KB）。八个 hart，大小为 2^{13} 个字（32 KB）。

代码清单 10.1　multihart_ip.h 文件（部分）

```
#ifndef __MULTIHART_IP
#define __MULTIHART_IP
#include "ap_int.h"
#include "debug_multihart_ip.h"
#define LOG_NB_HART                 1
#define NB_HART                    (1<<LOG_NB_HART)
```

```
#define LOG_CODE_RAM_SIZE        16
#define CODE_RAM_SIZE            (1<<LOG_CODE_RAM_SIZE)
#define LOG_DATA_RAM_SIZE        16
#define DATA_RAM_SIZE            (1<<LOG_DATA_RAM_SIZE)
#define LOG_HART_DATA_RAM_SIZE   (LOG_DATA_RAM_SIZE-LOG_NB_HART)
#define HART_DATA_RAM_SIZE       (1<<LOG_HART_DATA_RAM_SIZE)
#define LOG_REG_FILE_SIZE        5
#define NB_REGISTER              (1<<LOG_REG_FILE_SIZE)
...
```

10.3.2　multihart 的流水级状态

一条指令停留在流水线阶段，直到它被选中。每个流水线阶段都有一个内部数组来保存正在其中等待指令。

该数组由流水线阶段的首字母和 state 后缀命名（例如，执行阶段数组为 e_state）。

该数组为每个 hart 都有一个入口（因此，一个流水级中，对每个正在运行的线程，不能容纳超过一条等待的指令）。

状态数组入口是收集流水级的所有输入和输出字段的结构。

例如，f_state 数组条目有两个字段：fetch_pc 和 instruction。fetch_pc 字段用于保存由 d_to_f 链接上的译码阶段或 e_to_f 链接上的执行阶段发送的 pc。instruction 字段用于保存要发送到 f_to_d 链接上的译码阶段的指令。

图 10.4 显示了状态数组和流水级间的链接（红色箭头）。

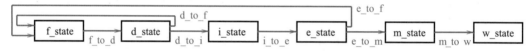

图 10.4　六个流水级、它们的状态数组和流水级间的链接

六个流水级的状态数组类型和级间链接类型如代码清单 10.2～10.7 所示，它们是 multihart_ip.h 文件的一部分。

10.3.2.1　f_state_t 和 from_f_to_d_t 类型

对于取指阶段，f_state_t 和 from_f_to_d_t 类型定义如代码清单 10.2 所示。

代码清单 10.2　f_state_t 和 from_f_to_d_t 类型定义

```
typedef struct f_state_s{
  code_address_t fetch_pc;
  instruction_t  instruction;
} f_state_t;
typedef struct from_f_to_d_s{
  bit_t          is_valid;
  hart_num_t     hart;
  code_address_t fetch_pc;
  instruction_t  instruction;
} from_f_to_d_t;
```

10.3.2.2　d_state_t、from_d_to_f_t 和 from_d_to_i_t 类型

对于译码阶段，d_state_t、from_d_to_f_t 和 from_d_to_i_t 类型如代码清单 10.3 所示。

代码清单 10.3　d_state_t 和 from_d_to_x_t 类型定义

```
typedef struct d_state_s{
  code_address_t          fetch_pc;
```

```
    instruction_t          instruction;
    decoded_instruction_t d_i;
    code_address_t         relative_pc;
} d_state_t;
typedef struct from_d_to_f_s{
    bit_t              is_valid;
    hart_num_t         hart;
    code_address_t relative_pc;
} from_d_to_f_t;
typedef struct from_d_to_i_s{
    bit_t                  is_valid;
    hart_num_t             hart;
    code_address_t         fetch_pc;
    decoded_instruction_t d_i;
    code_address_t         relative_pc;
#ifndef __SYNTHESIS__
    instruction_t          instruction;
#endif
} from_d_to_i_t;
```

10.3.2.3　i_state_t 和 from_i_to_e_t 类型

对于发射阶段，i_state_t 和 from_i_to_e_t 类型如代码清单 10.4 所示。

代码清单 10.4　i_state_t 和 from_i_to_e_t 类型定义

```
typedef struct i_state_s{
    code_address_t         fetch_pc;
    decoded_instruction_t d_i;
    int                    rv1;
    int                    rv2;
    code_address_t         relative_pc;
    bit_t                  wait_12;
#ifndef __SYNTHESIS__
    instruction_t          instruction;
#endif
} i_state_t;
typedef struct from_i_to_e_s{
    bit_t                  is_valid;
    hart_num_t             hart;
    code_address_t         fetch_pc;
    decoded_instruction_t d_i;
    int                    rv1;
    int                    rv2;
    code_address_t         relative_pc;
#ifndef __SYNTHESIS__
    instruction_t          instruction;
#endif
} from_i_to_e_t;
```

10.3.2.4　e_state_t、from_e_to_f_t 和 from_e_to_m_t 类型

对于执行阶段，e_state_t、from_e_to_f_t 和 from_e_to_m_t 类型如代码清单 10.5 所示。

代码清单 10.5　e_state_t 和 from_e_to_x_t 类型定义

```
typedef struct e_state_s{
    int                    rv1;
    int                    rv2;
    code_address_t         fetch_pc;
    decoded_instruction_t d_i;
    code_address_t         relative_pc;
    code_address_t         target_pc;
    bit_t                  is_target;
#ifndef __SYNTHESIS__
    instruction_t          instruction;
#endif
} e_state_t;
```

```
typedef struct from_e_to_f_s{
  bit_t           is_valid;
  hart_num_t      hart;
  code_address_t  target_pc;
} from_e_to_f_t;
typedef struct from_e_to_m_s{
  bit_t                    is_valid;
  hart_num_t               hart;
  reg_num_t                rd;
  bit_t                    has_no_dest;
  bit_t                    is_load;
  bit_t                    is_store;
  func3_t                  func3;
  bit_t                    is_ret;
  b_data_address_t         address;
  int                      value;
#ifndef __SYNTHESIS__
  code_address_t           fetch_pc;
  instruction_t            instruction;
  decoded_instruction_t    d_i;
  code_address_t           target_pc;
#endif
} from_e_to_m_t;
```

10.3.2.5 m_state_t 和 from_m_to_w_t 类型

对于访存阶段，m_state_t 和 from_m_to_w_t 类型如代码清单 10.6 所示。

代码清单 10.6 m_state_t 和 from_m_to_w_t 类型定义

```
typedef struct m_state_s{
  reg_num_t                rd;
  bit_t                    has_no_dest;
  bit_t                    is_load;
  bit_t                    is_store;
  func3_t                  func3;
  bit_t                    is_ret;
  b_data_address_t         address;
  int                      value;
  hart_num_t               accessed_h;
  bit_t                    is_local;
#ifndef __SYNTHESIS__
  code_address_t           fetch_pc;
  instruction_t            instruction;
  decoded_instruction_t    d_i;
  code_address_t           target_pc;
#endif
} m_state_t;
typedef struct from_m_to_w_s{
  bit_t                    is_valid;
  hart_num_t               hart;
  reg_num_t                rd;
  bit_t                    has_no_dest;
  bit_t                    is_ret;
  int                      value;
#ifndef __SYNTHESIS__
  code_address_t           fetch_pc;
  instruction_t            instruction;
  decoded_instruction_t    d_i;
  code_address_t           target_pc;
#endif
} from_m_to_w_t;
```

10.3.2.6 w_state_t 类型

对于写回阶段，w_state_t 类型如代码清单 10.7 所示。

代码清单 10.7　w_state_t 类型定义

```
typedef struct w_state_s{
  int                    value;
  reg_num_t              rd;
  bit_t                  has_no_dest;
  bit_t                  is_ret;
#ifndef __SYNTHESIS__
  code_address_t         fetch_pc;
  instruction_t          instruction;
  decoded_instruction_t  d_i;
  code_address_t         target_pc;
#endif
} w_state_t;
```

10.3.3　占用信息数组

multihart 流水线中的指令在各个阶段的移动不均匀。指令可能停留在发射阶段，因为它的源寄存器被锁定；也可能因为选择了更高优先级的 hart 而停留在其他任何阶段。

在每个阶段，处理过程都以选择 hart 开始，以此来选择要处理的指令。要使其被选中，hart 必须在状态数组入口中填充一条指令。

此外，仅当下一阶段能够承载处理的输出时，即如果下一阶段 hart 的 h 状态数组入口为空时，才可能选择 hart h。

但是这个选择过程不是最优的，因为阶段 s+1 中的完整入口会阻止阶段 s 中的选择，即使该入口在同一周期中处理也是如此。然而，一种优化的选择算法将依赖于阶段选择的序列化，每个阶段的选择取决于下一阶段选择的 hart。无论如何，设计中使用的非最优选择算法是有效的，本章末尾的性能指标将说明这一点。

因此，选择算法需要跟踪不同状态数组入口的占用情况。阶段 s 应该知道阶段 s+1 中哪些状态数组入口为空。

为此，对于每个阶段，都会将一个占用位数组传输到其前一个阶段（见图 10.5，其中每个绿色箭头代表一个 NB_HART 位数组）。

例如，d_state_is_full 数组将译码阶段链接到取指阶段。在译码阶段，当 hart h 数组表项被占用时，d_state_is_full[h] 置位。在这种情况下，取指阶段不能选择 hart h 进行取指。

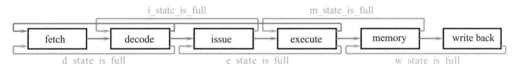

图 10.5　阶段间反向链接（绿色）显示哪些状态数组入口被占用

10.3.4　multihart_ip 的顶层函数

10.3.4.1　multihart_ip 顶层函数原型

除了它的前两个参数之外，multihart_ip.cpp 文件中的 multihart_ip 顶层函数与 multicycle_pipeline_ip 函数具有相同的模式（参见代码清单 10.8 中的原型）。

代码清单 10.8　multihart_ip 函数原型

```
void multihart_ip(
  unsigned int running_hart_set,
```

```
   unsigned int   start_pc[NB_HART],
   unsigned int   code_ram[CODE_RAM_SIZE],
   int            data_ram[NB_HART][HART_DATA_RAM_SIZE],
   unsigned int *nb_instruction,
   unsigned int *nb_cycle){
#pragma HLS INTERFACE s_axilite port=running_hart_set
#pragma HLS INTERFACE s_axilite port=start_pc
#pragma HLS INTERFACE s_axilite port=code_ram
#pragma HLS INTERFACE s_axilite port=data_ram
#pragma HLS INTERFACE s_axilite port=nb_instruction
#pragma HLS INTERFACE s_axilite port=nb_cycle
#pragma HLS INTERFACE s_axilite port=return
#pragma HLS INLINE recursive
   ...
```

第一个 running_hart_set 参数是一组正在运行 hart 的位图。对于 8-hart IP, running_hart_set 参数的值 0b10101010 表示启动了四个奇数 hart 1、3、5 和 7 的运行。

第二个 start_pc 参数是一个数组，其中包含要运行 hart 的起始 pc 地址集。

code_ram 存储器对所有 hart 都是通用的，其中应该包含所有要运行的代码。如果为所有正在运行的线程提供相同的地址作为起始 pc，它们将会运行相同的代码（这是测试 IP 的方式）。

正如 10.2 节中的内存模型描述中所解释的，data_ram 内存分区，每个 hart 具有一个容量为 HART_DATA_RAM_SIZE 个字的分区。每个 hart 都可以访问完整的内存。

10.3.4.2　寄存器文件的声明

大多数局部声明都变成了 hart 数组。例如，每个 hart 都有一个寄存器文件（参见代码清单 10.9）。

代码清单 10.9　multihart_ip 函数局部声明（1）

```
   ...
   int    reg_file              [NB_HART][NB_REGISTER];
#pragma HLS ARRAY_PARTITION variable=reg_file         dim=0 complete
   bit_t is_reg_computed        [NB_HART][NB_REGISTER];
#pragma HLS ARRAY_PARTITION variable=is_reg_computed dim=0 complete
   ...
```

在 ARRAY_PARTITION 编译指示符中，dim 选项指示应用分区的维度。到目前为止，只有一维数组（即向量）能够被划分，因此 dim 应该置位为 1。在 multihart 设计中，数组是矩阵。分区应适用于所有维度（即每个元素应具有其单独的访问端口），因此 dim 选项置位为 dim = 0 complete（例如 reg_file 的 NB_HART*NB_REGISTER 端口）。

10.3.4.3　状态数组和级间链接的声明

状态数组声明如代码清单 10.10 所示。

对于流水线阶段 x, x_state 数组变量对每个 hart 有一个条目（用于承载一条指令）。

x_state_is_full 数组变量是流水线阶段 x 的位向量（每个 hart 一位）。它从一个阶段传输到其前一个阶段，以指示状态数组中哪些 hart 条目已满。

阶段间的链接也显示在代码清单 10.10 中。它们没有矢量化，只有一条指令可以被选择、处理并传送到下一级。链接结构包含发射 hart 编号（例如 f_to_d.hart）和一个有效位，用来指示链接是否包含有效输出（参见代码清单 10.2~10.6）。

为了避免大多数的 RAW 依赖性，每个 x_to_y 变量都与匹配的 y_from_x 变量一起复制。正如 8.1.2 节所述，在循环开始时，_to_ 变量都被复制到匹配的 _from_ 变量中（参见代码清单 10.17）。每个流水级函数从 _from_ 变量读取并写入 _to_ 变量。

代码清单 10.10　multihart_ip 函数局部声明（2）

```
  ...
  from_d_to_f_t  f_from_d;
  from_e_to_f_t  f_from_e;
  bit_t          f_state_is_full[NB_HART];
#pragma HLS ARRAY_PARTITION variable=f_state_is_full dim=1 complete
  f_state_t      f_state        [NB_HART];
#pragma HLS ARRAY_PARTITION variable=f_state          dim=1 complete
  from_f_to_d_t  f_to_d;
  from_f_to_d_t  d_from_f;
  bit_t          d_state_is_full[NB_HART];
#pragma HLS ARRAY_PARTITION variable=d_state_is_full dim=1 complete
  d_state_t      d_state        [NB_HART];
#pragma HLS ARRAY_PARTITION variable=d_state          dim=1 complete
  from_d_to_f_t  d_to_f;
  from_d_to_i_t  d_to_i;
  from_d_to_i_t  i_from_d;
  bit_t          i_state_is_full[NB_HART];
#pragma HLS ARRAY_PARTITION variable=i_state_is_full dim=1 complete
  i_state_t      i_state        [NB_HART];
#pragma HLS ARRAY_PARTITION variable=i_state          dim=1 complete
  from_i_to_e_t  i_to_e;
  from_i_to_e_t  e_from_i;
  bit_t          e_state_is_full[NB_HART];
#pragma HLS ARRAY_PARTITION variable=e_state_is_full dim=1 complete
  e_state_t      e_state        [NB_HART];
#pragma HLS ARRAY_PARTITION variable=e_state          dim=1 complete
  from_e_to_f_t  e_to_f;
  from_e_to_m_t  e_to_m;
  from_e_to_m_t  m_from_e;
  bit_t          m_state_is_full[NB_HART];
#pragma HLS ARRAY_PARTITION variable=m_state_is_full dim=1 complete
  m_state_t      m_state        [NB_HART];
#pragma HLS ARRAY_PARTITION variable=m_state          dim=1 complete
  from_m_to_w_t  m_to_w;
  from_m_to_w_t  w_from_m;
  bit_t          w_state_is_full[NB_HART];
#pragma HLS ARRAY_PARTITION variable=w_state_is_full dim=1 complete
  w_state_t      w_state        [NB_HART];
#pragma HLS ARRAY_PARTITION variable=w_state          dim=1 complete
  ...
```

10.3.4.4　has_exited 数组的声明

has_exited 数组（参见代码清单 10.11）用于检测运行结束。在运行开始时，正在运行的 hart 集合的 has_exited 数组条目被清除（其他 hart 已置位其条目，参见代码清单 10.14）。

当线程到达其结束 RET 指令（即具有空返回地址的 RET）时，其 has_exited 数组条目将被置位。当所有条目都设置好后，is_running 变量被清除（参见代码清单 10.40），同时结束了 multihart_ip 顶层函数中的 do…while 循环。

代码清单 10.11　multihart_ip 函数局部声明（3）

```
  ...
  bit_t          has_exited     [NB_HART];
#pragma HLS ARRAY_PARTITION variable=has_exited       dim=1 complete
  bit_t          is_running;
  ...
```

10.3.4.5　与 lock 相关的变量声明

is_lock、is_unlock、i_hart、w_hart、i_destination 和 w_destination 等变量（参见代码清

单 10.12）用于将锁定和解锁参数从发射和写回阶段传输到 lock_unlock_update 函数。

增加了 lock_unlock_update 函数，用于集中对寄存器锁定（发射阶段）和解锁（写回阶段）。这是为了加速综合器的工作。

代码清单 10.12   multihart_ip 函数局部声明（4）

```
    ...
    bit_t         is_lock;
    bit_t         is_unlock;
    reg_num_t     i_destination;
    reg_num_t     w_destination;
    hart_num_t    i_hart;
    hart_num_t    w_hart;
    counter_t     nbi;
    counter_t     nbc;
#ifndef __SYNTHESIS__
#ifdef DEBUG_REG_FILE
    hart_num_p1_t h1;
    hart_num_t    h;
#endif
#endif
    ...
```

10.3.4.6   锁定 / 解锁操作的集中化

图 10.6 展示了 lock_unlock_update 函数。

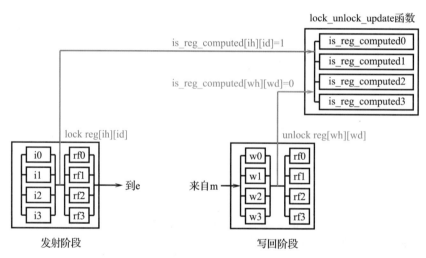

图 10.6   multihart 流水线中的锁定 / 解锁机制

图中左下角是在发射阶段 hart *ih* 发出的指令。它的目标寄存器 *id* 是通过在图中右上角的 lock_unlock_update 函数中对 is_reg_computed[*ih*][*id*] 置位来锁定的。

同样，在图中的右下角，来自 hart *wh* 的指令在写回阶段写入。它的目标寄存器 *wd* 是通过清除图中右上角 lock_unlock_update 函数中的 is_reg_computed[*wh*][*wd*] 来解锁的。

但是，不应将 lock_unlock_update 函数与流水线阶段混淆。函数中完成的工作在发射和写回阶段之后在同一个周期中运行。它结束了两个阶段。

10.3.12 节中介绍了 lock_unlock_update 函数。

10.3.4.7   顶层函数中的初始化

代码清单 10.13 展示了顶层函数在主 do…while 循环之前的初始化。

初始化 has_exited 数组，用来标识正在运行的 hart（init_exit 函数）。

对于每个流水线阶段 x，初始化 x_state_is_full 数组（init_x_state 函数）。

初始化寄存器文件和寄存器锁的 is_reg_computed 数组（init_file 函数）。

级间链接有效位被清除（没有流水级的输出有效）。

代码清单 10.13　multihart_ip 函数中的初始化

```
...
init_exit    (running_hart_set, has_exited);
init_f_state(running_hart_set, start_pc,
             f_state, f_state_is_full);
init_d_state(d_state_is_full);
init_i_state(i_state_is_full);
init_e_state(e_state_is_full);
init_m_state(m_state_is_full);
init_w_state(w_state_is_full);
init_file    (reg_file, is_reg_computed);
f_to_d.is_valid = 0;
d_to_f.is_valid = 0;
d_to_i.is_valid = 0;
i_to_e.is_valid = 0;
e_to_f.is_valid = 0;
e_to_m.is_valid = 0;
m_to_w.is_valid = 0;
nbi             = 0;
nbc             = 0;
...
```

10.3.4.8　init_exit 函数

init_exit 函数如代码清单 10.14 所示（位于 multihart_ip.cpp 文件中）。

未运行的 hart 被标记为已退出。

代码清单 10.14　init_exit 函数

```
static void init_exit(
  hart_set_t running_hart_set,
  bit_t      *has_exited){
  hart_num_p1_t h1;
  hart_num_t    h;
  bit_t         h_running;
  for (h1=0; h1<NB_HART; h1++){
#pragma HLS UNROLL
    h           = h1;
    h_running   = (running_hart_set>>h);
    has_exited[h] = !h_running;
  }
}
```

10.3.4.9　init_f_state 函数

init_f_state 函数（在 fetch.cpp 中，参见代码清单 10.15）根据运行 hart 集（IP 原型的 running_hart_set 参数）初始化运行 hart。

正在运行的 hart 有一个完整的开始取指状态（它们的 f_state_is_full 位已置位）。它们也有一个 start pc（它们的 f_state 条目是用传输到 IP 的 start_pc 初始化的）。

代码清单 10.15　init_f_state 函数

```
void init_f_state(
  hart_set_t    running_hart_set,
  unsigned int *start_pc,
  f_state_t     *f_state,
```

```
 bit_t          *f_state_is_full){
 hart_num_p1_t h1;
 hart_num_t     h;
 bit_t          h_running;
 for (h1=0; h1<NB_HART; h1++){
#pragma HLS UNROLL
   h                          = h1;
   h_running                  = (running_hart_set>>h);
   f_state_is_full[h]         = h_running;
   f_state        [h].fetch_pc = start_pc[h];
 }
}
```

10.3.4.10 init_file 函数

init_file 函数（位于 multihart_ip.cpp 文件中）如代码清单 10.16 所示。它初始化 reg_file 和 is_reg_computed 寄存器锁数组。

代码清单 10.16 init_file 函数

```
//a1/x11 is set to the hart number
static void init_file(
  int    reg_file         [][NB_REGISTER],
  bit_t is_reg_computed[][NB_REGISTER]){
 hart_num_p1_t h1;
 hart_num_t     h;
 reg_num_p1_t   r1;
 reg_num_t      r;
 for (h1=0; h1<NB_HART; h1++){
#pragma HLS UNROLL
   h = h1;
   for (r1=0; r1<NB_REGISTER; r1++){
#pragma HLS UNROLL
     r = r1;
     is_reg_computed[h][r] = 0;
     if (r==11)
       reg_file     [h][r] = h;
     else if (r==SP)
       reg_file     [h][r] = (1<<(LOG_HART_DATA_RAM_SIZE+2));
     else
       reg_file     [h][r] = 0;
   }
 }
}
```

所有寄存器都被解锁（is_reg_computed[h][r] 被清除）。

除了寄存器 a1 和 sp 之外的寄存器都被清除。

寄存器 a1（x11）使用其 hart 标识号进行初始化。这个数字对 RISC-V 程序员很有用。例如，hart 2 的寄存器 x11 接收初始值 2。

堆栈指针寄存器 sp 指向 hart 数据内存分区后的下一个字。当它向后移动时，写入堆栈的第一个字被放置在 hart 分区的末尾。因此，每个 hart 都有自己的本地堆栈。

10.3.4.11 do…while 循环

主 do…while 循环如代码清单 10.17 所示。它以 new_cycle 函数开始，该函数将 _to_ 变量复制到 _from_ 变量中。

代码清单 10.17 multihart_ip 函数中的 do…while 循环

```
 ...
 do {
#pragma HLS PIPELINE II=2
#pragma HLS LATENCY max=1
```

```
#ifndef __SYNTHESIS__
#ifdef DEBUG_PIPELINE
    printf("===============================================\n");
    printf("cycle %d\n", (unsigned int)nbc);
#endif
#endif
    new_cycle(f_to_d, d_to_f, d_to_i, i_to_e, e_to_f, e_to_m,
              m_to_w, &f_from_d, &f_from_e, &d_from_f,
            &i_from_d, &e_from_i, &m_from_e, &w_from_m);
    statistic_update(e_from_i, &nbi, &nbc);
    running_cond_update(has_exited, &is_running);
    fetch(f_from_d, f_from_e, d_state_is_full,
        code_ram, f_state, &f_to_d, f_state_is_full);
    decode(d_from_f, i_state_is_full, d_state, &d_to_f,
        &d_to_i, d_state_is_full);
    issue(i_from_d, e_state_is_full, reg_file,
        is_reg_computed, i_state, &i_to_e, i_state_is_full,
        &is_lock, &i_hart, &i_destination);
    execute(e_from_i, m_state_is_full,
#ifndef __SYNTHESIS__
            reg_file,
#endif
            e_state, &e_to_f, &e_to_m, e_state_is_full);
    mem_access(m_from_e, w_state_is_full, data_ram, m_state,
            &m_to_w, m_state_is_full);
    write_back(w_from_m, reg_file, w_state, w_state_is_full,
            &is_unlock, &w_hart, &w_destination,
            has_exited);
    lock_unlock_update(is_lock, i_hart, i_destination,
                    is_unlock, w_hart, w_destination,
                    is_reg_computed);
} while (is_running);
...
```

流水级从取指到写回顺序移动，以避免由于对 x_state_is_full 数组进行访问产生的 RAW 依赖而导致的串行化。

例如，fetch 函数读取 d_state_is_full，d_state_is_full 是由 decode 函数写入的。如果在调用 decode 函数之前调用 fetch 函数，则不会存在 RAW 依赖性，因为读先于写。

当 hart 数量为四个或八个时，主循环迭代时长为三个 FPGA 周期（如果要查看，需要进行综合并查看 Schedule Viewer；八个 hart 的综合时间相当长：在作者的设备上耗费了半个小时）。

但是，II 值保持为 2，multihart IP 周期保持在两个 FPGA 周期。这意味着两个连续迭代之间的一个周期重叠，如图 10.7 所示。

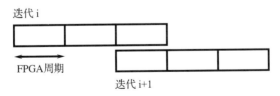

图 10.7　II = 2 且迭代延迟 = 3 个 FPGA 周期的两个连续迭代的重叠

如果下一次迭代中使用的所有内容都由当前迭代在其第二个 FPGA 周期结束之前设置，则重叠不会导致任何问题。综合器确保满足此条件（否则，它会引发 II 违例）。

10.3.5　将 _to_ 结构复制到 _from_ 结构的 new_cycle 函数

new_cycle.cpp 文件中的 new_cycle 函数将 _to_ 变量复制到 _from_ 变量中（参见代码清单 10.18）。

代码清单 10.18　new_cycle 函数

```
void new_cycle(
  from_f_to_d_t   f_to_d,
  from_d_to_f_t   d_to_f,
  from_d_to_i_t   d_to_i,
  from_i_to_e_t   i_to_e,
  from_e_to_f_t   e_to_f,
  from_e_to_m_t   e_to_m,
  from_m_to_w_t   m_to_w,
  from_d_to_f_t  *f_from_d,
  from_e_to_f_t  *f_from_e,
  from_f_to_d_t  *d_from_f,
  from_d_to_i_t  *i_from_d,
  from_i_to_e_t  *e_from_i,
  from_e_to_m_t  *m_from_e,
  from_m_to_w_t  *w_from_m){
  *f_from_d = d_to_f;
  *f_from_e = e_to_f;
  *d_from_f = f_to_d;
  *i_from_d = d_to_i;
  *e_from_i = i_to_e;
  *m_from_e = e_to_m;
  *w_from_m = m_to_w;
}
```

10.3.6　multihart 取指阶段

10.3.6.1　fetch 函数

fetch 函数（在 fetch.cpp 文件中）如代码清单 10.19 所示。

代码清单 10.19　fetch 函数

```
void fetch(
  from_d_to_f_t   f_from_d,
  from_e_to_f_t   f_from_e,
  bit_t          *d_state_is_full,
  instruction_t *code_ram,
  f_state_t      *f_state,
  from_f_to_d_t *f_to_d,
  bit_t          *f_state_is_full){
  bit_t      is_selected;
  hart_num_t selected_hart;
  bit_t      is_fetching;
  hart_num_t fetching_hart;
  select_hart(f_state_is_full, d_state_is_full,
              &is_selected,  &selected_hart);
  if (f_from_d.is_valid){
    f_state_is_full[f_from_d.hart] = 1;
    save_input_from_d(f_from_d, f_state);
  }
  if (f_from_e.is_valid){
    f_state_is_full[f_from_e.hart] = 1;
    save_input_from_e(f_from_e, f_state);
  }
  is_fetching   =
    is_selected                                            ||
   (f_from_d.is_valid && !d_state_is_full[f_from_d.hart]) ||
   (f_from_e.is_valid && !d_state_is_full[f_from_e.hart]);
  fetching_hart =
   (is_selected)?selected_hart:
   (f_from_d.is_valid && !d_state_is_full[f_from_d.hart])?
    f_from_d.hart:f_from_e.hart;
  if (is_fetching){
    f_state_is_full[fetching_hart] = 0;
    stage_job(fetching_hart, f_state, code_ram);
#ifndef __SYNTHESIS__
#ifdef DEBUG_PIPELINE
```

```
      printf("hart %d: fetched  ", (int)fetching_hart);
      printf("%04d: %08x      \n",
        (int)(f_state[fetching_hart].fetch_pc<<2),
             f_state[fetching_hart].instruction);
#endif
#endif
      set_output_to_d(fetching_hart, f_state, f_to_d);
    }
    f_to_d->is_valid = is_fetching;
}
```

取指阶段首先选择当前周期的取指 hart（调用 select_hart 函数）。

select_hart 函数中对布尔值 is_selected 置位，指示是否至少有一个 hart 已准备就绪。

该函数选择最高优先级的就绪 hart，并将所选 hart 索引保存在 selected_hart 变量中（hart 0 具有最高优先级）。这对所有流水线阶段都是通用的，即使选择过程是针对每个阶段特定的。

如果匹配的输入有效（f_from_d.is_valid 且 f_from_e.is_valid），则同时运行 save_input_from_d 和 save_input_from_e 函数，用来将输入指令保存在 f_state 数组中。设置 f_state_is_full 数组条目（如果匹配的输入有效，则置位 f_state_is_full[f_from_d.hart] 和 f_state_is_full[f_from_e.hart]）。

请注意，该阶段可能会在同一周期中接收两个输入。但是，它们可能不属于同一个 hart：如果从执行阶段接收到 hart h 的输入，则意味着 hart h 已经在几个周期前译码了 BRANCH 或 JALR 指令，从那时起，它就停止了。译码阶段可能不会同时向 hart h 的取指阶段发送任何内容，但它可能会为不同的 hart 发送一些信息。

如果对 is_selected 进行置位（即 select_hart 函数在 f_state 数组中找到了可选择的 hart），则将 is_selected 和 selected_hart 的值分别复制到 is_fetching 和 fetching_hart 变量中。

如果在状态数组中没有找到可选择的 hart，若有有效输入，则仍会对 is_fetching 置位。然后，将 fetching_hart 设置为输入 hart（如果设置了 f_from_d.is_valid，则将 fetching_hart 置位为 f_from_d.hart，否则置位为 f_from_e.hart；译码阶段的输入优先于执行阶段的输入）。

is_fetching 位表示在当前周期中完成了取指操作。fetching_hart 的值是正在取指的 hart 的 hart 编号。f_state_is_full 数组中匹配的条目被清除。

取指 hart 在 stage_job 函数中进行取指。取到的指令被传输到译码阶段（set_output_to_d 函数和 f_to_d->is_valid）。

10.3.6.2　取指阶段的 hart 选择

fetch.cpp 文件中的 select_hart 函数（参见代码清单 10.20 和 10.21）构建为一组连续的 #if…#endif。根据 NB_HART 常量的值，使用高度为 LOG_NB_HART 的二叉树计算 is_selected 的布尔值，指示是否已找到准备好的 hart 来进行取指。

在第一步中（参见代码清单 10.20），并行计算一组 NB_HART 条件 c[h]。如果 f_state_is_full[h] 置位（即取指阶段状态包含 hart h 的有效 pc），并且 d_state_is_full[h] 被清除（即 d_state[h] 为空，取得的指令可以移至译码阶段），则同时置位 c[h] 条件。

代码清单 10.20　取指阶段的 select_hart 函数：c 条件

```
void select_hart(
  bit_t     *f_state_is_full,
  bit_t     *d_state_is_full,
  bit_t     *is_selected,
```

```
    hart_num_t *selected_hart){
    bit_t c[NB_HART];
    c[0] = (f_state_is_full[0] && !d_state_is_full[0]);
#if (NB_HART>1)
    c[1] = (f_state_is_full[1] && !d_state_is_full[1]);
#endif
#if (NB_HART>2)
    c[2] = (f_state_is_full[2] && !d_state_is_full[2]);
    c[3] = (f_state_is_full[3] && !d_state_is_full[3]);
#endif
#if (NB_HART>4)
    c[4] = (f_state_is_full[4] && !d_state_is_full[4]);
    c[5] = (f_state_is_full[5] && !d_state_is_full[5]);
    c[6] = (f_state_is_full[6] && !d_state_is_full[6]);
    c[7] = (f_state_is_full[7] && !d_state_is_full[7]);
#endif
    ...
```

在第二步中（见代码清单 10.21），$c[h]$ 的布尔值在二叉树中进行或运算，生成 is_selected 值（即如果至少一个 hart h 设置了 $c[h]$ 条件，则 is_selected 同时被置位）。

selected_hart 置位为第一个满足 $c[h]$ 条件设置的 hart，因此，hart 是具有优先排序的（hart 0 具有最高优先级）。

代码清单 10.21　取指阶段的 select_hart 函数：selected_hart 和 is_selected

```
    ...
#if   (NB_HART<2)
    *selected_hart =   0;
    *is_selected   =  c[0];
#elif (NB_HART<3)
    *selected_hart = (c[0])?0:1;
    *is_selected   = (c[0] || c[1]);
#elif (NB_HART<5)
    hart_num_t h01, h23;
    bit_t      c01, c23;
    h01 = (c[0])?0:1;
    c01 = (c[0] || c[1]);
    h23 = (c[2])?2:3;
    c23 = (c[2] || c[3]);
    *selected_hart = (c01)?h01:h23;
    *is_selected   = (c01 || c23);
#elif (NB_HART<9)
    hart_num_t h01, h23, h45, h67, h03, h47;
    bit_t      c01, c23, c45, c67, c03, c47;
    h01 = (c[0])?0:1;
    c01 = (c[0] || c[1]);
    h23 = (c[2])?2:3;
    c23 = (c[2] || c[3]);
    h45 = (c[4])?4:5;
    c45 = (c[4] || c[5]);
    h67 = (c[6])?6:7;
    c67 = (c[6] || c[7]);
    h03 = (c01)?h01:h23;
    h47 = (c45)?h45:h67;
    c03 = (c01 || c23);
    c47 = (c45 || c67);
    *selected_hart = (c03)?h03:h47;
    *is_selected   = (c03 || c47);
#endif
}
```

10.3.7　译码阶段

decode.cpp 文件中的 decode 函数（参见代码清单 10.22）与 fetch 函数的工作方式相同。它选择一个 hart 开始执行（调用 select_hart 函数，选择类似于取指阶段）。

来自取指阶段的输入被并行地保存在状态数组中（调用 save_input_from_f 函数）。

选择译码 hart 后，将（在 stage_job 函数中）对其指令进行译码。

填充要发送到取指阶段和发射阶段的输出字段（set_output_to_f 和 set_output_to_i 函数）。

如果一条指令已被译码，并且它既不是 BRANCH 也不是 JALR，那么说明取指阶段的输出是有效的。

如果指令已被译码，则说明输出到发射阶段的字段是有效的。

代码清单 10.22　decode 函数

```
void decode(
  from_f_to_d_t   d_from_f,
  bit_t          *i_state_is_full,
  d_state_t      *d_state,
  from_d_to_f_t *d_to_f,
  from_d_to_i_t *d_to_i,
  bit_t          *d_state_is_full){
  bit_t       is_selected;
  hart_num_t selected_hart;
  bit_t       is_decoding;
  hart_num_t decoding_hart;
  select_hart(d_state_is_full, i_state_is_full,
              &is_selected, &selected_hart);
  if (d_from_f.is_valid){
    d_state_is_full[d_from_f.hart] = 1;
    save_input_from_f(d_from_f, d_state);
  }
  is_decoding   =
    is_selected ||
   (d_from_f.is_valid && !i_state_is_full[d_from_f.hart]);
  decoding_hart =
   (is_selected)?selected_hart:d_from_f.hart;
  if (is_decoding){
    d_state_is_full[decoding_hart] = 0;
    stage_job(decoding_hart, d_state);
#ifndef __SYNTHESIS__
#ifdef DEBUG_PIPELINE
    printf("hart %d: decoded  %04d: ",
               (int)decoding_hart,
               (int)(d_state[decoding_hart].fetch_pc<<2));
    disassemble(d_state[decoding_hart].fetch_pc,
                d_state[decoding_hart].instruction,
                d_state[decoding_hart].d_i);
    if (d_state[decoding_hart].d_i.is_jal)
      printf("      pc  = %16d (%8x)\n",
         (int)(d_state[decoding_hart].relative_pc<<2),
 (unsigned int)(d_state[decoding_hart].relative_pc<<2));
#endif
#endif
    set_output_to_f(decoding_hart, d_state, d_to_f);
    set_output_to_i(decoding_hart, d_state, d_to_i);
  }
  d_to_f->is_valid =
    is_decoding                                &&
   !d_state[decoding_hart].d_i.is_branch &&
   !d_state[decoding_hart].d_i.is_jalr;
  d_to_i->is_valid = is_decoding;
}
```

10.3.8　发射阶段

10.3.8.1　issue 函数中的 hart 选择

发射阶段（参见代码清单 10.23 中的 issue 函数，位于 issue.cpp 文件中）在 i_state 数组的完整条目（select_hart）中选择一个 hart 发射。

同时，如果对 i_from_d.is_valid 置位，它会保存译码阶段发送的输入（save_input_from_d）。

如果 hart 选择完成或译码阶段输入的指令可发射（即 wait_12 字段清空，意味着两个源操作数已解锁；参见代码清单 10.27），则发出一条指令。

代码清单 10.23　issue 函数：选择 hart

```
void issue(
  from_d_to_i_t  i_from_d,
  bit_t          *e_state_is_full,
  int            reg_file          [][NB_REGISTER],
  bit_t          is_reg_computed[][NB_REGISTER],
  i_state_t      *i_state,
  from_i_to_e_t  *i_to_e,
  bit_t          *i_state_is_full,
  bit_t          *is_lock,
  hart_num_t     *i_hart,
  reg_num_t      *i_destination){
  bit_t      is_selected;
  hart_num_t selected_hart;
  bit_t      is_issuing;
  hart_num_t issuing_hart;
  select_hart(i_state, i_state_is_full, e_state_is_full,
              is_reg_computed, &is_selected, &selected_hart);
  if (i_from_d.is_valid){
    i_state_is_full[i_from_d.hart] = 1;
    save_input_from_d(i_from_d, is_reg_computed, i_state);
  }
  is_issuing  =
    is_selected ||
   (i_from_d.is_valid && !e_state_is_full[i_from_d.hart] &&
   !i_state[i_from_d.hart].wait_12);
  issuing_hart =
   (is_selected)?selected_hart:i_from_d.hart;
  ...
```

10.3.8.2　issue 函数中的发射阶段任务

当一条指令被发射时，其目标寄存器则被锁定（见代码清单 10.24）。锁定是在 issue 函数中准备的，但它是在 lock_unlock_update 函数中实现的。

发射阶段将发射的 hart（i_hart）和目标寄存器（i_destination）发送到 lock_unlock_update 函数。

如果一条指令被发射，则清空发射 hart i_state 条目（清除 i_state_is_full [issuing_hart]）。

发射函数 stage_job 从寄存器文件中读取源操作数并将它们保存到 i_state 数组条目中。

发射 hart 将寄存器文件中读取的源操作数发送到执行阶段（set_output_to_e 函数）。

代码清单 10.24　issue 函数中的发射阶段任务

```
  ...
  *is_lock =
    is_issuing && !i_state[issuing_hart].d_i.has_no_dest;
  if (!i_state[issuing_hart].d_i.has_no_dest){
    *i_hart       = issuing_hart;
    *i_destination = i_state[issuing_hart].d_i.rd;
  }
  if (is_issuing){
    i_state_is_full[issuing_hart] = 0;
    stage_job(issuing_hart, i_state, reg_file);
#ifndef __SYNTHESIS__
#ifdef DEBUG_PIPELINE
```

```
    printf("hart %d: issued   ", (int)issuing_hart);
    printf("%04d\n",
           (int)(i_state[issuing_hart].fetch_pc<<2));
#endif
#endif
    set_output_to_e(issuing_hart, i_state, i_to_e);
  }
  i_to_e->is_valid = is_issuing;
}
```

10.3.8.3 选择要发射的 hart：select_hart 函数的声明

issue.cpp 文件中的发射阶段 select_hart 函数（参见代码清单 10.25）定义了四个 NB_HART 布尔值数组。

is_locked_1 数组说明了哪些 hart 包含具有未锁定 rs1 源的指令。is_locked_2 数组与 rs2 源相关。

wait_12 数组说明哪些是持有未锁定源操作数的指令的 hart，即准备好发射的 hart。

代码清单 10.25　发射阶段 select_hart 函数原型和声明

```
static void select_hart(
  i_state_t  *i_state,
  bit_t      *i_state_is_full,
  bit_t      *e_state_is_full,
  bit_t       is_reg_computed[][NB_REGISTER],
  bit_t      *is_selected,
  hart_num_t *selected_hart){
  bit_t c         [NB_HART];
  bit_t is_locked_1[NB_HART];
  bit_t is_locked_2[NB_HART];
  bit_t wait_12    [NB_HART];
  ...
```

10.3.8.4 选择 hart 进行发射：c 条件计算

如果 hart h 状态条目已满，若下一阶段 hart h 状态条目为空，并且源操作数未锁定（即 wait_12[h] 被清空），则对 $c[h]$ 条件置位（参见代码清单 10.26）。

代码清单 10.26　hart 0 的 c 条件 select _ hart 计算

```
    ...
  is_locked_1    [0] =
    i_state      [0].d_i.is_rs1_reg   &&
    is_reg_computed[0][i_state[0].d_i.rs1];
  is_locked_2    [0] =
    i_state      [0].d_i.is_rs2_reg   &&
    is_reg_computed[0][i_state[0].d_i.rs2];
  wait_12        [0] =
    is_locked_1[0] || is_locked_2[0];
  c[0] = (i_state_is_full[0] && !e_state_is_full[0] && !wait_12[0])
       ;
    ...
```

如果存在两个 hart，那么第二个 $c[1]$ 条件的计算方法与 hart1 相同。

如果有四个 hart，对于 hart1 到 3，使用同样的方法计算另外三个 $c[1]$ 到 $c[3]$ 条件。

如果有八个 hart，那么对于 hart 1 到 7，同样可以计算出另外 7 个 $c[1]$ 到 $c[7]$ 条件。

在发射阶段中，select _ hart 函数的最后一部分计算最终的 is_select 和 selected _hart 值。代码与取指阶段（参见代码清单 10.21）中的 select _hart 函数相同。

10.3.8.5 保存发射阶段输入

issue. cpp 文件（见代码清单 10.27）中的 save _input _from _d 函数将译码阶段的指令输入保存到 i _state 数组中。

它计算 i _state [hart] .wait _12。如果从译码阶段输入的指令有一些锁定的源寄存器，则设置该布尔值。在这种情况下，可能不会选择发射指令。

代码清单 10.27　save _ input _ from _ d 函数

```
static void save_input_from_d(
  from_d_to_i_t i_from_d,
  bit_t         is_reg_computed[][NB_REGISTER],
  i_state_t     *i_state){
  hart_num_t hart;
  bit_t         is_locked_1;
  bit_t         is_locked_2;
  hart                       = i_from_d.hart;
  i_state[hart].fetch_pc     = i_from_d.fetch_pc;
  i_state[hart].d_i          = i_from_d.d_i;
  i_state[hart].relative_pc  = i_from_d.relative_pc;
  is_locked_1 =
    i_from_d.d_i.is_rs1_reg    &&
    is_reg_computed[hart][i_from_d.d_i.rs1];
  is_locked_2 =
    i_from_d.d_i.is_rs2_reg    &&
    is_reg_computed[hart][i_from_d.d_i.rs2];
  i_state[hart].wait_12       =
    is_locked_1 || is_locked_2;
#ifndef __SYNTHESIS__
  i_state[hart].instruction = i_from_d.instruction;
#endif
}
```

10.3.9　执行阶段

execute.cpp 文件中的 execute 函数如代码清单 10.28 所示。

它与其他阶段实现的功能具有相同的结构：hart 选择、发射阶段输入、阶段任务、输出填充。

代码清单 10.28　execute 函数

```
void execute(
  from_i_to_e_t  e_from_i,
  bit_t         *m_state_is_full,
#ifndef __SYNTHESIS__
  int            reg_file[][NB_REGISTER],
#endif
  e_state_t     *e_state,
  from_e_to_f_t *e_to_f,
  from_e_to_m_t *e_to_m,
  bit_t         *e_state_is_full){
  bit_t          is_selected;
  hart_num_t     selected_hart;
  bit_t          is_executing;
  hart_num_t     executing_hart;
  bit_t          bcond;
  int            result1;
  int            result2;
  code_address_t computed_pc;
  select_hart(e_state_is_full, m_state_is_full,
              &is_selected, &selected_hart);
  if (e_from_i.is_valid){
    e_state_is_full[e_from_i.hart] = 1;
    save_input_from_i(e_from_i, e_state);
```

```
      }
    is_executing   =
      is_selected ||
    (e_from_i.is_valid && !m_state_is_full[e_from_i.hart]);
    executing_hart =
      (is_selected)?selected_hart:e_from_i.hart;
    if (is_executing){
      e_state_is_full[executing_hart] = 0;
      compute  (executing_hart, e_state, &bcond, &result1,
              &result2, &computed_pc);
      stage_job(executing_hart, e_state,  bcond, computed_pc);
#ifndef __SYNTHESIS__
#ifdef DEBUG_PIPELINE
      printf("hart %d: execute  ", (int)executing_hart);
      printf("%04d\n", (int)(e_state[executing_hart].fetch_pc<<2));
      if (e_state[executing_hart].d_i.is_branch ||
          e_state[executing_hart].d_i.is_jalr)
        emulate(executing_hart, reg_file,
                e_state[executing_hart].d_i,
                e_state[executing_hart].target_pc);
#endif
#endif
      set_output_to_f(executing_hart, e_state, e_to_f);
      set_output_to_m(executing_hart, result1, result2,
                      computed_pc, e_state, e_to_m);
    }
    //block fetch after last RET
    //(i.e. RET with 0 return address)
    e_to_f->is_valid =
     is_executing && e_state[executing_hart].is_target;
    e_to_m->is_valid = is_executing;
}
```

10.3.10　访存阶段

用于实现访存阶段的 mem_access 函数位于 mem_access.cpp 文件中，如代码清单 10.29 和 10.31 所示。

10.3.10.1　mem_access 函数中的 hart 选择

选择一个 hart 来处理一个就绪指令（见代码清单 10.29）。它要么是 select_hart 函数的选择，要么是执行阶段的指令输入（save_input_from_e）。

代码清单 10.29　mem_access 函数：计算 is_accessing 和 accessing_hart 值

```
void mem_access(
  from_e_to_m_t  m_from_e,
  bit_t          *w_state_is_full,
  int            data_ram[][HART_DATA_RAM_SIZE],
  m_state_t      *m_state,
  from_m_to_w_t *m_to_w,
  bit_t          *m_state_is_full){
  bit_t      is_selected;
  hart_num_t selected_hart;
  bit_t      is_accessing;
  hart_num_t accessing_hart;
  select_hart(m_state_is_full, w_state_is_full,
              &is_selected, &selected_hart);
  if (m_from_e.is_valid){
    m_state_is_full[m_from_e.hart] = 1;
    save_input_from_e(m_from_e, m_state);
  }
  is_accessing   =
    is_selected ||
   (m_from_e.is_valid && !w_state_is_full[m_from_e.hart]);
  accessing_hart =
   (is_selected)?selected_hart:m_from_e.hart;
  ...
```

10.3.10.2 save_input_from_e 函数

mem_access.cpp 文件（见代码清单 10.30）中的 save_input_from_e 函数保存执行阶段发送的指令。

该函数计算 m_state 数组中的 accessed_h 和 is_local 字段。

accessed_h 值为被访问的内存分区编号。

is_local 位表示访问是否在访问 hart 的内存分区内。

代码清单 10.30 save_input_from_e 函数：保存输入指令并计算 accessed_h 和 is_local 字段

```
static void save_input_from_e(
  from_e_to_m_t m_from_e,
  m_state_t     *m_state){
  hart_num_t hart;
  hart                     = m_from_e.hart;
  m_state[hart].rd         = m_from_e.rd;
  m_state[hart].has_no_dest = m_from_e.has_no_dest;
  m_state[hart].is_load    = m_from_e.is_load;
  m_state[hart].is_store   = m_from_e.is_store;
  m_state[hart].func3      = m_from_e.func3;
  m_state[hart].is_ret     = m_from_e.is_ret;
  m_state[hart].address    = m_from_e.address;
  m_state[hart].value      = m_from_e.value;
  m_state[hart].accessed_h =
    (m_from_e.address>>(LOG_HART_DATA_RAM_SIZE+2)) + hart;
  m_state[hart].is_local   = (hart == m_state[hart].accessed_h);
#ifndef __SYNTHESIS__
  m_state[hart].fetch_pc   = m_from_e.fetch_pc;
  m_state[hart].instruction = m_from_e.instruction;
  m_state[hart].d_i        = m_from_e.d_i;
  m_state[hart].target_pc  = m_from_e.target_pc;
#endif
}
```

10.3.10.3 mem_access 函数中的访存

如果选择了一条指令，mem_access.cpp 文件中的 mem_ access 函数（见代码清单 10.31）调用 stage_ job。

注意，传输到 stage_ job 函数的 hart 值不是访问 hart 的编号，而是被访问分区的标识符（m_state[accessing_hart].accessed_h）。

set_output_to_w 函数填充了 m_to_w 结构。

代码清单 10.31 mem_access 函数：stage_job 函数中的访存以及使用 set_output_to_w 函数将指令传输到写回阶段

```
    ...
  if (is_accessing){
    m_state_is_full[accessing_hart] = 0;
    stage_job(m_state[accessing_hart].accessed_h,
              m_state[accessing_hart].is_load,
              m_state[accessing_hart].is_store,
              m_state[accessing_hart].address,
              m_state[accessing_hart].func3, data_ram,
              &m_state[accessing_hart].value);
#ifndef __SYNTHESIS__
#ifdef DEBUG_PIPELINE
    printf("hart %d: mem        ", (int)accessing_hart);
    printf("%04d\n",
            (int)(m_state[accessing_hart].fetch_pc<<2));
#endif
#endif
    set_output_to_w(accessing_hart, m_state, m_to_w);
```

```
    }
  m_to_w->is_valid = is_accessing;
}
```

10.3.10.4 访存 stage_job 函数

当指令为 load 或 store 时，mem_access.cpp 文件（见代码清单 10.32）中的 stage_job 函数调用 mem_load 或 mem_store 函数访问内存。否则，stage_job 函数返回。

代码清单 10.32 stage_job 函数

```
static void stage_job(
  hart_num_t        hart,
  bit_t             is_load,
  bit_t             is_store,
  b_data_address_t  address,
  func3_t           func3,
  int               data_ram[][HART_DATA_RAM_SIZE],
  int               *value){
  if (is_load)
    *value = mem_load(hart, data_ram, address, func3);
  else if (is_store)
    mem_store(hart, data_ram, address, *value,
              (ap_uint<2>)func3);
}
```

10.3.10.5 mem_store 函数

mem.cpp 文件中的 mem_store 函数（见代码清单 10.33）根据要存储数据的大小选择需要写入内存的字节。

用于访问的地址未被转换（执行阶段计算的相对地址）。

根据访问的大小，它被截断为 hart 分区中的偏移量（a、a1 或 a2，即 SB 指令的字节、SH 指令的半字或 SW 指令的完整字；地址被截断，用来仅保留寻址访问分区的低位，例如用于字访问的 LOG_HART_DATA_RAM_SIZE 位）。

然后添加访问的 hart 分区偏移量以形成最终的绝对地址（例如，(((b_data_address_t) hart) << (LOG_HART_DATA_RAM_SIZE+2)) 位移用于字节访问，或 data_ram[hart][a2] 用于字访问；注意该参数 hart 不是访问 hart 而是访问分区）。

代码清单 10.33 mem.cpp 文件中的 mem_store 函数

```
void mem_store(
  hart_num_t        hart,
  int               data_ram[][HART_DATA_RAM_SIZE],
  b_data_address_t  address,
  int               value,
  ap_uint<2>        msize){
  w_hart_data_address_t a2 = address>>2;
  h_hart_data_address_t a1 = address>>1;
  b_hart_data_address_t a  = address;
  char                  value_0  = value;
  short                 value_01 = value;
  switch(msize){
    case SB:
      *((char*)(data_ram) +
              (((b_data_address_t)hart)<<
                (LOG_HART_DATA_RAM_SIZE+2)) + a)
                        = value_0;
      break;
    case SH:
      *((short*)(data_ram) +
              (((h_data_address_t)hart)<<
```

```
                            (LOG_HART_DATA_RAM_SIZE+1)) + a1)
                                = value_01;
        break;
    case SW:
        data_ram[hart][a2] = value;
        break;
    case 3:
        break;
    }
}
```

10.3.10.6　mem_load 函数

mem.cpp 文件中的 mem_load 函数（见代码清单 10.34）从被访问的分区（参数 hart）中读取一个完整字。

代码清单 10.34　mem_load 函数：读取被访问的字

```
int mem_load(
  hart_num_t        hart,
  int               data_ram[][HART_DATA_RAM_SIZE],
  b_data_address_t  address,
  func3_t           msize){
  w_hart_data_address_t a2  = (address >> 2);
  ap_uint<2>            a01 =  address;
  bit_t                 a1  = (address >> 1);
  int                   result;
  char                  b, b0, b1, b2, b3;
  unsigned char         ub, ub0, ub1, ub2, ub3;
  short                 h, h0, h1;
  unsigned short        uh, uh0, uh1;
  int                   ib, ih;
  unsigned int          iub, iuh;
  int                   w;
  w = data_ram[hart][a2];
  ...
```

mem_load 函数从读取的字（与 rv32i_npp_ip 一致，见代码清单 6.11）中选择请求的字节。

10.3.11　写回阶段

10.3.11.1　write_back 函数中的 hart 选择

wb.cpp 文件中的 write_back 函数（见代码清单 10.35）选择写入 hart。

代码清单 10.35　write_back 函数：计算 is_writing 和 writing_hart 值

```
void write_back(
  from_m_to_w_t w_from_m,
  int           reg_file[][NB_REGISTER],
  w_state_t    *w_state,
  bit_t        *w_state_is_full,
  bit_t        *is_unlock,
  hart_num_t   *w_hart,
  reg_num_t    *w_destination,
  bit_t        *has_exited){
  bit_t       is_selected;
  hart_num_t  selected_hart;
  bit_t       is_writing;
  hart_num_t  writing_hart;
  select_hart(w_state_is_full,
              &is_selected, &selected_hart);
  if (w_from_m.is_valid){
    w_state_is_full[w_from_m.hart] = 1;
```

```
    save_input_from_m(w_from_m, w_state);
  }
  is_writing   =
    is_selected || w_from_m.is_valid;
  writing_hart =
   (is_selected)?selected_hart:w_from_m.hart;
  ...
```

10.3.11.2 write_back 函数中的寄存器解锁

作为发射函数，write_back 函数（见代码清单 10.36）通过变量 is_unlock、w_hart 和 w_destination 向 lock_unlock_update 函数发送要解锁的 hart 和 destination 寄存器。

代码清单 10.36 write_back 函数：计算 is_lock、w_hart 和 w_destination 值

```
  ...
  *is_unlock = is_writing &&
            !w_state[writing_hart].has_no_dest;
  if (!w_state[writing_hart].has_no_dest){
    *w_hart        = writing_hart;
    *w_destination = w_state[writing_hart].rd;
  }
  ...
```

10.3.11.3 write_back 函数任务

write_back 函数（见代码清单 10.37）将执行阶段计算出的值或访存阶段载入的值写入目标寄存器（stage_job 函数）。

代码清单 10.37 write_back 函数：在 stage_job 函数中写入目标寄存器

```
  ...
  if (is_writing){
    w_state_is_full[writing_hart] = 0;
    stage_job(writing_hart, w_state, reg_file, has_exited);
#ifndef __SYNTHESIS__
#ifdef DEBUG_PIPELINE
    printf("hart %d: wb      ", (int)writing_hart);
    printf("%04d\n", (int)(w_state[writing_hart].fetch_pc<<2));
    if (!w_state[writing_hart].d_i.is_branch &&
       !w_state[writing_hart].d_i.is_jalr)
      emulate(writing_hart, reg_file,
            w_state[writing_hart].d_i,
            w_state[writing_hart].target_pc);
#else
#ifdef DEBUG_FETCH
    printf("hart %d: %04d: %08x        ",
       (int)writing_hart,
       (int)(w_state[writing_hart].fetch_pc<<2),
            w_state[writing_hart].instruction);
#ifndef DEBUG_DISASSEMBLE
    printf("\n");
#endif
#endif
#ifdef DEBUG_DISASSEMBLE
    disassemble(w_state[writing_hart].fetch_pc,
            w_state[writing_hart].instruction,
            w_state[writing_hart].d_i);
#endif
#ifdef DEBUG_EMULATE
    printf("hart %d: ", (int)writing_hart);
    emulate(writing_hart, reg_file,
          w_state[writing_hart].d_i,
          w_state[writing_hart].target_pc);
#endif
#endif
```

```
#endif
    }
}
```

10.3.11.4　写回阶段 stage_job 函数

在 wb.cpp 文件中的 stage＿job 函数（见代码清单 10.38）中，更新寄存器文件。

has_exited 数组也被更新。如果相关的 hart 运行了返回地址为空的 RET 指令，则 hart 退出，并设置其对应的 has_exited 数组条目。

代码清单 10.38　写回阶段的 stage_job 函数

```
static void stage_job(
  hart_num_t hart,
  w_state_t *w_state,
  int        reg_file[][NB_REGISTER],
  bit_t      *has_exited){
  if (!w_state[hart].has_no_dest)
    reg_file[hart][w_state[hart].rd] = w_state[hart].value;
  if (w_state[hart].is_ret && w_state[hart].value == 0)
    has_exited[hart] = 1;
}
```

10.3.12　lock_unlock_update 函数

multihart_ip.cpp 文 件 中 的 lock_unlock_update 函 数（见 代 码 清 单 10.39 ）对 is_reg_computed 数组的更新进行分组。

这样做是为了简化综合器的工作。为了进一步帮助综合，代码可能有点冗余，因为需要强调数组中的相同入口可能不会在同一个周期内被锁定和解锁，即同一个寄存器不会被同时进行锁定和解锁（对同一寄存器进行锁定和解锁操作会在同一位置写入 a0 和 a1）。

代码清单 10.39　lock_unlock_update 函数

```
static void lock_unlock_update(
  bit_t      is_lock,
  hart_num_t i_hart,
  reg_num_t  i_destination,
  bit_t      is_unlock,
  hart_num_t w_hart,
  reg_num_t  w_destination,
  bit_t      is_reg_computed[][NB_REGISTER]){
  //complicate, but necessary to help the synthesizer
  //by excluding the possibility to write 1 and 0 in the same
  //array entry; drastically shortens the time for synthesis
  if (is_lock && !is_unlock)
    is_reg_computed[i_hart][i_destination] = 1;
  else if (is_unlock && !is_lock)
    is_reg_computed[w_hart][w_destination] = 0;
  else if (is_lock && is_unlock && ((i_hart != w_hart) ||
          (i_destination != w_destination))){
    is_reg_computed[i_hart][i_destination] = 1;
    is_reg_computed[w_hart][w_destination] = 0;
  }
}
```

10.3.13　run_cond_update 函数

multihart_ip.cpp 文件中的 run_cond_update 函数如代码清单 10.40 所示。

当所有 hart 都退出时，运行结束。综合器能够释放展开 NB_HART 迭代，并对按位求

OR 的表达式进行平衡，即将其组织为一个完美的二叉树（当 NB_HART 为 2 的幂时）。

代码清单 10.40　running_cond_update 函数

```
static void running_cond_update(
  bit_t *has_exited,
  bit_t *is_running){
  hart_num_p1_t h1;
  hart_num_t    h;
  bit_t         cond;
  cond = 0;
  for (h1=0; h1<NB_HART; h1++){
#pragma HLS UNROLL
    h = h1;
    cond = cond | !has_exited[h];
  }
  *is_running = cond;
}
```

10.4　模拟 multihart_ip

 实验

　　要模拟 multihart_ip，请按照 5.3.6 节中的说明进行操作，将 fetching_ip 替换为 multihart_ip。有两个 testbench 程序：testbench_seq_multihart_ip.cpp 运行独立代码（每个 hart 一个），testbench_par_multihart_ip.cpp 运行数组元素的并行求和。

　　对于 testbench_seq_multihart_ip.cpp，可以使用模拟器将包含的 test_mem_0_text. hex 文件替换为在同一文件夹中找到的任何其他 .hex 文件。还可以改变 hart 的数量。

　　提供了两个不同的 testbench 文件。一个运行测试代码集（从 test_branch.s 到 test_sum. s）。另一个运行数组元素的分布式并行求和。

　　第一个 testbench 位于 testbench_seq_multihart_ip.cpp 文件中。每个 hart 运行所选定测试代码的副本。所有 hart 在运行开始时都被置位为活跃状态，并且它们具有相同的起始地址（start_pc[h] = 0）。

　　可以使用代码清单 10.41 中所示的 build_seq.sh shell 脚本来构建测试代码。该脚本需要构建测试代码的文件名（参数 $1，例如 "./build_seq.sh test_mem"）。

代码清单 10.41　build_seq.sh shell 脚本

```
$ cat build_seq.sh
riscv32-unknown-elf-gcc -nostartfiles -Ttext 0 -Tdata 0 -o $1.elf
    $1.s
riscv32-unknown-elf-objcopy -O binary --only-section=.text $1.elf
    $1_text.bin
hexdump -v -e '"0x" /4 "%08x" ",\n"' $1_text.bin > $1_text.hex
$
```

10.4.1　用不相关的代码填充 hart

testbench_seq_multihart_ip.cpp 文件如代码清单 10.42 所示。

代码清单 10.42　testbench_seq_multihart_ip.cpp 文件

```
#include <stdio.h>
#include "multihart_ip.h"
```

```
int            data_ram[NB_HART][HART_DATA_RAM_SIZE];
unsigned int code_ram[CODE_RAM_SIZE]={
#include "test_mem_text.hex"
};
unsigned int start_pc[NB_HART];
int main() {
  unsigned int nbi;
  unsigned int nbc;
  int          w;
  for (int i=0; i<NB_HART; i++) start_pc[i] = 0;
  multihart_ip((1<<NB_HART)-1,//start all harts
               start_pc, code_ram, data_ram, &nbi, &nbc);
  printf("%d fetched and decoded instructions\
 in %d cycles (ipc = %2.2f)\n", nbi, nbc, ((float)nbi)/nbc);
  for (int h=0; h<NB_HART; h++){
    printf("hart %d data memory dump (non null words)\n", h);
    for (int i=0; i<HART_DATA_RAM_SIZE; i++){
      w = data_ram[h][i];
      if (w != 0)
        printf("m[%5x] = %16d (%8x)\n",
        (int)(4*(i+(((w_data_address_t)h)
            <<LOG_HART_DATA_RAM_SIZE))), w, (unsigned int)w);
    }
  }
  return 0;
}
```

两个 test_mem.s（LOG_NB_HART 在 multihart_ip.h 中置位为 1）副本运行的输出如代码清单 10.43 所示。

代码清单 10.43 包含 test_mem_text.hex 时，testbench_seq_multihart_ip.cpp 文件主函数的输出

```
hart 0: 0000: 00000513       li a0, 0
hart 0:      a0  =                0 (         0)
hart 1: 0000: 00000513       li a0, 0
hart 1:      a0  =                0 (         0)
hart 0: 0004: 00000593       li a1, 0
hart 0:      a1  =                0 (         0)
hart 1: 0004: 00000593       li a1, 0
hart 1:      a1  =                0 (         0)
...
hart 0: 0056: 00a62223       sw a0, 4(a2)
hart 0:      m[       2c] =               55 (       37)
hart 1: 0056: 00a62223       sw a0, 4(a2)
hart 1:      m[     2002c] =               55 (       37)
hart 0: 0060: 00008067       ret
hart 0:      pc  =                0 (         0)
hart 1: 0060: 00008067       ret
hart 1:      pc  =                0 (         0)
register file for hart 0
...
a0  =               55 (       37)
a1  =                0 (        0)
a2  =               40 (       28)
a3  =               40 (       28)
a4  =               10 (        a)
...
register file for hart 1
...
a0  =               55 (       37)
a1  =                0 (        0)
a2  =               40 (       28)
a3  =               40 (       28)
a4  =               10 (        a)
...
176 fetched and decoded instructions in 306 cycles (ipc = 0.58)
hart 0 data memory dump (non null words)
m[     0] =                1 (        1)
m[     4] =                2 (        2)
m[     8] =                3 (        3)
```

```
m[    c] =                        4 (         4)
m[   10] =                        5 (         5)
m[   14] =                        6 (         6)
m[   18] =                        7 (         7)
m[   1c] =                        8 (         8)
m[   20] =                        9 (         9)
m[   24] =                       10 (         a)
m[   2c] =                       55 (        37)
hart 1 data memory dump (non null words)
m[20000] =                        1 (         1)
m[20004] =                        2 (         2)
m[20008] =                        3 (         3)
m[2000c] =                        4 (         4)
m[20010] =                        5 (         5)
m[20014] =                        6 (         6)
m[20018] =                        7 (         7)
m[2001c] =                        8 (         8)
m[20020] =                        9 (         9)
m[20024] =                       10 (         a)
m[2002c] =                       55 (        37)
```

10.4.2　用并行化代码填充 hart

第二个 testbench 文件是 testbench_par_multihart_ip.cpp。它运行 test_mem.s 程序的分布式并行版本。

一组 NB_HART 子数组由正在运行的 hart 并行填充。所有子数组初始化完成后，并行求和。第一个 hart 读取部分和（远程访存）并计算它们的总和（归约运算）。

在两个 hart 的情况下，test_mem.s 的并行化版本被命名为 test_mem_par_2h.s；四个 hart 时，命名为 test_mem_par_4h.s；八个 hart 时，命名为 test_mem_par_8h.s。当从 x hart 切换到 y hart 时，请注意不要忘记进行两项更新：multihart_ip.h 文件中的 LOG_NB_HART 值和 testbench_par_multihart_ip.cpp 文件中包含的 hex 文件的名称。

10.4.2.1　构建 hex 文件

可以使用代码清单 10.44 中所示的 build_par.sh shell 脚本构建 hex 文件。

代码清单 10.44　build_par.sh shell 脚本

```
$ cat build_par.sh
riscv32-unknown-elf-gcc -nostartfiles -Ttext 0 -Tdata 0 -o
    test_mem_par_2h.elf test_mem_par_2h.s
riscv32-unknown-elf-objcopy -O binary --only-section=.text
    test_mem_par_2h.elf test_mem_par_2h_text.bin
hexdump -v -e '"0x" /4 "%08x" ",\n"' test_mem_par_2h_text.bin >
    test_mem_par_2h_text.hex
riscv32-unknown-elf-gcc -nostartfiles -Ttext 0 -Tdata 0 -o
    test_mem_par_4h.elf test_mem_par_4h.s
riscv32-unknown-elf-objcopy -O binary --only-section=.text
    test_mem_par_4h.elf test_mem_par_4h_text.bin
hexdump -v -e '"0x" /4 "%08x" ",\n"' test_mem_par_4h_text.bin >
    test_mem_par_4h_text.hex
riscv32-unknown-elf-gcc -nostartfiles -Ttext 0 -Tdata 0 -o
    test_mem_par_8h.elf test_mem_par_8h.s
riscv32-unknown-elf-objcopy -O binary --only-section=.text
    test_mem_par_8h.elf test_mem_par_8h_text.bin
hexdump -v -e '"0x" /4 "%08x" ",\n"' test_mem_par_8h_text.bin >
    test_mem_par_8h_text.hex
$
```

10.4.2.2　testbench_par_multihart_ip.cpp 文件

2-hart 处理器的 testbench_par_multihart_ip.cpp 文件如代码清单 10.45 所示。

代码清单 10.45 用于 2-hart 处理器的 testbench_par_multihart_ip.cpp 文件

```cpp
#include <stdio.h>
#include "multihart_ip.h"
#define OTHER_HART_START 0x74/4
int         data_ram[NB_HART][HART_DATA_RAM_SIZE];
unsigned int code_ram[CODE_RAM_SIZE]={
#include "test_mem_par_2h_text.hex"
};
unsigned int start_pc[NB_HART];
int main() {
  unsigned int nbi;
  unsigned int nbc;
  int          w;
  start_pc[0] = 0;
  for (int i=1; i<NB_HART; i++)
    start_pc[i] = OTHER_HART_START;
  multihart_ip((1<<NB_HART)-1,//start all harts
               start_pc, (unsigned int*)code_ram, data_ram,
               &nbi, &nbc);
  printf("%d fetched and decoded instructions\
 in %d cycles (ipc = %2.2f)\n", nbi, nbc, ((float)nbi)/nbc);
  for (int h=0; h<NB_HART; h++){
    printf("hart %d: data memory dump (non null words)\n", h);
    for (int i=0; i<HART_DATA_RAM_SIZE; i++){
      w = data_ram[h][i];
      if (w != 0)
        printf("m[%5x] = %16d (%8x)\n",
        (int)(4*(i+(((w_data_address_t)h)<<
            LOG_HART_DATA_RAM_SIZE))), w, (unsigned int)w);
    }
  }
  return 0;
}
```

test_mem_par_2h.s 文件中的 RISC-V 测试程序并行计算分布式数组元素的总和。在 multihart IP 中，每个 hart 计算其本地数组元素的总和。然后，第一个 hart 通过远程访问累积部分结果，并将最终总和保存在其本地内存中。

RISC-V 代码分为两部分。第一部分（参见代码清单 10.46～10.48）仅由第一个 hart 运行。第二部分（参见代码清单 10.49）由所有其他 hart 运行。

完整代码位于地址 0 的 multihart_ip 程序存储器中。

10.4.2.3　第一个 hart 的 RISC-V 测试程序

第一个 hart 在第一个循环中设置分布式数组的 10 个元素（.L1，参见代码清单 10.46）。

代码清单 10.46　test_mem_par_2h.s 文件（RISC-V 源代码）：初始化求和数组的 hart 部分

```asm
        .equ    LOG_NB_HART,1
        .equ    LOG_DATA_RAM_SIZE,(16+2)
        .equ    NB_HART,(1<<LOG_NB_HART)
        .equ    LOG_HART_DATA_RAM_SIZE,(LOG_DATA_RAM_SIZE-
          LOG_NB_HART)
        .equ    HART_DATA_RAM_SIZE,(1<<LOG_HART_DATA_RAM_SIZE)
        .globl  main
        .globl  other_hart_start
main:
        li      a0,0         /*a0=0*/
        li      a1,0         /*a1=0*/
        li      a2,0         /*a2=0*/
        addi    a3,a2,40     /*a3=40*/
.L1:
        addi    a1,a1,1      /*a1++*/
        sw      a1,0(a2)     /*t[a2]=a1*/
        addi    a2,a2,4      /*a2+=4*/
        bne     a2,a3,.L1    /*if (a3!=a2) goto .L1*/
...
```

然后，第一个 hart 在第二个循环中对元素求和（.L2，参见代码清单 10.47）。本地总和保存在本地地址 40 处。

代码清单 10.47　test_mem_par_2h.s 文件（RISC-V 源代码）：对本地分区求和

```
...
        li      a1,0        /*a1=0*/
        li      a2,0        /*a2=0*/
.L2:
        lw      a4,0(a2)    /*a4=t[a2]*/
        addi    a2,a2,4     /*a2+=4*/
        add     a0,a0,a4    /*a0+=a4*/
        bne     a2,a3,.L2   /*if (a3!=a2) goto .L2*/
        li      a2,40       /*a2=40*/
        sw      a0,0(a2)    /*t[a2]=a0*/
...
```

最后，第一个 hart 将其他 hart 的部分和相加以计算总数（参见代码清单 10.48）。它使用对其他分区的访问地址（大于分区大小的正地址）。

写入者（其他 hart 将它们的部分和写入本地内存）和读取者（第一个 hart 访问外部存储器读取这些部分和）之间的同步是在内部 .L3 循环中完成的。第一个 hart 在内存字为空时保持读取操作（内部循环包含两条指令：lw 和 beq）。一旦另一个 hart 写入了它的总和，被寻址的字就不再是空的，第一个 hart 退出内部循环并将载入的数值累加到寄存器 a3 中。

代码清单 10.48　test_mem_par_2h.s 文件（RISC-V 源代码）：累加其他分区的局部总和

```
...
        li      a1,1        /*a1=1*/
        li      a2,NB_HART  /*a2=NB_HART*/
        li      a4,HART_DATA_RAM_SIZE
        mv      a5,a4       /*a5=a4*/
.L3:    lw      a3,40(a4)   /*a3=t[a4+40]*/
        beq     a3,zero,.L3 /*if (a3==0) goto .L3*/
        add     a0,a0,a3    /*a0+=a3*/
        add     a4,a4,a5    /*a4+=a5*/
        addi    a1,a1,1     /*a1++*/
        bne     a1,a2,.L3   /*if (a1!=a2) goto .L3*/
        li      a2,44       /*a2=44*/
        sw      a0,0(a2)    /*t[a2]=a0*/
        ret
```

10.4.2.4　其他 hart 的 RISC-V 测试程序

所有其他 hart 运行相同代码的第二部分，以初始化它们在数组中的对应部分（.L4 循环）并计算其总和（.L5 循环），参见代码清单 10.49。

代码清单 10.49　test_mem_par_2h.s 文件（RISC-V 源代码）：初始化其他 hart 子数组并对它们求和

```
...
other_hart_start:
        slli    t0,a1,3     /*t0=8*a1*/
        slli    t1,a1,1     /*t1=2*a1*/
        li      a0,0        /*a0=0*/
        add     a1,t0,t1    /*a1=t0+t1*/
        li      a2,0        /*a2=0*/
        addi    a3,a2,40    /*a3=40*/
.L4:
        addi    a1,a1,1     /*a1++*/
        sw      a1,0(a2)    /*t[a2]=a1*/
        addi    a2,a2,4     /*a2+=4*/
        bne     a2,a3,.L4   /*if (a2!=a3) goto .L4*/
        li      a1,0        /*a1=0*/
        li      a2,0        /*a2=0*/
```

```
.L5:
        lw      a4,0(a2)    /*a4=t[a2]*/
        addi    a2,a2,4     /*a2+=4*/
        add     a0,a0,a4    /*a0+=a4*/
        bne     a2,a3,.L5   /*if (a2!=a3) goto .L5*/
        li      a2,40       /*a2=40*/
        sw      a0,0(a2)    /*t[a2]=a0*/
        ret
```

OTHER_HART_START 常量定义将代码的起点置位为非 0（OTHER_HART_START = 0x74/4，即指令 29）。

10.4.2.5 运行输出

对于两个 hart 的运行（LOG_NB_HART 为 1，包含的文件为 test_mem_par_2h_text. hex），输出如代码清单 10.50 所示（前 20 个整数的最终总和为 210，IPC 为 0.63/*cpi* 为 1.59）。

代码清单 10.50 testbench_par_multihart_ip.cpp 文件中 main 函数的输出（test_mem_par_2h_text.hex 代码）

```
hart 0: 0000: 00000513        li a0, 0
hart 0:         a0  =                 0 (        0)
hart 1: 0116: 00359293        slli t0, a1, 3
hart 1:         t0  =                 8 (        8)
...
hart 0: 0104: 02c00613        li a2, 44
hart 0:         a2  =                44 (       2c)
hart 0: 0108: 00a62023        sw a0, 0(a2)
hart 0:         m[      2c] =        210 (       d2)
hart 0: 0112: 00008067        ret
hart 0:         pc  =                 0 (        0)
register file for hart 0
...
a0  =               210 (       d2)
a1  =                 2 (        2)
a2  =                44 (       2c)
a3  =               155 (       9b)
a4  =            262144 (    40000)
a5  =            131072 (    20000)
...
register file for hart 1
...
a0  =               155 (       9b)
a1  =                 0 (        0)
a2  =                40 (       28)
a3  =                40 (       28)
a4  =                20 (       14)
...
192 fetched and decoded instructions in 305 cycles (ipc = 0.63)
hart 0: data memory dump (non null words)
m[      0] =                 1 (        1)
m[      4] =                 2 (        2)
m[      8] =                 3 (        3)
m[      c] =                 4 (        4)
m[     10] =                 5 (        5)
m[     14] =                 6 (        6)
m[     18] =                 7 (        7)
m[     1c] =                 8 (        8)
m[     20] =                 9 (        9)
m[     24] =                10 (        a)
m[     28] =                55 (       37)
m[     2c] =               210 (       d2)
hart 1: data memory dump (non null words)
m[20000] =                11 (        b)
m[20004] =                12 (        c)
m[20008] =                13 (        d)
m[2000c] =                14 (        e)
```

```
m[20010] =                15 (        f)
m[20014] =                16 (       10)
m[20018] =                17 (       11)
m[2001c] =                18 (       12)
m[20020] =                19 (       13)
m[20024] =                20 (       14)
m[20028] =               155 (       9b)
```

10.5　综合 IP

图 10.8 展示了两个 hart 的综合报告。IP 周期是两个 FPGA 周期（20 ns，50 MHz）。四个 hart 和八个 hart 也是如此。

图 10.9 展示了主循环迭代需要两个周期，因此 multihart IP 周期为 20ns（对于四个 hart 和八个 hart，迭代需要三个周期，但 II 间隔为两个周期）。

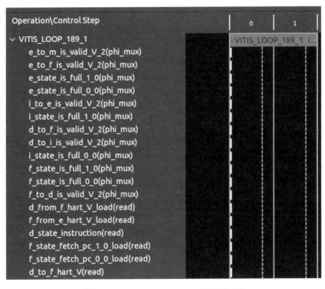

Modules & Loops	Issue Type	Iteration Latency	Interval	BRAM	DSP	FF	LUT
∨ ● multihart_ip	⚠ Timing Violation	-	-	256	0	4965	9663
∨ ● multihart_ip_Pipeline_\	⚠ Timing Violation	-	-	0	0	4468	9165
ⓒ VITIS_LOOP_189_1	⚠ Timing Violation	2	2				

图 10.8　multihart_ip 的综合报告

图 10.9　multihart_ip 的时序图

10.6　Vivado 项目和实施报告

图 10.10 展示了对两个 hart（4697 个 LUT，8.83%）multihart_ip 设计的 Vivado 实现报告。

图 10.11 展示了对四个 hart（7537 个 LUT，14.17%）multihart_ip 设计的 Vivado 实现报告。

图 10.12 展示了对八个 hart（12 866 个 LUT，24.18%）multihart_ip 设计的 Vivado 实现报告。

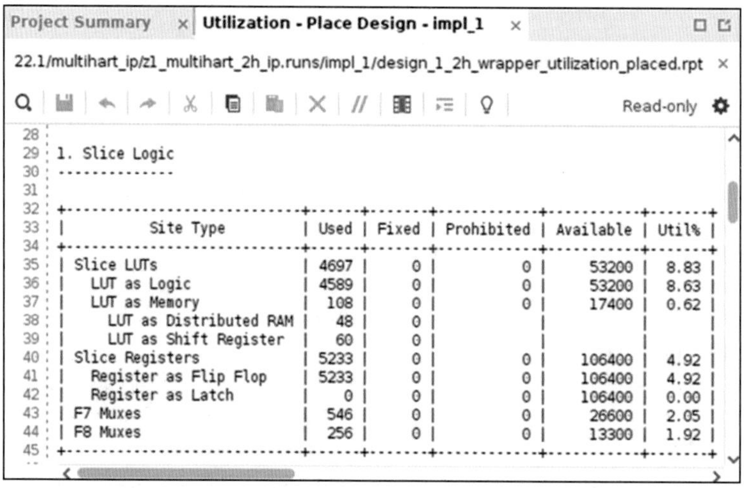

1. Slice Logic

Site Type	Used	Fixed	Prohibited	Available	Util%
Slice LUTs	4697	0	0	53200	8.83
LUT as Logic	4589	0	0	53200	8.63
LUT as Memory	108	0	0	17400	0.62
LUT as Distributed RAM	48	0			
LUT as Shift Register	60	0			
Slice Registers	5233	0	0	106400	4.92
Register as Flip Flop	5233	0	0	106400	4.92
Register as Latch	0	0	0	106400	0.00
F7 Muxes	546	0	0	26600	2.05
F8 Muxes	256	0	0	13300	1.92

图 10.10　两个 hart 的 multihart_ip 的 Vivado 实现报告

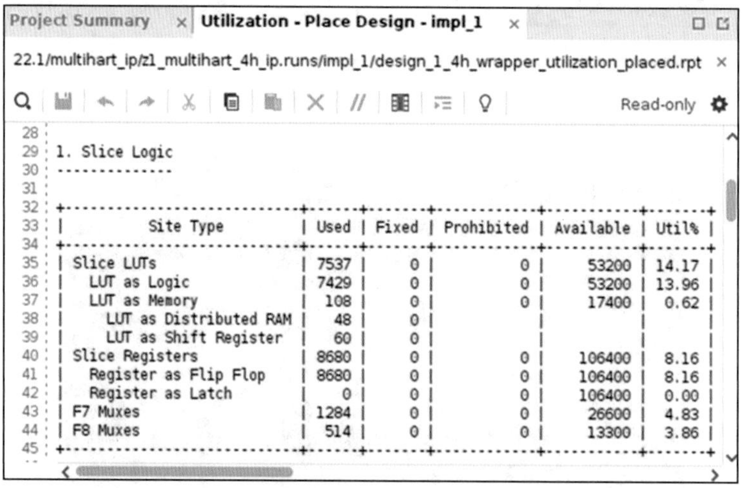

1. Slice Logic

Site Type	Used	Fixed	Prohibited	Available	Util%
Slice LUTs	7537	0	0	53200	14.17
LUT as Logic	7429	0	0	53200	13.96
LUT as Memory	108	0	0	17400	0.62
LUT as Distributed RAM	48	0			
LUT as Shift Register	60	0			
Slice Registers	8680	0	0	106400	8.16
Register as Flip Flop	8680	0	0	106400	8.16
Register as Latch	0	0	0	106400	0.00
F7 Muxes	1284	0	0	26600	4.83
F8 Muxes	514	0	0	13300	3.86

图 10.11　四个 hart 的 multihart_ip 的 Vivado 实现报告

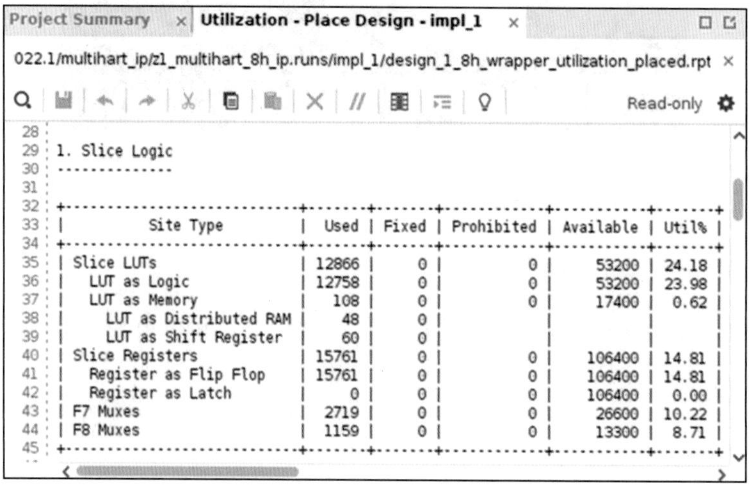

1. Slice Logic

Site Type	Used	Fixed	Prohibited	Available	Util%
Slice LUTs	12866	0	0	53200	24.18
LUT as Logic	12758	0	0	53200	23.98
LUT as Memory	108	0	0	17400	0.62
LUT as Distributed RAM	48	0			
LUT as Shift Register	60	0			
Slice Registers	15761	0	0	106400	14.81
Register as Flip Flop	15761	0	0	106400	14.81
Register as Latch	0	0	0	106400	0.00
F7 Muxes	2719	0	0	26600	10.22
F8 Muxes	1159	0	0	13300	8.71

图 10.12　八个 hart 的 multihart_ip 的 Vivado 实现报告

10.7　在开发板上运行 multihart_ip

 实验

　　要在开发板上运行 multihart_ip，请按照 5.3.10 节中的说明进行操作，用 multihart_ip 替换 fetching_ip。

　　有两个驱动程序：helloworld_seq_hart.c 是可以在每个 hart 上运行独立的程序，helloworld_par_hart.c 是用于对数组元素进行并行求和的程序。

10.7.1　运行独立代码

　　代码清单 10.51 显示了驱动 FPGA 在两个 hart 上运行 test_mem.s 程序的代码（注意不要忘记使用 update_helloworld.sh shell 脚本将 hex 文件的路径调整到自己的环境）。运行另一个程序，例如 test_branch、test_jal_jalr、test_load_store、test_lui_auipc、test_op、test_op_imm 或 test_sum，更新 code_ram 数组初始化 #include 行。要增加 hart 的数量，请更改 LOG_NB_HART 值。

代码清单 10.51　驱动 2-hart multihart_ip 的 helloworld_seq_hart.c 文件

```c
#include <stdio.h>
#include "xmultihart_ip.h"
#include "xparameters.h"
#define LOG_NB_HART              1
#define NB_HART                 (1<<LOG_NB_HART)
#define LOG_CODE_RAM_SIZE       16
//size in words
#define CODE_RAM_SIZE           (1<<LOG_CODE_RAM_SIZE)
#define LOG_DATA_RAM_SIZE       16
//size in words
#define DATA_RAM_SIZE           (1<<LOG_DATA_RAM_SIZE)
#define LOG_HART_DATA_RAM_SIZE  (LOG_DATA_RAM_SIZE-LOG_NB_HART)
#define HART_DATA_RAM_SIZE      (1<<LOG_HART_DATA_RAM_SIZE)
XMultihart_ip_Config *cfg_ptr;
XMultihart_ip        ip;
word_type code_ram[CODE_RAM_SIZE] = {
#include "test_mem_text.hex"
};
word_type start_pc[NB_HART]={0};
int main(){
  unsigned int nbi, nbc;
  word_type      w;
  cfg_ptr = XMultihart_ip_LookupConfig(
      XPAR_XMULTIHART_IP_0_DEVICE_ID);
  XMultihart_ip_CfgInitialize(&ip, cfg_ptr);
  XMultihart_ip_Set_running_hart_set(&ip, (1<<NB_HART)-1);
  XMultihart_ip_Write_start_pc_Words(&ip, 0, start_pc, NB_HART);
  XMultihart_ip_Write_code_ram_Words(&ip, 0, code_ram,
      CODE_RAM_SIZE);
  XMultihart_ip_Start(&ip);
  while (!XMultihart_ip_IsDone(&ip));
  nbi = XMultihart_ip_Get_nb_instruction(&ip);
  nbc = XMultihart_ip_Get_nb_cycle(&ip);
  printf("%d fetched and decoded instructions\
 in %d cycles (ipc = %2.2f)\n", nbi, nbc, ((float)nbi)/nbc);
  for (int h=0; h<NB_HART; h++){
    printf("hart %d data memory dump (non null words)\n", h);
    for (int i=0; i<HART_DATA_RAM_SIZE; i++){
      XMultihart_ip_Read_data_ram_Words
        (&ip, i+(((int)h)<<LOG_HART_DATA_RAM_SIZE), &w, 1);
      if (w != 0)
        printf("m[%5x] = %16d (%8x)\n",
```

```
                    4*(i+(((int)h)<<LOG_HART_DATA_RAM_SIZE)),
                    (int)w, (unsigned int)w);
        }
      }
    }
}
```

在 FPGA 上运行 test_mem.s 文件中的 RISC-V 代码，会在 putty 窗口中生成如代码清单 10.52 所示的输出（运行两个 hart）。

代码清单 10.52   putty 窗口中的 helloworld.c 输出结果

```
176 fetched and decoded instructions in 306 cycles (ipc = 0.58)
hart 0 data memory dump (non null words)
m[     0] =                 1 (          1)
m[     4] =                 2 (          2)
m[     8] =                 3 (          3)
m[     c] =                 4 (          4)
m[    10] =                 5 (          5)
m[    14] =                 6 (          6)
m[    18] =                 7 (          7)
m[    1c] =                 8 (          8)
m[    20] =                 9 (          9)
m[    24] =                10 (          a)
m[    2c] =                55 (         37)
hart 1 data memory dump (non null words)
m[20000] =                 1 (          1)
m[20004] =                 2 (          2)
m[20008] =                 3 (          3)
m[2000c] =                 4 (          4)
m[20010] =                 5 (          5)
m[20014] =                 6 (          6)
m[20018] =                 7 (          7)
m[2001c] =                 8 (          8)
m[20020] =                 9 (          9)
m[20024] =                10 (          a)
m[2002c] =                55 (         37)
```

10.7.2   运行并行应用程序

代码清单 10.53 显示了驱动 FPGA 在两个 hart 上运行 test_mem_par_2h.s 的代码（不要忘记使用 update_helloworld.sh shell 脚本将 hex 文件的路径调整为适合自己的环境）。要增加 hart 的数量，请更改 LOG_NB_HART 值并更改包含的 hex 文件。

代码清单 10.53   为 test_mem_par_2h.s 代码驱动 multihart_ip 的 helloworld_par_hart.c 文件

```
#include <stdio.h>
#include "xmultihart_ip.h"
#include "xparameters.h"
#define LOG_NB_HART              1
#define NB_HART                 (1<<LOG_NB_HART)
#define LOG_CODE_RAM_SIZE       16
//size in words
#define CODE_RAM_SIZE           (1<<LOG_CODE_RAM_SIZE)
#define LOG_DATA_RAM_SIZE       16
//size in words
#define DATA_RAM_SIZE           (1<<LOG_DATA_RAM_SIZE)
#define LOG_HART_DATA_RAM_SIZE  (LOG_DATA_RAM_SIZE-LOG_NB_HART)
#define HART_DATA_RAM_SIZE      (1<<LOG_HART_DATA_RAM_SIZE)
#define OTHER_HART_START        0x74/4
XMultihart_ip_Config *cfg_ptr;
XMultihart_ip        ip;
unsigned int code_ram[CODE_RAM_SIZE]={
#include "test_mem_par_2h_text.hex"
};
word_type start_pc[NB_HART];
int main(){
```

```
unsigned int nbi;
unsigned int nbc;
word_type     w;
cfg_ptr = XMultihart_ip_LookupConfig(
    XPAR_XMULTIHART_IP_0_DEVICE_ID);
XMultihart_ip_CfgInitialize(&ip, cfg_ptr);
XMultihart_ip_Set_running_hart_set(&ip, (1<<NB_HART)-1);
for (int h=1; h<NB_HART; h++)
  start_pc[h]=OTHER_HART_START;
start_pc[0] = 0;
XMultihart_ip_Write_start_pc_Words(&ip, 0, start_pc, NB_HART);
XMultihart_ip_Write_code_ram_Words(&ip, 0, code_ram,
    CODE_RAM_SIZE);
XMultihart_ip_Start(&ip);
while (!XMultihart_ip_IsDone(&ip));
nbi = XMultihart_ip_Get_nb_instruction(&ip);
nbc = XMultihart_ip_Get_nb_cycle(&ip);
printf("%d fetched and decoded instructions\
in %d cycles (ipc = %2.2f)\n", nbi, nbc, ((float)nbi)/nbc);
for (int h=0; h<NB_HART; h++){
  printf("hart %d data memory dump (non null words)\n", h);
  for (int i=0; i<HART_DATA_RAM_SIZE; i++){
    XMultihart_ip_Read_data_ram_Words
      (&ip, i+(((int)h)<<LOG_HART_DATA_RAM_SIZE), &w, 1);
    if (w != 0)
      printf("m[%5x] = %16d (%8x)\n",
              4*(i+(((int)h)<<LOG_HART_DATA_RAM_SIZE)),
              (int)w, (unsigned int)w);
  }
}
}
```

在 FPGA 上运行 test_mem_par_2h.s 文件中的 RISC-V 代码会在 putty 窗口中产生如代码清单 10.54 所示的输出（运行两个 hart）。

代码清单 10.54　putty 窗口中的 helloworld.c 输出结果

```
192 fetched and decoded instructions in 305 cycles (ipc = 0.63)
hart 0: data memory dump (non null words)
m[    0] =                1 (        1)
m[    4] =                2 (        2)
m[    8] =                3 (        3)
m[    c] =                4 (        4)
m[   10] =                5 (        5)
m[   14] =                6 (        6)
m[   18] =                7 (        7)
m[   1c] =                8 (        8)
m[   20] =                9 (        9)
m[   24] =               10 (        a)
m[   28] =               55 (       37)
m[   2c] =              210 (       d2)
hart 1: data memory dump (non null words)
m[20000] =               11 (        b)
m[20004] =               12 (        c)
m[20008] =               13 (        d)
m[2000c] =               14 (        e)
m[20010] =               15 (        f)
m[20014] =               16 (       10)
m[20018] =               17 (       11)
m[2001c] =               18 (       12)
m[20020] =               19 (       13)
m[20024] =               20 (       14)
m[20028] =              155 (       9b)
```

10.7.3　multihart_ip 的进一步测试

要在 Vitis_HLS 模拟器上通过 riscv-tests，需要使用 riscv-tests/my_isa/my_rv32ui 文件

夹中的 testbench_riscv_tests_multihart_ip.cpp 程序作为 testbench。

要 在 FPGA 上 通 过 riscv-tests, 需 要 使 用 riscv-tests/my_isa/my_rv32ui 文 件 夹 中 的 helloworld_multihart_2h_ip.c、helloworld_multihart_4h_ip.c 或 helloworld_multihart_8h_ip.c。通常, 由于已经为其他处理器运行了 update_helloworld.sh shell 脚本, helloworld_multihart_xh_ip.c 文件 (xh 代表 2h、4h 或 8h) 应该具有适合自己的环境路径。如果没有, 则必须运行 update_helloworld.sh shell 脚本。

10.8   比较 multihart_ip 与四级流水线

要 从 mibench 套件运行基准测试程序, 比如 my_dir/bench, 可以将 testbench 设置为 mibench/my_mibench/my_dir/bench 文件夹中的 testbench_bench_multihart_ip.cpp 文件。例 如, 要运行 basicmath, 可以在 mibench/my_mibench/my_automotive/basicmath 文件夹中将 testbench 设置为 testbench_basicmath_multihart_ip.cpp。

要运行官方 riscv-tests 基准测试之一, 比如 bench, 可以将 testbench 设置为 riscv-tests/benchmarks/bench 文件夹中的 testbench_bench_multihart_ip.cpp 文件。例如, 要运行 median, 可以将 testbench 设置为 riscv-tests/benchmarks/median 文件夹中的 testbench_median_multihart_ip.cpp。

要 在 FPGA 上 运 行 相 同 的 基 准 测 试, 请 选 择 helloworld_multihart_2h_ip.c 在 z1_multihart_2h_ip Vivado 项目上运行, 或者选择 helloworld_multihart_4h_ip.c 在 z1_multihart_4h_ip Vivado 项目上运行, 或选择 helloworld_multihart_8h_ip.c 在 z1_multihart_8h_ip Vivado 项目上运行。

10.8.1   两个 hart

表 10.1 展示了使用等式 5.1 ($nmi * cpi * c$, 其中 $c = 20$ns) 计算的在 2-hart 设计上运行的不同基准测试程序的执行时间。基线时间参考指的是同一测试程序在 rv32i_pp_ip 设计 (迄今为止最快的设计) 上的两次连续执行时间。

两个 hart 不足以填满流水线。cpi 仍然高于四级单 hart 流水线 (平均水平下二者之比 为 $1.41:1.20$, 参见 8.3 节)。但是, 尽管增加了六段流水线长度, 但周期减少弥补了 cpi 的 降低。

在基准测试套件中, 2-hart multihart_ip 比 rv32i_pp_ip 快 20%。

表 10.1   multihart_ip 处理器上基准测试的执行时间 (两个活跃的 hart 运行相同的程序)

套件	基准测试 程序	周期数	nmi	cpi	时间 (s)	四个流水级的 时间 (s)	提升百分比 (%)
mibench	basicmath	88 958 398	61 795 478	1.44	1.779 167 960	2.258 589 420	21
mibench	bitcount	88 133 658	65 306 478	1.35	1.762 673 160	2.274 599 940	23
mibench	qsort	18 756 398	13 367 142	1.40	0.375 127 960	0.485 171 460	23
mibench	stringsearch	1 720 638	1 098 326	1.57	0.034 412 760	0.038 149 800	10
mibench	rawcaudio	1 980 166	1 266 316	1.56	0.039 603 320	0.045 490 260	13
mibench	rawdaudio	1 383 490	936 598	1.48	0.027 669 800	0.033 768 060	18
mibench	crc32	960 042	600 028	1.60	0.019 200 840	0.021 600 960	11

（续）

套件	基准测试程序	周期数	nmi	cpi	时间（s）	四个流水级的时间（s）	提升百分比（%）
mibench	fft	91 511 156	62 730 816	1.46	1.830 223 120	2.294 015 640	20
mibench	fft_inv	93 053 088	63 840 638	1.46	1.861 061 760	2.334 520 080	20
riscv-tests	median	75 636	55 784	1.36	0.001 512 720	0.002 128 260	29
riscv-tests	mm	461 940 400	315 122 748	1.47	9.238 808 000	11.604 328 500	20
riscv-tests	multiply	1 099 802	835 794	1.32	0.021 996 040	0.032 401 440	32
riscv-tests	qsort	736 402	543 346	1.36	0.014 728 040	0.019 837 800	26
riscv-tests	spmv	3 502 988	2 492 304	1.41	0.070 059 760	0.089 876 400	22
riscv-tests	towers	906 100	807 616	1.12	0.018 122 000	0.025 583 100	29
riscv-tests	vvadd	40 026	32 020	1.25	0.000 800 520	0.001 080 720	26

10.8.2　四个 hart

表 10.2 展示了在 4-hart 设计上运行的不同程序示例的执行时间，使用等式 5.1 计算（$nmi * cpi * c$，其中 $c = 20$ ns）。基线时间参考指的是同一测试程序在 rv32i_pp_ip 设计上的四次连续执行。有四个 hart，cpi 低于 rv32i_pp_ip cpi（平均水平下二者之比为 1.09 : 1.20）。在 20ns 周期内，当四个 hart 运行时，multihart IP 平均比 rv32i_pp_ip 快 1.66 倍。但是，该设计使用了 1.7 倍的 LUT（二者所使用的 LUT 之比为 7537 : 4334）。

表 10.2　程序示例在 multihart_ip 处理器上的执行时间（四个活跃的 hart 运行相同的程序）

套件	基准测试程序	周期数	nmi	cpi	时间（s）	四个流水级的时间（s）	提升百分比（%）
mibench	basicmath	136 057 928	123 590 956	1.10	2.721 158 560	4.517 178 840	40
mibench	bitcount	143 803 793	130 612 956	1.10	2.876 075 860	4.549 199 880	37
mibench	qsort	29 151 626	26 734 284	1.09	0.583 032 520	0.970 342 920	40
mibench	stringsearch	2 384 057	2 196 652	1.09	0.047 681 140	0.076 299 600	38
mibench	rawcaudio	2 873 992	2 532 632	1.13	0.057 479 840	0.090 980 520	37
mibench	rawdaudio	2 074 964	1 873 196	1.11	0.041 499 280	0.067 536 120	39
mibench	crc32	1 230 088	1 200 056	1.03	0.024 601 760	0.043 201 920	43
mibench	fft	138 090 940	125 461 632	1.10	2.761 818 800	4.588 031 280	40
mibench	fft_inv	140 447 968	127 681 276	1.10	2.808 959 360	4.669 040 160	40
riscv-tests	median	123 662	111 568	1.11	0.002 231 360	0.004 256 520	48
riscv-tests	mm	694 489 981	630 245 496	1.10	13.889 799 620	23.208 657 000	40
riscv-tests	multiply	1 894 335	1 671 588	1.13	0.037 886 700	0.064 802 880	42
riscv-tests	qsort	1 221 567	1.086 692	1.12	0.024 431 340	0.039 675 600	38
riscv-tests	spmv	5 430 195	4 984 608	1.09	0.108 603 900	0.179 752 800	40
riscv-tests	towers	1 615 420	1 615 232	1.00	0.032 308 400	0.051 166 200	37
riscv-tests	vvadd	66 076	64 040	1.03	0.001 321 520	0.002 161 440	39

10.8.3 八个 hart

表 10.3 显示了在 8-hart 设计上运行的不同程序示例的执行时间，使用等式 5.1 计算（$nmi * cpi * c$，其中 $c = 20ns$）。基线时间参考是指在 rv32i_pp_ip 设计上连续八次执行相同的测试程序。平均 cpi 为 1.09，并没有比四个 hart 时提升很多。在 multihart IP 上运行八个交错的 hart 比在 rv32i_pp_ip 上顺序运行相同的八个程序平均快 1.65 倍。然而，8-hart 设计使用 12 866 个 LUT，即用于构建 rv32i_pp_ip 的 LUT 的 3 倍。

表 10.3 程序示例在 multihart_ip 处理器上的执行时间（八个活跃的 hart 运行相同的程序）

套件	基准测试程序	周期数	*nmi*	*cpi*	时间（s）	四个流水级的时间（s）	提升百分比（%）
mibench	basicmath	273 657 613	247 181 912	1.11	5.473 152 260	9.034 357 680	39
mibench	bitcount	285 828 811	261 225 912	1.09	5.716 576 220	9.098 399 760	37
mibench	qsort	58 457 350	53 468 568	1.09	1.169 147 000	1.940 685 840	40
mibench	stringsearch	4 782 512	4 393 304	1.09	0.095 650 240	0.152 599 200	37
mibench	rawcaudio	5 677 516	5 065 264	1.12	0.113 550 320	0.181 961 040	38
mibench	rawdaudio	4 138 785	3 746 392	1.10	0.082 775 700	0.135 072 240	39
mibench	crc32	2 479 691	2 400 112	1.03	0.049 593 820	0.086 403 840	43
mibench	fft	277 969 508	250 923 264	1.11	5.559 390 160	9.176 062 560	39
mibench	fft_inv	282 804 386	255 362 552	1.11	5.656 087 720	9.338 080 320	39
riscv-tests	median	247 080	223 136	1.11	0.004 941 600	0.008 513 040	42
riscv-tests	mm	1 399 160 540	1 260 490 992	1.11	27.983 210 800	46.417 314 000	40
riscv-tests	mutiply	3 563 258	3 343 176	1.07	0.071 265 160	0.129 605 760	45
riscv-tests	qsort	2 391 276	2 173 384	1.10	0.047 825 520	0.079 351 200	40
riscv-tests	spmv	10 900 106	9 969 216	1.09	0.218 002 120	0.359 505 600	39
riscv-tests	towers	3 261 569	3 230 464	1.01	0.065 231 380	0.102 332 400	36
riscv-tests	vvadd	132 852	128 080	1.04	0.002 657 040	0.004 322 880	39

参考文献

[1] D.M. Tullsen, S.J. Eggers, H.M. Levy, Simultaneous multithreading: maximizing on-chip parallelism, in *22nd Annual International Symposium on Computer Architecture* (IEEE, 1995), pp. 392–403

[2] F. Gabbay, *Speculative Execution based on Value Prediction*. EE Department TR 1080, Technion - Israel Institute of Technology (1996)

[3] S. Mittal, A survey of value prediction techniques for leveraging value locality, in *Concurrency and Computation, Practice and Experience*, vol. 29, no. 21 (2017)

[4] Y. Patt, W. Hwu, M. Shebanow, *HPS, A New Microarchitecture: Rationale and Introduction*, ACM SIGMICRO Newsletter, vol. 16, no. 4 (1985), pp. 103–108

[5] R.M. Tomasulo, An efficient algorithm for exploiting multiple arithmetic units. IBM J. Res. Dev. **11**(1), 25–33 (1967)

[6] J. Silc, B. Robic, T. Ungerer, *Processor Architecture, From Dataflow to Superscalar and Beyond* (Springer, Heidelberg, 1999)

多核处理器

第二部分介绍了多核系统（其中的核基于第 9 章中介绍的六级多周期流水线结构，可以是单线程也可以是多线程）。核间通过 AXI interconnect 系统进行内连。在 Pynq-Z1/Pynq-Z2 平台中实现了多达 8 个硬件线程（hart）（即 8 个单 hart 核、两个 4-hart 的核、或 4 个 2-hart 的核）。

连接 IP

摘要

本章介绍了 AXI interconnect 系统，将构建两个多 IP 组件（multi-IP component）。不同的 IP 通过 Vivado 组件库提供的 AXI interconnect IP 连接。第一种设计将 rv32i_npp_ip 处理器（见第 6 章）连接到两个块存储器（block memory），其中一个块存储器用于存储代码，另一个用于存储数据。该设计旨在展示 AXI interconnect 系统的工作原理。第二种设计连接共享两个数据存储体（data memory bank）的两个 IP。该设计旨在展示如何使用 AXI interconnect 将多个内存块共享给多个 IP，以实现数据交换。

11.1　AXI interconnect 系统

ARM 高级微控制器总线体系结构 3（AXI3）和 4（AXI4）规范中的高级可扩展接口（Advanced eXtensible Interface，AXI）部分，是一种并行的高性能、同步、高主频、多主设备、多从设备的通信接口，主要为片上通信而设计。（引自维基百科。）

Vivado 设计套件提供了现成的 IP，用于构建基于 AXI 的片上系统（System-On-Chip，SOC）。中心组件是 AXI interconnect IP（参见图 11.1）。它可以将多个主设备互连到多个从设备，通过内存映射来进行自我识别。在内存映射的系统中，每个 IP 由其在虚拟内存地址空间中的内存地址进行标识。

Master（主设备）是一个可以在 AXI 总线上发起事务的 IP。Slave（从设备）是响应 master 请求的 IP。Transaction（事务）是从 master 到 slave（请求，request）和从 slave 返回 master（响应，response）的往返数据传输。请求可以是单个或多个字的读取，也可以是单个或多个字的写入。响应要么是确认（对写请求的响应，表示写操作已经完成），要么是单个或多个数据字（对读请求的响应）。

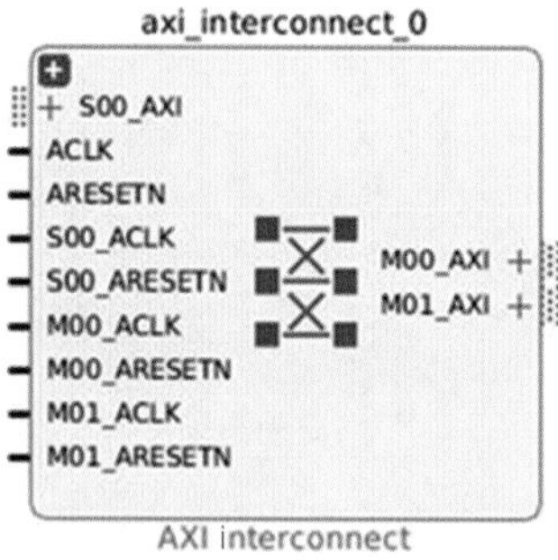

图 11.2 描述了将 Zynq7 处理系统与处理器 IP 和内存互连的基本结构。

图 11.1　AXI interconnect IP

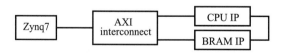

图 11.2　将 Zynq7 主设备连接到 CPU IP 和 BRAM IP 从设备

通过这种基本的互连方式，Zynq7 将数据写入 BRAM IP。然后向 CPU IP 发送启动信号。

运行结束后，Zynq7 从 BRAM IP 中读取数据。

CPU IP 和 BRAM IP 之间也有直接的连接。通过这个直接连接，CPU 可以直接访问内存来载入和存储数据。

根据该方案构建了一个设计，将一个无内部存储器的 rv32i_npp_ip CPU 与两个外部存储器连接在一起（见图 11.3），即一个存储 RISC-V 程序的存储器 [上方的块存储器生成器（Block Memory Generator）IP] 和一个存储数据的存储器（下方的块存储器生成器 IP）。

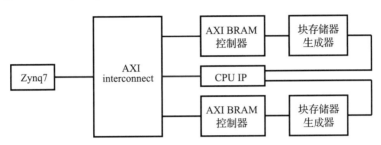

图 11.3　具有独立代码和数据存储器的 CPU IP

SoC 由 Zynq7 IP、AXI interconnect IP、rv32i_npp_ip、两个块存储器生成器 IP（代表内存）和两个 AXI BRAM 控制器组成。

由 Vivado 设计套件提供的块存储器生成器 IP 不能直接连接到 AXI 总线，因为它们没有任何与 AXI 相关的引脚。Vivado 设计套件提供了一个 AXI BRAM 控制器 IP，并将其放置在 AXI interconnect 和块存储器生成器 IP 之间。

11.2　使用外部存储器 IP 的非流水 RISC-V 处理器

所有与 rv32i_npp_bram_ip 相关的源文件都可以在 rv32i_npp_bram_ip 文件夹中找到。

11.2.1　具有 BRAM 接口的顶层函数

> **实验**
>
> 若要仿真 rv32i_npp_bram_ip，请按照 5.3.6 节中的说明进行操作，将 fetching_ip 替换为 rv32i_npp_bram_ip。
>
> 可以使用仿真器，将包含的 test_mem_0_text.hex 文件替换为在同一文件夹中找到的任何其他 .hex 文件。

为了对这个结构进行实验，作者选择了第 6 章给出的 CPU IP，并将其命名为 rv32i_npp_ip。Vitis_HLS 项目名为 rv32i_npp_bram_ip。需要更新 rv32i_npp_ip.cpp 文件中的顶层函数，以便通过编译指示符 HLS INTERFACE 提供 AXI 接口引脚，如代码清单 11.1 所示。

代码清单 11.1　rv32i_npp_ip 顶层函数的原型

```
void rv32i_npp_ip(
  unsigned int  start_pc,
  unsigned int  code_ram[CODE_RAM_SIZE],
  int           data_ram[DATA_RAM_SIZE],
  unsigned int *nb_instruction){
#pragma HLS INTERFACE s_axilite port=start_pc
#pragma HLS INTERFACE bram      port=code_ram
```

```
#pragma HLS INTERFACE bram       port=data_ram
#pragma HLS INTERFACE s_axilite port=nb_instruction
#pragma HLS INTERFACE s_axilite port=return
  ...
```

s_axilite 端口提供从设备的 AXI 接口，Zynq7 可以通过该接口向 rv32i_npp_ip 发送运行开始指令和参数（即启动 pc 和 nb_instruction 计数器）。

code_ram 和 data_ram bram 端口是 CPU IP 对块存储器生成器 IP 的私有访问，用于运行 rv32i_npp_ip 处理器的 LOAD/STORE RISC-V 指令。

rv32i_npp_ip 顶层函数的其余部分保持不变（参见 6.1 节）。

其他文件均未更改，包括 testbench 和 RISC-V 测试程序。

11.2.2　IP 的综合

图 11.4 是综合报告，显示 IP 周期未变（与原始 rv32i_npp_ip 一样为 7 个 FPGA 周期）。其中的时序违例并不重要，该设计将由 Vivado 进行精细布线。

Modules & Loops	Issue Type	Slack	Iteration Latency	Interval	FF	LUT
▼ ◉ rv32i_npp_ip		-3.06		-	1522	3218
▸ ◉ rv32i_npp_ip_Pipeline_VITIS_I				34	8	51
▼ ◉ rv32i_npp_ip_Pipeline_VITIS_I⚠	Timing Violation	-3.06		-	1379	2968
◎VITIS_LOOP_45_2	! Timing Violation	-	7	7	-	-

图 11.4　rv32i_npp_bram_ip 的综合报告

11.2.3　Vivado 项目

在 z1_rv32i_npp_bram_ip Vivado 项目中，IP 被连接在一起。

一旦创建了 z1_rv32i_npp_bram_ip 项目和 design_1，在 Diagram 框架中添加 Zynq7 处理系统 IP 并运行自动连接（Run Block Automation），得到如图 11.5 所示的结构。

然后，添加 AXI interconnect IP（请先不要单击建议的 Run Connection Automation）。这是一个通用的 IP，可以进行参数化以适应未来的设计。选择 IP，右键单击并选择 Customize Block 以打开 Re-customize IP 对话框。在 Top Level Settings 选项卡中，更新 Number of Master Interfaces 条目并将其设置为 3。现在 Diagram 框中包含如图 11.6 所示的内容（请注意 AXI interconnect IP 右侧边缘上的三个 M0x_AXI 引脚）。

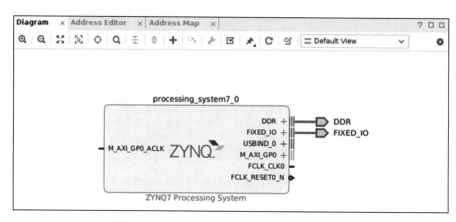

图 11.5　rv32i_npp_bram_ip 的结构（第一步）

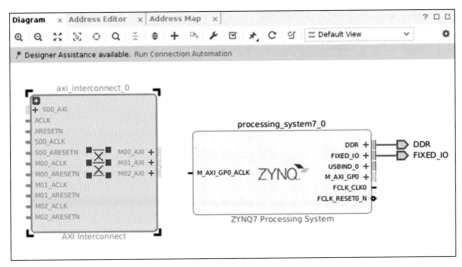

图 11.6 rv32i_npp_bram_ip 的结构（第二步）

master 和 slave 命名可能会混淆，因为一个 IP 可以被视为主设备，同时也可以被视为从设备。在图 11.3 所示的设计中，Zynq7 IP 是主设备，AXI interconnect IP 是它的从设备。同时 AXI interconnect IP 也是其他三个 IP（CPU 和两个 AXI BRAM 控制器）的主设备。作为 Zynq7 的从设备，AXI interconnect IP 为其事务提供服务，并且作为 CPU 和 BRAM 的主设备，它将向 CPU 和 BRAM 传递 Zynq7 发起的事务。

第三步是添加两个 AXI BRAM 控制器 IP（仍然不要单击建议的 Run Connection Automation）。它们也应该是定制的（选择 IP，右键单击并选择 Customize Block）。在 Re-customize IP 对话框中，将 Number of BRAM interfaces 设置为 1。同时将 AXI 协议设置为 AXI4LITE。此时，Diagram 框中包含了如图 11.7 所示的内容。

第四步是添加两个 Block Memory Generator IP 并对其进行定制（Memory Type 应设置为 True Dual Port RAM）。还可以将 IP 重命名为 code_ram 和 data_ram（选择一个存储块 IP 后，编辑 Block Properties/Name 条目）。此时，Diagram 框中包含了如图 11.8 所示的内容。

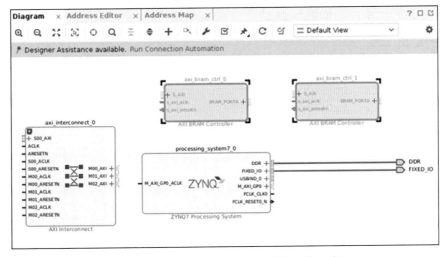

图 11.7 rv32i_npp_bram_ip 的结构（第三步）

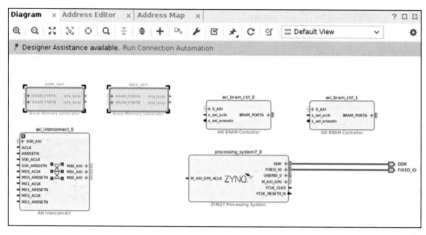

图 11.8　rv32i_npp_bram_ip 的结构（第四步）

第五步是添加在 11.2.1 节中构建的 rv32i_npp_bram_ip CPU。应将包含定义、综合和导出该 IP 的 rv32i_npp_bram_ip 文件夹添加到可见 IP 清单中（在主窗口菜单上的 Tools 选项卡中，选择 Settings，然后在 Project Settings 框中扩展 IP，并选择 Repository；在 IP repositories 框中，单击 "+" 并导航到包含 IP 的文件夹）。回到 Vivado 主窗口的 Diagram 框上，可以添加自己的 rv32i_npp_bram_ip 组件。现在，Diagram 框包含了如图 11.9 所示的内容。

第六步是将所有 IP 连接在一起。可以使用工具进行手动（hand made）连接（连接有点复杂，自动连接系统无法找到需要的连接）。若要进行手动连接，请将鼠标移动到引脚上，会出现一支笔的形状，提示可以在单击时拉出一条线。拉动该线到要连接的引脚（如果从错误的起点拉动了线条，可以按返回键取消线条绘制）。

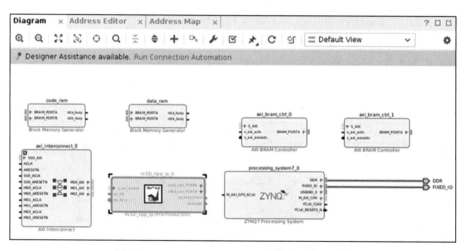

图 11.9　rv32i_npp_bram_ip 的结构（第五步）

CPU 的 code_ram_PORTA 引脚应该连接到 code_ram 的 BRAM_PORTA 引脚。CPU 的 data_ram_PORTA 引脚应该连接到 data_ram 的 BRAM_PORTA 引脚。

axi_bram_ctrl_0 的 BRAM_PORTA 引脚连接到 code_ram 的 BRAM_PORTB 引脚。axi_bram_ctrl_1 的 BRAM_PORTA 引脚连接到 data_ram 的 BRAM_PORTB 引脚。

AXI interconnect 的 M00_AXI 引脚连接到 rv32i_npp_ip 的 s_axi_control 引脚。M01_

AXI 引脚连接到 axi_bram_ctrl_0 的 S_AXI 引脚。M02_AXI 引脚连接到 axi_bram_ctrl_1 的 S_AXI 引脚。

其余的连接可以通过自动连接完成（单击 Run Connection Automation 并选择 All Automation）。然后，在 Diagram 框中显示的是图 11.10 所示的内容 [在 Diagram 框的顶部单击 Regenerate Layout 按钮后（从右边开始的第二个按钮，图案显示为一种环形）]。

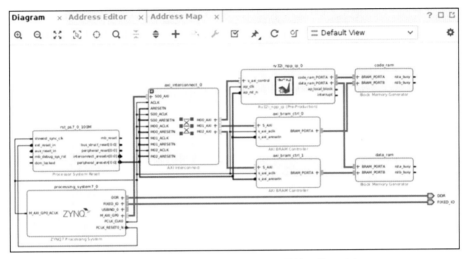

图 11.10 rv32i_npp_bram_ip 的结构（第六步）

在创建 HDL 包装器之前，必须先设置地址映射（根据 rv32i_npp_ip.h 文件中定义的内容，代码存储器和数据存储器的规格相同，均为 2^{16} 个字或 256KB）。

首先，在 Diagram 框右侧的 Address Editor 框中应用默认分配（右键单击 Network 0 并选择 Assign All）。

然后，从底部一行开始向上编辑。按照图 11.11 所示更新 Master Base Address、Range 和 Master High Address（axi_bram_ctrl_0 为 0x4000_0000，256K；axi_bram_ctrl_1 为 0x4004_0000，256K；rv32i_npp_ip_0 为 0x4008_0000，64K）。

在 Diagram 框中，验证自己的设计（右键单击并选择 Validate Design）。

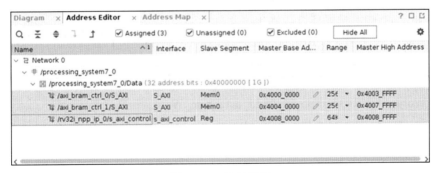

图 11.11 地址映射

在 Block Design 框架的 Source 选项卡中，右键单击" design_1(design_1.bd)(1)"，并选择 Create HDL Wrapper。然后，在左侧面板中生成比特流（PROGRAM AND DEBUG 菜单，Generate Bitstream 按钮）。在生成的报告中，实现利用率报告显示了使用的 FPGA 资源

（包括 LUT、FF 和 BRAM 块）。

图 11.12 显示了 rv32i_npp_bram_ip 设计的 Vivado 实现成本（2616 个 LUT，占 FPGA 的 4.92%，原始 rv32i_npp_ip 设计中使用了 4091 个 LUT；这两个项目除了两个 ram 参数的 HLS INTERFACE 之外完全相同，但它们在 rv32i_npp_ip/z1_rv32i_npp_ip.runs/impl_1 和 rv32i_npp_bram_ip/z1_rv32i_npp_bram_ip.runs/impl_1 文件夹中的 design_1_wrapper_utilization_placed.rpt 报告文件中的资源利用情况非常不同；遗憾的是，作者无法解释这一点）。

1. Slice Logic

Site Type	Used	Fixed	Prohibited	Available	Util%
Slice LUTs	2616	0	0	53200	4.92
LUT as Logic	2550	0	0	53200	4.79
LUT as Memory	66	0	0	17400	0.38
LUT as Distributed RAM	0	0			
LUT as Shift Register	66	0			
Slice Registers	2226	0	0	106400	2.09
Register as Flip Flop	2226	0	0	106400	2.09
Register as Latch	0	0	0	106400	0.00
F7 Muxes	260	0	0	26600	0.98
F8 Muxes	0	0	0	13300	0.00

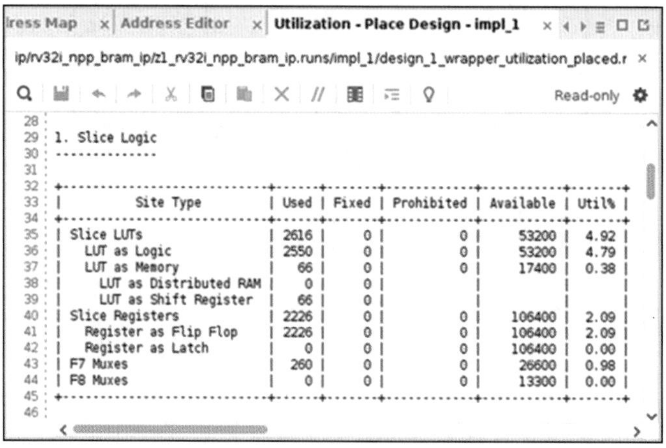

图 11.12　rv32i_npp_bram_ip 的实现报告

11.2.4　在开发板上运行 IP

> **实验**
>
> 要在开发板上运行 rv32i_npp_bram_ip，可以按照 5.3.10 节中的说明进行操作，将 fetching_ip 替换为 rv32i_npp_bram_ip。
>
> 可以使用 IP，将包含的 test_mem_0_text.hex 文件替换为在同一文件夹中找到的任何其他 .hex 文件。

Zynq7 主设备中要运行的代码如代码清单 11.2 所示（请不要忘记使用 update_helloworld.sh shell 脚本根据环境调整 .hex 文件的路径）。外部 code_ram 和 data_ram 数组按 Vivado 定义的方式映射（即 0x4000_0000 和 0x4004_0000，可以在 Vivado 中使用 Address Editor 进行检查）。

由于这些数组位于 rv32i_npp_bram_ip 外部，因此它们不能通过 XRv32i_npp_ip_Write_code_ram_Words 和 XRv32i_npp_ip_Read_data_ram_Words 函数进行访问，而是直接使用分配给 code_ram 和 data_ram 指针的 AXI 地址。AXI interconnect IP 使用这些地址，以将 Zynq7 读写请求路由到相关的 AXI BRAM 控制器 IP。

代码清单 11.2　helloworld.c 文件

```
#include <stdio.h>
#include "xrv32i_npp_ip.h"
#include "xparameters.h"
#define LOG_CODE_RAM_SIZE 16
//size in words
#define CODE_RAM_SIZE     (1<<LOG_CODE_RAM_SIZE)
```

```
#define LOG_DATA_RAM_SIZE 16
//size in words
#define DATA_RAM_SIZE        (1<<LOG_DATA_RAM_SIZE)
XRv32i_npp_ip_Config *cfg_ptr;
XRv32i_npp_ip ip;
int *code_ram = (int *)(0x40000000);
int *data_ram = (int *)(0x40040000);
word_type input_code_ram[CODE_RAM_SIZE]={
#include "test_mem_0_text.hex"
};
int main(){
  word_type w;
  cfg_ptr = XRv32i_npp_ip_LookupConfig(
      XPAR_XRV32I_NPP_IP_0_DEVICE_ID);
  XRv32i_npp_ip_CfgInitialize(&ip, cfg_ptr);
  XRv32i_npp_ip_Set_start_pc(&ip, 0);
  for (int i=0; i<CODE_RAM_SIZE; i++)
    code_ram[i] = input_code_ram[i];
  XRv32i_npp_ip_Start(&ip);
  while (!XRv32i_npp_ip_IsDone(&ip));
  printf("%d fetched and decoded instructions\n",
    (int)XRv32i_npp_ip_Get_nb_instruction(&ip));
  printf("data memory dump (non null words)\n");
  for (int i=0; i<DATA_RAM_SIZE; i++){
    w = data_ram[i];
    if (w != 0)
      printf("m[%5x] = %16d (%8x)\n", 4*i, (int)w,
            (unsigned int)w);
  }
  return 0;
}
```

如果运行 test_mem.h 文件中的 RISC-V 代码，则 helloworld 驱动程序会输出如代码清单 11.3 所示的内容。

代码清单 11.3 helloworld 运行输出结果

```
88 fetched and decoded instructions
data memory dump (non null words)
m[    0] =                1 (        1)
m[    4] =         2 (        2)
m[    8] =                3 (        3)
m[    c] =                4 (        4)
m[   10] =         5 (        5)
m[   14] =         6 (        6)
m[   18] =         7 (        7)
m[   1c] =         8 (        8)
m[   20] =                9 (        9)
m[   24] =            10 (        a)
m[   2c] =                55 (       37)
```

11.3 通过 AXI interconnect 连接多个 CPU 和多块 RAM

所有与 multi_core_multi_ram_ip 相关的源文件都可以在 multi_core_multi_ram_ip 文件夹中找到。

11.3.1 多 IP 设计

第二种设计连接了多个 CPU 和多块 RAM。它们通过 AXI interconnect IP 进行通信。每个 CPU 可以访问其本地内存（直接连接）以及其他任何内存（通过 AXI interconnect）。

图 11.13 显示了 Vivado 设计。所示的设计包括两个 CPU，但可以扩展到 AXI interconnect IP 可支持的最大设备数量（即单个 AXI interconnect IP 上最多连接 16 个从设备

和 16 个主设备）。

　　每个 CPU 都是 AXI 从设备，从 Zynq IP 接收数据。同时它还是 AXI 主设备以访问非本地内存。因此，AXI interconnect IP 具有四个主设备端口（master port）和三个从设备端口（slave port）（n 个 CPU 和 n 个存储体具有 2n 个主设备端口和 n+1 个从设备端口）。主设备端口位于 AXI interconnect IP 的右侧，而从设备端口位于左侧上部。

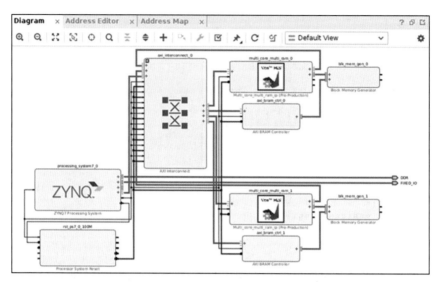

图 11.13　两个 CPU 和两块 RAM 与一个 AXI interconnect IP 互连

11.3.2　CPU 的顶层函数

　　multi_core_multi_ram_ip.cpp 文件中定义 CPU 的代码如代码清单 11.4 所示。

　　顶层函数通过 axilite 接口接收其标识（ip_num）。它可以访问共享内存的本地部分（local_ram）。它还具有 AXI 主设备端口，以访问完整的共享内存（带有 m_axi 接口的 data_ram）。

代码清单 11.4　定义 IP 芯片的 multi_core_multi_ram_ip.cpp 文件

```cpp
#include "ap_int.h"
#include "multi_core_multi_ram_ip.h"
void multi_core_multi_ram_ip(
  int ip_num,
  int local_ram[LOCAL_RAM_SIZE],
  int data_ram [RAM_SIZE]){
#pragma HLS INTERFACE s_axilite port=ip_num
#pragma HLS INTERFACE bram      port=local_ram
#pragma HLS INTERFACE m_axi     port=data_ram offset=slave
#pragma HLS INTERFACE s_axilite port=return
  ip_num_t              ip;
  ip_num_p1_t           next_ip;
  int                   local_value  = 18;
  int                   global_value = 19;
  ap_uint<5>            i;
  ap_uint<1>            i0;
  ap_uint<LOG_RAM_SIZE> offset, i_div_2;
  unsigned int          global_address, local_address;
  ip      = ip_num;
  next_ip = (ip_num_p1_t)ip + 1;
  offset  =
    (((ap_uint<LOG_RAM_SIZE>)next_ip)<<LOG_LOCAL_RAM_SIZE) + 8;
  for (i=0; i<16; i++){
#pragma HLS PIPELINE II=10
```

```
      i0              = i;
      i_div_2         = i >> 1;
      global_address = (unsigned int)(offset + i_div_2);
      local_address  = (unsigned int)(i_div_2);
      if (i0 == 0){
        local_ram[local_address]  = local_value;
        data_ram [global_address] = global_value;
      }
      else{
        local_value  = local_ram[local_address];
        global_value = data_ram [global_address];
      }
    }
  }
}
```

Initiation Interval 被设置为 10，以避免重叠（"#pragma HLS PIPELINE II = 10"）。

每个偶数 CPU 周期中，顶层函数都会将数据写入本地存储体（"local_ram[local_address] = local_value"）以及它相邻的 CPU 的存储体中（"data_ram[global_address] = global_value"）。

每个奇数 CPU 周期中，CPU 都会根据上一个偶数周期中写入的数据重新生成 local_value 和 global_value（这证明了写入是有效的）。

11.3.3 CPU 头文件和 testbench 代码

头文件中包含了对常数的定义，如代码清单 11.5 所示。

代码清单 11.5 multi_core_multi_ram_ip.h 文件

```
#include "ap_int.h"
#define LOG_NB_RAM          1   //2^LOG_NB_RAM ram blocks
#define LOG_NB_IP           LOG_NB_RAM
#define LOG_RAM_SIZE        16  //2^LOG_RAM_SIZE words
#define NB_RAM              (1<<LOG_NB_RAM)
#define RAM_SIZE            (1<<LOG_RAM_SIZE)
#define LOG_LOCAL_RAM_SIZE  (LOG_RAM_SIZE - LOG_NB_RAM)
#define LOCAL_RAM_SIZE      (1<<LOG_LOCAL_RAM_SIZE)
typedef ap_uint<LOG_NB_IP+1> ip_num_p1_t;
typedef ap_uint<LOG_NB_IP> ip_num_t;
```

当设计简化为两个 CPU（即 LOG_NB_IP 设置为 1）时，第一个 CPU 将写入 bank 0（本地访问）和 bank 1（AXI 访问），第二个 CPU 将访问 bank 1（本地访问）和 bank 0（AXI 访问），如代码清单 11.6 中的 testbench 代码所示。

代码清单 11.6 testbench_multi_core_multi_ram_ip.cpp 文件

```
#include "multi_core_multi_ram_ip.h"
int  ram[RAM_SIZE];
int *ram0 = ram;
int *ram1 = &ram[LOCAL_RAM_SIZE];
void multi_core_multi_ram_ip(
  int ip_num,
  int local_ram[LOCAL_RAM_SIZE],
  int data_ram [RAM_SIZE]
);
int main(){
  multi_core_multi_ram_ip(0, ram, ram);
  multi_core_multi_ram_ip(1, &ram[LOCAL_RAM_SIZE], ram);
  printf("ram0 dump\n");
  for (int i=0; i<LOCAL_RAM_SIZE; i++){
    if (ram0[i]!=0)
      printf("ram0[%4d] = %2d\n", 4*i, ram0[i]);
  }
  printf("ram1 dump\n");
```

```
for (int i=0; i<LOCAL_RAM_SIZE; i++){
  if (ram1[i]!=0)
    printf("ram1[%4d] = %2d\n", 4*i, ram1[i]);
}
return 0;
}
```

11.4 多 IP 设计的仿真、综合和运行

 实验

要对 multi_core_multi_ram_ip 进行仿真，请按照 5.3.6 节中的说明进行操作，将 fetching_ip 替换为 multi_core_multi_ram_ip。

testbench_multi_core_multi_ram_ip.cpp 程序运行一个测试，以检查两个 CPU 访问两个内存块的可能性。

11.4.1 仿真

仿真与在 FPGA 上运行不同。在 FPGA 上，两个 CPU 是并行运行的。一个 CPU 的全局访问是在另一个 CPU 运行时完成的。在仿真中，第一个 CPU 在第二个 CPU 开始运行之前完全运行结束。在 multi_core_multi_ram_ip 示例中，输出结果没有任何区别。

testbench 的输出结果如代码清单 11.7 所示。

代码清单 11.7 testbench 的输出结果

```
ram0 dump
ram0[    0] = 18
ram0[    4] = 18
ram0[    8] = 18
ram0[   12] = 18
ram0[   16] = 18
ram0[   20] = 18
ram0[   24] = 18
ram0[   28] = 18
ram0[   32] = 19
ram0[   36] = 19
ram0[   40] = 19
ram0[   44] = 19
ram0[   48] = 19
ram0[   52] = 19
ram0[   56] = 19
ram0[   60] = 19
ram1 dump
ram1[    0] = 18
ram1[    4] = 18
ram1[    8] = 18
ram1[   12] = 18
ram1[   16] = 18
ram1[   20] = 18
ram1[   24] = 18
ram1[   28] = 18
ram1[   32] = 19
ram1[   36] = 19
ram1[   40] = 19
ram1[   44] = 19
ram1[   48] = 19
ram1[   52] = 19
ram1[   56] = 19
ram1[   60] = 19
```

11.4.2　综合

综合报告在图 11.14 中显示 II 间隔为 10，迭代延迟为 10 个 FPGA 周期，这是通过 AXI interconnect 进行的外部内存访问持续时间所致。

Modules & Loops	Iteration Latency	Interval	FF	LUT
multi_core_multi_ram_ip	-	163	1111	1818
VITIS_LOOP_23_1	10	10	-	-

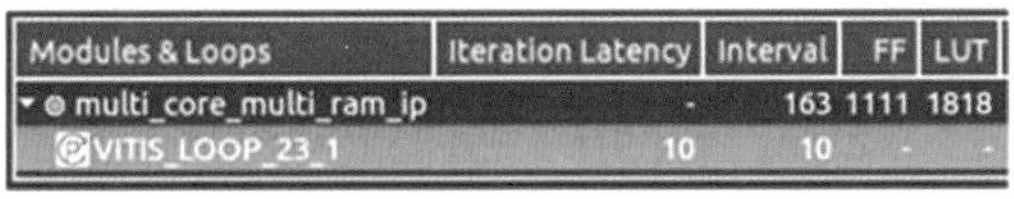

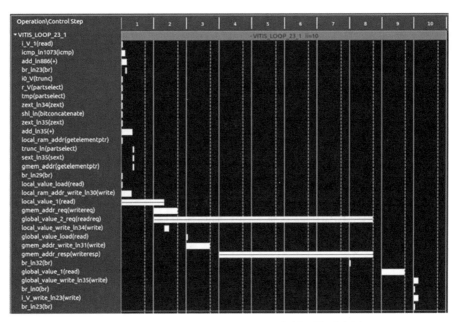

图 11.14　多核多 RAM 设计的综合分析

Schedule Viewer（见图 11.15）显示本地内存写入需要一个 FPGA 周期（local_ram_addr(getelementptr) 和 local_ram_addr_write_ln30(write) 在周期 1 中）。本地内存读取需要两个周期（local_value_1(read)）。

图 11.15　multi_core_multi_ram IP 主循环的时序图

全局内存写入请求需要 1+5 个时钟周期（gmem_addr(getelementptr) 之后的 gmem_addr_resp(writeresp)）。

读取请求需要 1+7 个时钟周期（gmem_addr(getelementptr）之后的 global_value_2_req(readreq)）。

11.4.3　Vivado 项目

要在 Vivado 中构建设计，请在 Diagram 框上添加 Zynq7 处理系统 IP 并运行块自动连接（Run Block Automation），添加 AXI interconnect IP 并运行自动连接（Run Connection Automation），以自动添加和连接 Processor System Reset IP，这将得到图 11.16 所示的 Diagram 框。

然后，必须向 Diagram 框添加两个 multi_core_multi_ram IP、两个 AXI BRAM 控制器 IP 和两个块存储器生成器 IP，如图 11.17 所示。

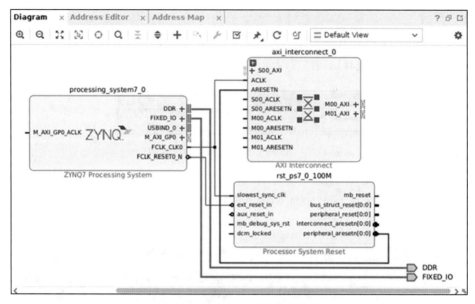

图 11.16 系统 IP 开始构建设计

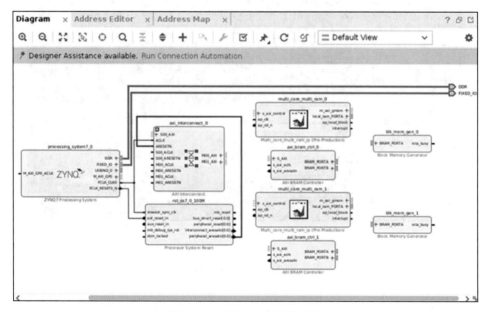

图 11.17 添加 IP 来构建设计

必须定制 AXI interconnect IP 以提供四个主设备端口和三个从设备端口（选择 IP 并右键单击，然后单击 customize block）。将从接口数设置为 3，主接口数设置为 4。

两个 Block Memory Generator IP 也应进行定制。将 Memory Type 设置为 True Dual Port RAM。

还需要定制两个 AXI BRAM 控制器 IP。将 AXI Protocol 设置为 AXI4LITE，将 Number of BRAM Interfaces 设置为 1。更新后的 Diagram 框如图 11.18 所示。

下一步是连接如图 11.19 所示的从 AXI interconnect 连接。之后连接如图 11.20 所示的主 AXI interconnect 连接。接下来连接如图 11.21 所示的块存储器生成器 IP 连接。

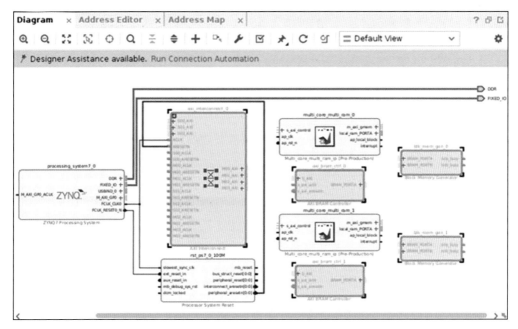

图 11.18　定制 IP 来构建设计

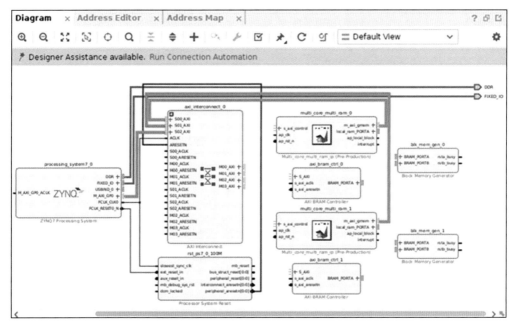

图 11.19　从 AXI interconnect 连接

最后，可以让自动系统完成布线（Run Connection Automation）以获得如图 11.13 所示的设计。

连接到 AXI interconnect 的组件必须放置在内存映射地址空间中。每个组件都被分配了一个基地址。可以通过打开如图 11.22 所示的 Address Editor 框来完成此操作。

选择所有未分配的行并进行默认分配（右键单击该行并选择 Assign，可以全选所有行并全局分配）。将获得如图 11.23 所示的默认分配。

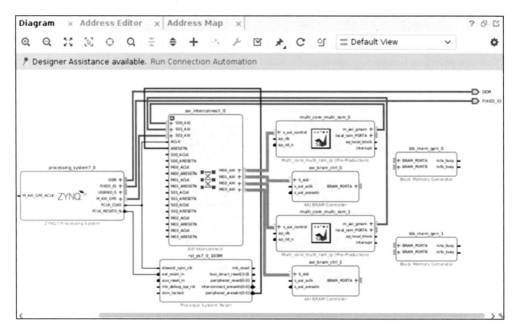

图 11.20   主 AXI interconnect 连接

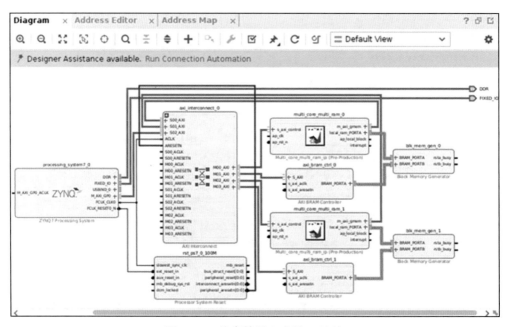

图 11.21   块存储器生成器 IP 连接

可以排除未使用的地址空间。例如，multi_core_multi_ram_0 IP 不需要外部（AXI）访问自己的 multi_core_multi_ram_0 内部程序存储器，也不需要访问 multi_core_multi_ram_1 IP 程序存储器。

对于 multi_core_multi_ram_0 IP，右键单击 multi_core_multi_ram_0 和 multi_core_multi_ram_1，然后选择 Exclude。以相同方式执行 multi_core_multi_ram_1 IP。

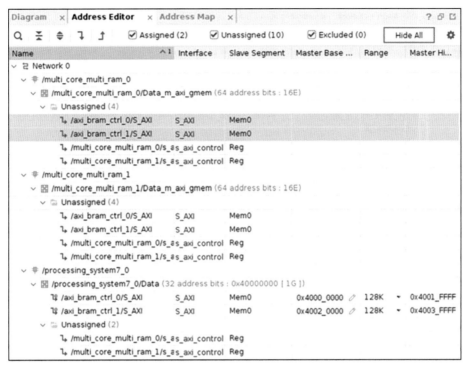

图 11.22　Address Editor 框

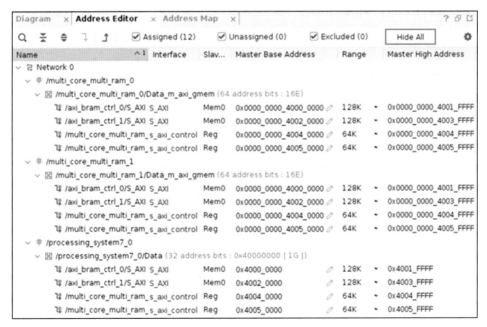

图 11.23　默认分配

图 11.24 显示了排除后的更新地址空间。

当地址已经编辑完成后，可以验证自己的设计（右键单击 Diagram 框，选择 Validate Design）。可以创建 HDL 包装器并生成比特流。

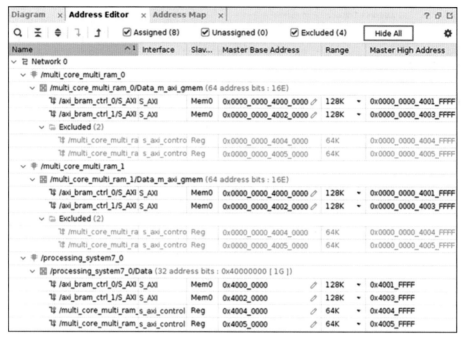

图 11.24 更新后的地址分配

11.4.4 运行多 IP 设计

 实验

要在开发板上运行 multi_core_multi_ram_ip，可以按照 5.3.10 节中的说明进行操作，将 fetching_ip 替换为 multi_core_multi_ram_ip。

驱动 FPGA 的代码如代码清单 11.8 所示。

初始化两个 CPU 后，必须设置它们的参数 ip_num 和 data_ram（XMulti_core_multi_ram_ip_Set_ip_num 和 XMulti_core_multi_ram_ip_Set_data_ram）。

然后，启动这两个 CPU。驱动程序会等待它们都完成后再输出非空内存单元。

代码清单 11.8 驱动 FPGA 的 helloworld.c 文件

```c
#include <stdio.h>
#include "xmulti_core_multi_ram_ip.h"
#include "xparameters.h"
#define LOG_NB_RAM           1  //2^LOG_NB_RAM ram blocks
#define LOG_RAM_SIZE         16 //2^LOG_RAM_SIZE words
#define LOG_LOCAL_RAM_SIZE (LOG_RAM_SIZE - LOG_NB_RAM)
#define LOCAL_RAM_SIZE      (1<<LOG_LOCAL_RAM_SIZE)
#define BASE_RAM 0x40000000 int *ram0 = (int *)(BASE_RAM + 0); int
    *ram1 = (int
*)(BASE_RAM + 0x20000); XMulti_core_multi_ram_ip_Config *cfg_ptr0;
XMulti_core_multi_ram_ip_Config *cfg_ptr1; XMulti_core_multi_ram_ip
ip0; XMulti_core_multi_ram_ip ip1; int main(){
  cfg_ptr0 = XMulti_core_multi_ram_ip_LookupConfig(
      XPAR_XMULTI_CORE_MULTI_RAM_IP_0_DEVICE_ID);
  XMulti_core_multi_ram_ip_CfgInitialize(&ip0, cfg_ptr0);
  XMulti_core_multi_ram_ip_Set_ip_num(&ip0, 0);
  XMulti_core_multi_ram_ip_Set_data_ram(&ip0, BASE_RAM);
```

```
cfg_ptr1 = XMulti_core_multi_ram_ip_LookupConfig(
    XPAR_XMULTI_CORE_MULTI_RAM_IP_1_DEVICE_ID);
XMulti_core_multi_ram_ip_CfgInitialize(&ip1, cfg_ptr1);
XMulti_core_multi_ram_ip_Set_ip_num(&ip1, 1);
XMulti_core_multi_ram_ip_Set_data_ram(&ip1, BASE_RAM);
XMulti_core_multi_ram_ip_Start(&ip0);
XMulti_core_multi_ram_ip_Start(&ip1);
while (!XMulti_core_multi_ram_ip_IsDone(&ip0));
while (!XMulti_core_multi_ram_ip_IsDone(&ip1));
printf("ram0 dump\n");
for (int i=0; i<LOCAL_RAM_SIZE; i++){
  if (ram0[i]!=0)
    printf("ram0[%2d] = %2d\n", 4*i, ram0[i]);
}
printf("ram1 dump\n");
for (int i=0; i<LOCAL_RAM_SIZE; i++){
  if (ram1[i]!=0)
    printf("ram1[%2d] = %2d\n", 4*i, ram1[i]);
}
return 0;
}
```

在 FPGA 上执行时，输出与仿真中相同的行。

第 12 章

多核 RISC-V 处理器

摘要

本章将构建第一个多核 RISC-V CPU。该处理器由多个 IP 构成，每个 IP 都是第 9 章中介绍的 multicycle_pipeline_ip 的一个副本。每个核都有自己的代码和数据存储器。数据存储体（memory bank）通过 AXI interconnect IP 相互连接。本章用一个并行矩阵乘法的示例来测量从一个核增加到八个核时的加速比。

12.1　multicycle_pipeline_ip 到多核的适配

所有与 multicore_multicycle_ip 相关的源文件都可以在 multicore_multicycle_ip 文件夹中找到。

图 12.1 展示了一个 4 核 IP 的设计。每个核都有一个本地的内部程序存储器，由 Zynq 通过 AXI interconnect 填充 RISC-V 代码。

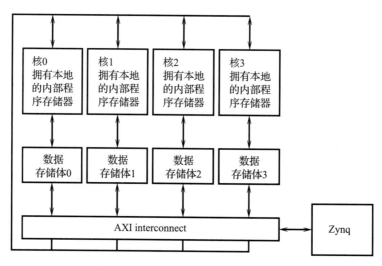

图 12.1　一个 4 核 IP

这些核实现了第 9 章介绍的多周期流水线设计。

每个核都直接访问一个外部数据存储体（四个核，四个数据存储体）。同时，它还通过 AXI interconnect 间接访问其他核的数据存储体。

Zynq 还可以访问数据存储体，既能在运行之前初始化参数，又能在运行之后转储结果。

内存模型是 10.2 节中描述的，其中用核代替了 hart。

本章提供的代码描述了构成处理器的多个内核中的任何一个的实现，而不是整个处理器的实现。

12.1.1　向顶层函数原型添加 IP 的编号

multicycle_pipeline_ip 的顶层函数位于 multicycle_pipeline_ip.cpp 文件中，其原型如代码清单 12.1 所示。

带有 axilite 接口的 ip_num 参数是由 Zynq 发送的核的标识号。

数据存储器可通过两个参数访问。

第一个参数为 ip_data_ram，它是对本地数据存储体的访问。它具有 BRAM 接口，这意味着核 IP 与块存储器生成器 IP 之间存在直接连接（两个核的最终 Vivado 设计显示在图 12.3 中）。通过 ip_data_ram，核可以从 / 向其本地存储体读取和写入字节或字（LOAD/STORE RISC-V 指令，具有访问 IP 数据存储器的本地地址）。

第二个数据存储器参数名为 data_ram。它具有主 AXI 接口，如上一章所述。通过 data_ram，核可以从 / 向任何远程存储体读取和写入字（LOAD/STORE RISC-V 指令，具有访问 IP 数据存储器的外部地址）。

根据字访问地址，当 0<= 地址 <IP_DATA_RAM_SIZE 时，内存访问是本地访问；当地址 <0 或地址 > = IP_DATA_RAM_SIZE 时，内存访问是远程访问。

地址是相对于内核的。在进行远程访问之前，通过添加 ip_num*IP_DATA_RAM_SIZE，将地址转换为数据存储器地址空间（DATA_RAM_SIZE）中的绝对值。AXI interconnect IP 通过 AXI BRAM 控制器将绝对地址路由到目标存储体，其中使用内存块端口 B 进行访问。

代码清单 12.1　面向多核设计的 multicycle_pipeline_ip 顶层函数

```
void multicycle_pipeline_ip(
  unsigned int  ip_num,
  unsigned int  start_pc,
  unsigned int  ip_code_ram[IP_CODE_RAM_SIZE],
  int           ip_data_ram[IP_DATA_RAM_SIZE],
  int           data_ram  [NB_IP][IP_DATA_RAM_SIZE],
  unsigned int *nb_instruction,
  unsigned int *nb_cycle){
#pragma HLS INTERFACE s_axilite port=ip_num
#pragma HLS INTERFACE s_axilite port=start_pc
#pragma HLS INTERFACE s_axilite port=ip_code_ram
#pragma HLS INTERFACE bram      port=ip_data_ram
#pragma HLS INTERFACE m_axi     port=data_ram offset=slave
#pragma HLS INTERFACE s_axilite port=nb_instruction
#pragma HLS INTERFACE s_axilite port=nb_cycle
#pragma HLS INTERFACE s_axilite port=return
#pragma HLS INLINE recursive
  ...
```

有关 m_axi 和 BRAM 接口的含义，参见 11.2.1 节。

内存数组的大小取决于 IP 数量（参见代码清单 12.2），以保持总内存在 512KB 范围内（避免超出 FPGA 可用的 540KB）。

对于双核 IP，每个核心都有一个 128KB（32K 指令）程序存储器和一个 128KB（32K 字）数据存储器。对于 4 核 IP，大小为 64KB + 64KB，而对于 8 核 IP，大小为 32KB + 32KB。

代码清单 12.2　multicycle_pipeline_ip.h 文件中定义的程序存储器和数据存储器的大小

```
...
#define LOG_NB_IP              1
#define NB_IP                  (1<<LOG_NB_IP)
#define LOG_CODE_RAM_SIZE      16
#define CODE_RAM_SIZE          (1<<LOG_CODE_RAM_SIZE)
#define LOG_DATA_RAM_SIZE      16
```

```
#define DATA_RAM_SIZE          (1<<LOG_DATA_RAM_SIZE)
#define LOG_IP_CODE_RAM_SIZE   (LOG_CODE_RAM_SIZE-LOG_NB_IP)//in
    word
#define IP_CODE_RAM_SIZE       (1<<LOG_IP_CODE_RAM_SIZE)
#define LOG_IP_DATA_RAM_SIZE   (LOG_DATA_RAM_SIZE-LOG_NB_IP)//in
    words
#define IP_DATA_RAM_SIZE       (1<<LOG_IP_DATA_RAM_SIZE)
...
```

12.1.2　IP 顶层函数声明

与 multihart_ip 设计类似，IP 顶层函数的本地声明（见代码清单 12.3）将 _from_ 变量添加到 multicycle_pipeline_ip 中。

例如，f_to_d 变量有一个与之对应的 d_from_f 变量。

代码清单 12.3　_from_ 和 _to_ 变量的顶层函数声明

```
    ...
    int              reg_file       [NB_REGISTER];
#pragma HLS ARRAY_PARTITION variable=reg_file       dim=1
    complete
    bit_t            is_reg_computed[NB_REGISTER];
#pragma HLS ARRAY_PARTITION variable=is_reg_computed  dim=1
    complete
    from_f_to_f_t f_from_f;
    from_d_to_f_t f_from_d;
    from_e_to_f_t f_from_e;
    from_f_to_f_t f_to_f;
    from_f_to_d_t f_to_d;
    from_f_to_d_t d_from_f;
    from_d_to_f_t d_to_f;
    from_d_to_i_t d_to_i;
    from_d_to_i_t i_from_d;
    bit_t         i_wait;
    i_safe_t      i_safe;
    from_i_to_e_t i_to_e;
    from_i_to_e_t e_from_i;
    from_e_to_f_t e_to_f;
    from_e_to_m_t e_to_m;
    from_e_to_m_t m_from_e;
    from_m_to_w_t m_to_w;
    from_m_to_w_t w_from_m;
    bit_t         is_running;
    counter_t     nbi;
    counter_t     nbc;
    ...
```

12.1.3　IP 顶层函数初始化

代码清单 12.4 显示了顶层函数的初始化。除了 f_to_f 以外，级间链路有效位都被清零。主循环开始时，就像取指阶段会将 start_pc 发送给自己一样。

代码清单 12.4　顶层函数初始化

```
    ...
    init_reg_file (ip_num, reg_file, is_reg_computed);
    f_to_f.is_valid  = 1;
    f_to_f.next_pc   = start_pc;
    f_to_d.is_valid  = 0;
    d_to_f.is_valid  = 0;
    d_to_i.is_valid  = 0;
    i_to_e.is_valid  = 0;
    e_to_f.is_valid  = 0;
    e_to_m.is_valid  = 0;
```

```
    m_to_w.is_valid  = 0;
    i_wait           = 0;
    i_safe.is_full   = 0;
    nbi              = 0;
    nbc              = 0;
    ...
```

12.1.4　IP 顶层函数主循环

对 do…while 循环（见代码清单 12.5）略做修改，以将新的 ip_num、ip_code_ram、ip_data_ram 和 data_ram 参数并入 fetch、mem_access 和 write_back 函数调用中。

最终，与 multihart_ip 设计类似，调用的顺序从取指阶段到写回阶段。这是为了确保综合能够满足 II = 2 的约束条件。

代码清单 12.5　do…while 循环

```
    ...
    do{
#pragma HLS PIPELINE II=2
#ifndef __SYNTHESIS__
#ifdef DEBUG_PIPELINE
        printf("=============================================\n");
        printf("cycle %d\n", (int)nbc);
#endif
#endif
        new_cycle(f_to_f, d_to_f, e_to_f, f_to_d, d_to_i, i_to_e,
                  e_to_m, m_to_w, &f_from_f, &f_from_d, &f_from_e,
                  &d_from_f, &i_from_d, &e_from_i, &m_from_e,
                  &w_from_m);
        fetch(f_from_f, f_from_d, f_from_e, i_wait, ip_code_ram,
            &f_to_f, &f_to_d);
        decode(d_from_f, i_wait, &d_to_f, &d_to_i);
        issue(i_from_d, reg_file, is_reg_computed, &i_safe,
            &i_to_e, &i_wait);
        execute(
#ifndef __SYNTHESIS__
#ifdef DEBUG_PIPELINE
            ip_num,
#endif
#endif
            e_from_i,
#ifndef __SYNTHESIS__
#ifdef DEBUG_PIPELINE
            reg_file,
#endif
#endif
            &e_to_f, &e_to_m);
        mem_access(ip_num, m_from_e, ip_data_ram, data_ram, &m_to_w);
        write_back(
#ifndef __SYNTHESIS__
            ip_num,
#endif
            w_from_m, reg_file, is_reg_computed);
        statistic_update(w_from_m, &nbi, &nbc);
        running_cond_update(w_from_m, &is_running);
    } while (is_running);
    ...
```

12.1.5　寄存器文件初始化

寄存器文件初始化（在 multicycle_pipeline_ip.cpp 文件中定义的 init_reg_file 函数，参见代码清单 12.6）将核的标识号作为第一个参数，并将寄存器 a0（x10）设置为该值。

此外，它还将每个核的 sp 寄存器初始化为下一个内核存储体中第一个字的地址。当通过减少 sp 寄存器分配堆栈时，这些位置位于核的存储体中。因此，每个核都有自己的本地堆栈。

代码清单 12.6 init_reg_file 函数

```
//a0/x10 is set with the IP number
static void init_reg_file(
  ip_num_t ip_num,
  int      *reg_file,
  bit_t    *is_reg_computed){
  reg_num_p1_t r;
  for (r=0; r<NB_REGISTER; r++){
#pragma HLS UNROLL
    is_reg_computed[r] = 0;
    if (r==10)
      reg_file     [r] = ip_num;
    else if (r==SP)
      reg_file     [r] = (1<<(LOG_IP_DATA_RAM_SIZE+2));
    else
      reg_file     [r] = 0;
  }
}
```

12.1.6 访存

fetch（在 fetch.cpp 文件中）、decode（在 decode.cpp 文件中）、issue（在 issue.cpp 文件中）、execute（在 execute.cpp 文件中）和 write_back（在 wb.cpp 文件中）函数基本上与 multicycle_pipeline_ip 实现相同。

mem_access 函数（在 mem_access.cpp 文件中）如代码清单 12.7 所示。

由于内存被分区，因此 mem_access 函数需要确定访问地址是否为本地（is_local），否则，需确定哪个是被访问的分区（accessed_ip）。

mem_access 函数调用 stage_job 函数和 set_output_to_w 函数（定义在同一文件中）。

代码清单 12.7 mem_access 函数

```
void mem_access(
  ip_num_t        ip_num,
  from_e_to_m_t   m_from_e,
  int             *ip_data_ram,
  int             data_ram[][IP_DATA_RAM_SIZE],
  from_m_to_w_t   *m_to_w){
  int      value;
  ip_num_t accessed_ip;
  bit_t    is_local;
  if (m_from_e.is_valid){
    value       = m_from_e.value;
    accessed_ip =
      (m_from_e.address>>(LOG_IP_DATA_RAM_SIZE+2)) + ip_num;
    is_local    = (ip_num == accessed_ip);
    stage_job(accessed_ip, is_local, m_from_e.is_load,
              m_from_e.is_store, m_from_e.address,
              m_from_e.func3, ip_data_ram, data_ram, &value);
#ifndef __SYNTHESIS__
#ifdef DEBUG_PIPELINE
    printf("mem      ");
    printf("%04d\n", (int)(m_from_e.pc<<2));
#endif
#endif
    set_output_to_w(m_from_e.rd, m_from_e.has_no_dest,
                    m_from_e.is_load, m_from_e.is_ret,
                    m_from_e.value, value,
#ifndef __SYNTHESIS__
                    m_from_e.pc,  m_from_e.instruction,
```

```
                           m_from_e.d_i, m_from_e.target_pc,
#endif
                   m_to_w);
   }
   m_to_w->is_valid = m_from_e.is_valid;
}
```

stage_job 函数（见代码清单 12.8）根据内存访问类型调用 mem_load 或 mem_store
函数。

代码清单 12.8　mem_access.cpp 文件中的 stage_job 函数

```
static void stage_job(
  ip_num_t          accessed_ip,
  bit_t             is_local,
  bit_t             is_load,
  bit_t             is_store,
  b_data_address_t address,
  func3_t           func3,
  int               *ip_data_ram,
  int               data_ram[][IP_DATA_RAM_SIZE],
  int               *value){
  if (is_load)
    *value =
      mem_load (accessed_ip, is_local,
                ip_data_ram, data_ram, address, func3);
  else if (is_store)
      mem_store(accessed_ip, is_local,
                ip_data_ram, data_ram, address, *value,
                (ap_uint<2>)func3);
}
```

内存的加载和存储函数（在 mem.cpp 文件中定义）没有改变，除了一个带有 is_local 条
件的 if 语句，以访问本地内存（ip_data_ram）或全局内存（data_ram）。

在 mem_load 函数中（见代码清单 12.9），从 ip_data_ram（本地访问）或 data_ram（全
局访问）读取寻址的整个字。访问后，mem_load 函数选择访问的字节。代码与代码清单
12.11 类似。

本地访问需要一个处理器周期，而全局访问需要五个处理器周期。因此，在可变延迟
（variable latency）之后，变量 w 被填充。

代码清单 12.9　mem_load 函数的起始部分

```
int mem_load(
  ip_num_t          ip,
  bit_t             is_local,
  int               *ip_data_ram,
  int               data_ram[][IP_DATA_RAM_SIZE],
  b_data_address_t address,
  func3_t           msize){
  ap_uint<2>        a01 = address;
  bit_t             a1  = address>>1;
  w_ip_data_address_t a2 = address>>2;
  int               result;
  char              b, b0, b1, b2, b3;
  unsigned char     ub, ub0, ub1, ub2, ub3;
  short             h, h0, h1;
  unsigned short    uh, uh0, uh1;
  int               w, ib, ih;
  unsigned int      iub, iuh;
  if (is_local)
    w =  ip_data_ram[a2];
  else
    w = data_ram[ip][a2];
...
```

在对外部存储器分区进行两次背靠背的访问（即在同一地址上的写入/存储访问紧接着读取/载入访问）时，可能会出现问题（参见代码清单 12.10，访问地址为负数，即外部地址）。在这种情况下，当读取操作开始外部访问时，存储操作仍在 AXI interconnect IP 中进行（AXI interconnect IP 中的仲裁策略非常复杂，如文献 [1] 所述，很难知道存储和载入访问在内存中的哪些周期完成）。经过在 FPGA 上的测试，发现载入的值并不是应该存储的值。

代码清单 12.10 一个远程存储后紧跟一个同一地址的远程载入

```
li      a0,-4
/*access prior IP memory partition*/
sw      t1,0(a0)
lw      t0,0(a0)
```

为了在访存阶段对存储器进行序列化处理，以便在存储后进行载入操作，需要在访存阶段发送等待条件来冻结流水线，类似于当检测到锁定源操作数时，由发射阶段发出等待条件的方式。

然而，这将影响每个远程存储的 *cpi*，仅因为存在未经优化的代码（存储后的载入是无用的）。

尽管如此，存储器中对同一地址上的存储和加载仍会连续发生，例如在优化级别 0 进行编译时（"-O0"）。编译器会生成这样的未经优化的代码，但是在这种情况下，存储和加载的访问地址是本地的（即在堆栈中），而不是远程的。

本章决定采用与发射阶段相同的松弛调度策略（参见 9.3.3 节）。程序员被警告不应将连续的存储和加载操作应用于同一外部地址（它们之间应该至少相隔四条指令以确保正确调度）。

如果希望进行严格的调度，访存阶段应该配备安全信号和等待信号，就像发射阶段一样。当处理远程存储时，应该触发等待信号。它应该在四个处理器周期内保持不变（使用计数器控制）。访存阶段的等待条件应该添加到所有前面的阶段中（即取指、译码、发射和执行阶段）。

在 mem_store 函数中（见代码清单 12.11），访问是根据内存访问指令中编码的大小完成的。data_ram 和 ip_data_ram 的字指针被转换为 char（即字节）或 short（即半字）指针。访问地址（即所选 RAM 中的偏移量）也被转换为 char（a）、short（a1）或 word（a2）位移（displacement），如果访问不是本地的，则添加 IP 偏移。

代码清单 12.11 mem_store 函数

```
void mem_store(
  ip_num_t            ip,
  bit_t               is_local,
  int                 *ip_data_ram,
  int                 data_ram[][IP_DATA_RAM_SIZE],
  b_data_address_t    address,
  int                 rv2,
  ap_uint<2>          msize){
  b_ip_data_address_t a    = address;
  h_ip_data_address_t a1   = address>>1;
  w_ip_data_address_t a2   = address>>2;
  char                rv2_0 = rv2;
  short               rv2_01 = rv2;
  switch(msize){
    case SB:
      if (is_local)
        *((char*) (ip_data_ram) + a)
          = rv2_0;
      else
        *((char*) (data_ram) +
                  (((b_data_address_t)ip)<<
```

```
                                (LOG_IP_DATA_RAM_SIZE+2)) + a)
          = rv2_0;
      break;
    case SH:
      if (is_local)
        *((short*)(ip_data_ram) + a1)
          = rv2_01;
      else
        *((short*)(data_ram) +
                  (((h_data_address_t)ip)<<
                  (LOG_IP_DATA_RAM_SIZE+1)) + a1)
          = rv2_01;
      break;
    case SW:
      if (is_local)
        ip_data_ram [a2] = rv2;
      else
        data_ram[ip][a2] = rv2;
      break;
    case 3:
      break;
  }
}
```

12.2　仿真 IP

 实验

　　要仿真 multicore_multicycle_ip，请按照 5.3.6 节中所述的方式操作，用 multicore_multicycle_ip 替换 fetching_ip。有两个测试程序：testbench_seq_multicore_multicycle_ip.cpp 用于运行独立的代码（每个内核一个）和 testbench_par_multicore_multicycle_ip.cpp 用于对数组元素进行并行求和。

　　使用 testbench_seq_multicore_multicycle_ip.cpp，可以通过将包含的 test_mem_0_text.hex 文件替换为同一文件夹中找到的任何其他 .hex 文件来使用仿真器。你还可以改变内核数量。

　　与 multihart_ip 项目一样，本项目提供了两个 testbench 文件，一个用于运行完全独立的代码（testbench_seq_multicore_multicycle_ip.cpp），另一个用于运行共享分布式数组的代码（testbench_par_multicore_multicycle_ip.cpp）。

12.2.1　在不同的 IP 上仿真独立的程序

　　第一个 testbench 文件是 testbench_seq_multicore_multicycle_ip.cpp。它运行一组分布在内核 code_ram 数组中的程序。提供了一个示例，这些代码都是在同一源文件上构建的（多核处理器 IP 运行同一个程序的 NB_IP 个程序副本）。

　　该示例使用了 6.5 节中介绍的 test_mem.s 代码作为源文件。

　　用于初始化 code_ram 数组的 hex 文件是使用 build_seq.sh shell 脚本生成的。

　　该脚本（见代码清单 12.12）有一个参数，即要构建的测试文件的名称，例如 "./build_seq.sh test_mem" 以构建 test_mem_text.hex 文件。数据段基于地址 0，这意味着链接器未更改编译器中的地址。因此，代码中的地址是相对于正在运行的核的。例如，地址 0 是运行核内存分区的开始，即如果运行核是 core 0，则是共享内存的地址 0；如果运行内核是 core 1，则为 IP_DATA_RAM_SIZE。

代码清单 12.12　build_seq.sh shell 脚本

```
$ cat build_seq.sh
riscv32-unknown-elf-gcc -nostartfiles -Ttext 0 -Tdata 0 -o $1.elf
    $1.s
riscv32-unknown-elf-objcopy -O binary --only-section=.text $1.elf
    $1_text.bin
hexdump -v -e '"0x" /4 "%08x" ",\n"' $1_text.bin > $1_text.hex
$
```

　　一旦 hex 文件被构建，就可以使用它们来初始化 code_ram 数组。在代码清单 12.13 中展示的 testbench 示例中，code_ram 数组是由 build_seq.sh shell 脚本从 test_mem.s 源文件生成的 test_mem_text.hex 初始化的。

　　main 函数运行 NB_IP 个连续的 multicycle_pipeline_ip 调用。每个调用运行一次 test_mem.s RISC-V 代码。

代码清单 12.13　testbench_seq_multicore_multicycle_ip.cpp 文件

```
#include <stdio.h>
#include "multicycle_pipeline_ip.h"
unsigned int code_ram[IP_CODE_RAM_SIZE]={
#include "test_mem_text.hex"
};
int         data_ram[NB_IP][IP_DATA_RAM_SIZE];
int main(){
  unsigned int nbi[NB_IP];
  unsigned int nbc[NB_IP];
  int          w;
  for (int i=0; i<NB_IP; i++)
    multicycle_pipeline_ip(i, 0, code_ram, &data_ram[i][0],
                           data_ram, &nbi[i], &nbc[i]);
  for (int i=0; i<NB_IP; i++){
    printf("core %d: %d fetched and decoded instructions\
 in %d cycles (ipc = %2.2f)\n", i, nbi[i], nbc[i],
      ((float)nbi[i])/nbc[i]);
    printf("data memory dump (non null words)\n");
    for (int j=0; j<IP_DATA_RAM_SIZE; j++){
      w = data_ram[i][j];
      if (w != 0)
        printf("m[%5x] = %16d (%8x)\n",
          (i*IP_DATA_RAM_SIZE + j)*4, w, (unsigned int)w);
    }
  }
  return 0;
}
```

　　要在两个内核的 Vitis_HLS 仿真中运行 test_mem.s 代码，首先必须将 multicycle_pipeline_ip.h 文件中的 LOG_NB_IP 设置为 1。然后，必须通过运行 "./build_seq.sh test_mem"来构建 .hex 文件。最后，就可以开始仿真了。

　　对于运行两个 test_mem.s 副本，输出包括在第一个核中运行的指令清单，后跟其寄存器文件最终状态，以及在第二个核中运行的指令清单及其寄存器文件最终状态（参见代码清单 12.14）。

代码清单 12.14　testbench_seq_multicore_multicycle_ip.cpp 文件主函数的输出：代码运行结果和寄存器文件的最终状态

```
0000: 00000513      li a0, 0
    a0 =              0 (         0)
0004: 00000593      li a1, 0
    a1 =              0 (         0)
...
0056: 00a62223      sw a0, 4(a2)
```

```
      m[   2c] =                55 (        37)
0060: 00008067       ret
      pc    =                 0 (         0)
...
sp    =                  131072 (   20000)
...
a0    =                    55 (        37)
...
a2    =                    40 (        28)
a3    =                    40 (        28)
a4    =                    10 (         a)
...
0000: 00000513       li a0, 0
      a0    =                 0 (         0)
0004: 00000593       li a1, 0
      a1    =                 0 (         0)
...
0056: 00a62223       sw a0, 4(a2)
      m[2002c] =                55 (        37)
0060: 00008067       ret
      pc    =                 0 (         0)
...
sp    =                  262144 (   40000)
...
a0    =                    55 (        37)
...
a2    =                    40 (        28)
a3    =                    40 (        28)
a4    =                    10 (         a)
...
```

之后，运行会输出显示每个核执行的指令数量、运行的周期数以及数据存储器的转储（非空值）（见代码清单 12.15）。

代码清单 12.15 testbench_seq_multicore_multicycle_ip.cpp 文件主函数的输出：内存转储

```
core 0: 88 fetched and decoded instructions in 279 cycles (ipc =
    0.32)
data memory dump (non null words)
m[    0] =                 1 (         1)
m[    4] =                 2 (         2)
m[    8] =                 3 (         3)
m[    c] =                 4 (         4)
m[   10] =                 5 (         5)
m[   14] =                 6 (         6)
m[   18] =                 7 (         7)
m[   1c] =                 8 (         8)
m[   20] =                 9 (         9)
m[   24] =                10 (         a)
m[   2c] =                55 (        37)
core 1: 88 fetched and decoded instructions in 279 cycles (ipc =
    0.32)
data memory dump (non null words)
m[20000] =                 1 (         1)
m[20004] =                 2 (         2)
m[20008] =                 3 (         3)
m[2000c] =                 4 (         4)
m[20010] =                 5 (         5)
m[20014] =                 6 (         6)
m[20018] =                 7 (         7)
m[2001c] =                 8 (         8)
m[20020] =                 9 (         9)
m[20024] =                10 (         a)
m[2002c] =                55 (        37)
```

12.2.2 仿真并行的程序

第二个 testbench 文件是 testbench_par_multicore_multicycle_ip.cpp。它运行一个由 test_ mem_par_ip0.s 和 test_mem_par_otherip.s 组成的分布式并行版本的 test_mem.s 程序。

test_mem_par_ip0.s 文件中的代码是核 0 的任务，然后是求和归约（sumreduction）任务。它与代码清单 10.46～10.48 中已经介绍的代码相同。

第一个核初始化其数组部分（循环 .L1），计算其本地总和（循环 .L2），之后通过远程内存访问（带有同步内部循环的循环 .L3）计算总和。

所有其他核都运行 test_mem_par_otherip.s 文件中的代码。它与代码清单 10.49 中已经介绍的代码相同。

每个核计算其本地总和。

用于初始化 code_ram 数组的 hex 文件是使用代码清单 12.16 中的 build_par.sh shell 脚本构建的。

代码清单 12.16 build_par.sh shell 脚本

```
$ cat build_par.sh
./build_par_ip0.sh
./build_par_otherip.sh
$ cat build_par_ip0.sh
riscv32-unknown-elf-gcc -nostartfiles -Ttext 0 -Tdata 0 -o
    test_mem_par_ip0.elf test_mem_par_ip0.s
riscv32-unknown-elf-objcopy -O binary --only-section=.text
    test_mem_par_ip0.elf test_mem_par_ip0_text.bin
hexdump -v -e '"0x" /4 "%08x" ",\n"' test_mem_par_ip0_text.bin >
    test_mem_par_ip0_text.hex
$ cat build_par_otherip.sh
riscv32-unknown-elf-gcc -nostartfiles -Ttext 0 -Tdata 0 -o
    test_mem_par_otherip.elf test_mem_par_otherip.s
riscv32-unknown-elf-objcopy -O binary --only-section=.text
    test_mem_par_otherip.elf test_mem_par_otherip_text.bin
hexdump -v -e '"0x" /4 "%08x" ",\n"' test_mem_par_otherip_text.bin
    > test_mem_par_otherip_text.hex
$
```

一旦为 test_mem_par_ip0.s 和 multicycle_pipeline.h 中定义的核数构建了 test_mem_par_ip0_text.hex 和 test_mem_par_otherip_text.hex 文件，它们就可以用于初始化 code_ram_0 和 code_ram 数组。

请记住，当更改核的数量时，应在 test_mem_par_ip0.s 源代码和 multicycle_pipeline.h 文件中进行两次 LOG_NB_IP 更新。然后，必须使用 build_par.sh 脚本重新构建 hex 文件。

代码清单 12.17 显示了 testbench_par_multicore_multicycle_ip.cpp 文件。

代码清单 12.17 testbench_par_multicore_multicycle_ip.cpp 文件

```
#include <stdio.h>
#include "multicycle_pipeline_ip.h"
unsigned int code_ram_0[IP_CODE_RAM_SIZE]={
#include "test_mem_par_ip0_text.hex"
};
unsigned int code_ram  [IP_CODE_RAM_SIZE]={
#include "test_mem_par_otherip_text.hex"
};
int data_ram[NB_IP][IP_DATA_RAM_SIZE];
int main(){
  unsigned int nbi[NB_IP];
  unsigned int nbc[NB_IP];
  int          w;
  for (int i=1; i<NB_IP; i++)
    multicycle_pipeline_ip(i, 0, code_ram, &data_ram[i][0],
                           data_ram, &nbi[i], &nbc[i]);
    multicycle_pipeline_ip(0, 0, code_ram_0, &data_ram[0][0],
                           data_ram, &nbi[0], &nbc[0]);
```

```
for (int i=0; i<NB_IP; i++){
    printf("core %d: %d fetched and decoded instructions\
in %d cycles (ipc = %2.2f)\n", i, nbi[i], nbc[i],
        ((float)nbi[i])/nbc[i]);
    printf("data memory dump (non null words)\n");
    for (int j=0; j<IP_DATA_RAM_SIZE; j++){
        w = data_ram[i][j];
        if (w != 0)
            printf("m[%5x] = %16d (%8x)\n",
                (i*IP_DATA_RAM_SIZE + j)*4, w, (unsigned int)w);
    }
}
return 0;
}
```

正如在上一章中已经提到的，Vitis_HLS 仿真不像在 FPGA 上运行那样工作。仿真过程顺序地运行内核 IP，即在核 1 开始运行之前必须先完全运行核 0。如果在核 0 上运行的代码读取了运行在核 1 上代码写入的某个内存字，那么仿真时读取会错过写入值（因为写入在读取之后完成），但在 FPGA 上不一定错过写入值（例如当两个内核同时运行时，实际上写入是在读取之前完成的）。

这是在 Vitis_HLS 工具中仿真多个 IP 的一个普遍限制。

为了使仿真与在 FPGA 上的运行保持一致，对 testbench 进行了组织，以在读取之前运行写入 IP 的操作。首先仿真除核 0 之外的所有内核。在每次仿真结束时，结果都被写入共享的 data_ram 数组中。

然后，仿真核 0。在 RISC-V 程序运行结束时，远程访问读取其他核写入的 data_ram 值。

需要注意的是，在存在多个 RAW 依赖关系的情况下（即一些依赖关系从核 0 到核 1，其他依赖关系从核 1 到核 0），这种解决方案将不起作用。在这种情况下，没有通用的解决方案。必须在没有任何预先仿真检查的情况下，直接在 FPGA 上尝试设计的 SoC IP。

在核 0 上运行的 RISC-V 代码依次填充 10 个元素数组（代码清单 10.46 中的循环 .L1），对所有元素进行求和（代码清单 10.47 中的循环 .L2），并将求和结果保存到内存中，收集并累加其他核计算的和（代码清单 12.18 中的循环 .L3），并将最终总和保存到内存中。

.L3 处的"lw a3, 40(A4)"是一种远程访问（参见代码清单 12.18）。加载后的 beq 分支是安全的，可以确保核 0 等待，直到其他核将其求出的本地和转储到其本地内存（因此加载的内存字不为空）。

代码清单 12.18　.L3 循环

```
        ...
.L3:    lw      a3,40(a4)    /*a3=t[a4+40]*/
        beq     a3,zero,.L3  /*if (a3==0) goto .L3*/
        add     a0,a0,a3     /*a0+=a3*/
        add     a4,a4,a5     /*a4+=a5*/
        addi    a1,a1,1      /*a1++*/
        bne     a1,a2,.L3    /*if (a1!=a2) goto .L3*/
        ...
```

要在两个内核的 Vitis_HLS 仿真上运行 test_mem_par_ip0.s 和 test_mem_par_otherip.s 代码，必须先在 test_mem_par_ip0.s 和 multicycle_pipeline_ip.h 文件中将 LOG_NB_IP 设置为 1。然后，必须通过运行 build_par.sh shell 脚本构建 hex 文件。完成后便可以开始仿真。

对于在两个核心上运行的情况，输出（见代码清单 12.19）包含核 1 的结果，然后是核 0 的结果（因为核 1 在核 0 之前运行）。

代码清单 12.19 testbench_par_multicore_multicycle_ip.cpp 文件主函数的输出：代码运行结果和寄存器文件的最终状态

```
0000: 00351293      slli t0, a0, 3
      t0  =                 8 (           8)
0004: 00151313      slli t1, a0, 1
      t1  =                 2 (           2)
...
0064: 00a62023      sw a0, 0(a2)
      m[20028] =               155 (          9b)
0068: 00008067      ret
      pc  =                 0 (           0)
...
sp  =            262144 (       40000)
...
t0  =                 8 (           8)
t1  =                 2 (           2)
...
a0  =               155 (          9b)
...
a2  =                40 (          28)
a3  =                40 (          28)
a4  =                20 (          14)
...
0000: 00000513      li a0, 0
      a0  =                 0 (           0)
0004: 00000593      li a1, 0
      a1  =                 0 (           0)
...
0108: 00a62023      sw a0, 0(a2)
      m[  2c] =               210 (          d2)
0112: 00008067      ret
      pc  =                 0 (           0)
...
sp  =            131072 (       20000)
...
a0  =               210 (          d2)
a1  =                 2 (           2)
a2  =                44 (          2c)
a3  =               155 (          9b)
a4  =            262144 (       40000)
a5  =            131072 (       20000)
...
```

然后运行转储存储体（见代码清单 12.20，前 20 个整数之和为 210）。

代码清单 12.20 testbench_par_multicore_multicycle_ip.cpp 文件主函数的输出：内存转储

```
...
core 0: 101 fetched and decoded instructions in 273 cycles (ipc =
    0.37)
data memory dump (non null words)
m[    0] =                 1 (           1)
m[    4] =                 2 (           2)
m[    8] =                 3 (           3)
m[    c] =                 4 (           4)
m[   10] =                 5 (           5)
m[   14] =                 6 (           6)
m[   18] =                 7 (           7)
m[   1c] =                 8 (           8)
m[   20] =                 9 (           9)
m[   24] =                10 (           a)
m[   28] =                55 (          37)
m[   2c] =               210 (          d2)
core 1: 90 fetched and decoded instructions in 243 cycles (ipc =
    0.37)
data memory dump (non null words)
m[20000] =                11 (           b)
m[20004] =                12 (           c)
m[20008] =                13 (           d)
```

```
m[2000c] =              14 (       e)
m[20010] =              15 (       f)
m[20014] =              16 (      10)
m[20018] =              17 (      11)
m[2001c] =              18 (      12)
m[20020] =              19 (      13)
m[20024] =              20 (      14)
m[20028] =             155 (      9b)
```

12.3　综合 IP

图 12.2 表明，II = 2 的约束得到满足。迭代延迟由全局内存访问设置，为 13 个 FPGA 周期。multicycle_pipeline_ip.h 文件中声明的 IP 数是 2（请注意，已使用的资源数量是针对一个 IP，而不是针对两个 IP）。

Modules & Loops	Issue Type	Iteration Latency	Interval	BRAM	DSP	FF	LUT
⌄ ● multicycle_pipeline_ip ⚠ Timing Violation		-	-	64	0	5329	9383
🔁 VITIS_LOOP_108_1 ⚠ Timing Violation		13	2	-	-	-	-

图 12.2　双核处理器的综合报告

12.4　Vivado 项目

应将设计分为三个 Vivado 项目：z1_multicore_multicycle_2c_ip 用于双核，z1_multicore_multicycle_4c_ip 用于四核和 z1_multicore_multicycle_8c_ip 用于八核。

Vivado 设计如图 12.3 所示（适用于双核的示例；对于四核，需要在互连中使用八个主设备和五个从设备；对于八核，需要使用十六个主设备和九个从设备；请不要忘记使用一个端口来定制 AXI BRAM 控制器，使用两个真正双端口来定制块存储器生成器）。

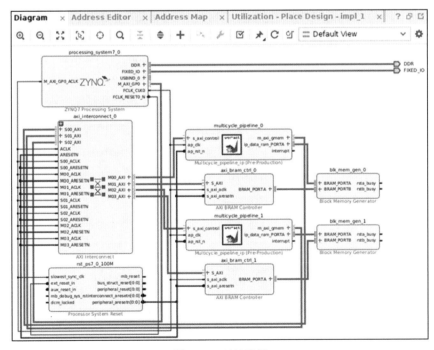

图 12.3　双核设计

在构建包装器之前，必须使用地址编辑器设置地址映射。

对于双核的设计，axi_bram_ctrl 范围为 128KB，地址为 0x4000_0000 和 0x4002_0000，如图 12.4 所示。对于四核的设计，范围为 64KB，地址为 0x4000_0000、0x4001_0000、0x4002_0000 和 0x4003_0000。对于八核的设计，范围为 32KB，地址为 0x4000_0000、0x4000_8000、…、0x4003_0000 和 0x4003_8000。

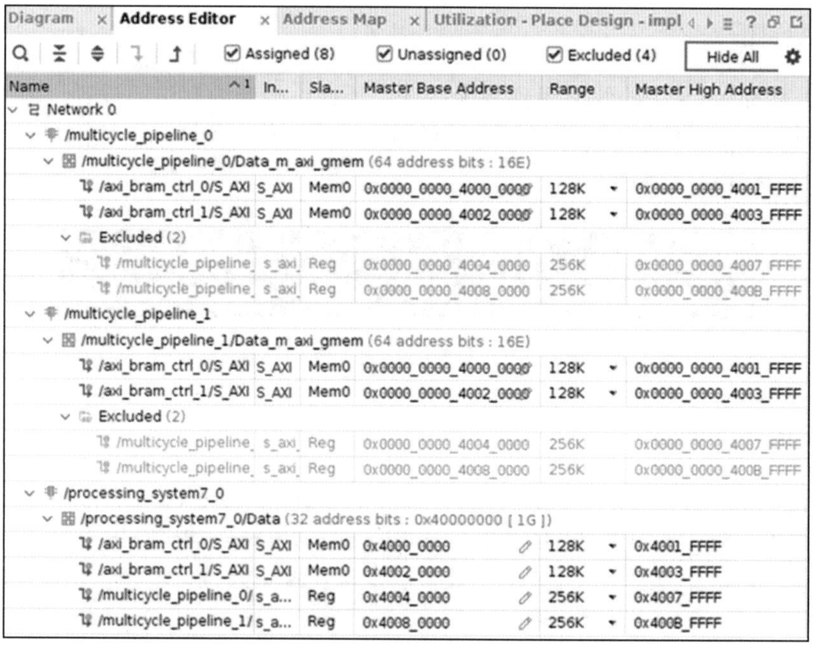

图 12.4   双核设计的地址映射

对于双核，s_axi_control 范围为 256 KB，地址是 0x4004_0000 和 0x4008_0000。对于四核，范围为 128 KB，地址是 0x4004_0000、0x4006_0000、0x4008_0000 和 0x400A_0000。对于八核，范围为 64 KB，地址为 0x4004_0000、0x4005_0000、…、0x400B_0000。

双核处理器的 Vivado 位流生成所得到的实现报告如图 12.5 所示，报告显示它使用了 11 962 个 LUT（22.48%；四核处理器使用 22 155 个 LUT；八核处理器使用 43 731 个 LUT）。

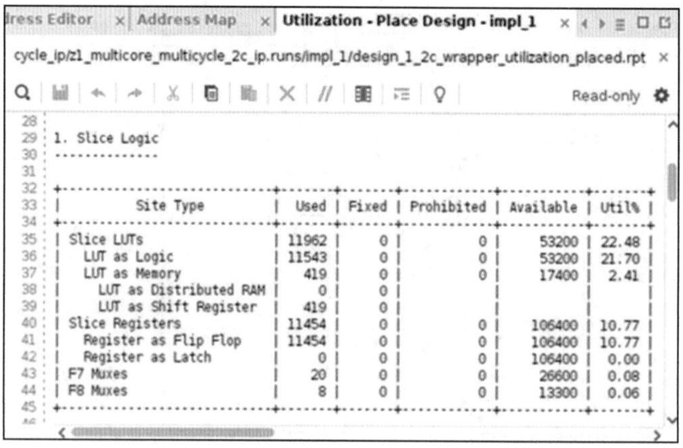

图 12.5   双核处理器的 Vivado 实现报告

12.5 在开发板上运行 IP

 实验

　　要在开发板上运行 multicore_multicycle_ip，请按照 5.3.10 节中的说明进行操作，将 fetching_ip 替换为 multicore_multicycle_ip。

　　有两个驱动程序：helloworld_seq.c 是可以在每个核上运行独立的程序，helloworld_par.c 用于实现数组元素的并行求和。

12.5.1 运行独立的程序

　　驱动 FPGA 运行八个 RISC-V 测试程序（test_branch、test_jal_jalr、test_load_store、test_lui_auipc、test_mem、test_op、test_op_imm 和 test_sum）的代码如代码清单 12.21 所示。必须使用同一文件夹中提供的 update_helloworld.sh shell 脚本更新所包含代码文件的路径。

代码清单 12.21　helloworld_seq.c 文件驱动 multicore_multicycle_ip

```
#include <stdio.h>
#include "xmulticycle_pipeline_ip.h"
#include "xparameters.h"
#define LOG_NB_IP               1
#define NB_IP                   (1<<LOG_NB_IP)
#define LOG_IP_CODE_RAM_SIZE    (16-LOG_NB_IP)//in word
#define IP_CODE_RAM_SIZE        (1<<LOG_IP_CODE_RAM_SIZE)
#define LOG_IP_DATA_RAM_SIZE    (16-LOG_NB_IP)//in words
#define IP_DATA_RAM_SIZE        (1<<LOG_IP_DATA_RAM_SIZE)
#define DATA_RAM                0x40000000
int *data_ram = (int*)DATA_RAM;
XMulticycle_pipeline_ip_Config *cfg_ptr[NB_IP];
XMulticycle_pipeline_ip ip[NB_IP];
word_type code_ram[IP_CODE_RAM_SIZE]={
#include "test_mem_text.hex"
};
int main(){
  unsigned int nbi[NB_IP];
  unsigned int nbc[NB_IP];
  int          w;
  for (int i=0; i<NB_IP; i++){
    cfg_ptr[i] = XMulticycle_pipeline_ip_LookupConfig(i);
    XMulticycle_pipeline_ip_CfgInitialize(&ip[i], cfg_ptr[i]);
    XMulticycle_pipeline_ip_Set_ip_num   (&ip[i], i);
    XMulticycle_pipeline_ip_Set_start_pc (&ip[i], 0);
    XMulticycle_pipeline_ip_Write_ip_code_ram_Words(&ip[i], 0,
        code_ram, IP_CODE_RAM_SIZE);
    XMulticycle_pipeline_ip_Set_data_ram (&ip[i], DATA_RAM);
  }
  for (int i=0; i<NB_IP; i++)
    XMulticycle_pipeline_ip_Start(&ip[i]);
  for (int i=NB_IP-1; i>=0; i--)
    while (!XMulticycle_pipeline_ip_IsDone(&ip[i]));
  for (int i=0; i<NB_IP; i++){
    nbc[i] = (int)XMulticycle_pipeline_ip_Get_nb_cycle
                (&ip[i]);
    nbi[i] = (int)XMulticycle_pipeline_ip_Get_nb_instruction
                (&ip[i]);
    printf("core %d: %d fetched and decoded instructions\
in %d cycles (ipc = %2.2f)\n", i, nbi[i], nbc[i],
        ((float)nbi[i]/nbc[i]);
    printf("data memory dump (non null words)\n");
    for (int j=0; j<IP_DATA_RAM_SIZE; j++){
      w = data_ram[i*IP_DATA_RAM_SIZE + j];
      if (w != 0)
```

```
        printf("m[%5x] = %16d (%8x)\n",
            (i*IP_DATA_RAM_SIZE + j)*4, w, (unsigned int)w);
      }
    }
    return 0;
}
```

对于 LOG_NB_IP = 1 的情况（即双核），test_mem.h 文件中的 RISC-V 代码的运行，应该在 putty 窗口中输出如代码清单 12.22 所示的内容。

代码清单 12.22　helloworld_seq.c 输出结果

```
core 0: 88 fetched and decoded instructions in 279 cycles (ipc =
    0.32)
data memory dump (non null words)
m[    0] =               1 (         1)
m[    4] =               2 (         2)
m[    8] =               3 (         3)
m[    c] =               4 (         4)
m[   10] =               5 (         5)
m[   14] =               6 (         6)
m[   18] =               7 (         7)
m[   1c] =               8 (         8)
m[   20] =               9 (         9)
m[   24] =              10 (         a)
m[   2c] =              55 (        37)
core 1: 88 fetched and decoded instructions in 279 cycles (ipc =
    0.32)
data memory dump (non null words)
m[20000] =               1 (         1)
m[20004] =               2 (         2)
m[20008] =               3 (         3)
m[2000c] =               4 (         4)
m[20010] =               5 (         5)
m[20014] =               6 (         6)
m[20018] =               7 (         7)
m[2001c] =               8 (         8)
m[20020] =               9 (         9)
m[20024] =              10 (         a)
m[2002c] =              55 (        37)
```

12.5.2　运行并行的程序

驱动 FPGA 运行分布式求和的代码如代码清单 12.23 所示（必须更新所包含代码文件的路径，使用同一文件夹中提供的 update_helloworld.sh shell 脚本）。

代码清单 12.23　helloworld_par.c 文件驱动 multicore_multicycle_ip

```
#include <stdio.h>
#include "xmulticycle_pipeline_ip.h"
#include "xparameters.h"
#define LOG_NB_IP              1
#define NB_IP                 (1<<LOG_NB_IP)
#define LOG_IP_CODE_RAM_SIZE  (16-LOG_NB_IP)//in word
#define IP_CODE_RAM_SIZE      (1<<LOG_IP_CODE_RAM_SIZE)
#define LOG_IP_DATA_RAM_SIZE  (16-LOG_NB_IP)//in words
#define IP_DATA_RAM_SIZE      (1<<LOG_IP_DATA_RAM_SIZE)
#define LOG_DATA_RAM_SIZE     16
#define DATA_RAM_SIZE         (1<<LOG_DATA_RAM_SIZE)
#define DATA_RAM              0x40000000
int *data_ram = (int*)DATA_RAM;
XMulticycle_pipeline_ip_Config *cfg_ptr[NB_IP];
XMulticycle_pipeline_ip ip[NB_IP];
word_type code_ram_0[IP_CODE_RAM_SIZE]={
#include "test_mem_par_ip0_text.hex"
};
```

```
word_type code_ram[IP_CODE_RAM_SIZE]={
#include "test_mem_par_otherip_text.hex"
};
int main(){
  unsigned int nbi[NB_IP];
  unsigned int nbc[NB_IP];
  int         w;
  for (int i=0; i<NB_IP; i++){
    cfg_ptr[i] = XMulticycle_pipeline_ip_LookupConfig(i);
    XMulticycle_pipeline_ip_CfgInitialize(&ip[i], cfg_ptr[i]);
    XMulticycle_pipeline_ip_Set_ip_num    (&ip[i], i);
    XMulticycle_pipeline_ip_Set_start_pc (&ip[i], 0);
    XMulticycle_pipeline_ip_Set_data_ram (&ip[i], DATA_RAM);
  }
  for (int i=1; i<NB_IP; i++)
    XMulticycle_pipeline_ip_Write_ip_code_ram_Words(&ip[i], 0,
        code_ram, IP_CODE_RAM_SIZE);
  XMulticycle_pipeline_ip_Write_ip_code_ram_Words(&ip[0], 0,
      code_ram_0, IP_CODE_RAM_SIZE);
  for (int i=1; i<NB_IP; i++)
    XMulticycle_pipeline_ip_Start(&ip[i]);
  XMulticycle_pipeline_ip_Start(&ip[0]);
  for (int i=NB_IP-1; i>=0; i--)
    while (!XMulticycle_pipeline_ip_IsDone(&ip[i]));
  for (int i=0; i<NB_IP; i++){
    nbc[i] = (int)XMulticycle_pipeline_ip_Get_nb_cycle(&ip[i]);
    nbi[i] = (int)XMulticycle_pipeline_ip_Get_nb_instruction(&ip[i
        ]);
    printf("core %d: %d fetched and decoded instructions\
 in %d cycles (ipc = %2.2f)\n", i, nbi[i], nbc[i],
        ((float)nbi[i])/nbc[i]);
    printf("data memory dump (non null words)\n");
    for (int j=0; j<IP_DATA_RAM_SIZE; j++){
      w = data_ram[i*IP_DATA_RAM_SIZE + j];
      if (w != 0)
        printf("m[%5x] = %16d (%8x)\n",
          (i*IP_DATA_RAM_SIZE + j)*4, w, (unsigned int)w);
    }
  }
  return 0;
}
```

运行应该在 putty 窗口中输出（对于双核 IP），如代码清单 12.24 所示。

代码清单 12.24　helloworld 输出结果

```
core 0: 101 fetched and decoded instructions in 273 cycles (ipc =
    0.37)
data memory dump (non null words)
m[    0] =                1 (        1)
m[    4] =                2 (        2)
m[    8] =                3 (        3)
m[    c] =                4 (        4)
m[   10] =                5 (        5)
m[   14] =                6 (        6)
m[   18] =                7 (        7)
m[   1c] =                8 (        8)
m[   20] =                9 (        9)
m[   24] =               10 (        a)
m[   28] =               55 (       37)
m[   2c] =              210 (       d2)
core 1: 90 fetched and decoded instructions in 243 cycles (ipc =
    0.37)
data memory dump (non null words)
m[20000] =               11 (        b)
m[20004] =               12 (        c)
m[20008] =               13 (        d)
m[2000c] =               14 (        e)
m[20010] =               15 (        f)
m[20014] =               16 (       10)
m[20018] =               17 (       11)
```

```
‖m[2001c] =                     18 (       12)
‖m[20020] =                     19 (       13)
‖m[20024] =                     20 (       14)
‖m[20028] =                    155 (       9b)
```

12.6　评估多核 IP 的并行效率

与其将多核设计与 4 阶段流水线基线进行比较，不如比较多核的不同版本（即双核、4 核和 8 核）。

为了评估并行化的效率，比较了在不同数量内核上运行分布式矩阵乘法的时间。

矩阵乘法是一个计算示例，它测试了核共享内存互连路由密集流量的能力。每个核使用大量外部存储器数据（核越多，外部数据访问的比例越高）。

矩阵乘法的代码可以在 multicore_multicycle_ip 文件夹中的 mulmat.c 文件中找到。该代码包含 LOG_NB_IP 常数的定义。它应该适应 multicore_multicycle_ip. h 文件中定义的 LOG_NB_IP 常数。

然后使用 build_mulmat. sh 脚本构建 mulmat_text.hex 文件。

可以在 Vitis_HLS 中使用 testbench_mulmat_par_multicore_multicycle_ip.cpp 文件中的 testbench 模拟运行。

矩阵乘法可以在 FPGA 上使用 helloworld_mulmat.c 驱动程序运行。

表 12.1 显示了不同多核设计中矩阵乘法的执行时间，核的数量为 2～8。我们将这些时间与在第 9 章中介绍的单核多周期流水线设计上运行的同一程序的串行时间进行比较，并给出加速比（加速比是串行时间与并行时间的比率）。

表 12.1　multicore_multicycle_ip 处理器上并行矩阵乘法的执行时间以及相对于串行运行的加速比

核数	周期数	nmi	cpi	运行时间	加速比
1	6 236 761	3 858 900	1.62	0.124 735 220	—
2	5 162 662	4 545 244	2.27	0.103 253 240	1.21
4	2 618 162	4 601 284	2.28	0.052 363 240	2.38
8	1 351 309	4 728 936	2.29	0.027 026 180	4.62

所有执行都将一个 64×96 矩阵 X 乘以一个 96×48 矩阵 Y，得到一个 64×48 矩阵 Z，总共有 13 824 个整数值，即 55 296 字节（数据存储器的大小为 256KB，剩余的数据存储器用于托管堆栈）。

这三个矩阵在共享内存中交错存储（例如，在四核中，核 0 的内存中存储矩阵 X 的第一个四分之一部分，然后是矩阵 Y 的第一个四分之一，矩阵 Z 的第一个四分之一，最后是核 0 的堆栈；核 1 的内存中存储矩阵的第二个四分之一部分，以此类推，核 1 的堆栈也是如此；核 2 和核 3 的内存结构也相同）。

矩阵 X 和矩阵 Y 的每个元素都初始化为 1。因此，矩阵 Z 的每个元素都是 96。

由于加速比与核数呈线性增长关系，因此经验表明 AXI interconnect 系统足够快，即使有八个相互连接的核也能维持请求的连续性。

然而，加速比远未达到最优（8 个核应该是 8 而不是 4.62），这意味着运行速度受到外部访问延迟和多周期流水线的低 cpi 性能的影响。

　　下一章的设计尝试通过在第 10 章中已经采用的多线程技术来更好地填充流水线并隐藏远程访问延迟。

参考文献

[1] https://developer.arm.com/documentation/102202/0300/Transfer-behavior-and-transaction-ordering

基于 multihart 核的多核 RISC-V 处理器

摘要

本章将构建第二个多核 RISC-V CPU。该处理器由多个 IP 构成，每个 IP 都是第 10 章中介绍的 multihart_ip 的副本。每个核运行多个 hart。每个内核都有自己的程序存储器和数据存储器。程序存储器对于核中所有 hart 是共享的。核的数据存储器在实现的 hart 之间被分区。因此，具有 h 个 hart 处理器的 c 个核具有嵌入在 c 个存储器 IP 中的 $h \times c$ 个数据存储器分区。数据存储体之间通过 AXI interconnect IP 相互连接。任何 hart 都可以私有访问其数据存储器分区以及同一核的任一其他分区，并且可以远程访问任一其他核的任一分区。使用并行矩阵乘法示例来测量当将核数从 1 增加到 4 和 hart 数从 1 增加到 8 时的加速比，整个 IP 的最大 hart 数量为 16，FPGA 上可实现的最大 hart 数量为 8。

13.1 从 multihart_ip 到多核

所有与 multicore_multihart_ip 相关的源文件都可以在 multicore_multihart_ip 文件夹中找到。

与第 12 章介绍的 multicore_multicycle_ip 设计一样，本章中介绍的代码描述了组成处理器的多个核中的任何一个的实现，而不是整个处理器。所涉及的核由启动 IP 时发送给 IP 的 ip_num 参数进行标识。

13.1.1 multihart IP 多核的顶层函数原型和局部声明

定义 CPU 的 multihart_ip 的顶层函数位于 multihart_ip.cpp 文件中。

multihart_ip 的顶层函数原型（参见代码清单 13.1）是 multihart_ip（参见 10.3.4 节）和 multicore_multicycle_ip（参见 12.1.1 节）的融合。ip_num 参数是 IP 编号，running_hart_set 参数是核中运行的 hart 集合，start_pc 参数是数组，用于在核程序存储器中设置运行 hart 的起始 pc。

代码清单 13.1　多核和 multihart 设计中 multihart_ip 的顶层函数

```
void multihart_ip(
  unsigned int   ip_num,
  unsigned int   running_hart_set,
  unsigned int   start_pc  [NB_HART],
  unsigned int   ip_code_ram[IP_CODE_RAM_SIZE],
  int            ip_data_ram     [NB_HART][HART_DATA_RAM_SIZE],
  int            data_ram [NB_IP][NB_HART][HART_DATA_RAM_SIZE],
  unsigned int *nb_instruction,
  unsigned int *nb_cycle){
#pragma HLS INTERFACE s_axilite port=ip_num
#pragma HLS INTERFACE s_axilite port=running_hart_set
#pragma HLS INTERFACE s_axilite port=start_pc
#pragma HLS INTERFACE s_axilite port=ip_code_ram
#pragma HLS INTERFACE bram       port=ip_data_ram storage_type=
    ram_1p
```

```
#pragma HLS INTERFACE m_axi      port=data_ram offset=slave
#pragma HLS INTERFACE s_axilite port=nb_instruction
#pragma HLS INTERFACE s_axilite port=nb_cycle
#pragma HLS INTERFACE s_axilite port=return
#pragma HLS INLINE recursive
  ...
```

局部声明（参见代码清单 13.2）是向量化的，就像第 10 章中 multihart_ip 的顶层函数一样。

代码清单 13.2　multihart_ip 顶层函数的声明

```
  ...
  int    reg_file        [NB_HART][NB_REGISTER];
#pragma HLS ARRAY_PARTITION variable=reg_file        dim=0 complete
  bit_t is_reg_computed[NB_HART][NB_REGISTER];
#pragma HLS ARRAY_PARTITION variable=is_reg_computed dim=0 complete
  from_d_to_f_t f_from_d;
  from_e_to_f_t f_from_e;
  bit_t        f_state_is_full[NB_HART];
#pragma HLS ARRAY_PARTITION variable=f_state_is_full dim=1 complete
  f_state_t    f_state        [NB_HART];
#pragma HLS ARRAY_PARTITION variable=f_state         dim=1 complete
  from_f_to_d_t f_to_d;
  ...
```

do…while 循环在代码清单 13.3 中显示。

代码清单 13.3　do…while 循环

```
  label
    ...
    do {
#pragma HLS DEPENDENCE dependent=false direction=RAW type=inter
      variable=data_ram
#pragma HLS PIPELINE II=2
#ifndef __SYNTHESIS__
#ifdef DEBUG_PIPELINE
      printf("================================================\n");
      printf("cycle %d\n", (unsigned int)nbc);
#endif
#endif
      new_cycle(f_to_d, d_to_f, d_to_i, i_to_e, e_to_f, e_to_m,
            m_to_w, &f_from_d, &f_from_e, &d_from_f,
            &i_from_d, &e_from_i, &m_from_e, &w_from_m);
      statistic_update(e_from_i, &nbi, &nbc);
      running_cond_update(has_exited, &is_running);
      fetch(f_from_d, f_from_e, d_state_is_full,
          ip_code_ram, f_state, &f_to_d, f_state_is_full);
      decode(d_from_f, i_state_is_full, d_state, &d_to_f,
          &d_to_i, d_state_is_full);
      issue(i_from_d, e_state_is_full, reg_file,
          is_reg_computed, i_state, &i_to_e, i_state_is_full,
          &is_lock, &i_hart, &i_destination);
      execute(
#ifndef __SYNTHESIS__
            ip_num,
#endif
            e_from_i, m_state_is_full,
#ifndef __SYNTHESIS__
            reg_file,
#endif
            e_state, &e_to_f, &e_to_m, e_state_is_full);
      mem_access(ip_num, m_from_e, w_state_is_full,
              ip_data_ram, data_ram, m_state, &m_to_w,
              m_state_is_full);
      write_back(
#ifndef __SYNTHESIS__
            ip_num,
```

```
#endif
               w_from_m, reg_file, w_state, w_state_is_full,
               &is_unlock, &w_hart, &w_destination,
               has_exited);
    lock_unlock_update(is_lock, i_hart, i_destination,
                       is_unlock, w_hart, w_destination,
                       is_reg_computed);
  } while (is_running);
  ...
```

使用 HLS DEPENDENCE 编译指示符向综合器提供信息。为了避免不必要的串行化，可以通过 HLS DEPENDENCE 编译指示符的 dependent = false 选项消除潜在的依赖关系。

在代码清单 13.3 中，程序指示综合器在循环的连续迭代之间消除对 data_ram 变量的任何 RAW 依赖关系（type = inter 选项）。

换句话说，在执行远程存储操作的 mem_store 函数进行 data_ram 变量的写入之后，执行远程加载的 mem_load 函数中读取的 data_ram 变量不会被串行化（消除了在 do…while 循环的连续迭代中对 data_ram 变量的两次访问之间的 RAW 依赖关系）。因此，正常情况下，在前一个远程存储仍在进行时，后续的远程加载就启动了。

这种选择的一个结果是，跟在对同一地址进行远程存储（写入 data_ram 变量）之后的远程加载（从 data_ram 变量读取）将无法正确执行（参见代码清单 12.10）。

但是，消除 data_ram 变量的迭代间 RAW 依赖关系对于保持处理器循环设置为两个 FPGA 周期是必要的。

fetch.cpp 文件中的 fetch 函数、decode.cpp 文件中的 decode 函数、issue.cpp 文件中的 issue 函数、execute.cpp 文件中的 execute 函数以及 wb.cpp 文件中的 write_back 函数与第 10 章中的代码相同。multihart_ip.cpp 文件中的 lock_unlock_update 函数也没有改变。

multihart_ip.cpp 文件中的 init_file 函数（见代码清单 13.4）设置了寄存器 a0、a1 和 sp（分别是核标识号、hart 标识号和 hart 堆栈指针）。

代码清单 13.4   init_file 函数

```
//a0/x10 is set with the IP number
//a1/x11 is set with the hart number
static void init_file(
  ip_num_t ip_num,
  int      reg_file        [][NB_REGISTER],
  bit_t    is_reg_computed[][NB_REGISTER]){
  hart_num_p1_t h1;
  hart_num_t    h;
  reg_num_p1_t  r1;
  reg_num_t     r;
  for (h1=0; h1<NB_HART; h1++){
#pragma HLS UNROLL
    h = h1;
    for (r1=0; r1<NB_REGISTER; r1++){
#pragma HLS UNROLL
      r = r1;
      is_reg_computed[h][r] = 0;
      if (r==10)
        reg_file      [h][r] = ip_num;
      else if (r==11)
        reg_file      [h][r] = h;
      else if (r==SP)
        reg_file      [h][r] = ((int)(ip_num+1))<<(
          LOG_IP_DATA_RAM_SIZE+2);
      else
        reg_file      [h][r] = 0;
    }
  }
}
```

13.1.2　数据存储器的访问

实现访存阶段的 mem_access 函数如代码清单 13.5 所示。

代码清单 13.5　mem_access 函数

```
void mem_access(
  ip_num_t         ip_num,
  from_e_to_m_t    m_from_e,
  bit_t            *w_state_is_full,
  int              ip_data_ram[][HART_DATA_RAM_SIZE],
  int              data_ram   [][NB_HART][HART_DATA_RAM_SIZE],
  m_state_t        *m_state,
  from_m_to_w_t    *m_to_w,
  bit_t            *m_state_is_full){
  bit_t      is_selected;
  hart_num_t selected_hart;
  bit_t      is_accessing;
  hart_num_t accessing_hart;
  bit_t      input_is_selectable;
  input_is_selectable =
    m_from_e.is_valid && !w_state_is_full[m_from_e.hart];
  select_hart(m_state_is_full, w_state_is_full,
              &is_selected, &selected_hart);
  if (m_from_e.is_valid){
    m_state_is_full[m_from_e.hart] = 1;
    save_input_from_e(ip_num, m_from_e, m_state);
  }
  is_accessing   =
    is_selected || input_is_selectable;
  accessing_hart =
   (is_selected)?selected_hart:m_from_e.hart;
  if (is_accessing){
    m_state_is_full[accessing_hart] = 0;
    stage_job(m_state[accessing_hart].accessed_ip,
              m_state[accessing_hart].accessed_h,
              m_state[accessing_hart].is_local_ip,
              m_state[accessing_hart].is_load,
              m_state[accessing_hart].is_store,
              m_state[accessing_hart].address,
              m_state[accessing_hart].func3,
              ip_data_ram, data_ram,
              &m_state[accessing_hart].value);
#ifndef __SYNTHESIS__
#ifdef DEBUG_PIPELINE
    printf("hart %d: mem       ", (int)accessing_hart);
    printf("%04d\n",
           (int)(m_state[accessing_hart].fetch_pc<<2));
#endif
#endif
    set_output_to_w(accessing_hart, m_state, m_to_w);
  }
  m_to_w->is_valid = is_accessing;
}
```

hart 的选择分两步进行。select_hart 函数返回最高优先级的就绪 hart 号。同时，来自执行阶段的输入被保存在 m_state 数组中（save_input_from_e 函数）。选择过程保持 select_hart 函数的选择，或者如果没有就绪的 hart，则选择刚刚输入的 hart。

访问是在 stage_job 函数中完成的。根据从执行阶段输入的指令计算出的 is_local_ip 位，在 save_input_from_e 函数中选择 accessed_ip 和 accessed_h hart 号。这三个值在指令输入时预先计算，以缩短内存访问的关键路径。

mem_access.cpp 文件中的 mem_access 函数将输出结构填充到写回阶段（set_output_to_w 函数）。

代码清单 13.6 展示了 mem_access.cpp 文件中的 save_input_from_e 函数的代码。

代码清单 13.6   save_input_from_e 函数

```
static void save_input_from_e(
  ip_num_t        ip_num,
  from_e_to_m_t   m_from_e,
  m_state_t      *m_state){
  hart_num_t                          hart;
  ap_uint<LOG_NB_IP+LOG_NB_HART> absolute_hart;
  hart                          = m_from_e.hart;
  m_state[hart].rd              = m_from_e.rd;
  m_state[hart].has_no_dest     = m_from_e.has_no_dest;
  m_state[hart].is_load         = m_from_e.is_load;
  m_state[hart].is_store        = m_from_e.is_store;
  m_state[hart].func3           = m_from_e.func3;
  m_state[hart].is_ret          = m_from_e.is_ret;
  m_state[hart].address         = m_from_e.address;
  m_state[hart].value           = m_from_e.value;
  m_state[hart].result          = m_from_e.value;
  absolute_hart =
   (m_from_e.address>>
   (LOG_HART_DATA_RAM_SIZE+2)) + (((ap_uint<LOG_NB_IP+LOG_NB_HART>)
       ip_num)<<LOG_NB_HART) + hart;
  m_state[hart].accessed_ip     = absolute_hart>>LOG_NB_HART;
  m_state[hart].accessed_h      = absolute_hart;
  m_state[hart].is_local_ip     =(m_state[hart].accessed_ip == ip_num
       );
#ifndef __SYNTHESIS__
  m_state[hart].fetch_pc        = m_from_e.fetch_pc;
  m_state[hart].instruction     = m_from_e.instruction;
  m_state[hart].d_i             = m_from_e.d_i;
  m_state[hart].target_pc       = m_from_e.target_pc;
#endif
}
```

根据地址（给出相对于访问 IP 的访问 hart 号）、访问 IP 的 ip_num 和访问 hart 计算出访问的 absolute_hart 号。

被访问的 IP（m_state[hart].accessed_ip）是内存访问 IP 分区的 IP 号。它是 absolute_hart 号的上半部分。被访问的 hart（m_state[hart].accessed_h）是内存访问的 hart 分区的 hart 号。它是 absolute_hart 号的下半部分。

如果被访问的 IP 就是正在访问的 IP，则设置 m_state[hart].is_local_ip 位。

代码清单 13.7 展示了 mem_access.cpp 文件中的 stage_job 函数的代码。

代码清单 13.7   stage_job 函数

```
static void stage_job(
  ip_num_t          ip_num,
  hart_num_t        hart,
  bit_t             is_local_ip,
  bit_t             is_load,
  bit_t             is_store,
  b_data_address_t  address,
  func3_t           func3,
  int               ip_data_ram[][HART_DATA_RAM_SIZE],
  int               data_ram   [][NB_HART][HART_DATA_RAM_SIZE],
  int               *value){
  if (is_load)
    *value =
      mem_load (ip_num, is_local_ip, hart, ip_data_ram, data_ram,
                address, func3);
  else if (is_store)
    mem_store(ip_num, is_local_ip, hart, ip_data_ram, data_ram,
              address, *value, (ap_uint<2>)func3);
}
```

ip_num 参数指的是被访问的 IP，而不是正在访问的 IP。hart 参数指的是被访问的 hart 分区。

如果指令既不是 load 也不是 store，则 stage_job 函数不执行任何操作（指令只是经过访存阶段）。

加载指令在 mem_load 函数中访问被访问 IP 和被访问 hart 的内存分区。存储指令在 mem_store 函数中访问内存。

代码清单 13.8 展示了 mem.cpp 文件中的 mem_load 函数的代码开头。

代码清单 13.8　mem_load 函数

```
int mem_load(
  ip_num_t            ip,
  bit_t               is_local,
  hart_num_t          hart,
  int                 ip_data_ram[][HART_DATA_RAM_SIZE],
  int                 data_ram   [][NB_HART][HART_DATA_RAM_SIZE],
  b_data_address_t address,
  func3_t             msize){
  ap_uint<2>          a01 =   address;
  bit_t               a1  = (address >> 1);
  w_hart_data_address_t a2  = (address >> 2);
  int                 result;
  char                b, b0, b1, b2, b3;
  unsigned char       ub, ub0, ub1, ub2, ub3;
  short               h, h0, h1;
  unsigned short      uh, uh0, uh1;
  int                 w, ib, ih;
  unsigned int        iub, iuh;
  if (is_local)
    w =  ip_data_ram[hart][a2];
  else
    w = data_ram[ip][hart][a2];
...
```

本地加载从本地 IP 数据存储器（ip_data_ram）中读取。远程加载从 data_ram 中 IP 内的 hart 中读取。在加载了一个完整的字后，选择被寻址的字节并将其作为加载的结果返回（这部分 mem_load 代码与之前的设计相同，未在此处展示，可以参考代码清单 6.11）。

代码清单 13.9 展示了 mem.cpp 文件中的 mem_store 函数的代码。

代码清单 13.9　mem_store 函数

```
void mem_store(
  ip_num_t            ip,
  bit_t               is_local,
  hart_num_t          hart,
  int                 ip_data_ram[][HART_DATA_RAM_SIZE],
  int                 data_ram   [][NB_HART][HART_DATA_RAM_SIZE],
  b_data_address_t address,
  int                 rv2,
  ap_uint<2>          msize){
  b_hart_data_address_t a     = address;
  h_hart_data_address_t a1    = address>>1;
  w_hart_data_address_t a2    = address>>2;
  char                  rv2_0  = rv2;
  short                 rv2_01 = rv2;
  switch(msize){
  case SB:
    if (is_local)
     *((char*) (ip_data_ram) +
              ((((b_ip_data_address_t)hart)<<
              (LOG_HART_DATA_RAM_SIZE+2)) | a))
      = rv2_0;
    else
     *((char*) (data_ram) +
              ((((b_data_address_t)ip)<<
              (LOG_IP_DATA_RAM_SIZE+2))    |
```

```
              (((b_ip_data_address_t)hart)<<
              (LOG_HART_DATA_RAM_SIZE+2)) | a)) = rv2_0;
        break;
    case SH:
        if (is_local)
         *((short*)(ip_data_ram) +
               ((((h_ip_data_address_t)hart)<<
               (LOG_HART_DATA_RAM_SIZE+1)) | a1))
             = rv2_01;
        else
         *((short*)(data_ram) +
               ((((h_data_address_t)ip)<<
               (LOG_IP_DATA_RAM_SIZE+1))  |
               (((h_ip_data_address_t)hart)<<
               (LOG_HART_DATA_RAM_SIZE+1)) | a1)) = rv2_01;
        break;
    case SW:
        if (is_local)
            ip_data_ram [hart][a2] = rv2;
        else
            data_ram[ip][hart][a2] = rv2;
        break;
    case 3:
        break;
    }
}
```

本地存储将数据写入本地 IP 存储体（即 ip_data_ram 数组中的 hart 分区）。

远程存储通过 AXI interconnect 将数据写入被访问 IP 的存储体（即在 data_ram 数组中的 IP 核的 hart 分区中写入数据）。

13.2 仿真 IP

 实验

要仿真 multicore_multihart_ip，请按照 5.3.6 节中的说明操作，将 fetching_ip 替换为 multicore_multihart_ip。有两个 testbench 程序：testbench_seq_multihart_ip.cpp 用于运行独立的代码（每个核中的每个 hart 一个代码），testbench_par_multihart_ip.cpp 用于对数组元素进行并行求和。

使用 testbench_seq_multihart_ip.cpp，可以在仿真器中进行操作，将包含的 test_mem_0_text.hex 文件替换为同一文件夹中的任何其他 .hex 文件。还可以更改核数和 hart 数（双核时，每个核有两个、四个或八个 hart；四核时，每个核有两个或四个 hart；八核时，每个核有两个 hart；在任何情况下，每个处理器不超过 16 个 hart）。

13.2.1 仿真独立的程序

与 multihart_ip 和 multicore_multicycle_ip 项目一样，本项目提供了两个 testbench 文件，一个用于运行完全独立的代码（testbench_seq_multihart_ip.cpp），另一个用于运行共享分布式数组的独立代码（testbench_par_multihart_ip.cpp）。

第一个 testbench（参见代码清单 13.10）运行 NB_IP 次对 multihart_ip 函数的调用。NB_IP 个核被顺序运行（在 FPGA 上它们被并行运行；然而，由于核之间不相互作用，仿真行为与真实 FPGA 相同）。

代码清单 13.10　testbench_seq_multihart_ip.cpp 文件

```
#include <stdio.h>
#include "multihart_ip.h"
unsigned int code_ram[IP_CODE_RAM_SIZE]={
#include "test_mem_text.hex"
};
int         data_ram[NB_IP][NB_HART][HART_DATA_RAM_SIZE];
unsigned int start_pc[NB_HART];
int main() {
  unsigned int nbi[NB_IP];
  unsigned int nbc[NB_IP];
  int          w;
  for (int h=0; h<NB_HART; h++) start_pc[h] = 0;
  for (int i=0; i<NB_IP; i++){
    multihart_ip(i, (1<<NB_HART)-1, start_pc, code_ram,
     &data_ram[i][0], &data_ram[0], &nbi[i], &nbc[i]);
  }
  for (int i=0; i<NB_IP; i++){
    printf("core %d: %d fetched and decoded instructions\
 in %d cycles (ipc = %2.2f)\n", i, nbi[i], nbc[i],
    ((float)nbi[i])/nbc[i]);
    for (int h=0; h<NB_HART; h++){
      printf("hart: %d data memory dump (non null words)\n", h);
      for (int j=0; j<HART_DATA_RAM_SIZE; j++){
        w = data_ram[i][h][j];
        if (w != 0)
          printf("m[%5x] = %16d (%8x)\n",
            4*((i<<LOG_IP_DATA_RAM_SIZE)   +
              (h<<LOG_HART_DATA_RAM_SIZE) + j),
            w, (unsigned int)w);
      }
    }
  }
  return 0;
}
```

　　要构建 hex 文件，可以使用与 12.2.1 节中相同的 build_seq.sh 脚本文件（例如，"./
build_seq.sh test_mem" 从 test_mem.s 构建 test_mem_text.hex）。

　　运行 test_mem.h 的四个副本（两个 hart 的两个内核），输出如代码清单 13.11~13.13 所示。

代码清单 13.11　testbench_seq_multicore_multihart_ip.cpp 文件主函数的输出：核 0

```
hart 0: 0000: 00000513        li a0, 0
hart 0:      a0  =                 0 (          0)
hart 1: 0000: 00000513        li a0, 0
hart 1:      a0  =                 0 (          0)
...
hart 0: 0056: 00a62223        sw a0, 4(a2)
hart 0:      m[   2c] =               55 (         37)
hart 1: 0056: 00a62223        sw a0, 4(a2)
hart 1:      m[1002c] =               55 (         37)
hart 0: 0060: 00008067        ret
hart 0:      pc  =                 0 (          0)
hart 1: 0060: 00008067        ret
hart 1:      pc  =                 0 (          0)
register file for hart 0
...
sp  =            131072 (      20000)
...
a0  =                55 (         37)
...
a2  =                40 (         28)
a3  =                40 (         28)
a4  =                10 (          a)

register file for hart 1
...
sp  =            131072 (      20000)
```

```
...
a0     =                    55 (        37)
...
a2     =                    40 (        28)
a3     =                    40 (        28)
a4     =                    10 (         a)
...
```

代码清单 13.12   testbench_seq_multicore_multihart_ip.cpp 文件主函数的输出：核 1

```
hart 0: 0000: 00000513        li a0, 0
hart 0:         a0    =               0 (        0)
hart 1: 0000: 00000513        li a0, 0
hart 1:         a0    =               0 (        0)
...
hart 0: 0056: 00a62223        sw a0, 4(a2)
hart 0:         m[2002c] =            55 (       37)
hart 1: 0056: 00a62223        sw a0, 4(a2)
hart 1:         m[3002c] =            55 (       37)
hart 0: 0060: 00008067        ret
hart 0:         pc    =               0 (        0)
hart 1: 0060: 00008067        ret
hart 1:         pc    =               0 (        0)
register file for hart 0
...
sp     =               262144 (    40000)
...
a0     =                   55 (       37)
...
sp     =               262144 (    40000)
...
a2     =                   40 (       28)
a3     =                   40 (       28)
a4     =                   10 (        a)
...
register file for hart 1
...
a0     =                   55 (       37)
a1     =                    0 (        0)
a2     =                   40 (       28)
a3     =                   40 (       28)
a4     =                   10 (        a)
...
```

代码清单 13.13   testbench_seq_multicore_multihart_ip.cpp 文件主函数的输出：内存转储

```
core 0: 176 fetched and decoded instructions in 306 cycles (ipc =
    0.58)
hart: 0 data memory dump (non null words)
m[    0] =                   1 (        1)
m[    4] =                   2 (        2)
m[    8] =                   3 (        3)
m[    c] =                   4 (        4)
m[   10] =                   5 (        5)
m[   14] =                   6 (        6)
m[   18] =                   7 (        7)
m[   1c] =                   8 (        8)
m[   20] =                   9 (        9)
m[   24] =                  10 (        a)
m[   2c] =                  55 (       37)
hart: 1 data memory dump (non null words)
m[10000] =                   1 (        1)
m[10004] =                   2 (        2)
m[10008] =                   3 (        3)
m[1000c] =                   4 (        4)
m[10010] =                   5 (        5)
m[10014] =                   6 (        6)
m[10018] =                   7 (        7)
m[1001c] =                   8 (        8)
m[10020] =                   9 (        9)
m[10024] =                  10 (        a)
```

```
m[1002c] =                    55 (        37)
core 1: 176 fetched and decoded instructions in 306 cycles (ipc =
    0.58)
hart: 0 data memory dump (non null words)
m[20000] =                     1 (         1)
m[20004] =                     2 (         2)
m[20008] =                     3 (         3)
m[2000c] =                     4 (         4)
m[20010] =                     5 (         5)
m[20014] =                     6 (         6)
m[20018] =                     7 (         7)
m[2001c] =                     8 (         8)
m[20020] =                     9 (         9)
m[20024] =                    10 (         a)
m[2002c] =                    55 (        37)
hart: 1 data memory dump (non null words)
m[30000] =                     1 (         1)
m[30004] =                     2 (         2)
m[30008] =                     3 (         3)
m[3000c] =                     4 (         4)
m[30010] =                     5 (         5)
m[30014] =                     6 (         6)
m[30018] =                     7 (         7)
m[3001c] =                     8 (         8)
m[30020] =                     9 (         9)
m[30024] =                    10 (         a)
m[3002c] =                    55 (        37)
```

13.2.2 仿真并行的程序

第二个 testbench 文件是 testbench_par_multihart_ip.cpp，如代码清单 13.14 所示。它运行 test_mem.s 程序的分布式并行版本。每个核有一组 NB_HART 子数组，由运行的 hart 并行填充。它们被并行求和。第一个核的第一个 hart 读取部分和（远程访存）并计算它们的总和。

代码清单 13.14 testbench_par_multihart_ip.cpp 文件

```c
#include <stdio.h>
#include "multihart_ip.h"
#define OTHER_HART_START 0x78/4
unsigned int code_ram_0[IP_CODE_RAM_SIZE]={
#include "test_mem_par_ip0_text.hex"
};
unsigned int code_ram  [IP_CODE_RAM_SIZE]={
#include "test_mem_par_otherip_text.hex"
};
int data_ram[NB_IP][NB_HART][HART_DATA_RAM_SIZE];
unsigned int start_pc  [NB_HART]={0};
unsigned int start_pc_0[NB_HART];
int main(){
  unsigned int nbi[NB_IP];
  unsigned int nbc[NB_IP];
  int          w;
  start_pc_0[0] = 0;
  for (int i=1; i<NB_HART; i++)
    start_pc_0[i] = OTHER_HART_START;
  for (int i=1; i<NB_IP; i++)
    multihart_ip(i, (1<<NB_HART)-1, start_pc, code_ram,
      &data_ram[i][0], data_ram, &nbi[i], &nbc[i]);
  multihart_ip(0, (1<<NB_HART)-1, start_pc_0, code_ram_0,
   &data_ram[0][0], data_ram, &nbi[0], &nbc[0]);
  for (int i=0; i<NB_IP; i++){
    printf("core %d: %d fetched and decoded instructions\
 in %d cycles (ipc = %2.2f)\n", i, nbi[i], nbc[i],
    ((float)nbi[i])/nbc[i]);
    for (int h=0; h<NB_HART; h++){
      printf("hart %d: data memory dump (non null words)\n", h);
      for (int j=0; j<HART_DATA_RAM_SIZE; j++){
        w = data_ram[i][h][j];
```

```
        if (w != 0)
          printf("m[%5x] = %16d (%8x)\n",
            4*((i<<LOG_IP_DATA_RAM_SIZE)    +
               (h<<LOG_HART_DATA_RAM_SIZE) + j),
               w, (unsigned int)w);
        }
      }
    }
    return 0;
}
```

可以使用与 12.2.2 节中相同的 build_par.sh 脚本构建 hex 文件。需要根据 multicore_multihart_ip.h 中 的 LOG_NB_IP 和 LOG_NB_HART 常 量 的 值，在 test_mem_par_ip0.s 和 test_mem_par_otherip.s 文件中进行设置。

处理器中的 IP 顺序运行。为了获得与 FPGA 上并行运行相同的行为，第一个核是最后一个仿真的核，以便能够读取其他核的仿真计算出的部分和。

运行的代码已经在 12.2.2 节中介绍过了。除了第一个核运行 test_mem_par_ip0.s 代码外，其余所有核都运行 test_mem_par_otherip.s 代码。

在 testbench 代码中，与第一个核相关的调用放在最后一个位置，以确保正确的仿真。

对于在每核两个 hart 的双核上运行的情况，输出如代码清单 13.15~13.17 所示（前 40个整数的最终总和为 820）。

代码清单 13.15　testbench_par_multicore_multihart_ip.cpp 文件主函数的输出：核 1

```
hart 0: 0000: 00359293    slli t0, a1, 3
hart 0:       t0 =              0 (        0)
hart 1: 0000: 00359293    slli t0, a1, 3
hart 1:       t0 =              8 (        8)
...
hart 0: 0088: 00a62023    sw a0, 0(a2)
hart 0:       m[20028] =         255 (       ff)
hart 1: 0088: 00a62023    sw a0, 0(a2)
hart 1:       m[30028] =         355 (      163)
hart 0: 0092: 00008067    ret
hart 0:       pc =              0 (        0)
hart 1: 0092: 00008067    ret
hart 1:       pc =              0 (        0)
register file for hart 0
...
sp =              262144 (    40000)
...
t0 =                   8 (        8)
t1 =                   2 (        2)
...
a0 =                 255 (       ff)
...
a2 =                  40 (       28)
a3 =                  40 (       28)
a4 =                  30 (       1e)
...
register file for hart 1
...
sp =              262144 (    40000)
...
t0 =                   8 (        8)
t1 =                   2 (        2)
...
a0 =                 355 (      163)
...
a2 =                  40 (       28)
a3 =                  40 (       28)
a4 =                  40 (       28)
...
```

代码清单 13.16　testbench_par_multicore_multihart_ip.cpp 文件主函数的输出：核 0

```
hart 0: 0000: 00000513        li a0, 0
hart 0:       a0  =                  0 (         0)
hart 1: 0120: 00359293        slli t0, a1, 3
hart 1:       t0  =                  8 (         8)
...
hart 0: 0112: 00a62023        sw a0, 0(a2)
hart 0:       m[   2c] =                820 (       334)
hart 0: 0116: 00008067        ret
hart 0:       pc  =                  0 (         0)
register file for hart 0
...
sp  =              131072 (   20000)
...
a0  =                 820 (     334)
a1  =                   4 (       4)
a2  =                  44 (      2c)
a3  =                 355 (     163)
a4  =              262144 (   40000)
a5  =               65536 (   10000)
...
register file for hart 1
...
sp  =              131072 (   20000)
...
a0  =                 155 (      9b)
a1  =                   0 (       0)
a2  =                  40 (      28)
a3  =                  40 (      28)
a4  =                  20 (      14)
...
```

代码清单 13.17　testbench_par_multicore_multihart_ip.cpp 文件主函数的输出：内存转储

```
core 0: 212 fetched and decoded instructions in 357 cycles (ipc =
    0.59)
hart 0: data memory dump (non null words)
m[    0] =                   1 (         1)
m[    4] =                   2 (         2)
m[    8] =                   3 (         3)
m[    c] =                   4 (         4)
m[   10] =                   5 (         5)
m[   14] =                   6 (         6)
m[   18] =                   7 (         7)
m[   1c] =                   8 (         8)
m[   20] =                   9 (         9)
m[   24] =                  10 (         a)
m[   28] =                  55 (        37)
m[   2c] =                 820 (       334)
hart 1: data memory dump (non null words)
m[10000] =                  11 (         b)
m[10004] =                  12 (         c)
m[10008] =                  13 (         d)
m[1000c] =                  14 (         e)
m[10010] =                  15 (         f)
m[10014] =                  16 (        10)
m[10018] =                  17 (        11)
m[1001c] =                  18 (        12)
m[10020] =                  19 (        13)
m[10024] =                  20 (        14)
m[10028] =                 155 (        9b)
core 1: 192 fetched and decoded instructions in 290 cycles (ipc =
    0.66)
hart 0: data memory dump (non null words)
m[20000] =                  21 (        15)
m[20004] =                  22 (        16)
m[20008] =                  23 (        17)
m[2000c] =                  24 (        18)
m[20010] =                  25 (        19)
```

```
m[20014] =                26 (       1a)
m[20018] =                27 (       1b)
m[2001c] =                28 (       1c)
m[20020] =                29 (       1d)
m[20024] =                30 (       1e)
m[20028] =               255 (       ff)
hart 1: data memory dump (non null words)
m[30000] =                31 (       1f)
m[30004] =                32 (       20)
m[30008] =                33 (       21)
m[3000c] =                34 (       22)
m[30010] =                35 (       23)
m[30014] =                36 (       24)
m[30018] =                37 (       25)
m[3001c] =                38 (       26)
m[30020] =                39 (       27)
m[30024] =                40 (       28)
m[30028] =               355 (      163)
```

13.2.3　综合 IP

如图 13.1 所示，对于一个每核两个 hart 的双核处理器，满足 II = 2 约束（对于每核四个 hart 的双核设计和每核两个 hart 的四核设计，也满足 II = 2 约束）。由全局内存访问带来的迭代延迟为 13 个 FPGA 周期。

图 13.1　每核两个 hart 的双核处理器的综合报告

13.2.4　Vivado 项目

Vivado 设计如图 13.2 所示。

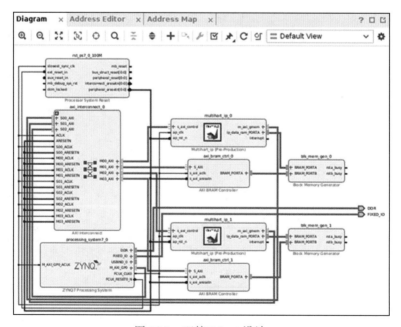

图 13.2　双核 2-hart 设计

在构建包装器之前，必须使用地址编辑器设置地址映射。

对于双核设计，axi_bram_ctrl 范围为 128KB，地址为 0x4000_0000 和 0x4002_0000。对于四核设计，范围为 64KB，地址为 0x4000_0000、0x4001_0000、0x4002_0000 和 0x4003_0000。

对于双核，s_axi_control 范围为 256KB，地址为 0x4004_0000 和 0x4008_0000。对于四核，范围为 128KB，地址为 0x4004_0000、0x4006_0000、0x4008_0000 和 0x400A_0000。

Vivado 位流生成会生成实现报告，如图 13.3 所示，图中显示具有两个 hart 的双核 IP 使用了 20 756 个 LUT（39.02%）。具有四个 hart 的双核版本使用了 36 204 个 LUT（68.05%）。四核两个 hart IP 使用了 37 520 个 LUT（70.53%）。

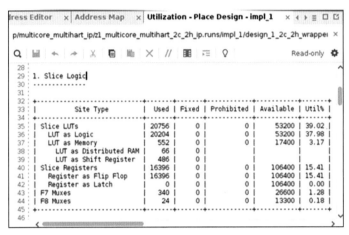

图 13.3　两个 hart 的双核处理器的 Vivado 实现报告

13.3　在开发板上运行 IP

 实验

要在开发板上运行 multicore_multihart_ip，请按照 5.3.10 节中的说明进行操作，将 fetching_ip 替换为 multicore_multihart_ip。

有两个驱动程序：helloworld_seq.c 可以在每个内核的每个 hart 上运行独立的程序，而 helloworld_par.c 可以对数组元素进行并行求和。

13.3.1　运行独立的程序

驱动 FPGA 运行 test_mem.h 程序如代码清单 13.18 所示（相同的代码可以用于运行测试程序：test_branch、test_jal_jalr、test_load_store、test_lui_auipc、test_op、test_op_imm 和 test_sum）。必须使用 update_helloworld.sh 脚本将 test_mem_text.hex 文件的路径匹配到你的安装环境。

代码清单 13.18　驱动 multicore_multicycle_ip 的 helloworld_seq.c 文件

```
#include <stdio.h>
#include "xmultihart_ip.h"
#include "xparameters.h"
#define LOG_NB_IP            1
#define NB_IP               (1<<LOG_NB_IP)
```

```
#define LOG_NB_HART                 1
#define NB_HART                     (1<<LOG_NB_HART)
#define LOG_CODE_RAM_SIZE           16
#define LOG_DATA_RAM_SIZE           16
#define LOG_IP_CODE_RAM_SIZE        (LOG_CODE_RAM_SIZE-LOG_NB_IP)//in
    word
#define IP_CODE_RAM_SIZE            (1<<LOG_IP_CODE_RAM_SIZE)
#define LOG_IP_DATA_RAM_SIZE        (LOG_DATA_RAM_SIZE-LOG_NB_IP)//in
    words
#define LOG_HART_DATA_RAM_SIZE (LOG_IP_DATA_RAM_SIZE-LOG_NB_HART)
#define HART_DATA_RAM_SIZE     (1<<LOG_HART_DATA_RAM_SIZE)
#define DATA_RAM                    0x40000000
int *data_ram = (int*)DATA_RAM;
XMultihart_ip_Config *cfg_ptr[NB_IP];
XMultihart_ip ip[NB_IP];
word_type code_ram[IP_CODE_RAM_SIZE]={
#include "test_mem_text.hex"
};
word_type start_pc[NB_HART];
int main(){
  unsigned int nbi[NB_IP];
  unsigned int nbc[NB_IP];
  word_type     w;
  for (int h=0; h<NB_HART; h++)
    start_pc[h] = 0;
  for (int i=0; i<NB_IP; i++){
    cfg_ptr[i] = XMultihart_ip_LookupConfig(i);
    XMultihart_ip_CfgInitialize(&ip[i], cfg_ptr[i]);
    XMultihart_ip_Set_ip_num(&ip[i], i);
    XMultihart_ip_Set_running_hart_set(&ip[i], (1<<NB_HART)-1);
    XMultihart_ip_Write_start_pc_Words(&ip[i], 0, start_pc, NB_HART
        );
    XMultihart_ip_Write_ip_code_ram_Words(&ip[i], 0, code_ram,
        IP_CODE_RAM_SIZE);
    XMultihart_ip_Set_data_ram(&(ip[i]), DATA_RAM);
  }
  for (int i=0; i<NB_IP; i++) XMultihart_ip_Start(&ip[i]);
  for (int i=NB_IP-1; i>=0; i--)
    while (!XMultihart_ip_IsDone(&ip[i]));
  for (int i=0; i<NB_IP; i++){
    nbc[i] = (int)XMultihart_ip_Get_nb_cycle(&ip[i]);
    nbi[i] = (int)XMultihart_ip_Get_nb_instruction(&ip[i]);
  }
  for (int i=0; i<NB_IP; i++){
    printf("core %d: %d fetched and decoded instructions\
 in %d cycles (ipc = %2.2f)\n", i, nbi[i], nbc[i], ((float)nbi[i])/
      nbc[i]);
    for (int h=0; h<NB_HART; h++){
      printf("hart %d data memory dump (non null words)\n", h);
      for (int j=0; j<HART_DATA_RAM_SIZE; j++){
        w = data_ram[(i<<LOG_IP_DATA_RAM_SIZE)    +
                    (h<<LOG_HART_DATA_RAM_SIZE) + j];
        if (w != 0)
          printf("m[%5x] = %16d (%8x)\n",
            4*((i<<LOG_IP_DATA_RAM_SIZE)    +
              (h<<LOG_HART_DATA_RAM_SIZE) + j), (int)w, (unsigned
                int)w);
      }
    }
  }
}
```

运行应该会在 putty 窗口中输出代码清单 13.19 所示的内容。

代码清单 13.19　helloworld_seq.c 输出结果

```
core 0: 176 fetched and decoded instructions in 306 cycles (ipc =
    0.58)
hart 0 data memory dump (non null words)
m[    0] =                  1 (        1)
m[    4] =                  2 (        2)
```

```
m[     8] =                3 (          3)
m[     c] =                4 (          4)
m[    10] =                5 (          5)
m[    14] =                6 (          6)
m[    18] =                7 (          7)
m[    1c] =                8 (          8)
m[    20] =                9 (          9)
m[    24] =               10 (          a)
m[    2c] =               55 (         37)
hart 1 data memory dump (non null words)
m[10000] =                1 (          1)
m[10004] =                2 (          2)
m[10008] =                3 (          3)
m[1000c] =                4 (          4)
m[10010] =                5 (          5)
m[10014] =                6 (          6)
m[10018] =                7 (          7)
m[1001c] =                8 (          8)
m[10020] =                9 (          9)
m[10024] =               10 (          a)
m[1002c] =               55 (         37)
core 1: 176 fetched and decoded instructions in 306 cycles (ipc =
   0.58)
hart 0 data memory dump (non null words)
m[20000] =                1 (          1)
m[20004] =                2 (          2)
m[20008] =                3 (          3)
m[2000c] =                4 (          4)
m[20010] =                5 (          5)
m[20014] =                6 (          6)
m[20018] =                7 (          7)
m[2001c] =                8 (          8)
m[20020] =                9 (          9)
m[20024] =               10 (          a)
m[2002c] =               55 (         37)
hart 1 data memory dump (non null words)
m[30000] =                1 (          1)
m[30004] =                2 (          2)
m[30008] =                3 (          3)
m[3000c] =                4 (          4)
m[30010] =                5 (          5)
m[30014] =                6 (          6)
m[30018] =                7 (          7)
m[3001c] =                8 (          8)
m[30020] =                9 (          9)
m[30024] =               10 (          a)
m[3002c] =               55 (         37)
```

13.3.2 运行并行的程序

并行的程序分布在内核程序存储器中。

驱动 FPGA 运行分布式求和的代码示例如代码清单 13.20 所示。

必须使用 update_helloworld.sh 脚本将 test_mem_par_ip0_text.hex 和 test_mem_par_otherip_text.hex 文件的路径匹配到你的安装环境。

代码清单 13.20 驱动 multicore_multihart_ip 的 helloworld_par.c 文件

```
#include <stdio.h>
#include "xmultihart_ip.h"
#include "xparameters.h"
#define LOG_NB_IP              1
#define NB_IP                  (1<<LOG_NB_IP)
#define LOG_NB_HART            1
#define NB_HART                (1<<LOG_NB_HART)
#define LOG_CODE_RAM_SIZE      16
#define LOG_DATA_RAM_SIZE      16
```

```c
#define LOG_IP_CODE_RAM_SIZE      (LOG_CODE_RAM_SIZE-LOG_NB_IP)//in
    word
#define IP_CODE_RAM_SIZE          (1<<LOG_IP_CODE_RAM_SIZE)
#define LOG_IP_DATA_RAM_SIZE      (LOG_DATA_RAM_SIZE-LOG_NB_IP)//in
    words
#define LOG_HART_DATA_RAM_SIZE (LOG_IP_DATA_RAM_SIZE-LOG_NB_HART)
#define HART_DATA_RAM_SIZE        (1<<LOG_HART_DATA_RAM_SIZE)
#define DATA_RAM                  0x40000000
#define OTHER_HART_START          0x78/4
int *data_ram = (int*)DATA_RAM;
XMultihart_ip_Config *cfg_ptr[NB_IP];
XMultihart_ip ip[NB_IP];
word_type code_ram_0[IP_CODE_RAM_SIZE]={
#include "test_mem_par_ip0_text.hex"
};
word_type code_ram[IP_CODE_RAM_SIZE]={
#include "test_mem_par_otherip_text.hex"
};
word_type start_pc[NB_HART];
int main(){
  unsigned int nbi[NB_IP];
  unsigned int nbc[NB_IP];
  word_type    w;
  for (int h=0; h<NB_HART; h++)
    start_pc[h] = 0;
  for (int i=0; i<NB_IP; i++){
    cfg_ptr[i] = XMultihart_ip_LookupConfig(i);
    XMultihart_ip_CfgInitialize(&ip[i], cfg_ptr[i]);
    XMultihart_ip_Set_ip_num(&ip[i], i);
    XMultihart_ip_Set_running_hart_set(&ip[i], (1<<NB_HART)-1);
    XMultihart_ip_Set_data_ram(&(ip[i]), DATA_RAM);
  }
  for (int i=1; i<NB_IP; i++){
    XMultihart_ip_Write_start_pc_Words(&ip[i], 0, start_pc, NB_HART
        );
    XMultihart_ip_Write_ip_code_ram_Words(&ip[i], 0, code_ram,
        IP_CODE_RAM_SIZE);
  }
  for (int h=1; h<NB_HART; h++)
    start_pc[h]=OTHER_HART_START;
  XMultihart_ip_Write_start_pc_Words(&ip[0], 0, start_pc, NB_HART);
  XMultihart_ip_Write_ip_code_ram_Words(&ip[0], 0, code_ram_0,
      IP_CODE_RAM_SIZE);
  for (int i=0; i<NB_IP; i++) XMultihart_ip_Start(&ip[i]);
  for (int i=NB_IP-1; i>=0; i--)
    while (!XMultihart_ip_IsDone(&ip[i]));
  for (int i=0; i<NB_IP; i++){
    nbc[i] = (int)XMultihart_ip_Get_nb_cycle(&ip[i]);
    nbi[i] = (int)XMultihart_ip_Get_nb_instruction(&ip[i]);
  }
  for (int i=0; i<NB_IP; i++){
    printf("core %d: %d fetched and decoded instructions\
in %d cycles (ipc = %2.2f)\n", i, nbi[i], nbc[i], ((float)nbi[i])/
    nbc[i]);
    for (int h=0; h<NB_HART; h++){
      printf("hart %d data memory dump (non null words)\n", h);
      for (int j=0; j<HART_DATA_RAM_SIZE; j++){
        w = data_ram[(i<<LOG_IP_DATA_RAM_SIZE)    +
                     (h<<LOG_HART_DATA_RAM_SIZE) + j];
        if (w != 0)
          printf("m[%5x] = %16d (%8x)\n",
            4*((i<<LOG_IP_DATA_RAM_SIZE)    +
                (h<<LOG_HART_DATA_RAM_SIZE) + j), (int)w, (unsigned
                    int)w);
      }
    }
  }
}
```

运行应该会在 putty 窗口中输出代码清单 13.21 所示的内容。

代码清单 13.21　helloworld_par.c 输出结果

```
core 0: 212 fetched and decoded instructions in 357 cycles (ipc =
    0.59)
hart 0 data memory dump (non null words)
m[     0] =            1 (          1)
m[     4] =            2 (          2)
m[     8] =            3 (          3)
m[     c] =            4 (          4)
m[    10] =            5 (          5)
m[    14] =            6 (          6)
m[    18] =            7 (          7)
m[    1c] =            8 (          8)
m[    20] =            9 (          9)
m[    24] =           10 (          a)
m[    28] =           55 (         37)
m[    2c] =          820 (        334)
hart 1 data memory dump (non null words)
m[10000] =           11 (          b)
m[10004] =           12 (          c)
m[10008] =           13 (          d)
m[1000c] =           14 (          e)
m[10010] =           15 (          f)
m[10014] =           16 (         10)
m[10018] =           17 (         11)
m[1001c] =           18 (         12)
m[10020] =           19 (         13)
m[10024] =           20 (         14)
m[10028] =          155 (         9b)
core 1: 192 fetched and decoded instructions in 290 cycles (ipc =
    0.66)
hart 0 data memory dump (non null words)
m[20000] =           21 (         15)
m[20004] =           22 (         16)
m[20008] =           23 (         17)
m[2000c] =           24 (         18)
m[20010] =           25 (         19)
m[20014] =           26 (         1a)
m[20018] =           27 (         1b)
m[2001c] =           28 (         1c)
m[20020] =           29 (         1d)
m[20024] =           30 (         1e)
m[20028] =          255 (         ff)
hart 1 data memory dump (non null words)
m[30000] =           31 (         1f)
m[30004] =           32 (         20)
m[30008] =           33 (         21)
m[3000c] =           34 (         22)
m[30010] =           35 (         23)
m[30014] =           36 (         24)
m[30018] =           37 (         25)
m[3001c] =           38 (         26)
m[30020] =           39 (         27)
m[30024] =           40 (         28)
m[30028] =          355 (        163)
```

13.4　评估多核 multihart IP 的并行效率

表 13.1 显示了在多核多 hart 设计中矩阵乘法的执行时间。我们将它们与在多周期流水线设计上运行的顺序版本的基准时间进行比较, 并给出了加速比。运行的条件与 12.6 节中介绍的条件相同。

表 13.1　在 multicore_multihart_ip 处理器上并行矩阵乘法的执行时间和相对于串行运行的加速比

核数	hart 数	周期数	*nmi*	*cpi*	运行时间	加速比
1	1	6 236 761	3 858 900	1.62	0.124 735 220	—

（续）

核数	hart 数	周期数	nmi	cpi	运行时间	加速比
2	2	3 072 198	4 601 284	1.34	0.061 443 960	2.03
2	4	2 466 429	4 728 936	1.04	0.049 328 580	2.53
*2	8	2 694 867	5 057 744	1.07	0.053 897 340	2.31
4	2	1 581 360	4 728 936	1.34	0.031 627 200	3.94
*4	4	1 326 897	5 057 744	1.05	0.026 537 940	4.70
*8	2	849 410	5 057 744	1.34	0.016 988 200	7.34

矩阵乘法的代码可以在 multicore_multihart_ip 文件夹中的 mulmat_xc_yh.c 文件中找到（xc 的范围从 2c 到 8c，即从双核到八核，xh 的范围从 2h 到 8h，即从 2 个 hart 到 8 个 hart；总 hart 数不能超过 16 个）。

然后，需要使用 build_mulmat_xc_yh.sh 脚本构建 mulmat_xc_yh_text.hex 文件。可以在 Vitis_HLS 中使用 testbench_mulmat_par_multihart_ip.cpp testbench 仿真运行。可以使用 helloworld_mulmat_xc_yh.c 驱动程序在 FPGA 上运行矩阵乘法（xc 为 2c 或 4c，xh 为 2h 或 4h，总 hart 数不超过 8 个）。

以星号开头的行仅对应于仿真，因为匹配的设计无法在 XC7Z020 FPGA 上实现。

执行矩阵乘法最快的设计是 8 核双 hart（加速比为 7.34）。最快可实现的设计是在前一章中评估的 8 核单 hart（比单核单 hart 处理器快 4.62 倍；然而，该设计使用了 43 731 个 LUT，而单核单 hart IP 使用了 4 111 个 LUT，前者所使用的 LUT 数量约为后者的 11 倍）。

经验表明，在每个核上使用两个 hart，由于多线程机制，远程内存访问延迟被隐藏，因此速度提升是超优化的（对于双核的加速比为 2.03），或接近最优化（对于四核的加速比为 3.94，八核的加速比为 7.34）（由于运行的线程数多于内核数，因此速度提升可能超过最优化，对于在双核双 hart 处理器上运行的线程数，最优速度提升为 4）。

每个核使用四个 hart，与核数相关的速度提升是超优化的（对于双核的加速比为 2.53，四核的加速比为 4.70）。

使用 Pynq-Z1/Z2 开发板上的 LED 和按钮进行探索

摘要

本章使用开发板上的 LED 和按钮进行实验。首先,通过在 Zynq 处理系统上运行的驱动程序,以及直接与板上的按钮和 LED 进行交互等工作总结经验。然后,修改驱动程序以与第 12 章中介绍的 multicore_multicycle_ip 处理器进行交互。该处理器运行访问开发板按钮和 LED 的 RISC-V 程序。从本章展示的 multicore_multicycle_ip 处理器设计的一般组织中,可以开发任何 RISC-V 应用程序以访问开发板上的资源(开关、按钮和 LED、DDR3 DRAM、SD 卡),包括扩展连接器(USB、HDMI、以太网 RJ45、Pmod 和 Arduino shield)。

14.1　访问开发板上的按钮和 LED 的 Zynq 设计

所有与按钮 /LED IP 相关的源文件都可以在 pynq_io 文件夹中找到。

所有的开发板都包括一组按钮和 LED。这些资源可以从 FPGA 中访问,要么可以直接从其 PS 部分(Zynq 处理系统)进行访问,要么可以从 PL 部分(实现自己设计的 RISC-V 处理器的可编程逻辑)进行访问。

首先,要构建一个设计,其中包含一个 Zynq 处理系统和两个 GPIO IP(GPIO 代表通用 I/O),它们通过 AXI interconnect IP 相互连接。其中一个 GPIO IP 将连接到 FPGA 上的四个按钮引脚,并连接到板上的按键。另一个 GPIO IP 将连接到四个 LED 引脚。

图 14.1 展示了在 Vivado 中要构建的 GPIO 设计。必须添加三个 IP:Zynq7 处理系统和两个 AXI_GPIO IP。当运行自动连接时,AXI smart connect IP 会自动添加进来。这两个 GPIO IP 已被重命名为 buttons 和 leds。在连接对话框中,右键单击 buttons GPIO。在 “ Options/Select Board Part Interface” 对话框中,选择 btns_4bits(4 个按钮)。对于 leds GPIO,选择 leds_4bits(4 个 LED)。

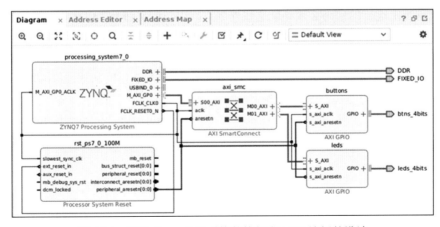

图 14.1　基于 Zynq 处理系统的按钮和 LED 访问的设计

通过地址编辑器，可以检查 AXI interconnect 系统分配给两个 GPIO IP 的地址（按钮为 0x41200000，LED 为 0x41210000）。

一旦比特流被生成并导出硬件，应该在 Vitis IDE 上运行代码清单 14.1 中显示的 helloworld_button_led.c 驱动程序（所有软件资源都位于 pynq_io 文件夹中）。

代码清单 14.1   GPIO 按钮和 LED 驱动程序

```
#include <stdio.h>
#include "xparameters.h"
#include "xgpio.h"
#define BTN_CHANNEL 1 //AXI_GPIO can be configured with 1 or 2
    channels
#define led_CHANNEL 1 //The Vivado Project configuration is for one
    channel
int main() {
  XGpio_Config *cfg_ptr;
  XGpio leds_device, buttons_device;
  u32 data;
  cfg_ptr = XGpio_LookupConfig(XPAR_LEDS_DEVICE_ID);
  XGpio_CfgInitialize(&leds_device, cfg_ptr, cfg_ptr->BaseAddress);
  cfg_ptr = XGpio_LookupConfig(XPAR_BUTTONS_DEVICE_ID);
  XGpio_CfgInitialize(&buttons_device, cfg_ptr, cfg_ptr->
      BaseAddress);
  //unpressed button = 1 ; pressed button = 0 ; init as unpressed
  XGpio_SetDataDirection(&buttons_device, BTN_CHANNEL, 0xf);
  //off led = 0 ; on led = 1 ; init as off
  XGpio_SetDataDirection(&leds_device, LED_CHANNEL, 0);
  while (1){
    //data is the bitmap of the four buttons with 0/pressed, 1/
        unpressed
    data = XGpio_DiscreteRead(&buttons_device, BTN_CHANNEL);
    XGpio_DiscreteWrite(&leds_device, LED_CHANNEL, data);
  }
}
```

当驱动运行时，按下按钮 BTNx（x 范围从 0 到 3）将点亮 LED LDx。

14.2   通过 RISC-V 处理器访问按钮和 LED 的设计

RISC-V 处理器可以通过 AXI interconnect 来访问板上资源。

RISC-V 处理器通过其内部空间之外的内存地址（即通过对 IP_DATA_RAM_SIZE 范围之外的地址进行载入和存储操作）访问外部资源。

因此，GPIO 地址空间必须在 RISC-V 处理器内存地址空间分配之后进行映射，并且在 RISC-V 处理器上运行的代码必须寻址这些外部空间以访问按钮和 LED。

图 14.2 为融合了 RISC-V 处理器和 GPIO IP 的设计。

图 14.3 显示了 AXI interconnect 的内存映射。RISC-V 处理器数据存储器大小为 128KB，范围从地址 0x40000000 到 0x4001ffff。buttons GPIO 空间从地址 0x40020000 开始，leds GPIO 空间从地址 0x40030000 开始。

在代码清单 14.2 中显示的 helloworld_button_led_multicore_multicycle.cpp Vitis IDE 驱动程序运行 multicycle_pipeline_ip，multicycle_pipeline_ip 运行 RISC-V 代码以访问 LED 和按钮。

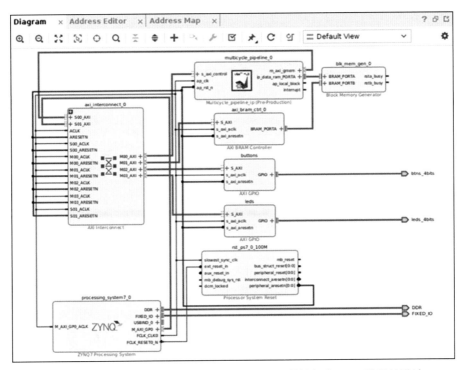

图 14.2　基于 RISC-V multicore_multicycle_ip 的按钮和 LED 访问的设计

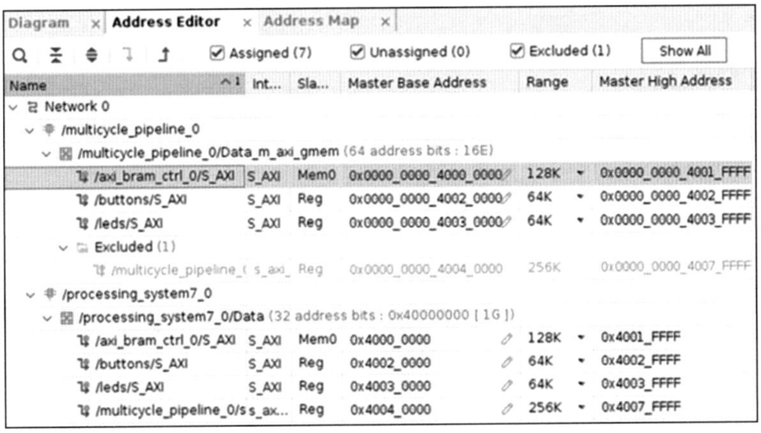

图 14.3　AXI interconnect 内存映射

代码清单 14.2　RISC-V GPIO 按钮和 LED 驱动程序

```
#include <stdio.h>
#include "xmulticycle_pipeline_ip.h"
#include "xparameters.h"
#define LOG_NB_IP                1
#define NB_IP                    (1<<LOG_NB_IP)
#define LOG_IP_CODE_RAM_SIZE     (16-LOG_NB_IP)//in word
#define IP_CODE_RAM_SIZE         (1<<LOG_IP_CODE_RAM_SIZE)
#define LOG_IP_DATA_RAM_SIZE     (16-LOG_NB_IP)//in words
#define IP_DATA_RAM_SIZE         (1<<LOG_IP_DATA_RAM_SIZE)
#define DATA_RAM                 0x40000000
int *data_ram = (int *)DATA_RAM;
XMulticycle_pipeline_ip_Config *cfg_ptr;
```

```
XMulticycle_pipeline_ip ip;
int        data     [IP_DATA_RAM_SIZE]={
#include "button_led_data.hex"
};
word_type code_ram[IP_CODE_RAM_SIZE]={
#include "button_led_text.hex"
};
int main(){
  cfg_ptr = XMulticycle_pipeline_ip_LookupConfig(
      XPAR_MULTICYCLE_PIPELINE_0_DEVICE_ID);
  XMulticycle_pipeline_ip_CfgInitialize(&ip, cfg_ptr);
  XMulticycle_pipeline_ip_Set_ip_num    (&ip, 0);
  XMulticycle_pipeline_ip_Set_start_pc  (&ip, 0);
  XMulticycle_pipeline_ip_Write_ip_code_ram_Words(&ip, 0, code_ram,
      IP_CODE_RAM_SIZE);
  XMulticycle_pipeline_ip_Set_data_ram  (&ip, DATA_RAM);
  for (int i=0; i<IP_DATA_RAM_SIZE; i++) data_ram[i] = data[i];
  XMulticycle_pipeline_ip_Start(&ip);
  while (!XMulticycle_pipeline_ip_IsDone(&ip));
  return 0;
}
```

它与 12.5.1 节中介绍的 multicore_multicycle_ip 设计的驱动程序代码相同（不要忘记使用 update_helloworld shell 脚本更新 .hex 文件路径以适配工作环境）。由于 RISC-V 处理器运行的代码是一个永久循环，因此对 XMulticycle_pipeline_ip_IsDone 的调用永远不会返回。

要运行的 RISC-V 程序（代码清单 14.3 中显示的 button_led.c）显然与代码清单 14.1 中显示的驱动程序相同。

代码清单 14.3　RISC-V GPIO 按钮和 LED 驱动程序

```
#include <stdio.h>
#include "gpio_utils/xparameters.h"
#include "gpio_utils/xgpio.h"
#define BTN_CHANNEL 1 //AXI_GPIO can be configured with 1 or 2
    channels
#define LED_CHANNEL 1 //The Vivado Project configuration is for one
    channel
int main() __attribute__((section(".text.main")));
int main(){
  XGpio_Config *cfg_ptr;
  XGpio leds_device, buttons_device;
  u32 data;
  cfg_ptr = XGpio_LookupConfig(XPAR_LEDS_DEVICE_ID);
  XGpio_CfgInitialize(&leds_device, cfg_ptr, cfg_ptr->BaseAddress);
  cfg_ptr = XGpio_LookupConfig(XPAR_BUTTONS_DEVICE_ID);
  XGpio_CfgInitialize(&buttons_device, cfg_ptr, cfg_ptr->
      BaseAddress);
  //unpressed button = 1 ; pressed button = 0 ; init as unpressed
  XGpio_SetDataDirection(&buttons_device, BTN_CHANNEL, 0xf);
  //off led = 0 ; on led = 1 ; init as off
  XGpio_SetDataDirection(&leds_device, LED_CHANNEL, 0);
  while (1){
    //data is the bitmap of the four buttons with 0/pressed, 1/
        unpressed
    data = XGpio_DiscreteRead(&buttons_device, BTN_CHANNEL);
    XGpio_DiscreteWrite(&leds_device, LED_CHANNEL, data);
  }
}
```

然而，Vivado/Vitis IDE 的 XGpio_ 函数必须适配到 RISC-V 处理器。

这种调整仅仅在于收集必要的头文件以编译驱动程序，同时还需要一些源文件。原始文件已经稍微修改了一些内容，注释掉了一些不必要的包含并限制了导入文件的数量。

gpio_utils 文件夹包含了这些 XGpio_ 函数对 RISC-V 处理器进行适配的 C 代码和头文件。这些文件是原始文件的修改版本，可以在 /opt/Xilinx/Vitis/2022.1/data/embeddedsw/XilinxProcessorIPLib/drivers/gpio_v4_9/src 文件夹中找到。

要构建 RISC-V 代码，可以使用 build.sh shell 脚本（它根据 GPIO 源和代码清单 14.3 中显示的驱动程序构建 .hex 文本和数据文件）。

14.3 结论

将开发板上的 LED 和按钮与 RISC-V 处理器进行交互的技术可以应用于所有其他设备。在 Xilinx 资源中，可以找到各种可用开发板的连接器的驱动程序示例（位于 https://github.com/Xilinx/embeddedsw/tree/master/XilinxProcessorIPLib/drivers，例如，GPIO 文件可以在 https://github.com/Xilinx/embeddedsw/tree/master/XilinxProcessorIPLib/drivers/gpio/src 找 到；文档可在 https://xilinx.github.io/embeddedsw.github.io/gpio/doc/html/api/files.html 找到）。

本书介绍的处理器设计是基本的未经优化的硬件。它们可以通过多种方式进行改进，例如，可以通过扩展功能（即添加 RISC-V ISA 扩展），也可以对由 HLS 输出的底层 VHDL 或 Verilog RTL 代码进行优化。

虽然实现目标是裸机，但在实现 RISC-V 特权 ISA 之后也可以实现基于操作系统（如 Linux）的目标。

可以使用 USB、HDMI 和以太网连接器在开发板上开发具有 DRAM、键盘、鼠标和屏幕的完整计算机。只是缺少硬盘的 SATA 接口，但有一个可以作为永久存储器的 SD 卡。

所有这些开发都值得写一本新书，其中包括构建完整计算机的实验。它可以与面向 Linux 内核的 Douglas Comer 的 Xinu UNIX 实现的新版本结合使用。

ABI（Application Binary Interface，应用程序二进制接口）指两个二进制程序模块之间的接口。此接口为基于特定处理器架构的应用程序开发提供了一套固定的标准框架。

ALU（Arithmetic and Logic Unit，算术逻辑单元）是专门用于执行整型二进制数字算术运算和位运算的组合数字电路。算术逻辑单元是计算机中央处理器的关键组成部分。

AXI（Advanced eXtensible Interface，高级可扩展接口）是一种支持多主设备和多从设备之间的通信的高性能并行同步高频通信接口，主要用于芯片内部组件间的通信。简要来说就是 IP 组件间的互连系统。

CLB（Configurable Logic Block，可配置逻辑块）是现场可编程门阵列（FPGA）技术中的基础构件。工程师可以对可配置逻辑块进行编程，使其根据需要执行不同的逻辑功能。简要来说就是 FPGA 中可按需重新配置的基本单元。

CPU（Central Processing Unit，中央处理单元）是计算机内部执行组成计算机程序指令的电路，也简称为处理器核。

ELF（Executable and Linkable Format，可执行与可链接格式）是一种通用的标准文件格式，用于可执行文件、目标代码、共享库和核心转储。1999 年，86open 项目选择 ELF 作为 x86 处理器上 UNIX 和类 UNIX 系统的标准二进制文件格式。ELF 格式在设计上具有灵活性、可扩展性和跨平台等特性。例如，它支持不同的字节序和地址大小，因此不排斥任何特定的中央处理器（CPU）或指令集架构。这使得它能够被许多不同的操作系统和多种硬件平台采用。简而言之，它是 Linux 或 MacOS 系统中所有可执行文件的可加载格式。

FPGA（Field-Programmable Gate Array，现场可编程门阵列）是一种在制造后可由客户或设计师进行配置的集成电路。简而言之，FPGA 是一种可编程芯片。

GUI（Graphical User Interface，图形用户界面）是一种用户界面形式，允许用户通过图形图标和音频指示器（如基本符号）与电子设备进行交互，而不是使用基于文本的用户界面、输入命令标签或文本导航。

HDL（Hardware Description Language，硬件描述语言）是一种专门用于描述电子电路（其中最常见的是数字逻辑电路）的结构和行为的计算机语言。简而言之，HDL 与集成电路的关系，如同编程语言和算法间的关系。

HLS（High-Level Synthesis，高层次综合）是一种自动化设计过程，用于解释所需行为的算法描述，并创建实现该行为的数字硬件。简而言之，用 C 或 C++ 等高级语言编写的程序来实现硬件功能。

IP（Intellectual Property，知识产权）是一类包括人类智力无形创造的财产。简而言之，就是一个组件。

ISA（Instruction Set Architecture，指令集体系结构）是计算机的抽象模型，也称为体系结构或计算机体系结构。例如中央处理单元（CPU）是 ISA 的一种实现。简而言之，处理器体系结构由 ISA（即机器语言或汇编语言）定义。

　　LAB（Logic Array Block，逻辑阵列块）见 CLB（可配置逻辑块）条目。对于 Altera FPGA（现场可编程门阵列）构造器来说，LAB 的作用等同于对于 Xilinx FPGA 构造器的 CLB。

　　LUT（Lookup Table，查找表）是一种用更简单的数组索引操作代替运行时计算的阵列。一个 n 位查找表可以实现具有 n 个变量的任何 2^{2^n} 个布尔函数。在 FPGA 中，一个 6 位 LUT 是一个 64 位可寻址的表，由 6 个变量的布尔值构成的一个 6 位的字进行寻址。被寻址的位给出了与地址对应的输入组合函数的布尔值。

　　OoO（Out-of-Order，乱序执行）是一种在大多数高性能中央处理器中使用的范例技术，能够充分利用可能会被浪费的指令周期。简而言之，OoO 是一种按照指令的生产者到消费者依赖关系来运行指令的硬件组织方式。

　　OS（Operating System，操作系统）是一种管理计算机硬件和软件资源的系统软件，并能够为计算机程序提供通用服务。例如 Linux、Windows 或 macOS。

　　PCB（Printed Circuit Board，印制电路板）使用蚀刻在一层或多层铜板上的导电轨道、焊盘和其他技术来对电子元件进行机械支撑和电气连接，这些部件被层压在绝缘基板的层上和 / 或层之间。简而言之，就是你的开发板。

　　RAM（Random Access Memory，随机存取存储器）是一种可以按任意顺序读取和更改的计算机内存，通常用于存储工作数据和机器代码。简而言之，就是处理器的内存。

　　RAW（Read After Write dependency，写后读依赖 / 相关）是一条指令要使用尚未计算出的或未取入的数据。

　　RTL（Register Transfer Level，寄存器传输级）是一种设计抽象，它根据硬件寄存器之间数字信号（数据）的流动以及对这些信号执行的逻辑操作来对同步数字电路进行建模。简而言之，就是使用门电路或 VHDL/Verilog 程序对电路行为的描述。

　　USB（Universal Serial Bus，通用串行总线）是一种行业标准，它为计算机、外围设备以及其他计算机之间的连接、通信和供电（接口）确立了电缆、连接器和协议的规范。简而言之，USB 是一种将低速或中速外围设备连接到计算机的接口。

　　VHDL（VHSIC Hardware Description Language，超高速集成电路硬件描述语言）是一种硬件描述语言（HDL），它能够在从系统级到逻辑门级的多个抽象级别上对数字系统的行为和结构进行建模，用于设计输入、文档记录和验证目的。简而言之，VHDL 之于集成电路，犹如 C 语言之于算法。

　　VHSIC（Very High-Speed Integrated Circuit，超高速集成电路）计划是美国国防部（DOD）从 1980 年到 1990 年开展的一项研究计划。其任务是为美国武装部队研究和开发超高速集成电路。

推荐阅读

计算机组成与设计：硬件/软件接口 RISC-V版 （原书第2版）

作者：David A. Patterson, John L. Hennessy 译者：易江芳 刘先华 等
书号：978-7-111-72797-2 定价：169.00元

在广大计算机程序员和工程师中，几乎没有人不知道Patterson和Hennessy的大作，而今RISC-V版的推出，再次点燃了大家的热情。RISC-V作为一种开源体系结构，从最初用于支持科研和教学，到现在已发展为产业标准的指令集。正在和即将阅读本书的年轻人，你们不仅能够从先行者的智慧中理解RISC-V的精髓，而且有望创建自己的RISC-V内核，为广阔的开源硬件和软件生态系统贡献力量。

—— Krste Asanović，RISC-V基金会主席

教材的选择往往是一个令人沮丧的妥协过程——教学方法的适用度、知识点的覆盖范围、文辞的流畅性、内容的严谨度、成本的高低等都需要考虑。本书之所以是难得一见的好书，正是因为它能满足各个方面的要求，不再需要任何妥协。这不仅是一部关于计算机组成的教科书，也是所有计算机科学教科书的典范。

—— Michael Goldweber，泽维尔大学